Fundamente
der Mathematik

Niedersachsen
Gymnasium G9 · Klasse 9

Herausgegeben von
Dr. Andreas Pallack

Cornelsen

Fundamente
| der Mathematik |

Autoren Kathrin Andreae, Dr. Frank Becker, Prof. Dr. Ralf Benölken, Dr. Wolfram Eid, Dr. Lothar Flade, Daniel Geukes, Gerhard Hillers, Brigitta Krumm, Dr. Hubert Langlotz, Arne Mentzendorff, Thorsten Niemann, Dr. Andreas Pallack, Melanie Quante, Reinhard Schmidt, Dr. Christian Wahle, Dr. Wilfried Zappe

Berater Stefan Schlie, Ulrike Siebert
Herausgeber Dr. Andreas Pallack
Redaktion Felix Arndt, Nils Dörffer, Matthias Felsch, Torsten Gebauer
Illustration Cornelsen/Gudrun Lenz: : 33/u., 38/Mi., 66/Mi., 108/Mi. 1-4; Blüten-Ikon: 22, 49, 100, 126, 163, 186; Cornelsen/Peter Kast: 125/u., 149/o.;
Technische Zeichnungen Christian Böhning
Screenshots Cornelsen/Felix Arndt/© Texas Instruments. Nutzung mit Genehmigung von Texas Instrumentsg
Umschlaggestaltung hawemannundmosch GbR
Layoutkonzept klein & halm GbR
Technische Umsetzung zweiband.media, Berlin
Bildrecherche Stephanie Charlotte Benner

Begleitmaterialien zum Lehrwerk

für Schülerinnen und Schüler

Arbeitsheft Klasse 9	978-3-06-008012-0

für Lehrerinnen und Lehrer

Serviceband Klasse 9	978-3-06-041310-2
Lösungsheft Klasse 9	978-3-06-041326-3

www.cornelsen.de

1. Auflage, 4. Druck 2023

Alle Drucke dieser Auflage sind inhaltlich unverändert und können im Unterricht nebeneinander verwendet werden.

Druck: UAB BALTO Print, Vilnius

ISBN 978-3-06-040149-9 (Schülerbuch)
ISBN 978-3-06-041316-4 (E-Book)

Inhaltsverzeichnis

Bauplan zu „Fundamente der Mathematik“

Aktivieren

Dein Fundament:
An die Auftaktseite des Kapitels schließt sich eine Doppelseite mit Wiederholungsaufgaben zur Vorbereitung auf das neue Kapitel an.
Die Lösungen dazu findest du im Anhang.

8 **Dein Fundament** 1. Quadratwurzeln

Lösungen ↗ S. 202

Quadratzahlen

1. Multipliziert man eine natürliche Zahl mit sich selbst, erhält man eine Quadratzahl. Gib an, ob die gegebene Zahl eine Quadratzahl ist.
a) 36 b) 60 c) 81 d) 121 e) 164 f) 300

2. Gib an, zwischen welchen beiden benachbarten Quadratzahlen die gegebene Zahl liegt.
a) 2 b) 17 c) 50 d) 83 e) 99 f) 250

3. Prüfe, durch welche der Quadratzahlen auf den Kärtchen die gegebene Zahl teilbar ist. 100 4 16 9 25
a) 48 b) 75 c) 144 d) 200 e) 900 f) 3600

Aufbauen

Einstiegsaufgaben:
Jedes Unterkapitel beginnt mit einer Aufgabe, die dich in das neue Thema hineinführt.

5.3 Berechnungen an rechtwinkligen Dreiecken 145

5.3 Berechnungen an rechtwinkligen Dreiecken

■ Die Standseilbahn Ascensor da Bica in der Altstadt von Lissabon schafft eine durchschnittliche Steigung von 18 %. Die gesamte Strecke, die sie fährt, ist 260 m lang. Wie groß ist der Anstiegswinkel? Welche Höhendifferenz überwindet sie dabei? Zeichne maßstabsgetreu, miss die Größen und rechne. ■

Die Seitenlängen und Winkel eines rechtwinkligen Dreiecks kann man mit dem Sinus, Kosinus oder Tangens berechnen. Manchmal ist es sinnvoll, auch zwei weitere bekannte Sätze zu verwenden:

Satz des Pythagoras: $a^2 + b^2 = c^2$ für $\gamma = 90°$

Wissenskästen:
Hier findest du wichtigen Merkstoff.

Wissen: Steigung, Tangens und Steigungswinkel
Anstieg m einer Strecke oder Geraden: $m = \frac{\text{Höhendifferenz h}}{\text{horizontale Entfernung e}}$
Steigungswinkel α einer Strecke oder Geraden: $\tan\alpha = \frac{\text{Höhendifferenz h}}{\text{horizontale Entfernung e}}$
Es gilt also **tan α = m.**

Beispiel:
Neues wird an Beispielaufgaben mit Musterlösungen erklärt.

Beispiel 4: Winkel berechnen
Bestimme die Steigung in Prozent und ermittle den Steigungswinkel.

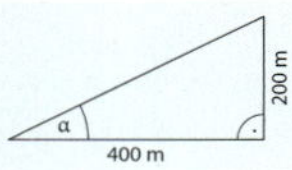

Lösung:
Bilde den Quotienten von Höhendifferenz und horizontaler Entfernung und wandle ihn in eine Prozentangabe um. $m = \frac{200\,m}{400\,m} = \frac{50\,m}{100\,m} = 0{,}5 = 50\,\%$
Setze die gegebenen Größen in die Formel für den Tangens und berechne mit $\tan^{-1}$ den Winkel α. $\tan\alpha = \frac{200\,m}{400\,m} = 0{,}5,\ \alpha = \tan^{-1}(0{,}5) \approx 26{,}6°$

Basisaufgaben:
Du kannst die Aufgaben nutzen, um dein neu erworbenes Wissen und Können sofort auszuprobieren.

Basisaufgaben

13. Ermittle zu den angegebenen Winkeln die Steigung in Prozent.
a) $\alpha = 35°$ b) $\beta = 70°$ c) $\gamma = 27{,}5°$

14. Berechne zu folgenden Steigungen den zugehörigen Steigungswinkel.

Weiterführende Aufgaben:
Die Aufgaben werden anspruchsvoller. Zwei der Aufgaben sind besonders gekennzeichnet: Stolperstelle und Ausblick

Etwas schwierigere Aufgaben sind mit einem blauen Kreis ● gekennzeichnet.

Löst Aufgaben mit 👥 in Partnerarbeit, Aufgaben mit 👥👥 in Gruppenarbeit.

● 25. a) In der Rechenmauer soll der Eintrag in einem Feld jeweils das Ergebnis der Rechnung sein, die in den beiden Feldern darunter steht. Berechne, welche Werte x, y und z haben können.

b) Erstelle zwei eigene Rechenmauern. Dabei soll in einem der unteren Felder x stehen und im obersten Feld ein Ergebnis. Tausche die Rechenmauern mit deinem Nachbarn.

● 26. Betrachte die Gleichung $x^2 + k \cdot x + 20 = 0$.
a) Bestimme, für welche Werte von k die Lösungsmenge nicht leer ist.
b) Begründe, ob die Lösungsmenge genau ein Element enthalten kann.
c) Eine Lösung dieser Gleichung soll $x_1 = -4$ sein. Bestimme die zweite Lösung.

● 27. Vier Schüler haben quadratische Gleichungen mit der quadratischen Ergänzung oder mit der p-q-Formel gelöst. Einige Zahlen sind nicht mehr lesbar. Finde die fehlenden Zahlen.

a)
$x^2 + ■x = ■$ | + 9 (quad. Erg.)
$x^2 + ■x + 9 = ■$ | 1. binom. Formel
$(x + 3)^2 = ■$ | √
$x + 3 = 5$ oder $x + 3 = -5$
$x_1 = ■$ $x_2 = ■$

b)
$x^2 - 10x + 26 = ■$ | − ■ (quad. Erg.)
$x^2 - 10x + ■ = 64$ | 2. binom. Formel
$(x - ■)^2 = 64$ | √
$x - ■ = ■$ oder $x - ■ = ■$
$x_1 = ■$ $x_2 = ■$

k) $\sqrt{\frac{800}{18}}$ l) $\sqrt{\frac{32}{5000}}$ m) $\frac{\sqrt{0{,}008}}{\sqrt{0{,}002}}$ n) $\frac{\sqrt{7}\cdot\sqrt{28}}{\sqrt{49}}$ o) $\frac{4\sqrt{3}}{\sqrt{75}}$

15. Stolperstelle:

a) Korrigiere die Hausaufgaben von Karla. Erkläre, welche Fehler ihr unterlaufen sind und wie es richtig geht.

① $\sqrt{20} - \sqrt{4} = \sqrt{16} = 4$ ② $\sqrt{7 \cdot 25} = 7 \cdot \sqrt{25} = 35$ ③ $\sqrt{12} = \sqrt{3 \cdot 4} = 3\sqrt{2}$

④ $\sqrt{\frac{3}{64}} = 8\sqrt{3}$ ⑤ $\sqrt{2} \cdot \sqrt{7+9} = \sqrt{14} + \sqrt{18}$ ⑥ $\sqrt{9\frac{1}{4}} = 3\frac{1}{2}$

b) Präsentiere ① bis ⑥ deiner Klasse mit Hilfe von Lernplakaten, auf denen du die Fehler dem richtigen Lösungsweg gegenüberstellst. Erkläre dabei, wie man diese Fehler vermeiden kann.

Stolperstelle:
Bei diesen Aufgaben sollst du typische Fehler erkennen.

● **23. Ausblick:** Die erste Figur einer Folge von rechtwinkligen Dreiecken hat die Katheten $a = 4\,\text{cm}$ und $b = 2\,\text{cm}$. Mit jeder Figur der Folge nimmt die Länge der Katheten auf das 1,5-fache zu.

a) Wie lang sind die Katheten des 6. Dreiecks der Folge?

b) Finde einen möglichst einfachen Weg, die Länge der Hypotenuse des 20. Dreiecks der Folge zu ermitteln (ohne Tabellenkalkulation oder Geometriesoftware).

c) Gib Formeln für die Seitenlängen und den Flächeninhalt der n-ten Figur der Folge an.

Ausblick:
Die letzte Aufgabe in der Lerneinheit ist die schwierigste. Viel Spaß beim Knobeln.

3.10 Vermischte Aufgaben

1. Der Graph einer quadratischen Funktion mit der Gleichung $f(x) = ax^2$ geht durch den Punkt P. Bestimme die Funktionsgleichung und überprüfe deine Lösung zeichnerisch.
a) P(1|2) b) P(−2|−2) c) P(−1|4) d) P(2|−4) e) P(2|3) f) P(−5|−5)

2. In dieser Abbildung sind die Achsen nicht beschriftet. Begründe, welche Zahlenwerte du auf den Achsen eintragen müsstest, damit die Parabel zu der Funktion mit der angegebenen Gleichung gehört.
a) $f(x) = 0{,}25x^2$ b) $f(x) = 2x^2$

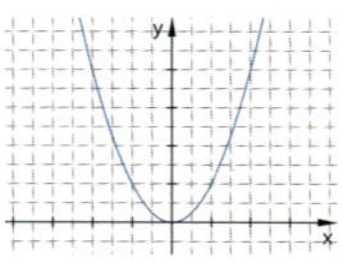

Vermischte Aufgaben:
Für diese Aufgaben benötigst du das Wissen aus allen Lerneinheiten des Kapitels.
Eine besondere Aufgabe ist die „Blütenaufgabe". Hier kannst du selbst entscheiden, in welcher Reihenfolge du die Teilaufgaben lösen willst.

Sichern

188 **Prüfe dein neues Fundament** 6. Vierfeldertafeln

Lösungen ↗ S. 212

1. Vervollständige die Vierfeldertafeln im Heft.

a)

	mit Bus zur Schule		gesamt
	ja	nein	
Mädchen	6		14
Jungen		9	
gesamt			27

b)

	für neues Gesetz		gesamt
	ja	nein	
Partei A		20,8 %	
Partei B	9,7 %		
gesamt		84,0 %	100 %

Prüfe dein neues Fundament:
Hier kannst du dein Wissen selbstständig überprüfen, auch in Vorbereitung auf Tests und Klassenarbeiten. Die Lösungen der Aufgaben findest du im Anhang.

52 **Zusammenfassung** 2. Satzgruppe des Pythagoras

Satz des Pythagoras

In jedem rechtwinkligen Dreieck ist die Summe der Flächeninhalte der beiden Quadrate über den Katheten gleich dem Flächeninhalt des Quadrats über der Hypotenuse.

Für jedes **Dreieck ABC** gilt:
Wenn $\gamma = 90°$, so ist $a^2 + b^2 = c^2$.

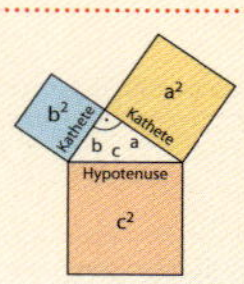

Zusammenfassung:
Die letzte Seite eines Kapitels enthält kurz und knapp das Wichtigste aus dem Kapitel. Sie dient dem schnellen Nachschlagen des gelernten Stoffes.

Zusätzliches

170 **Streifzug** 6. Vierfeldertafeln

Abgedreht!

■ Auf der Rückseite deines Buches findest du ein Glücksrad: Der äußere Ring enthält vier Bereiche mit den Zahlen 1 bis 4. Du benötigst einen Bleistift und ein wenig Übung, um es zu benutzen. Platziere den Bleistift auf dem Feld und drehe ihn um die Mitte. Es zählt die Zahl, auf die seine Spitze danach zeigt. Liegt der Bleistift nach dem Drehen außerhalb des Spielfeldes, muss nochmals gedreht werden.

Bestimme die Wahrscheinlichkeit, die Zahl 4 zu treffen, zuerst rechnerisch und dann experimen-

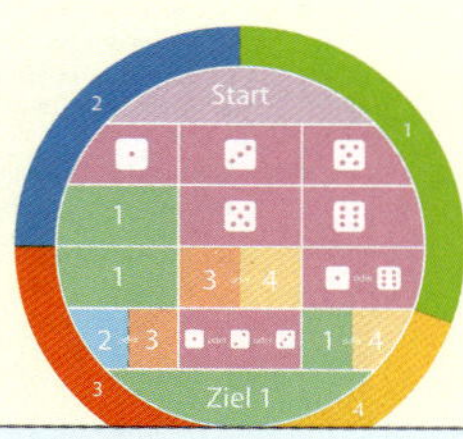

Streifzüge:
An manchen Stellen des Schülerbuchs befinden sich Sonderseiten, die Ergänzungen zum regulären Lernstoff beinhalten.

1. Quadratwurzeln

Ein Schachbrett ist quadratisch und besteht aus 64 kleineren Quadraten. Jeder Spieler hat acht Bauern, da eine Seite des Spielfelds die Länge von acht kleinen Quadraten hat. Wie viele Bauern hätte ein Spieler bei einem Schachbrett mit 100 oder 256 Quadraten?

Nach diesem Kapitel kannst du …
- Zahlen quadrieren und die Wurzel aus Zahlen ziehen,
- mit Quadratwurzeln rechnen,
- mithilfe des Flächeninhalts die Seitenlängen von Quadraten bestimmen.

Dein Fundament

Lösungen ↗ S. 202

Quadratzahlen

1. Multipliziert man eine natürliche Zahl mit sich selbst, erhält man eine Quadratzahl. Gib an, ob die gegebene Zahl eine Quadratzahl ist.
a) 36 b) 60 c) 81 d) 121 e) 164 f) 300

2. Gib an, zwischen welchen beiden benachbarten Quadratzahlen die gegebene Zahl liegt.
a) 2 b) 17 c) 50 d) 83 e) 99 f) 250

3. Prüfe, durch welche der Quadratzahlen auf den Kärtchen die gegebene Zahl teilbar ist.

100 | 4 | 16 | 9 | 25

a) 48 b) 75 c) 144 d) 200 e) 900 f) 3600

Potenzen

4. Berechne. Schreibe zunächst die Potenzen als Produkte.
a) 7^2 b) $(-10)^3$ c) $0{,}2^3$ d) $(3+5)^2$ e) $(-1)^2+(-1)^3$
f) $\left(\frac{1}{2}\right)^2$ g) $5^2 \cdot 5^2$ h) $\left(\frac{2}{3}\right)^2 \cdot \frac{2}{3}$ i) $3^4 : 3^2$ j) $\frac{5^2}{125}$

5. Berechne mit dem Taschenrechner. Gib zunächst einen Überschlag an.
a) $1{,}54^2$ b) $(-0{,}27)^2$ c) $0{,}19^3$ d) $8{,}005^2$ e) $0{,}029^2$

6. Ordne den Potenzen ihre Endziffern zu.

Endziffer 9 | $1{,}8^3$ | Endziffer 3 | $0{,}3^5$ | Endziffer 1 | $232{,}5^2$ | 2327^2
$1{,}9^2$ | Endziffer 5 | 134^4 | Endziffer 6 | 15^4 | Endziffer 2 | 14^2

7. Berechne mit dem Taschenrechner. Was stellst du fest?
a) $2-x^2$ für $x = 1{,}3$ (1,4; 1,41;1,414) b) $5-x^2$ für $x = 2{,}1$ (2,2; 2,23; 2,236)

8. Ordne die Terme nach der Größe ihrer Werte. Beginne mit der kleinsten Zahl.
a) 12^2; $(-9)^2$; $(-0{,}1)^2$; 17^2; $\left(\frac{1}{3}\right)^2$ b) $0{,}5^2$; 5^2; $0{,}1^3$; $1{,}5^2$; $(-1)^2$
c) $\left(\frac{1}{2}\right)^3$; $\frac{3}{3^2}$; $0{,}5^2$; $(-1)^3$; $(-2)^2$ d) $(-0{,}2)^3$; $\frac{1}{5}$; $0{,}9^2$; $(-3)^3$; $(-4)^2$

Produkte

9. Berechne.
a) $19 \cdot (-19)$ b) $-0{,}7 \cdot (-0{,}7)$ c) $-8 \cdot 8 \cdot (-8)$ d) $-0{,}2 \cdot 0{,}2 \cdot (-0{,}2)$

10. Ergänze die fehlende Zahl im Heft.
a) $■ = 9 \cdot 1000$ b) $160 = 16 \cdot ■$ c) $4900 = ■ \cdot 100$ d) $40\,000 = 4 \cdot ■$
e) $■ = 17 \cdot 0{,}01$ f) $6{,}4 = ■ \cdot 0{,}1$ g) $1{,}21 = 121 \cdot ■$ h) $0{,}0025 = 25 \cdot ■$

11. Zerlege die Zahl in ein Produkt aus möglichst vielen natürlichen Zahlen (außer 1).
Beispiel: $90 = 2 \cdot 3 \cdot 3 \cdot 5$
a) 12 b) 40 c) 98 d) 300 e) 225 f) 112

Flächeninhalt von Quadraten

Lösungen ↗ S. 202

12. Ermittle den Flächeninhalt eines Quadrats mit der angegebenen Seitenlänge.
a) 3 cm b) 0,5 m c) 1,2 km d) 1 m e) 1,1 dm

13. Gib die Seitenlänge eines Quadrats mit dem gegebenen Flächeninhalt an.
a) $25\,cm^2$ b) $100\,m^2$ c) $81\,km^2$ d) $144\,dm^2$ e) 1 ha

14. Die farbige Figur besteht aus Quadraten.
Der Flächeninhalt des blauen Quadrats beträgt $1\,cm^2$, der des gelben $9\,cm^2$. Welchen Flächeninhalt hat das grüne Quadrat? (Zeichnung nicht maßgenau)

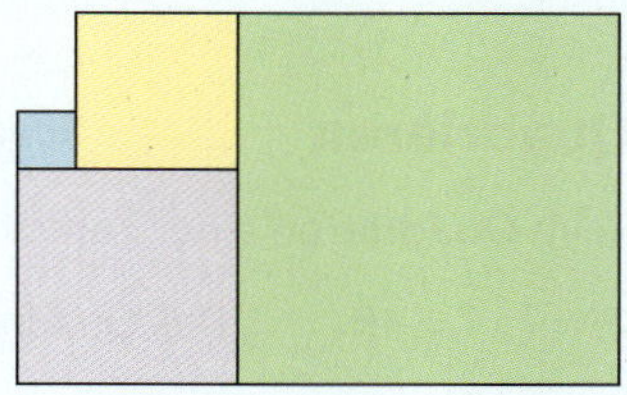

15. Gib das Volumen eines Würfels an, dessen Seitenfläche einen Flächeninhalt von $9\,cm^2$ hat.

16. Gib die Kantenlänge eines Würfels an, dessen Oberfläche $1,5\,cm^2$ groß ist.

Vermischtes

17. Überprüfe, ob die in den Klammern angegebenen Zahlen Lösungen der Gleichung sind.
a) $(x - 4) \cdot 7 = 0$ (–7; –4; 0; 4; 7) b) $(x - 5) \cdot (x + 5) = 0$ (–5; 0; 5)
c) $x^2 = 81$ (–9; 0; 9) d) $x \cdot (x + 1) = 0$ (–1; 0; 1)

18. Gib die Lösungsmenge der Gleichung an.
a) $2x + 3 = 17$ b) $5 + x = x - 4$ c) $3x - 3 = x - 1$ d) $-x - 4 = -4 - x$

19. Paul behauptet: „60 ist durch alle natürlichen Zahlen von 1 bis 12 teilbar, denn es gilt $60 : 1 = 60; 60 : 2 = 30; 60 : 3 = 20; 60 : 4 = 15\ldots$“ Überprüfe Pauls Behauptung.

20. Gib drei natürliche Zahlen an, die nicht durch 4 teilbar sind, aber deren Quadrat durch 4 teilbar ist.

21. Übertrage die Tabelle in dein Heft und vervollständige sie.

Produkt aus Faktoren 10	$10 \cdot 10 \cdot 10$				
Potenzschreibweise (Basis 10)			10^5		10^8
in Worten		eine Million		einhundert	

22. Ermittle durch Probieren die Seitenlängen eines Rechtecks, dessen eine Seite 3 cm länger als die andere ist und dessen Flächeninhalt $40\,cm^2$ beträgt.

23. Ein Quader ist 2 cm lang, 4 cm breit und 8 cm hoch. Welche Kantenlänge hat ein Würfel mit dem gleichen Volumen?

24. Kürze den Bruch so weit wie möglich.
a) $\frac{63}{28}$ b) $\frac{13}{52}$ c) $\frac{12}{196}$ d) $\frac{114}{200}$ e) $\frac{175}{84}$

25. Löse die Klammern auf. Du kannst die Binomischen Formeln anwenden.
a) $(3 + x)^2$ b) $(b - 4)^2$ c) $(a - 9)(a + 9)$ d) $(3y + 6)^2$ e) $(u - 4v)^2$

1.1 Quadrieren und Wurzelziehen

■ Im Bild lässt sich jeder grünen Zahl immer eine blaue Zahl zuordnen. Finde die vier Zahlen, die fehlen. Begründe. ■

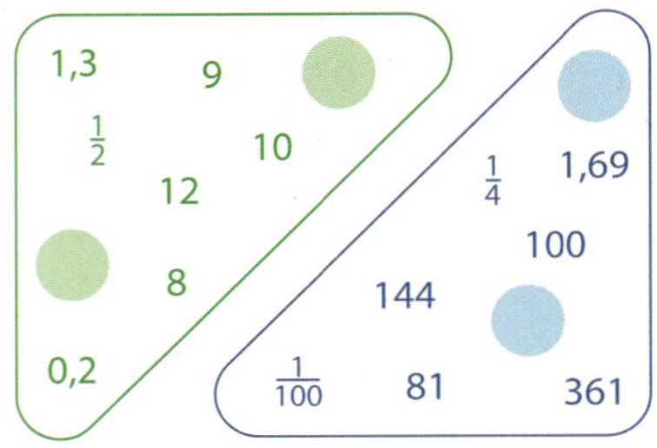

Quadrieren

Hinweis:
Das Quadrieren ist ein Spezialfall des Potenzierens (Exponent 2).

Erinnere dich:
Die Quadrate natürlicher Zahlen werden Quadratzahlen genannt. 16, 25 und 36 sind Beispiele für Quadratzahlen. 10 und 0,25 sind dagegen keine Quadratzahlen.

Beim **Quadrieren** einer Zahl wird diese Zahl mit sich selbst multipliziert.

$7^2 = 7 \cdot 7 = 49$ Das Quadrat der Zahl 7 ist 49.

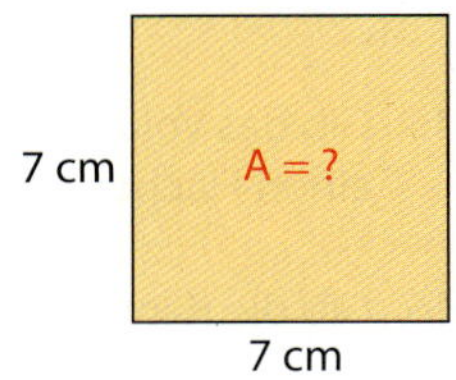

Anschaulich kann man sich vorstellen, dass zur Seitenlänge eines Quadrats der Flächeninhalt berechnet wird. $A = (7\,\text{cm})^2 = 49\,\text{cm}^2$

Beispiel 1: Quadriere die Zahl.
a) 16 b) 0,9 c) $\frac{3}{7}$ d) $-1{,}1$

Lösung:

a) Beim Quadrieren multiplizierst du die Zahl mit sich selbst. $16^2 = 16 \cdot 16 = 256$

b) Bei Dezimalzahlen hat das Quadrat genau doppelt so viele Nachkommastellen wie die Ausgangszahl. $0{,}9^2 = 0{,}9 \cdot 0{,}9 = 0{,}81$

c) Bei Brüchen kannst du Zähler und Nenner einzeln quadrieren. $\left(\frac{3}{7}\right)^2 = \frac{3}{7} \cdot \frac{3}{7} = \frac{9}{49}$

d) Das Quadrat von negativen Zahlen ist positiv, denn „Minus mal Minus ist Plus". $(-1{,}1)^2 = (-1{,}1) \cdot (-1{,}1) = 1{,}21$

Basisaufgaben

1. Berechne.
a) 8^2 b) $0{,}3^2$ c) $(-5)^2$ d) $\left(\frac{1}{10}\right)^2$ e) $(-0{,}1)^2$

2. Die folgenden Quadratzahlen solltest du auswendig kennen.

$1^2 = 1$	$2^2 = 4$	$3^2 = 9$	$4^2 = 16$	$5^2 = 25$
$6^2 =$ ■	$7^2 =$ ■	$8^2 =$ ■	$9^2 =$ ■	$10^2 =$ ■
$11^2 =$ ■	$12^2 =$ ■	$13^2 =$ ■	$14^2 =$ ■	$15^2 =$ ■
$16^2 =$ ■	$17^2 =$ ■	$18^2 =$ ■	$19^2 =$ ■	$20^2 =$ ■

a) Vervollständige die Liste. Fragt euch gegenseitig dazu ab.
b) Nenne zu den Zahlen 1, 2, 3, …, 20 jeweils das Quadrat der entgegengesetzten Zahl.
c) Nenne zu den Zahlen 1, 2, 3, …, 20 jeweils das Quadrat des Zehnfachen der Zahl.

3. Berechne den Term in der Klammer und quadriere dann.
a) $(2{,}5 + 3{,}5)^2$ b) $(9 - 13)^2$ c) $(5 \cdot 0{,}1)^2$ d) $(3 - 3)^2$ e) $\left(\frac{1}{2} + \frac{1}{3}\right)^2$

Quadratwurzeln

Sucht man zum Quadrat einer Zahl die Zahl, die quadriert wurde, so nennt man dies Ziehen der **Quadratwurzel** oder kurz **Wurzelziehen**.

Hinweis:
Das Ziehen der Quadratwurzel ist die Umkehrung des Quadrierens.

$\sqrt{49} = 7$ Die Wurzel der Zahl 49 ist 7, denn $7 \cdot 7 = 49$.

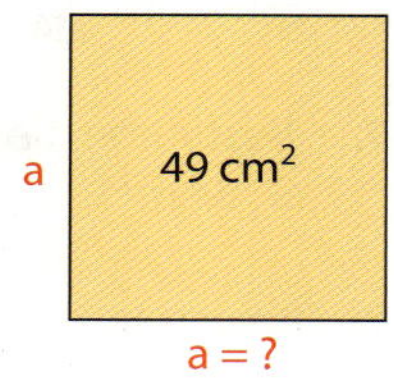

Anschaulich kann man sich vorstellen, dass zum gegebenen Flächeninhalt eines Quadrats dessen Seitenlänge berechnet wird. $a = \sqrt{49\,\text{cm}^2} = 7\,\text{cm}$

Damit sich die Quadratwurzel eindeutig berechnen lässt, wurde festgelegt, dass nur die positive Zahl 7 Quadratwurzel von 49 ist, aber **nicht** die negative Zahl –7, obwohl auch $(-7)^2 = 49$ ist.

Wissen: Quadratwurzel
Die **Quadratwurzel** aus einer nichtnegativen Zahl a ist diejenige nichtnegative Zahl b, die mit sich selbst multipliziert die Zahl a ergibt. Es gilt $\sqrt{a} = b$, da $b^2 = a$ ist.

Aus einer **negativen Zahl** kann **keine Quadratwurzel** gezogen werden.

Beispiel 2: Berechne die Wurzel ohne Taschenrechner.
a) $\sqrt{36}$ b) $\sqrt{2500}$ c) $\sqrt{0{,}0064}$ d) $\sqrt{\frac{9}{25}}$ e) $\sqrt{-16}$

Lösung:
a) $36 = 6^2$ ist eine Quadratzahl. $\sqrt{36} = 6$, denn $6 \cdot 6 = 36$

b) 2500 enthält die Quadratzahl 25. $\sqrt{2500} = 50$, denn $50 \cdot 50 = 2500$
Es gilt: $5^2 = 25$
$50^2 = 2500$

Hinweis zu b):
Das Ergebnis hat halb so viele Nullen am Ende wie die Zahl unter der Wurzel.

c) 0,0064 enthält die Quadratzahl 64. $\sqrt{0{,}0064} = 0{,}08$, denn $0{,}08 \cdot 0{,}08 = 0{,}0064$
Es gilt: $8^2 = 64$
$0{,}8^2 = 0{,}64$
$0{,}08^2 = 0{,}0064$

Hinweis zu c):
Das Ergebnis hat halb so viele Nachkommastellen wie die Zahl unter der Wurzel

d) Aus Zähler und Nenner kannst du einzeln die Quadratwurzel ziehen: $\sqrt{9} = 3$ und $\sqrt{25} = 5$ $\sqrt{\frac{9}{25}} = \frac{3}{5}$, denn $\frac{3}{5} \cdot \frac{3}{5} = \frac{9}{25}$

e) Aus der negativen Zahl –16 kann man keine Wurzel ziehen, da es keine Zahl gibt, deren Quadrat negativ ist. $\sqrt{-16}$ kann man nicht berechnen.

Basisaufgaben

4. Berechne im Kopf.
a) $\sqrt{25}$ b) $\sqrt{49}$ c) $\sqrt{1}$ d) $\sqrt{144}$ e) $\sqrt{324}$
f) $\sqrt{100}$ g) $\sqrt{8100}$ h) $\sqrt{10\,000}$ i) $\sqrt{640\,000}$ j) $\sqrt{25\,600}$

5. Berechne ohne Taschenrechner. Prüfe zuerst, ob Wurzelziehen erlaubt ist.
a) $\sqrt{0{,}81}$ b) $\sqrt{0{,}0016}$ c) $\sqrt{-0{,}01}$ d) $\sqrt{2{,}56}$ e) $\sqrt{0}$
f) $\sqrt{\frac{1}{4}}$ g) $\sqrt{\frac{81}{36}}$ h) $\sqrt{\frac{-4}{9}}$ i) $\sqrt{\frac{32}{128}}$ j) $\sqrt{\frac{20}{45}}$

Hinweis zu Aufgabe 5:
Hier findest du die Lösungen. Alle Brüche wurden gekürzt.

6. Berechne die Wurzeln, die sich im Kopf berechnen lassen. Formuliere eine Regel.

a) $\sqrt{9}$ $\quad\sqrt{90\,000}$ $\quad\sqrt{0{,}09}$ $\quad\sqrt{0{,}0009}$ $\quad\sqrt{900}$

b) $\sqrt{225}$ $\quad\sqrt{2{,}25}$ $\quad\sqrt{22\,500}$ $\quad\sqrt{0{,}0225}$ $\quad\sqrt{2\,250\,000}$

c) $\sqrt{400}$ $\quad\sqrt{40}$ $\quad\sqrt{4}$ $\quad\sqrt{0{,}4}$ $\quad\sqrt{0{,}04}$

Erinnere dich:
1 ha = 10 000 m^2

7. Bestimme die Seitenlänge eines Quadrats mit dem angegebenen Flächeninhalt.

a) $64\,m^2$ b) $1{,}21\,cm^2$ c) $400\,dm^2$ d) $2{,}89\,km^2$ e) 1,69 ha

8. Berechne erst den Term unter der Wurzel und ziehe dann die Wurzel.
Beispiel: $\sqrt{(-2)^2} = \sqrt{4} = 2$

a) $\sqrt{20+5}$ b) $\sqrt{3\cdot 12}$ c) $\sqrt{0{,}4^2}$ d) $\sqrt{3^2+4^2}$ e) $\sqrt{(-11)^2}$

Weiterführende Aufgaben

9. Ergänze die Tabelle im Heft. Führe die Berechnungen ohne Hilfsmittel durch.

x	25		$\frac{4}{9}$	625		0,09				1,44
$\sqrt{x}$		3,5			0,03		$\frac{2}{3}$	$\sqrt{144}$	$\sqrt{5}$	

10. Begründe.

a) 0,8 ist die Quadratwurzel von 0,64.
b) 0,07 ist nicht die Quadratwurzel von 0,49.
c) $2\frac{1}{3}$ ist die Quadratwurzel von $5\frac{4}{9}$.
d) -5 ist nicht die Quadratwurzel von 25.

11. Ordne die Zahlen ohne Taschenrechner der Größe nach. Beginne mit der kleinsten Zahl.

a) $\sqrt{\frac{3600}{25}}$; $\sqrt{121}$; 10; $\frac{4}{3}$; 4^2
b) 5,75; $\sqrt{4+7\cdot 3}$; $2{,}5^2$; $\sqrt{6^2}$; $\sqrt{\frac{233+9}{10-2}}$

12. Stolperstelle: Laura hat drei Behauptungen aufgestellt. Nimm dazu Stellung.

a) Da $(-3)^2 = 9$ ist und 3^2 auch 9 ist, gilt $\sqrt{9} = 3$ und $\sqrt{9} = -3$.
b) $\sqrt{-36} = -6$
c) $\sqrt{(-10)^2} = -10$

● **13.** Vereinfache den Wurzelterm möglichst ohne Wurzelziehen oder Quadrieren. Erläutere dein Vorgehen.

a) $\sqrt{11^2}$ b) $(\sqrt{36})^2$ c) $\sqrt{32^2}$ d) $(\sqrt{676})^2$ e) $\sqrt{(-7)^2}$

14. Die Figur rechts enthält sechs Quadrate.

a) Prüfe, ob die Außenseiten der Figur gleich lang sind.
b) Welchen Anteil an der Gesamtfläche der sechs Quadrate haben die einzelnen Quadrate? Erstelle dazu eine Tabelle.
c) Zeige, ob man die weiße Fläche im Inneren der Figur durch weitere Quadrate vollständig und ohne Überlappung ausfüllen kann.

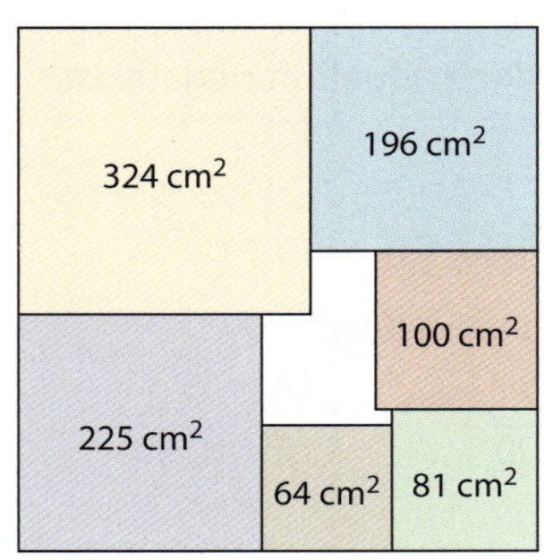

15. Eine quadratische Viehweide von $40\,000\,m^2$ Größe soll eingezäunt werden. Wie viele Rollen Drahtzaun benötigt man mindestens, wenn auf einer Rolle 30 m sind?

16. Herr Meyer hat ein rechteckiges Grundstück mit den Seitenlängen 25 m und 64 m. Herr Schulze hat ein quadratisches Grundstück mit gleichem Flächeninhalt. Zeige, dass Herr Schulze weniger Material zum Einzäunen des gesamten Grundstückes benötigt.

17. Ermittle ohne Taschenrechner, zwischen welchen beiden benachbarten natürlichen Zahlen die Quadratwurzel liegt.
Beispiel: $\sqrt{10}$ liegt zwischen 3 und 4, da $3 = \sqrt{9} < \sqrt{10} < \sqrt{16} = 4$

a) $\sqrt{30}$ b) $\sqrt{6}$ c) $\sqrt{99}$ d) $\sqrt{150}$ e) $\sqrt{0{,}1}$ f) $\sqrt{1{,}9}$

Tipp zu 17:
Suche zuerst die beiden Quadratzahlen, zwischen denen die Zahl unter der Wurzel liegt.

18. Wurzelziehen mit dem Taschenrechner: Quadratwurzeln können unendlich viele Stellen nach dem Komma haben. Berechne mit dem Taschenrechner und runde auf zwei Nachkommastellen.

a) $\sqrt{2}$ b) $\sqrt{5}$ c) $\sqrt{1000}$ d) $\sqrt{6{,}1}$ e) $\sqrt{77{,}23}$ f) $\sqrt{\frac{1}{3}}$

● **19.** Schätze den Wert der Wurzel auf eine Stelle nach dem Komma. Überprüfe deine Schätzung mit dem Taschenrechner.

a) $\sqrt{17}$ b) $\sqrt{8}$ c) $\sqrt{40}$ d) $\sqrt{113}$ e) $\sqrt{0{,}5}$ f) $\sqrt{2{,}9}$

20. Berechne mit dem Taschenrechner. Runde das Ergebnis sinnvoll.

a) $1 - 3 \cdot \sqrt{2}$ b) $\sqrt{2} \cdot \sqrt{8}$ c) $\sqrt{5{,}3^2 + 4{,}1^2}$ d) $\frac{\sqrt{6+1}+1}{2 \cdot \sqrt{3}}$

● **21.** Welche Zahlen kannst du für x einsetzen, damit die Gleichung stimmt? Begründe.

a) $\sqrt{x} = 4$ b) $\sqrt{x} = 17$ c) $\sqrt{\sqrt{x}} = 4$ d) $\sqrt{\sqrt{\sqrt{x}}} = 2$

● **22.** Die Abbildung zeigt die ersten vier Figuren einer Figurenfolge.

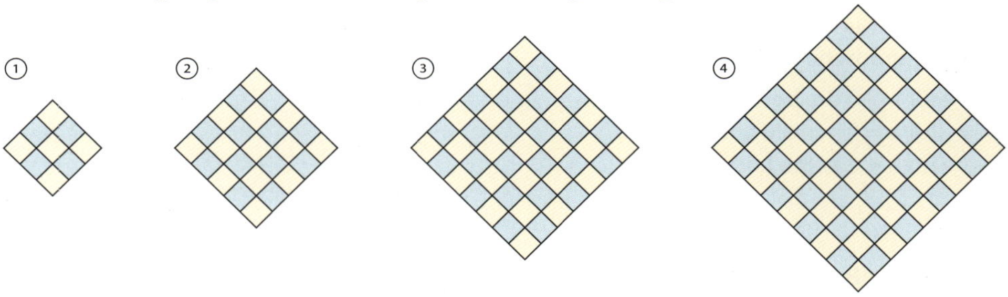

a) Ermittle für jede Figur die Anzahl der blauen und die Anzahl der gelben Quadrate.
b) Ermittle die Anzahl der blauen und die Anzahl der gelben Quadrate für die 100. Figur.

● **23. Ausblick:** Das blaue Quadrat hat einen Flächeninhalt von 1 dm². Vom darunter liegenden grünen Quadrat ist noch 1 dm² zu sehen. Das gelbe Quadrat hat insgesamt den doppelten Flächeninhalt wie das grüne Quadrat.
a) Berechne die Seitenlängen aller drei Quadrate.
b) Welche Seitenlänge und welchen Flächeninhalt hätte das nächstkleinere Quadrat, das man in das blaue Quadrat legen könnte?

Hinweis zu 23:
Du kannst diese Figur mit einer Dynamischen Geometrie-Software konstruieren, um deine Überlegungen zu überprüfen.

1.2 Quadratische Gleichungen der Form $x^2 = a$

■ Prüfe durch Einsetzen, welche der Zahlen auf den Kärtchen Lösungen der Gleichung $x^2 = 0{,}25$ sind.
Gib an, wie viele verschiedene Lösungen die Gleichung hat. ■

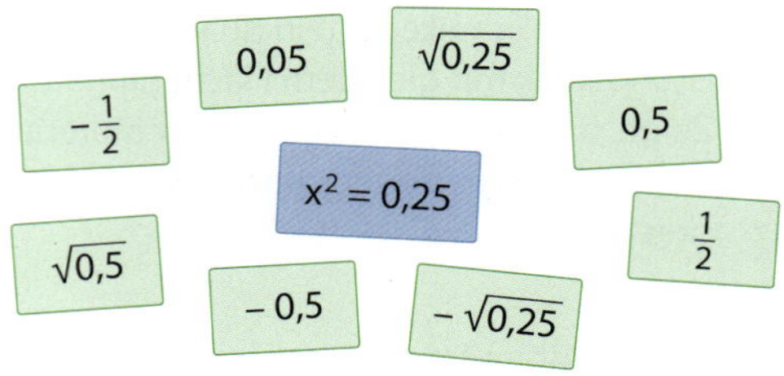

Die quadratische Gleichung $x^2 = 36$ wird von allen Zahlen gelöst, deren Quadrat 36 ist. Dies trifft auf die Quadratwurzel aus 36 zu, denn es gilt $(\sqrt{36})^2 = 6^2 = 36$. Aber auch die Gegenzahl der Quadratwurzel aus 36 ist Lösung, denn es gilt $(-\sqrt{36})^2 = (-6)^2 = 36$.

Die Gleichung $x^2 = 36$ hat genau zwei Lösungen $x_1 = \sqrt{36} = 6$ und $x_2 = -\sqrt{36} = -6$, sie unterscheiden sich nur im Vorzeichen.

Beispiel 1: Bestimme die Lösungen der Gleichung.
a) $x^2 = 1{,}44$ b) $x^2 = -64$

Lösung:

a) Gesucht sind alle Zahlen, die quadriert 1,44 ergeben. — $x^2 = 1{,}44$
Als Lösungen ergeben sich die positive und die negative Wurzel aus 1,44. — $x_1 = \sqrt{1{,}44} = 1{,}2$ $x_2 = -\sqrt{1{,}44} = -1{,}2$
$L = \{1{,}2; -1{,}2\}$

b) Gesucht sind alle Zahlen, die quadriert −64 ergeben. — $x^2 = -64$
Es gibt aber keine Zahl, deren Quadrat negativ ist. — Die Gleichung hat keine Lösung.
$L = \{\}$

Hinweis:
Für alle $a \geq 0$ gilt:
$(\sqrt{a})^2 = a$ und
$(-\sqrt{a})^2 = a$.

Wissen: Quadratische Gleichungen der Form $x^2 = a$
Die quadratische Gleichung $x^2 = a$ hat
- für $a > 0$ **die beiden Lösungen** $x_1 = \sqrt{a}$ und $x_2 = -\sqrt{a}$,
- für $a = 0$ nur **die Lösung** $x = 0$,
- für $a < 0$ **keine Lösung**.

Basisaufgaben

1. Bestimme die Lösungen der Gleichung.
a) $x^2 = 81$ b) $x^2 = 100$ c) $x^2 = 4900$ d) $x^2 = -12\,100$ e) $x^2 = 255$

2. Löse die Gleichung.
a) $x^2 = 0{,}64$ b) $x^2 = 0{,}16$ c) $0{,}04 = x^2$ d) $x^2 = 1{,}69$ e) $x^2 = 6{,}25$

Hinweis zu Aufgabe 3:
Hier findest du die gerundeten Lösungen

TR

3. Gib die Lösungen der Gleichung mit Wurzeln und mithilfe eines Taschenrechners gerundet als Dezimalzahl an.
Beispiel: $x^2 = 10$ Lösungen: $x_1 = \sqrt{10} \approx 3{,}16$ und $x_2 = -\sqrt{10} \approx -3{,}16$
a) $x^2 = 2$ b) $x^2 = 20$ c) $x^2 = 200$ d) $x^2 = 0{,}9$ e) $x^2 = 1000$

Weiterführende Aufgaben

4. Stelle zu den Lösungen eine passende quadratische Gleichung auf.
a) $x_1 = 7; x_2 = -7$ b) $x_1 = 0{,}1; x_2 = -0{,}1$ c) keine Lösung d) $x_1 = \sqrt{8};\ x_2 = -\sqrt{8}$

5. Bestimme die Lösungen der Gleichung.
a) $x^2 = \frac{4}{9}$ b) $\frac{64}{121} = x^2$ c) $y^2 = -\frac{16}{25}$ d) $x^2 = 2\frac{1}{4}$

6. Bestimme, welche Gleichung zu welcher Lösungsmenge gehört.

$x^2 = 2$ | $y^2 = 0{,}4$ | $0 = 2 + x^2$ | $L = \{0{,}2; -0{,}2\}$ | $L = \{\}$ | $L = \{\sqrt{2}; -\sqrt{2}\}$

$0{,}04 = x^2$ | $x^2 + 2 = 2$ | $4 = a^2$ | $L = \{2; -2\}$ | $L = \{0\}$ | $L = \{\sqrt{0{,}4}; -\sqrt{0{,}4}\}$

7. Forme die Gleichung zuerst um. Bestimme dann die Lösungen.
Beispiel: $x^2 - 8 = 17 \quad |+8$
$x^2 = 25$ Lösungen: $x_1 = 5; x_2 = -5$
a) $x^2 - 34 = 15$ b) $x^2 - 0{,}01 = 0$ c) $16 + x^2 = 0$ d) $-9 = -90 + y^2$
e) $5x^2 = 45$ f) $4y^2 = 16$ g) $-x^2 - 1 = 0$ h) $-1{,}92 = -3a^2$

8. **Stolperstelle:** Prüfe die Aussagen und Rechnungen. Korrigiere, wenn nötig.
a) Sandro sagt: „Die Gleichung $x^2 = 36$ hat die Lösungen $x_1 = 6$ und $x_2 = -6$. Die beiden Lösungen sind auch Quadratwurzeln von 36, denn ihre Quadrate sind jeweils 36."
b) Marie sagt: „Ich löse die Gleichung $x^2 - 2{,}8 = 0$ durch Umformen."
Maries Lösung:
$x^2 - 2{,}8 = 0 \quad |+2{,}8$
$x^2 = 2{,}8 \quad$ | Ziehen der Quadratwurzel
$x = 1{,}67$
c) Timo löst die Gleichung $x^2 = 5$. Er sagt: „Ich berechne $\sqrt{5}$ mit dem Taschenrechner und erhalte als Lösungen $x_1 = 2{,}236$ und $x_2 = -2{,}236$." Luise entgegnet: „Deine Lösungen stimmen nicht, denn $2{,}236^2 = 4{,}999696$ und $(-2{,}236)^2 = 4{,}999696$."
d) Janina soll die Seitenlänge eines Quadrats mit dem Flächeninhalt 256 cm² ermitteln. Sie löst dafür die Gleichung $a^2 = 256$. Als Lösungen gibt sie $a_1 = 16$ cm und $a_2 = -16$ cm an.

9. Ein Würfel hat einen Oberflächeninhalt von 216 cm².
a) Berechne mithilfe einer quadratischen Gleichung die Kantenlänge des Würfels.
b) Wie ändert sich die Kantenlänge, wenn sich der Oberflächeninhalt des Würfels verdoppelt?

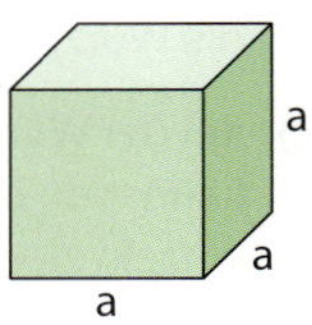

10. Schätze die Lösungen der Gleichung auf eine Nachkommastelle. Überprüfe deine Schätzung, indem du den Taschenrechner zu Hilfe nimmst.
a) $x^2 = 80$ b) $x^2 = 3$ c) $30 = x^2$ d) $a^2 = 45$

11. Finde passende Zahlen, für die die Gleichung oder die Ungleichung gilt.
a) $x^2 = x$ b) $x^2 - x = 0$ c) $x^2 + x = 0$ d) $x^2 < x$

12. **Ausblick:** Löse die Gleichung.
a) $x^2 + x = -4 + x^2$ b) $x - x^2 = -169 + x$ c) $5x^2 - x = 5 - x$ d) $9 + 2y^2 = 36 - y^2$
e) $\sqrt{2x} = \frac{1}{4}$ f) $\sqrt{x^2} = 0{,}5$ g) $\sqrt{-4x} = 2$ h) $\sqrt{x^2 + 11} = 6$

1.3 Rechnen mit Quadratwurzeln

■ Führe die Rechnungen auf der Tafel zu Ende. Welche Regeln für das Rechnen mit Wurzeln vermutest du? Suche weitere Beispiele und überprüfe. ■

Wurzelgesetze

Bei Produkten und Quotienten von Wurzeln gelten besondere Rechenregeln.

Beispielsweise gilt $\sqrt{4} \cdot \sqrt{9} = \sqrt{4 \cdot 9}$ und $\frac{\sqrt{100}}{\sqrt{25}} = \sqrt{\frac{100}{25}}$, wie man leicht nachrechnen kann.

$\sqrt{4} \cdot \sqrt{9} = 2 \cdot 3 = 6$; $\sqrt{4 \cdot 9} = \sqrt{36} = 6$ $\qquad$ $\frac{\sqrt{100}}{\sqrt{25}} = \frac{10}{5} = 2$; $\sqrt{\frac{100}{25}} = \sqrt{4} = 2$

Für Summen und Differenzen gelten diese Regeln nicht.

Hinweis:
$\sqrt{a} + \sqrt{b} \neq \sqrt{a + b}$
$\sqrt{a} - \sqrt{b} \neq \sqrt{a - b}$

Wissen: Wurzelgesetze
Für alle nichtnegativen Zahlen a und b gilt:
für **Produkte:** $\sqrt{a} \cdot \sqrt{b} = \sqrt{a \cdot b}$ $\qquad$ für **Quotienten:** $\frac{\sqrt{a}}{\sqrt{b}} = \sqrt{\frac{a}{b}}$ $(b \neq 0)$

Beispiel 1: Ziehe die Wurzel.
a) $\sqrt{3} \cdot \sqrt{12}$ $\qquad$ b) $\frac{\sqrt{2}}{\sqrt{32}}$ $\qquad$ c) $\sqrt{25 \cdot 9}$ $\qquad$ d) $\sqrt{\frac{9}{121}}$

Lösung:

a) Bei einem Produkt von Wurzeln kannst du die Zahlen unter den Wurzeln multiplizieren und dann die Wurzel ziehen. $\sqrt{3} \cdot \sqrt{12} = \sqrt{3 \cdot 12} = \sqrt{36} = 6$

b) Bei einem Quotienten von Wurzeln kannst du die Zahlen unter den Wurzeln als Bruch schreiben, kürzen und dann die Wurzel ziehen. $\frac{\sqrt{2}}{\sqrt{32}} = \sqrt{\frac{2}{32}} = \sqrt{\frac{1}{16}} = \frac{1}{4}$

c) Bei der Wurzel aus einem Produkt kannst du die Wurzeln aus den Faktoren einzeln ziehen und multiplizieren. $\sqrt{25 \cdot 9} = \sqrt{25} \cdot \sqrt{9} = 5 \cdot 3 = 15$

d) Bei der Wurzel aus einem Bruch kannst du die Wurzel aus dem Zähler durch die Wurzel aus dem Nenner teilen. $\sqrt{\frac{9}{121}} = \frac{\sqrt{9}}{\sqrt{121}} = \frac{3}{11}$

Basisaufgaben

1. Schreibe unter eine Wurzel und berechne.
a) $\sqrt{2} \cdot \sqrt{32}$ $\qquad$ b) $\sqrt{3} \cdot \sqrt{27}$ $\qquad$ c) $\sqrt{6} \cdot \sqrt{150}$ $\qquad$ d) $\sqrt{28} \cdot \sqrt{7}$ $\qquad$ e) $\sqrt{0{,}2} \cdot \sqrt{320}$

2. Schreibe als Produkt zweier Wurzeln und berechne.
a) $\sqrt{16 \cdot 9}$ $\qquad$ b) $\sqrt{25 \cdot 49}$ $\qquad$ c) $\sqrt{121 \cdot 36}$ $\qquad$ d) $\sqrt{36 \cdot 169}$ $\qquad$ e) $\sqrt{0{,}25 \cdot 16}$

3. Schreibe unter eine Wurzel, kürze den Bruch und berechne.

a) $\frac{\sqrt{3}}{\sqrt{12}}$ b) $\frac{\sqrt{2}}{\sqrt{50}}$ c) $\frac{\sqrt{20}}{\sqrt{45}}$ d) $\frac{\sqrt{12}}{\sqrt{75}}$ e) $\frac{\sqrt{108}}{\sqrt{75}}$

4. Schreibe als Quotient zweier Wurzeln und berechne.

a) $\sqrt{\frac{16}{81}}$ b) $\sqrt{\frac{4}{121}}$ c) $\sqrt{\frac{18}{32}}$ d) $\sqrt{\frac{225}{400}}$ e) $\sqrt{\frac{700}{63}}$

Tipp zu 4:
Manchmal musst du den Bruch zuerst kürzen.

5. Wende ein Wurzelgesetz an und berechne.

a) $\sqrt{\frac{1}{3}} \cdot \sqrt{48}$ b) $\sqrt{9 \cdot 36 \cdot 64}$ c) $\sqrt{84} : \sqrt{21}$ d) $\sqrt{3} : \sqrt{147}$ e) $\sqrt{5\frac{1}{16}}$

Wurzelziehen durch Zerlegen

Mithilfe der Wurzelgesetze können oft auch komplizierte Wurzeln ohne Taschenrechner berechnet oder vereinfacht werden.

Beispiel 2: Ziehe die Wurzel so weit wie möglich.

a) $\sqrt{324}$ b) $\sqrt{45}$

Lösung:

a) Prüfe, ob die Zahl unter der Wurzel durch kleine Quadratzahlen wie 4, 9, 16, 25 usw. teilbar ist und schreibe sie als Produkt.
324 ist durch 4 teilbar.
$324 = 4 \cdot 81$

Aus den Quadratzahlen kannst du dann einzeln die Wurzel ziehen.
$\sqrt{324} = \sqrt{4 \cdot 81} = \sqrt{4} \cdot \sqrt{81} = 2 \cdot 9 = 18$

b) Ziehe nur aus den Quadratzahlen die Wurzel. Der Rest bleibt als Wurzel stehen.
$\sqrt{45} = \sqrt{9 \cdot 5} = \sqrt{9} \cdot \sqrt{5} = 3 \cdot \sqrt{5}$

Basisaufgaben

6. Zerlege die Zahl unter der Wurzel in ein Produkt aus Quadratzahlen. Wende dann das Wurzelgesetz an und berechne.

a) $\sqrt{400}$ b) $\sqrt{3600}$ c) $\sqrt{144}$ d) $\sqrt{16\,900}$ e) $\sqrt{2025}$

7. Ziehe die Wurzel so weit wie möglich. Suche bei der Zahl unter der Wurzel nach Faktoren, die Quadratzahlen sind.

a) $\sqrt{12}$ b) $\sqrt{18}$ c) $\sqrt{27}$ d) $\sqrt{44}$ e) $\sqrt{48}$
f) $\sqrt{63}$ g) $\sqrt{112}$ h) $\sqrt{147}$ i) $\sqrt{432}$ j) $\sqrt{30\,000}$

Hinweis zu Aufgabe 7:
Hier findest du die Lösungen

8. Gib die Wurzeln der Zahlenfolge auf möglichst einfache Weise an.

a) $\sqrt{25}; \sqrt{50}; \sqrt{75}; \sqrt{100}; \sqrt{125}; \sqrt{150}; \sqrt{175}; \sqrt{200}; \sqrt{225}; \sqrt{250}; \ldots; \sqrt{25 \cdot n}$
b) $\sqrt{100}; \sqrt{200}; \sqrt{300}; \sqrt{400}; \sqrt{500}; \sqrt{600}; \sqrt{700}; \sqrt{800}; \sqrt{900}; \sqrt{1000}; \ldots; \sqrt{100 \cdot n}$

9. Ziehe die Wurzel ohne Taschenrechner so weit wie möglich. Suche im Zähler und Nenner nach Zahlen oder Faktoren, die Quadratzahlen sind.

a) $\sqrt{\frac{81}{4}}$ b) $\sqrt{\frac{1}{4900}}$ c) $\sqrt{\frac{10\,000}{144}}$ d) $\sqrt{\frac{324}{2500}}$ e) $\sqrt{\frac{1225}{576}}$
f) $\sqrt{\frac{3}{49}}$ g) $\sqrt{\frac{144}{20}}$ h) $\sqrt{\frac{25}{45}}$ i) $\sqrt{\frac{128}{64}}$ j) $\sqrt{\frac{100}{288}}$

Wurzeln zusammenfassen

Wenn man Terme vereinfachen möchte ist es oft hilfreich, so weit wie möglich die Wurzel zu ziehen.

Hinweis:
Den „Malpunkt" zwischen Zahl und Wurzel kann man weglassen.
$6 \cdot \sqrt{7} = 6\sqrt{7}$

Beispiel 3: Fasse $\sqrt{25} - \sqrt{63} + 6\sqrt{7}$ so weit wie möglich zusammen.

Lösung:

Ziehe jeweils so weit wie möglich die Wurzel. $\sqrt{25} - \sqrt{63} + 6\sqrt{7} = 5 - \sqrt{9 \cdot 7} + 6\sqrt{7}$

$= 5 - 3\sqrt{7} + 6\sqrt{7}$

Nun kannst du $-3\sqrt{7} + 6\sqrt{7}$ durch Ausklammern von $\sqrt{7}$ zusammenfassen.

$= 5 + (-3 + 6)\sqrt{7}$

$= 5 + 3\sqrt{7}$

Basisaufgaben

10. Fasse zusammen, indem du die Wurzel ausklammerst.
a) $4\sqrt{2} + 7\sqrt{2}$ b) $19\sqrt{5} - 2\sqrt{5}$ c) $0{,}25\sqrt{6} + \sqrt{6}$ d) $\frac{1}{3}\sqrt{3} + \frac{3}{2}\sqrt{3}$ e) $1\frac{1}{5}\sqrt{7} - \frac{4}{5}\sqrt{7}$

11. Ziehe so weit wie möglich die Wurzel und fasse dann zusammen.
a) $\sqrt{5} + \sqrt{20}$ b) $4\sqrt{2} + \sqrt{32}$ c) $7\sqrt{3} + 2\sqrt{27}$ d) $\sqrt{50} - \sqrt{2}$ e) $8\sqrt{7} + \sqrt{28}$
f) $\sqrt{32} - \sqrt{8}$ g) $\sqrt{180} + \sqrt{20}$ h) $-4\sqrt{3} + \sqrt{75}$ i) $\sqrt{200} - \sqrt{2}$ j) $\sqrt{162} + 7\sqrt{2}$

12. Fasse so weit wie möglich zusammen.
a) $\sqrt{5} + 2\sqrt{5} + \sqrt{25}$ b) $\sqrt{12} - \sqrt{2} + \sqrt{8}$ c) $\sqrt{9 \cdot 72} - \sqrt{242}$ d) $\sqrt{17} + \frac{8\sqrt{17}}{\sqrt{16}} + \sqrt{153}$

Weiterführende Aufgaben

13. Berechne im Kopf.
a) $\sqrt{3} \cdot \sqrt{12}$ b) $\sqrt{3} \cdot \sqrt{48}$ c) $\sqrt{13} \cdot \sqrt{13}$ d) $\sqrt{144} \cdot \sqrt{0{,}01}$ e) $\sqrt{0{,}5} \cdot \sqrt{98}$
f) $\frac{\sqrt{100}}{\sqrt{9}}$ g) $\frac{\sqrt{63}}{\sqrt{28}}$ h) $\sqrt{500} : \sqrt{20}$ i) $\frac{\sqrt{0{,}25}}{\sqrt{4}}$ j) $\frac{\sqrt{0{,}18}}{\sqrt{8}}$

● **14.** Berechne geschickt im Kopf und erkläre deine Vorgehensweise.
a) $\sqrt{1600}$ b) $\sqrt{2{,}25}$ c) $\sqrt{729}$ d) $\sqrt{0{,}0025}$ e) $\sqrt{0{,}000001}$
f) $\sqrt{(-36) \cdot (-9)}$ g) $\sqrt{64} \cdot \sqrt{49}$ h) $\sqrt{242} : \sqrt{2}$ i) $\sqrt{75} \cdot \sqrt{12}$ j) $\sqrt{0{,}49 \cdot 81}$
k) $\sqrt{\frac{800}{18}}$ l) $\sqrt{\frac{32}{5000}}$ m) $\frac{\sqrt{0{,}008}}{\sqrt{0{,}002}}$ n) $\frac{\sqrt{7} \cdot \sqrt{28}}{\sqrt{49}}$ o) $\frac{4\sqrt{3}}{\sqrt{75}}$

15. Stolperstelle:

a) Korrigiere die Hausaufgaben von Karla. Erkläre, welche Fehler ihr unterlaufen sind und wie es richtig geht.

① $\sqrt{20} - \sqrt{4} = \sqrt{16} = 4$ ② $\sqrt{7 \cdot 25} = 7 \cdot \sqrt{25} = 35$ ③ $\sqrt{12} = \sqrt{3 \cdot 4} = 3\sqrt{2}$

④ $\sqrt{\frac{3}{64}} = 8\sqrt{3}$ ⑤ $\sqrt{2} \cdot \sqrt{7 + 9} = \sqrt{14} + \sqrt{18}$ ⑥ $\sqrt{9\frac{1}{4}} = 3\frac{1}{2}$

b) Präsentiere ① bis ⑥ deiner Klasse mit Hilfe von Lernplakaten, auf denen du die Fehler dem richtigen Lösungsweg gegenüberstellst. Erkläre dabei, wie man diese Fehler vermeiden kann.

16. Untersuche, welche Wurzeln ganzzahlige Vielfache von $\sqrt{3}$ sind und welche Wurzeln nicht.

$\sqrt{75}$ $\sqrt{9}$ $\sqrt{27}$ $\sqrt{33}$ $\sqrt{12}$ $\sqrt{48}$ $\sqrt{300}$ $\sqrt{45}$

17. Berechne und vergleiche. Fasse deine Beobachtung in einem Satz zusammen.
a) $\sqrt{64+36}$ und $\sqrt{64}+\sqrt{36}$ b) $\sqrt{144+81}$ und $\sqrt{144}+\sqrt{81}$
c) $\sqrt{25-9}$ und $\sqrt{25}-\sqrt{9}$ d) $\sqrt{169-25}$ und $\sqrt{169}-\sqrt{25}$

18. Ziehe den Faktor in die Wurzel.
Beispiel: $5\sqrt{2}=\sqrt{25}\cdot\sqrt{2}=\sqrt{50}$
a) $2\sqrt{3}$ b) $8\sqrt{10}$ c) $0{,}1\sqrt{700}$ d) $10\sqrt{3{,}3}$ e) $\frac{1}{3}\sqrt{\frac{3}{4}}$ f) $3{,}5\sqrt{\frac{2}{7}}$

● **19.** Ermittle, welche Zahlen für den Platzhalter eingesetzt werden können, damit die Gleichung stimmt.
a) $\sqrt{(-3)\cdot■}=3$ b) $■\cdot\sqrt{15}=\sqrt{240}$ c) $\sqrt{16\cdot■}=32$ d) $\sqrt{5}\cdot\sqrt{■}=-5$
e) $\sqrt{■}:\sqrt{7}=5$ f) $3\sqrt{■}=6\sqrt{3}$ g) $\sqrt{■^2}=231$ h) $2\sqrt{5}+\sqrt{■}=5\sqrt{5}$

20. Den Bruch $\frac{1}{\sqrt{a}}$ kann man durch Erweitern mit $\sqrt{a}$ auch zu einem Bruch ohne Wurzel im Nenner umformen: $\frac{1}{\sqrt{a}}=\frac{\sqrt{a}}{\sqrt{a}\cdot\sqrt{a}}=\frac{\sqrt{a}}{a}$. Zeige durch geschicktes Erweitern, dass gilt:
a) $\frac{1}{\sqrt{3}}=\frac{\sqrt{3}}{3}$ b) $\frac{1}{\sqrt{5}}=\frac{\sqrt{5}}{5}$

21. Forme den Term so um, dass im Nenner keine Wurzel steht.
a) $\frac{5}{\sqrt{6}}$ b) $\frac{21}{\sqrt{7}}$ c) $\frac{1}{2\sqrt{2}}$ d) $\frac{\sqrt{3}}{\sqrt{33}}$ e) $\frac{\sqrt{56}}{\sqrt{8}}$ f) $\frac{\sqrt{13}}{\sqrt{65}}$

● **22.** Prüfe, welche Brüche den gleichen Wert haben. Sortiere der Größe nach. Die Formel aus Aufgabe 20 kann dir dabei helfen.

$\frac{1}{\sqrt{7}}$ $\frac{234}{351}$ $\frac{2\sqrt{45}}{\sqrt{324}}$ $\frac{\sqrt{7}}{7}$ $\frac{\sqrt{45}}{\sqrt{81}}$ $\frac{\sqrt{20}}{\sqrt{9}}$ $\frac{2}{3}$

$\frac{2}{3}\sqrt{5}$ $\frac{1}{3}\sqrt{5}$ $\frac{\sqrt{80}}{\sqrt{36}}$ $\frac{6}{\sqrt{252}}$ $\frac{\sqrt{256}}{\sqrt{576}}$ $\frac{10\sqrt{7}}{14\sqrt{25}}$ $\frac{5}{\sqrt{45}}$

CAS **23.** Ein CAS vereinfacht Ergebnisse automatisch, wenn sie Wurzeln enthalten.
a) Erläutere, wie der CAS im Bild rechts zu den Ergebnissen gekommen ist.
b) Vereinfache die Terme handschriftlich:
① $\sqrt{\sqrt{64}}$ ② $4\sqrt{48}+5\sqrt{48}$
③ $\sqrt{\frac{81}{2}}$ ④ $\frac{2}{\sqrt{7}}-\frac{1}{\sqrt{7}}$

c) Vereinfache die Terme aus b) mit dem CAS und vergleiche mit deinen Ergebnissen.
d) Formuliere Regeln, nach denen der CAS Ergebnisse mit Wurzeln darstellt.

● **24. Ausblick:**
a) Welche Werte darf man für die Variablen einsetzen? Begründe.
① $(\sqrt{-2x})^2$ ② $\sqrt{x-5}$ ③ $\sqrt{a^2b}$ ④ $\sqrt{u^3\cdot u}$ ⑤ $\frac{\sqrt{y}}{\sqrt{x^2}}$
b) Berechne und vergleiche: $\sqrt{(-5)^2}$ und $\sqrt{5^2}$; $\sqrt{(-13)^2}$ und $\sqrt{13^2}$; $\sqrt{(-99)^2}$ und $\sqrt{99^2}$
c) Zeige, dass für jede Zahl a gilt: $\sqrt{a^2}=|a|$. Unterscheide die Fälle $a \geq 0$ und $a < 0$.
d) Gib an, welche Werte man für die Variablen einsetzen darf, und vereinfache. Überlege dir, wann du einen Betrag setzen musst.
① $\sqrt{y^2}\sqrt{y^2}$ ② $\sqrt{x}\sqrt{x^2y^2}$ ③ $\sqrt{a^2b^4}$ ④ $\sqrt{u^3\cdot u}\cdot\frac{u}{\sqrt{u}}$ ⑤ $\sqrt{\frac{ab}{a^3}}\cdot\sqrt{b}$
e) Schreibe ohne Wurzel (a ist eine positive Zahl).
① $\sqrt{9+6a+a^2}$ ② $\sqrt{49+a^2-14a}$ ③ $\sqrt{9a^2+12ab+4b^2}$

Werte von Wurzeln bestimmen

■ Das rote Quadrat hat einen Flächeninhalt von $16\,cm^2$. Verbindet man die Mittelpunkte der Seiten des roten Quadrats, entsteht wieder ein Quadrat. Begründe, warum dieses blaue Quadrat einen Flächeninhalt von $8\,cm^2$ hat.
Wie lang sind die Seiten des blauen Quadrats? Gib einen exakten Wert an und einen Näherungswert, indem du die Seitenlänge misst. ■

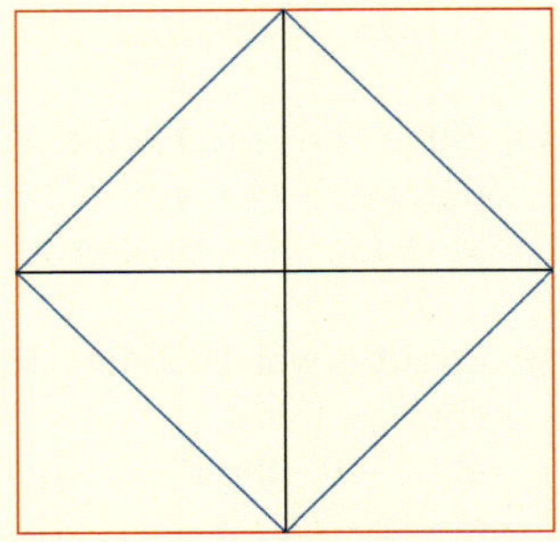

$\sqrt{2}$ ist keine natürliche Zahl und lässt sich auch nicht als Bruch schreiben. Es ist eine Dezimalzahl mit unendlich vielen Nachkommastellen. Daher kann der Taschenrechner für $\sqrt{2}$ nur einen Näherungswert anzeigen (z.B. 1,414213562).
Es gibt verschiedene Verfahren, um Wurzeln näherungsweise zu berechnen. Eines ist das Verfahren der **Intervallschachtelung**. Dabei bestimmt man Schritt für Schritt immer kleinere Bereiche zwischen zwei Zahlen **(Intervalle)**, in denen der gesuchte Wert liegen muss.

Beispiel 1: Berechne näherungsweise $\sqrt{2}$ mit einer Intervallschachtelung. Runde auf die dritte Nachkommastelle.

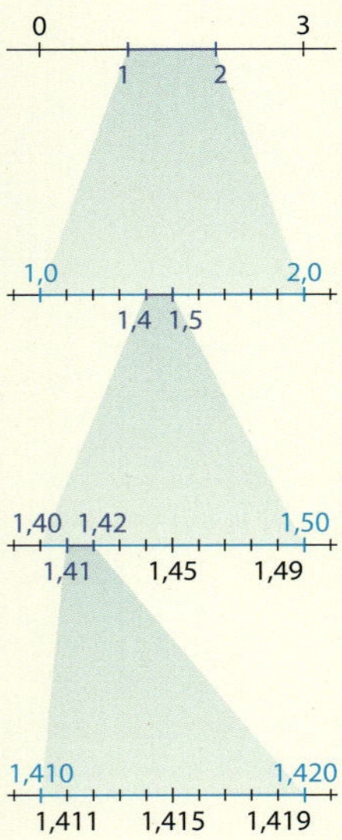

Lösung:

Bestimme zwei aufeinanderfolgende ganze Zahlen, zwischen denen $\sqrt{2}$ liegt.

Es ist: $1 < \sqrt{2} < 2$

Denn: $1^2 = 1 < \sqrt{2}^2 = 2 < 2^2 = 4$

Bestimme zwei Zahlen zwischen 1 und 2 mit einer Nachkommastelle, zwischen denen $\sqrt{2}$ liegt. Prüfe systematisch, zwischen welchen Quadraten $1{,}1^2, 1{,}2^2, 1{,}3^2, \ldots 1{,}9^2$ der Wert $\sqrt{2}^2 = 2$ liegt.

1. Schritt:

x	1,1	1,2	1,3	1,4	1,5
x^2	1,21	1,44	1,69	1,96	2,25

Es ist: $1{,}4 < \sqrt{2} < 1{,}5$

Denn: $1{,}4^2 = 1{,}96 < \sqrt{2}^2 = 2 < 1{,}5^2 = 2{,}25$

Bestimme zwei Zahlen zwischen 1,4 und 1,5 mit zwei Nachkommastellen, zwischen denen $\sqrt{2}$ liegt.

2. Schritt:

x	1,41	1,42
x^2	1,98881	2,0164

Es ist: $1{,}41 < \sqrt{2} < 1{,}42$

Bestimme zwei Zahlen zwischen 1,41 und 1,42 mit drei Nachkommastellen, zwischen denen $\sqrt{2}$ liegt.

3. Schritt:

x	…	1,413	1,414	1,415
x^2	…	1,996569	1,999396	2,002225

Es ist: $1{,}414 < \sqrt{2} < 1{,}415$

$\sqrt{2}$ liegt zwischen 1,4142 und 1,4143. Beide Zahlen ergeben gerundet an der dritten Nachkommastelle den Wert 1,414.

4. Schritt:
Es ist: $1{,}4142 < \sqrt{2} < 1{,}4143$
Gerundet ergibt sich: $\sqrt{2} \approx 1{,}414$

Mit jedem Schritt der Intervallschachtelung erhält man einen besseren Näherungswert für $\sqrt{2}$. Man kann $\sqrt{2}$ damit auf beliebig viele Nachkommastellen genau bestimmen.

Aufgaben

1. Berechne näherungsweise mit einer Intervallschachtelung. Runde auf die dritte Nachkommastelle.
a) $\sqrt{3}$ b) $\sqrt{5}$ c) $\sqrt{7}$ d) $\sqrt{10}$ e) $\sqrt{111}$ f) $\sqrt{300}$

2. a) Beschreibe das Verfahren der Intervallschachtelung zur Bestimmung von $\sqrt{12}$ mit eigenen Worten.
b) Führe das Verfahren aus, bis du $\sqrt{12}$ auf drei Nachkommastellen genau angeben kannst.

3. Bestimme die Wurzel mit dem Taschenrechner auf vier Nachkommastellen genau. Verwende dazu nur die Taste zum Quadrieren, aber nicht die Taste zum Wurzelziehen. Kontrolliere anschließend mit der Wurzel-Taste.
a) $\sqrt{19}$ b) $\sqrt{24}$ c) $\sqrt{60}$ d) $\sqrt{999}$ e) $\sqrt{0{,}19}$ f) $\sqrt{0{,}9}$

4. a) Berechne den Wert von $\sqrt{8}$ näherungsweise mit einer Intervallschachtelung. Runde auf die fünfte Nachkommastelle.
b) Isa sagt: „Mein Taschenrechner gibt bei $\sqrt{8}$ einen Wert mit neun Nachkommastellen an. Das ist viel genauer als die Intervallschachtelung." Was meinst du dazu?

5. Frank behauptet, dass 1,414213562 der genaue Wert von $\sqrt{2}$ ist, denn sein Taschenrechner zeigt diesen Wert ja an. Nadine meint, dass das nicht stimmen kann, denn die Endziffer von $1{,}414213562^2$ ist 4. Wer hat recht? Begründe.

6. Gegeben sind die ersten beiden Intervalle einer Intervallschachtelung für die Quadratwurzel aus einer natürlichen Zahl n. Bestimme n.
a) $3 < \sqrt{n} < 4$; $3{,}3 < \sqrt{n} < 3{,}4$
b) $9 < \sqrt{n} < 10$; $9{,}0 < \sqrt{n} < 9{,}1$
c) $6 < \sqrt{n} < 7$; $6{,}8 < \sqrt{n} < 6{,}9$
d) $7 < \sqrt{n} < 8$; $7{,}6 < \sqrt{n} < 7{,}7$

7. Das Bild zeigt eine Möglichkeit, einige Wurzeln geometrisch zu konstruieren.
a) Begründe, dass der Kreis die horizontale Achse bei $\sqrt{2}$ schneidet.
b) Beschreibe, wie der Kreis konstruiert werden kann.
c) Konstruiere $\sqrt{8}$ und $3 \cdot \sqrt{2}$.
d) Begründe, dass in einem Quadrat mit der Seitenlänge a eine Diagonale die Länge $\sqrt{2 \cdot a^2}$ hat. Erkläre dann, warum $\sqrt{15}$ nicht auf diese Weise konstruierbar ist.

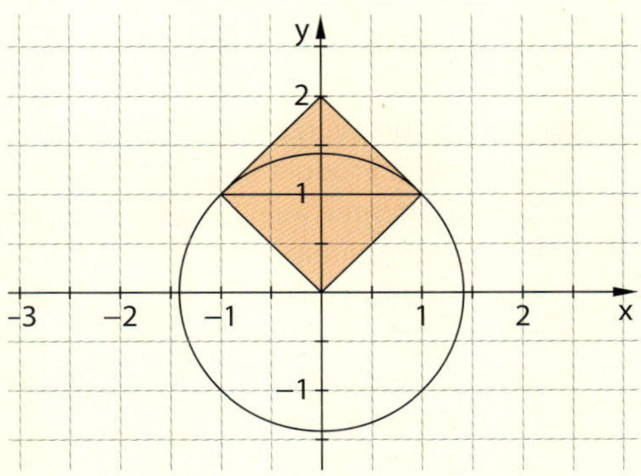

8. **Forschungsauftrag:** Recherchiere nach dem Heron-Verfahren zur näherungsweisen Berechnung von Quadratwurzeln.
a) Berechne $\sqrt{2}$ und $\sqrt{3}$ mit dem Heron-Verfahren. Runde jeweils auf die vierte Nachkommastelle.
b) Vergleiche das Heron-Verfahren mit dem Verfahren der Intervallschachtelung. Beschreibe Gemeinsamkeiten und Unterschiede. Welches Verfahren würdest du wählen, wenn du möglichst schnell gute Näherungswerte für Quadratwurzeln ermitteln möchtest? Begründe deine Wahl.

1.4 Vermischte Aufgaben

1. Berechne ohne Taschenrechner.

a) $\sqrt{\sqrt{81}}$ b) $\sqrt{600-276}$ c) $\sqrt{2\cdot 0{,}08}$ d) $\sqrt{32}\cdot\sqrt{4}$

e) $\sqrt{0{,}1\cdot\sqrt{0{,}01}}$ f) $\sqrt{100\cdot\sqrt{0{,}0001}}$ g) $\sqrt{\frac{2}{9}+\frac{4}{18}}$ h) $\sqrt{(-3^2)^2}$

2. Ergänze die Tabelle im Heft, ohne den Taschenrechner zu verwenden.

$\sqrt{x}$		4	1			$\frac{1}{3}$	$\sqrt{10}$
x	9			25	0,16		
x^2							

3. Finde ohne Taschenrechner eine Dezimalzahl, deren Quadrat zwischen den angegebenen Zahlen liegt.

a) 15 und 17 b) 26 und 28 c) 34,9 und 35,1 d) 1,99 und 2,01

4. Berechne mit dem Taschenrechner. Runde auf zwei Nachkommastellen.

a) $3+\sqrt{3}$ b) $3\cdot\sqrt{3}$ c) $3:\sqrt{3}$ d) $3-\sqrt{3}$

e) Wie kann man in d) $3-\sqrt{3}$ ohne Taschenrechner bestimmen, wenn man bereits $3+\sqrt{3}$ aus a) kennt?

5. Rechnen mit Wurzeln

Berechne im Kopf.

① $\sqrt{6400}$ ② $\sqrt{(-9)^2}$

③ $\sqrt{10^2-8^2}$ ④ $\sqrt{0{,}0001\cdot 25}$

⑤ $(\sqrt{3{,}34})^2$ ⑥ $(-\sqrt{40})^2$

⑦ $\sqrt{\frac{81}{121}}$ ⑧ $\sqrt{\frac{-64}{-169}}$

⑨ $2\sqrt{\frac{288}{2}}$ ⑩ $\sqrt{(\sqrt{2^2})^2}$

Ermittle, welche Zahlen in die Lücke eingesetzt werden dürfen.

① $\sqrt{\square}=0{,}09$ ② $\sqrt{16}=\square^2$

③ $\sqrt{8}\cdot\sqrt{\square}=8$ ④ $\sqrt{-18\cdot\square}=36$

⑤ $\sqrt{\square}:\sqrt{3}=3$ ⑥ $\sqrt{50}:\sqrt{\square}=\sqrt{5}$

⑦ $\sqrt{\square^2}=100$ ⑧ $\sqrt{9+\square^2}=5$

⑨ $4\sqrt{2}=2\sqrt{\square}$ ⑩ $\sqrt{\square}+7=-\sqrt{7}$

Schreibe die Wurzelgesetze für Produkte und Quotienten auf ein Plakat. Schreibe auch möglichst vielfältige Rechenbeispiele dazu, bei denen die Anwendung der Gesetze sinnvoll ist.

Arbeite mit deinem Nachbarn zusammen. Denke dir Aufgaben zum Rechnen mit Wurzeln aus. Löse sie zunächst selbst und stelle sie dann deinem Nachbarn.

Das Produkt der beiden unteren Steine ist der Wert des darauf liegenden Steins. Übertrage die Multiplikationsmauern in dein Heft und ergänze die fehlenden Zahlen.

① Oberster Stein: $15\sqrt{210}$
2. Reihe: ☐ ☐
3. Reihe: $\sqrt{10}$ ☐ ☐
Unterste Reihe: $\sqrt{2}$ ☐ $\sqrt{3}$ ☐

② Oberster Stein: $384\sqrt{2}$
2. Reihe: ☐ ☐
3. Reihe: $4\sqrt{3}$ ☐ ☐
Unterste Reihe: $\sqrt{6}$ ☐ $\sqrt{8}$ ☐

6. Löse das Zahlenrätsel.
a) Das Quadrat einer Zahl ergibt 121.
b) Multipliziert man eine Zahl mit der Summe aus der Zahl und 1, so erhält man die Summe aus der Zahl und 49.
c) Subtrahiert man 9 von dem Quadrat der um 2 vergrößerten Zahl, so erhält man das Produkt der Zahl und 4.

7. a) In einem Quadrat ist die Diagonale $\sqrt{2}$-mal so lang wie eine Seite. Erkläre, weshalb in der Zeichnung die roten Strecken $\sqrt{2}$ cm und die blauen Strecken $\sqrt{18}$ cm lang sind.
b) Bestimme den Flächeninhalt des Rechtecks rechts durch Abzählen der Kästchen. Gib ihn in cm^2 an.

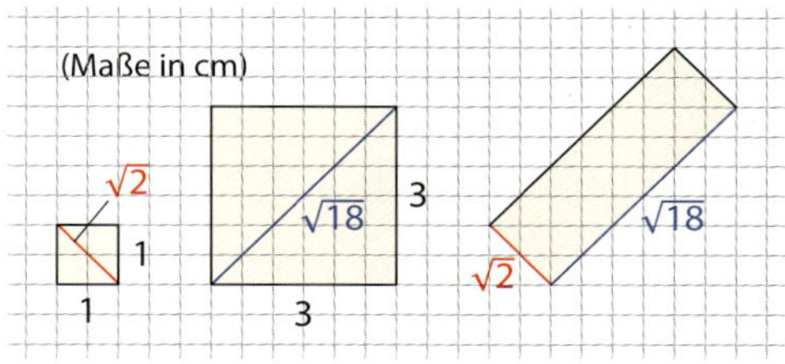

c) Überprüfe dein Ergebnis aus b) mit der Formel für den Flächeninhalt eines Rechtecks. Für welches Wurzelgesetz ist dies eine grafische Erläuterung?

8. Berechne die Kantenlänge eines kleinen Würfels und das Volumen der Würfelfigur.
a)

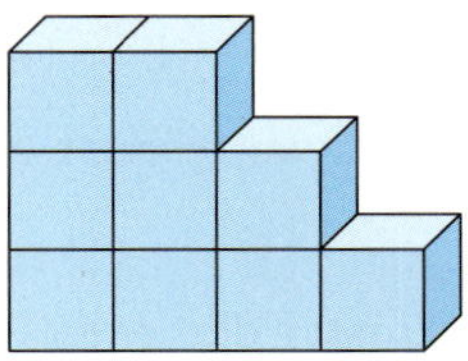

$O = 72\,cm^2$

b)

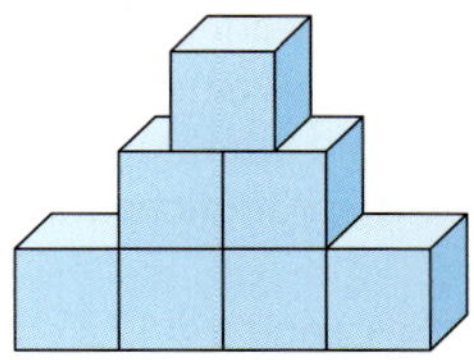

$O = 56\,cm^2$

9. Ein Quader aus Eisen hat die Seitenlängen $a = 6\,dm$, $b = 4\,dm$ und $c = 3\,dm$. Berechne das Gewicht des Eisenquaders und eines Eisenwürfels, der den gleichen Oberflächeninhalt wie der Quader hat.

Hinweis zu 9:
$1\,cm^3$ Eisen wiegt 7,874 g.

10. Berechne und beschreibe Regelmäßigkeiten.
a) $\sqrt{100\,000}$; $\sqrt{10\,000}$; $\sqrt{1000}$; $\sqrt{100}$; $\sqrt{10}$; $\sqrt{1}$; $\sqrt{0{,}1}$; $\sqrt{0{,}01}$; $\sqrt{0{,}001}$
b) $\sqrt{3600}$; $\sqrt{360}$; $\sqrt{36}$; $\sqrt{3{,}6}$; $\sqrt{0{,}36}$; $\sqrt{0{,}036}$; $\sqrt{0{,}0036}$

11. Ordne der Größe nach.
a) 1,72; $\sqrt{3}$; 1,732051; 1,733; 1,732050807568; $1{,}7\overline{3}$
b) 3,162; $\sqrt{10}$; 3,16228; 3,162277660168; 3,162277660169; $3{,}1\overline{6}$; $\sqrt{9}$; $\sqrt{11}$

12. Löse die Klammern auf und vereinfache.
a) $\sqrt{3} \cdot (\sqrt{48} + \sqrt{5})$ b) $(\sqrt{800} - \sqrt{2}) \cdot \sqrt{2}$ c) $\sqrt{11} \cdot (6 + \sqrt{44}) + \sqrt{1100}$
d) $(\sqrt{6} + \sqrt{3})^2$ e) $(10 - 5\sqrt{2})^2$ f) $(2\sqrt{7} + \sqrt{5}) \cdot (2\sqrt{7} - \sqrt{5})$

13. Fasse so weit wie möglich zusammen.
a) $\sqrt{5} + 3\sqrt{20}$ b) $\sqrt{7} + 3 \cdot \left(\sqrt{63} + \sqrt{\frac{784}{7}}\right)$ c) $\sqrt{200} - (4\sqrt{32} + 9\sqrt{8 \cdot 7})$
d) $\sqrt{108} - \sqrt{\frac{156}{13}} + 1{,}5 \cdot (\sqrt{15 \cdot 5} + \sqrt{3 \cdot 25})$ e) $\sqrt{6} \cdot \sqrt{48} + \sqrt{288} + \sqrt{3} \cdot (\sqrt{6} + \sqrt{66})$

14. Begründe: Die Wurzel aus einer Primzahl kann keine natürliche Zahl sein.

15. Ermittle jeweils alle Zahlen, für die die Gleichung gilt.
a) $\sqrt{x} = 2 \cdot x$ b) $\sqrt{x} = \sqrt{x^2}$ c) $\sqrt{x} - \sqrt{x} - \sqrt{x} = -x$ d) $\sqrt{x^2} = x$

Lösungen ↗ S. 203

1. Berechne ohne Taschenrechner.
a) 5^2 b) $0{,}4^2$ c) 1^2 d) $\left(\frac{1}{20}\right)^2$ e) $(-0{,}3)^2$ f) $(3-7)^2$ g) $(5\cdot 0{,}3)^2$

2. Berechne ohne Taschenrechner.
a) $\sqrt{81}$ b) $\sqrt{\frac{25}{64}}$ c) $\sqrt{0{,}16}$ d) $\sqrt{-9}$ e) $\sqrt{9+40}$ f) $\sqrt{360\,000}$ g) $\sqrt{0{,}4\cdot 0{,}1}$

3. Bilde zueinander passende Paare. Verwende keinen Taschenrechner.

$\sqrt{529}$ 13 $\sqrt{576}$ $\sqrt{1444}$ $\sqrt{169}$
24 38 $\sqrt{1521}$ 23 9 39
$\sqrt{81}$ 41 $\sqrt{144}$ 12 $\sqrt{1681}$

4. Ermittle ohne Taschenrechner, zwischen welchen beiden benachbarten natürlichen Zahlen die Quadratwurzel liegt.
a) $\sqrt{22}$ b) $\sqrt{107}$ c) $\sqrt{13{,}7}$ d) $\sqrt{2{,}1\cdot 2{,}9}$ e) $\sqrt{\frac{100}{3}}$

5. Gilt die Aussage für alle Zahlen? Begründe deine Meinung.
a) Die Quadratwurzel aus einer Zahl ist nicht negativ.
b) Wenn man eine Zahl quadriert und aus dem Ergebnis die Quadratwurzel zieht, erhält man wieder die ursprüngliche Zahl.

6. Ein Rechteck hat die Länge $a = 12{,}5\,\text{cm}$ und die Breite $b = 8\,\text{cm}$. Ermittle die Seitenlänge eines Quadrats mit dem gleichen Flächeninhalt.

7. Eine rechteckige Wand besteht aus $225\,\text{cm}^2$ großen quadratischen Fliesen. Es befinden sich jeweils 15 Fliesen nebeneinander und 7 Fliesen übereinander. Bestimme die Breite und die Höhe der Wand.

8. Löse die quadratische Gleichung.
a) $7 = x^2$ b) $x^2 = 169$ c) $x^2 + 81 = 0$ d) $x^2 - 7 = 42$ e) $-2y^2 = -10$

9. Erläutere anhand von selbst gewählten Beispielen, wie viele Lösungen eine quadratische Gleichung der Form $x^2 = a$ haben kann.

10. Gib eine quadratische Gleichung mit den Lösungen $x_1 = 21$ und $x_2 = -21$ an.

11. Berechne – falls möglich. Verwende keinen Taschenrechner.
a) $\sqrt{2}\cdot\sqrt{8}$ b) $\sqrt{-3}\cdot\sqrt{27}$ c) $\sqrt{200}\cdot\sqrt{0{,}5}$ d) $\sqrt{125}\cdot\sqrt{5}$ e) $\sqrt{800}\cdot\sqrt{50}$
f) $\sqrt{25\cdot 4}$ g) $\sqrt{100\cdot 49}$ h) $\sqrt{36\cdot 64}$ i) $\sqrt{2500}$ j) $\sqrt{484}$

12. Berechne – falls möglich. Verwende keinen Taschenrechner.
a) $\frac{\sqrt{300}}{\sqrt{3}}$ b) $\frac{\sqrt{125}}{\sqrt{500}}$ c) $\frac{\sqrt{-100}}{\sqrt{-4}}$ d) $\frac{\sqrt{12}}{\sqrt{147}}$ e) $\frac{\sqrt{121}}{\sqrt{361}}$
f) $\sqrt{\frac{16}{100}}$ g) $\sqrt{7\frac{1}{9}}$ h) $\sqrt{\frac{121}{169}}$ i) $\sqrt{\frac{-63}{-28}}$ j) $\sqrt{\frac{45}{245}}$

13. Ziehe so weit wie möglich die Wurzel.

a) $\sqrt{52}$ b) $\sqrt{96}$ c) $\sqrt{\frac{27}{36}}$ d) $\sqrt{\frac{8}{256}}$ e) $\sqrt{\frac{160}{147}}$

Lösungen ↗ S. 203

14. Vereinfache ohne Taschenrechner so weit wie möglich.

a) $\sqrt{29 \cdot 29}$ b) $\sqrt{3,4} \cdot \sqrt{3,4}$ c) $\frac{\sqrt{0,7}}{\sqrt{0,7}}$ d) $\sqrt{2} + \sqrt{2}$ e) $\sqrt{12} - \sqrt{3}$

15. Fasse so weit wie möglich zusammen.

a) $4\sqrt{13} - 2\sqrt{13}$ b) $\sqrt{3} + 3\sqrt{3} + \sqrt{9}$ c) $\sqrt{8} - \sqrt{32}$ d) $\sqrt{5} + \sqrt{10} + \sqrt{50}$

e) $\sqrt{28} \cdot \sqrt{7} + \sqrt{14}$ f) $5\sqrt{5} + \sqrt{125}$ g) $2\sqrt{25 \cdot 20} + 3\sqrt{5}$ h) $\frac{9\sqrt{11}}{\sqrt{81}} + \sqrt{99} - \sqrt{\frac{198}{8}}$

Wiederholungsaufgaben

1. Bei einer Umfrage unter 120 Schülern eines 9. Jahrgangs konnte zwischen vier Fächern gewählt werden. Folgende Fächer wurden als Lieblingsfächer gewählt.

Englisch	Geschichte	Mathematik	Sport
24	20	36	40

a) Stelle diese Daten in einem Diagramm dar.
b) Berechne für jedes Fach die relative Häufigkeit und gib sie in Prozent an.

2. Bestimme die Lösung des Gleichungssystems.

$$\left| \begin{array}{l} 2x + 3y = 5 \\ 4x + 5y = 7 \end{array} \right|$$

3. Der Eintrittspreis für das Schwimmbad hat sich von 4 € auf 5 € verteuert. Berechne, um wie viel Prozent der Eintritt teurer wurde.

4. Der Klassenraum der 9c ist 6 m breit und 10 m lang.
a) Zeichne den Grundriss des Klassenraums in einem geeigneten Maßstab.
b) Berechne das Luftvolumen in dem Zimmer, wenn dessen Raumhöhe 3,50 m beträgt.

5. Ordne die Maßangaben den Größen zu.

100 min
Dauer eines Spielfilms
75 mℓ
Alter der Katze
500 km
70 m³
Entfernung von Berlin nach München
8 Jahre
Dicke einer 1-Euro-Münze
10 ℓ
Flächengröße von Deutschland
Größe eines Fußballplatzes
1 t
350 000 km²
Oberfläche einer 1-Euro-Münze
1 kg
Volumen eines Wassereimers
Rauminhalt eines Schiffs-Containers
10 cm²
7000 m²
Rauminhalt einer Zahnpastatube
Gewicht eines Brotes
Gewicht eines Pkw
2 mm

Zusammenfassung

Quadrat einer Zahl

Beim **Quadrieren** einer Zahl wird diese Zahl mit sich selbst multipliziert.
Das Quadrat einer Zahl ist für jede Zahl (außer 0) positiv.

$6^2 = 6 \cdot 6 = 36$
Das Quadrat der Zahl 6 ist 36.
$(-5)^2 = (-5) \cdot (-5) = 25$
$0^2 = 0 \cdot 0 = 0$

Die Quadrate natürlicher Zahlen werden **Quadratzahlen** genannt.

4, 100 und 2500 sind Quadratzahlen.
10, $\frac{9}{4}$ und 0,49 sind keine Quadratzahlen.

Quadratwurzel

Die **Quadratwurzel** aus einer nichtnegativen Zahl a ist diejenige nichtnegative Zahl b, für die $b^2 = a$ gilt.
Schreibweise: $\sqrt{a} = b$

$\sqrt{9} = 3$, denn $3^2 = 9$ und $3 \geqq 0$
$\sqrt{0} = 0$, denn $0^2 = 0$

Für $a \geq 0$ gilt: $(\sqrt{a})^2 = a$ und $\sqrt{a^2} = a$

$(\sqrt{7})^2 = 7$ und $\sqrt{7^2} = 7$

Beachte: Aus negativen Zahlen kann man keine Quadratwurzel ziehen.

$\sqrt{-4}$ kann man nicht berechnen.

Lösungen quadratischer Gleichungen der Form $x^2 = a$

Die quadratische Gleichung $x^2 = a$ hat
für $a > 0$ die beiden Lösungen $x_1 = \sqrt{a}$ und $x_2 = -\sqrt{a}$, denn $(\sqrt{a})^2 = a$ und $(-\sqrt{a})^2 = a$,
für $a = 0$ nur die Lösung $x = 0$,
für $a < 0$ keine Lösung.

$x^2 = 25$	$x_1 = \sqrt{25} = 5$; $x_2 = -\sqrt{25} = -5$ $L = \{5; -5\}$
$x^2 = 0$	$L = \{0\}$
$x^2 = -9$	$L = \{\,\}$

Wurzelgesetze

Beim Rechnen mit Quadratwurzeln gelten folgende Gesetze für
Produkte: $\sqrt{a} \cdot \sqrt{b} = \sqrt{a \cdot b}$ mit $a, b \geq 0$

$\sqrt{3} \cdot \sqrt{12} = \sqrt{3 \cdot 12} = \sqrt{36} = 6$
$\sqrt{16 \cdot 36} = \sqrt{16} \cdot \sqrt{36} = 4 \cdot 6 = 24$

Quotienten: $\frac{\sqrt{a}}{\sqrt{b}} = \sqrt{\frac{a}{b}}$ mit $a \geq 0$, $b > 0$.

$\frac{\sqrt{12}}{\sqrt{75}} = \sqrt{\frac{12}{75}} = \sqrt{\frac{4}{25}} = \frac{2}{5}$
$\sqrt{\frac{49}{81}} = \frac{\sqrt{49}}{\sqrt{81}} = \frac{7}{9}$

Die Quadratwurzel einer Zahl kann man durch **Zerlegen** der Zahl in **Quadratzahlen** berechnen oder vereinfachen.

$\sqrt{225} = \sqrt{9 \cdot 25} = \sqrt{9} \cdot \sqrt{25} = 3 \cdot 5 = 15$
$\sqrt{108} = \sqrt{36 \cdot 3} = \sqrt{36} \cdot \sqrt{3} = 6\sqrt{3}$

Gleiche Wurzeln kann man durch **Addition** oder **Subtraktion zusammenfassen**.

$5\sqrt{7} + 4\sqrt{7} = (5 + 4)\sqrt{7} = 9\sqrt{7}$
$\sqrt{12} - \sqrt{8} = 3\sqrt{2} - 2\sqrt{2} = \sqrt{2}$

Wurzeln näherungsweise bestimmen

Viele Quadratwurzeln haben **unendlich** viele Stellen nach dem Komma.

$\sqrt{2} = 1{,}414213562\ldots$

Man kann sie **näherungsweise** mit einer **Intervallschachtelung** bestimmen. Dabei sucht man Schritt für Schritt immer kleinere Intervalle, in denen die Quadratwurzel liegt. So kann man sie auf beliebig viele Nachkommastellen genau bestimmen.

$1 < \sqrt{2} < 2$, da $1^2 < 2 < 2^2$
$1{,}4 < \sqrt{2} < 1{,}5$, da $1{,}4^2 < 2 < 1{,}5^2$
$1{,}41 < \sqrt{2} < 1{,}42$, da $1{,}41^2 < 2 < 1{,}42^2$
$1{,}414 < \sqrt{2} < 1{,}415\ldots$

2. Satzgruppe des Pythagoras

In Dachkonstruktionen treten oft rechtwinklige Dreiecke auf. Sätze über Dreiecke helfen bei der Berechnung solcher Konstruktionen.

Nach diesem Kapitel kannst du …
- fehlende Seitenlängen in rechtwinkligen Dreiecken berechnen,
- den Satz des Pythagoras und andere Sätze auch in Sachsituationen anwenden,
- anhand der Seitenlängen rechtwinklige Dreiecke erkennen.

Lösungen ↗ S. 204

Winkel

1. Zeichne
a) einen spitzen Winkel; b) einen stumpfen Winkel; c) einen rechten Winkel.

2. Übertrage die Winkel in dein Heft. Gib jeweils die Winkelgröße und die Winkelart an.
a) b) c) d)

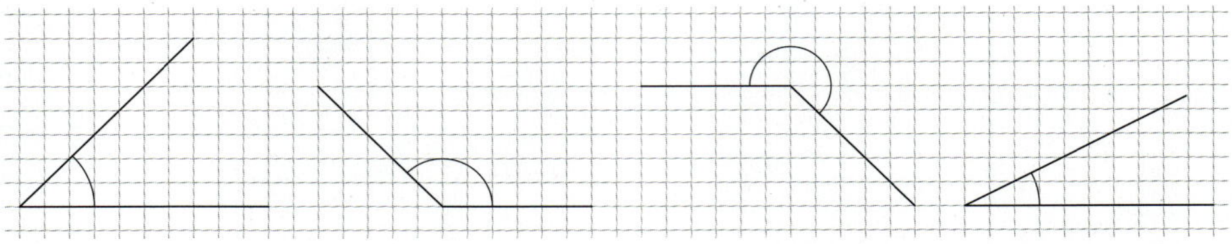

3. Bestimme die Größe
a) aller Winkel, wenn $\alpha_1 = 110°$;
b) des Winkels α_4, wenn $\beta_2 = 76°$;
c) des Winkels β_1, wenn $\alpha_1 = 100°$.

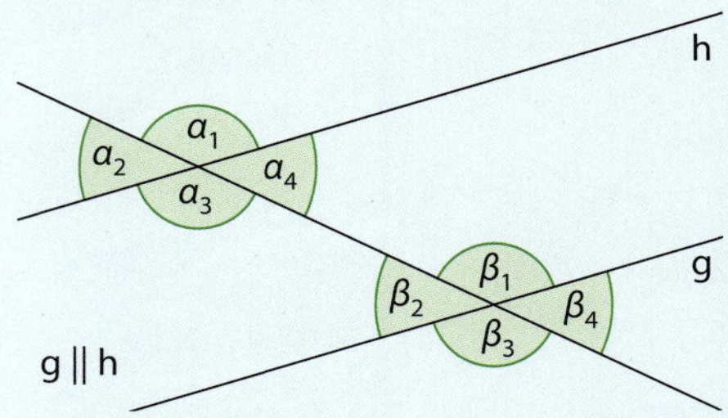

Dreiecke und Vierecke

4. Berechne Umfang und Flächeninhalt
a) eines Rechtecks mit a = 3 cm und b = 7 cm;
b) eines Quadrats mit a = 11 cm;
c) eines Dreiecks mit a = 6 cm, b = 8 cm, c = 10 cm und $\gamma = 90°$.

5. Unterscheide folgende Dreiecke
a) nach ihren Seiten (gleichseitig, gleichschenklig, unregelmäßig),
b) nach ihren Innenwinkeln (spitzwinklig, rechtwinklig, stumpfwinklig).

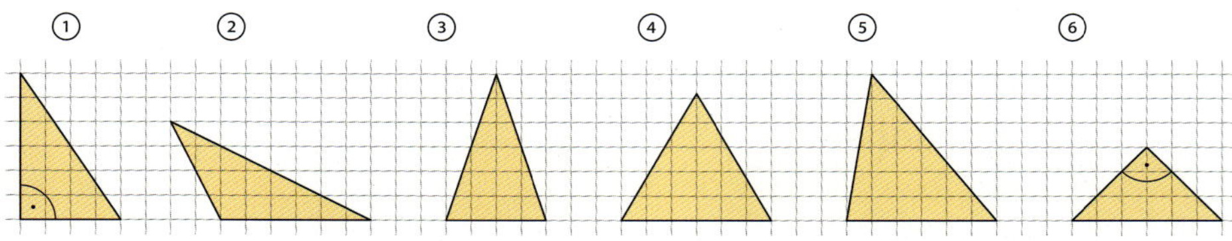

6. Berechne die Größen der Innenwinkel des Dreiecks, die nicht gegeben sind. Gib jeweils an, welche Dreiecksseite am längsten ist.
a) $\alpha = 43°$; $\beta = 65°$ b) $\alpha = 40°$; $\beta = 90°$ c) $\beta = \gamma = 60°$
d) $\alpha = 90°$; $\beta = \gamma$ e) $\beta = 2\alpha$; $\gamma = 3\alpha$

7. Konstruiere ein Dreieck
a) mit a = 3 cm; b = 4 cm und c = 5 cm; b) mit $\alpha = 30°$; b = 2 cm und c = 3 cm.

8. Gib die Seitenlänge des Quadrats mit dem gegebenen Flächeninhalt an.
a) $A = 25\,cm^2$ b) $A = 1{,}69\,dm^2$ c) $A = 0{,}81\,m^2$ d) $A = 0{,}04\,km^2$

Gleichungen lösen

Lösungen ↗ S. 204

9. Löse die Gleichungen.
a) $3x + 5 = 2x + 0{,}5$ b) $x^2 + 16 = 25$ c) $x^2 + 3x - 5 = x^2 + 4$ d) $x + 4 = \sqrt{2 \cdot 18}$

10. Stelle die Gleichung nach der in Klammern angegebenen Variablen um.
a) $a + c^2 = b$ (a; c) b) $a^2 = b \cdot c$ (b; c) c) $a \cdot b^2 = 25$ (a; b) d) $a^2 + b = 25$ (a; b)

11. Gib alle möglichen Lösungen der Gleichung an.
a) $x^2 = 36$ b) $x^2 + 9 = 5$
c) $x^2 = 2x^2 - 0{,}5$ d) $-x^2 - 4x - 3 = 3x^2 - 4x - 15$

Vermischtes

12. Löse die Klammern auf.
a) $(x + 2)(x + 5)$ b) $(x + 7)(y - 3)$ c) $(a - 6)(b + 4)$ d) $(2a + b)(3 - 3b)$

13. Rechne die gegebenen Größen in die Einheit um, die in der Klammer vorgegeben ist.
a) 1 dm; 1 m; 1 mm; 1 km; 50 mm; 0,75 m; $\frac{3}{4}$ dm; 0,015 km (in cm)
b) 1 dm²; 1 mm²; 1 m²; 12 dm²; 0,05 m²; 25 mm²; $\frac{1}{10}$ dm²; $\frac{3}{100}$ m² (in cm²)

14. Ordne die gegebenen Größen. Beginne mit der Kleinsten.
a) 20 cm; 350 mm; 0,25 dm; 0,15 m; $\frac{1}{100}$ km; 12 m; 140 dm; 1350 cm
b) 10 dm²; 200 cm²; $\frac{3}{10}$ m²; 150 dm²; 0,07 m²; 2500 mm²; $\frac{1}{10}$ dm²; 5000 cm²

15. Übertrage die Figuren in dein Heft.

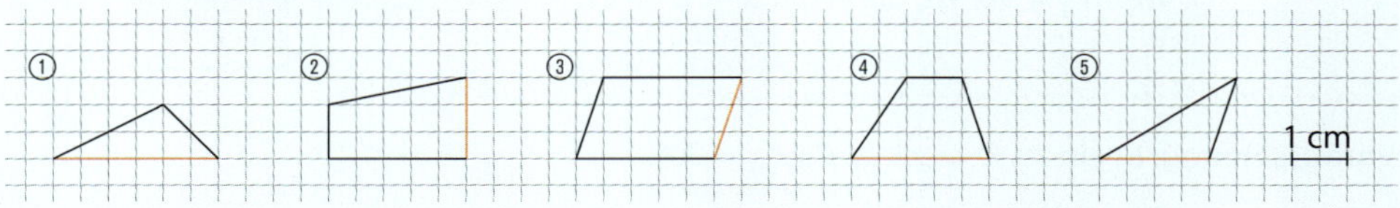

a) Zeichne in jede der Figuren zur rot markierten Grundseite eine Höhe ein.
b) Berechne den Flächeninhalt jeder Figur.

16. Gib für jeden der folgenden Sätze die Voraussetzung und die Behauptung an.
Formuliere die Aussagen zunächst in der Wenn-dann-Form.
a) Jede durch 6 teilbare Zahl ist auch durch 3 teilbar.
b) Die Summe der Innenwinkel eines Dreiecks beträgt immer 180°.
c) Scheitelwinkel sind gleich groß.
d) Das Produkt zweier Quadratzahlen ist wieder eine Quadratzahl.
e) Wechselwinkel an geschnittenen Parallelen sind gleich groß.

17. Michael löst gern Knobelaufgaben. Er meint, dass es Quadratzahlen gibt, z. B. 5^2 und 12^2, deren Summe wieder eine Quadratzahl ist. Stimmt das?
Untersuche, ob es solche Zahlen auch zwischen 2^2 und 11^2 gibt.

2.1 Satz des Pythagoras

■ Vergleiche für jedes Dreieck den Flächeninhalt des großen Quadrats unten mit der Summe der Flächeninhalte der beiden Quadrate oben. ■

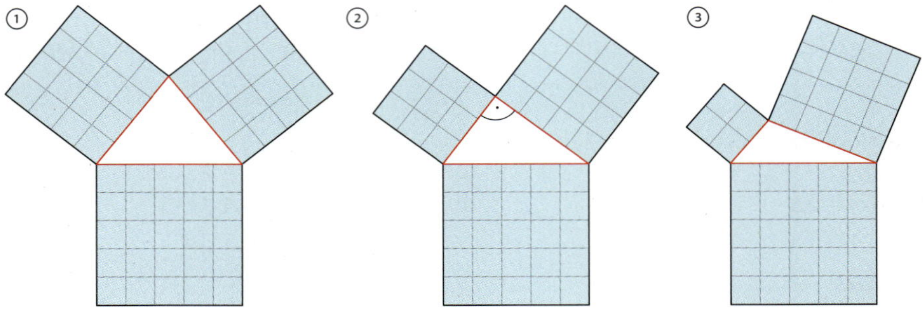

In rechtwinkligen Dreiecken nennt man die Seiten, die den rechten Winkel einschließen, **Katheten**. Die Seite, die dem rechten Winkel gegenüber liegt, nennt man **Hypotenuse**.

Der Zusammenhang zwischen dem Flächeninhalt des Quadrats über der Hypotenuse und den Flächeninhalten der Quadrate über den beiden Katheten gilt für rechtwinklige Dreiecke. Mit ihm kann aus zwei bekannten Seitenlängen die Länge der dritten Seite berechnet werden.

Wissen: Satz des Pythagoras

In jedem rechtwinkligen Dreieck haben die Quadrate über den Katheten zusammen denselben Flächeninhalt wie das Quadrat über der Hypotenuse.
Also gilt für jedes Dreieck ABC:

Wenn $\gamma = 90°$ ist, dann gilt $a^2 + b^2 = c^2$.

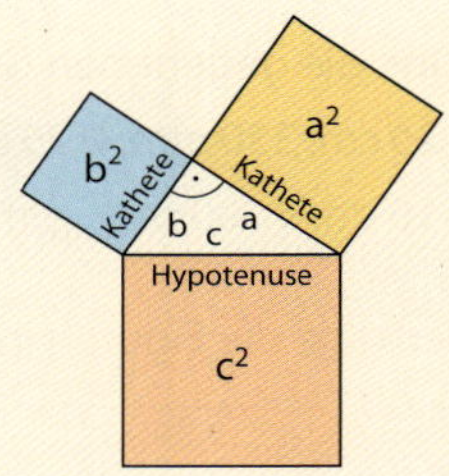

Voraussetzung: In einem Dreieck ABC ist $\gamma = 90°$.

Behauptung: $a^2 + b^2 = c^2$

Beweis: Im mittleren Bild sind dem Dreieck ABC und dem Hypotenusenquadrat drei Dreiecke hinzugefügt, die alle zum ursprünglichen Dreieck ABC kongruent sind. Dadurch ergibt sich ein großes Quadrat mit dem Flächeninhalt $A = (a + b)^2 = a^2 + 2ab + b^2$.

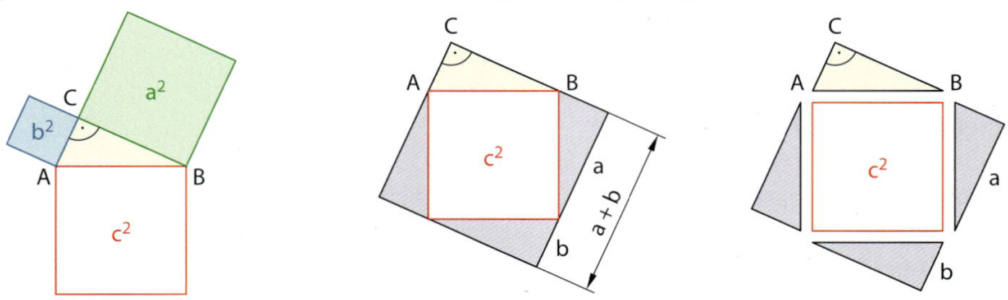

Addiert man zum Flächeninhalt des Hypotenusenquadrats den Flächeninhalt der vier zueinander kongruenten Dreiecke, so erhält man $A = c^2 + 4 \cdot \left(a \cdot \frac{b}{2}\right) = \mathbf{c^2 + 2ab}$. Die beiden Terme $\mathbf{a^2 + 2ab + b^2}$ und $\mathbf{c^2 + 2ab}$ geben den Flächeninhalt des gleichen Quadrats an. Daher gilt:

$a^2 + 2ab + b^2 = c^2 + 2ab \quad | -2ab$

$a^2 + b^2 = c^2$ (was zu beweisen war)

Beispiel 1: Ermittle die Länge der dritten Seite eines rechtwinkligen Dreiecks ABC.

a) $\gamma = 90°$; $a = 8$ cm; $b = 15$ cm

b) $\alpha = 90°$; $a = 10$ cm; $c = 6$ cm

Lösung:

a) Notiere die gegebenen und gesuchten Größen. Zeichne eine Planfigur.

gegeben: Dreieck ABC mit $\gamma = 90°$; $a = 8\,\text{cm}$; $b = 15\,\text{cm}$

gesucht: c

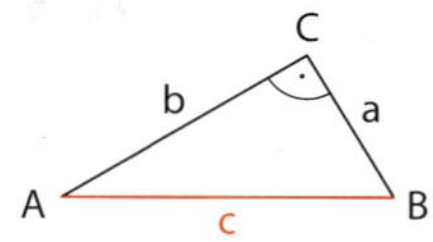

Da das Dreieck rechtwinklig ist, gilt der Satz des Pythagoras. Setze zunächst für a und b die gegebenen Größen ein. Schrittweise erhältst du c.

$c^2 = a^2 + b^2$

$c^2 = (8\text{ cm})^2 + (15\text{ cm})^2$

$c^2 = 64\text{ cm}^2 + 225\text{ cm}^2 = 289\text{ cm}^2$

$c = \sqrt{289\text{ cm}^2} = 17\text{ cm}$

Die Seite c ist 17 cm lang.

b) Notiere die gegebenen und gesuchten Größen. Zeichne eine Planfigur.

gegeben: Dreieck ABC mit $\alpha = 90°$; $a = 10\,\text{cm}$; $c = 6\,\text{cm}$

gesucht: b

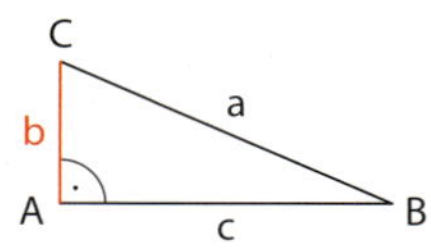

Da das Dreieck rechtwinklig ist, gilt der Satz des Pythagoras. Beachte die Lage des rechten Winkels α. Setze zunächst für a und c die gegebenen Größen ein. Schrittweise erhältst du b.

$b^2 + c^2 = a^2 \quad |-c^2$

$b^2 = a^2 - c^2$

$b^2 = (10\text{ cm})^2 - (6\text{ cm})^2$

$b^2 = 100\text{ cm}^2 - 36\text{ cm}^2 = 64\text{ cm}^2$

$b = \sqrt{64\text{ cm}^2} = 8\text{ cm}$

Die Seite b ist 8 cm lang.

Basisaufgaben

1. Berechne die dritte Seitenlänge.

a)

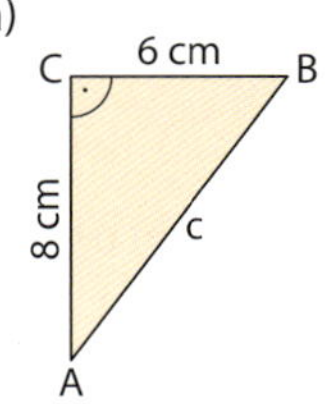

b)

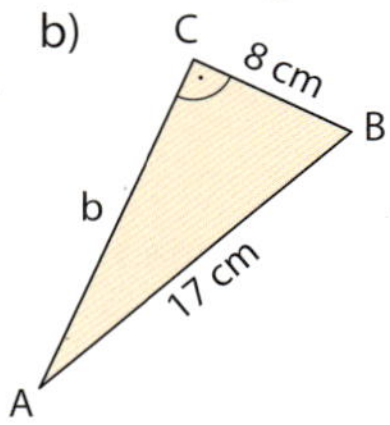

c)

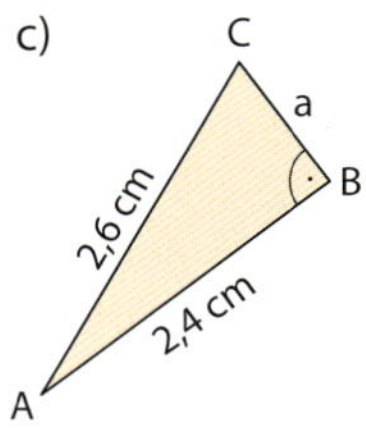

d)

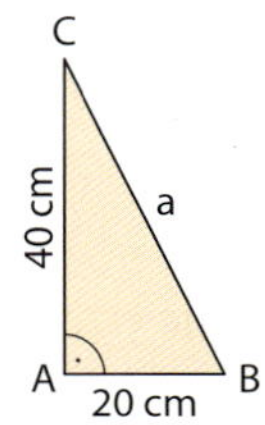

e)

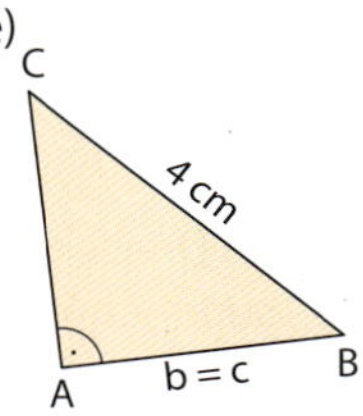

2. Zeichne eine Planfigur und berechne die dritte Seitenlänge.

a) $a = 3\,\text{m}$, $b = 4\,\text{m}$, $\gamma = 90°$

b) $a = 12\,\text{cm}$, $c = 20\,\text{cm}$, $\gamma = 90°$

c) $a = 6{,}0\,\text{cm}$, $b = 4{,}8\,\text{cm}$, $\alpha = 90°$

d) $a = 3{,}0\,\text{dm}$, $c = 1{,}6\,\text{dm}$, $\beta = 90°$

e) $a = 2{,}9\,\text{m}$, $b = 2{,}1\,\text{m}$, $\alpha = 90°$

3. a) Gib, falls vorhanden, den rechten Winkel und die Hypotenuse an.

b) Stelle dann, wenn möglich, eine Gleichung nach dem Satz des Pythagoras auf.

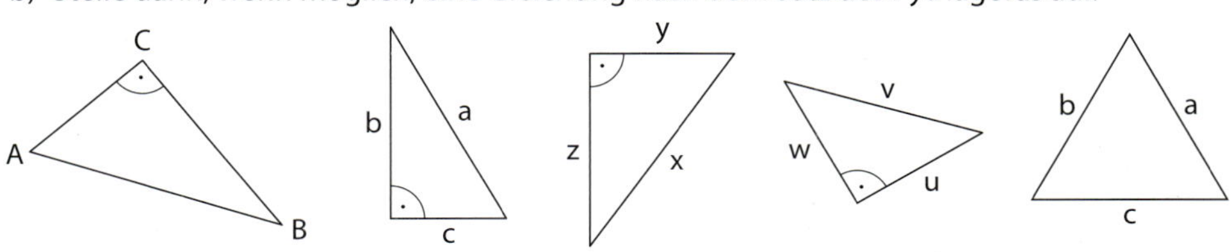

4. Gegeben sind die Flächeninhalte der Quadrate über den Katheten eines rechtwinkligen Dreiecks. Ermittle die Seitenlängen des Dreiecks.

a) $A_1 = 144\,cm^2$; $A_2 = 256\,cm^2$ b) $A_1 = 81\,cm^2$; $A_2 = 400\,cm^2$

5. Gegeben sind die Flächeninhalte von sieben Quadraten.

$A_1 = 25\,cm^2$; $A_2 = 144\,cm^2$; $A_3 = 9\,cm^2$; $A_4 = 169\,cm^2$; $A_5 = 16\,cm^2$; $A_6 = 64\,cm^2$; $A_7 = 49\,cm^2$

a) Finde Quadrate, die zusammen eine Figur nach dem Satz des Pythagoras ergeben.

b) Ermittle die Seitenlängen der Quadrate und zeichne die Figur.

Weiterführende Aufgaben

6. Berechne die Länge der Strecke x.

a) b) c) d)

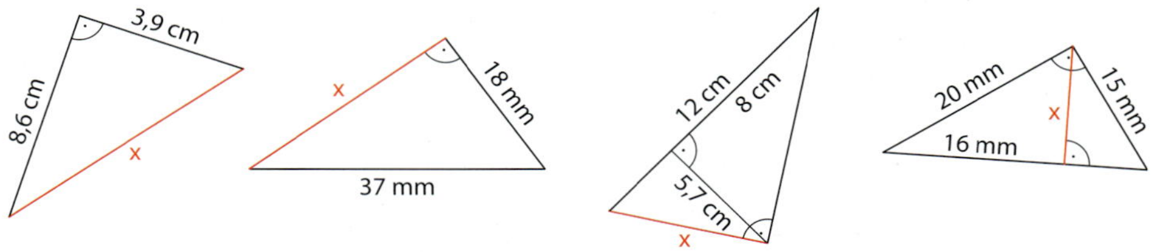

7. **Stolperstelle:** Für ein rechtwinkliges Dreieck ABC mit γ = 90°, b = 7 cm und c = 8,6 cm soll die Länge der Seite a berechnet werden. Einige Schülerinnen und Schüler haben dabei Fehler gemacht. Finde und korrigiere sie.

Tim:

$a^2 + b^2 = c^2 \quad | -b^2$

$a^2 = c^2 - b^2$

$a^2 = 8{,}6\,cm^2 - 7\,cm^2$

$a^2 = 1{,}6\,cm^2 \quad | \sqrt{\ }$

$a = \underline{1{,}3\,cm}$

Isabel:

$a^2 + b^2 = c^2 \quad | -b^2$

$a^2 = c^2 - b^2$

$a^2 = 73{,}96\,cm^2 - 49\,cm^2 \quad | \sqrt{\ }$

$a^2 = \sqrt{24{,}96\,cm^2}$

$a = 4{,}99\,cm \approx \underline{5\,cm}$

Magnus:

$a^2 + b^2 = c^2 \quad | -b^2$

$a^2 = c^2 - b^2$

$a^2 = (8{,}6\,cm)^2 - (7\,cm)^2$

$a^2 = 25\,cm^2 \quad | :2$

$a = \underline{12{,}5\,cm}$

8. Im Dreieck ABC sei a = 3 cm und b = 2 cm. Begründe, warum man die Länge von c nicht bestimmen kann, ohne weitere Angaben zum Dreieck zu haben.

9. Ermittle – falls möglich – vom Dreieck ABC die Seitenlänge c.

a) α = 90°; a = 2,5 cm; b = 1,5 cm b) a = b = 3 cm; α = β = 45°

c) a = 3 cm; b = 4 cm; α = 37°; β = 53° d) a = 4 cm; α = β = γ = 60°

e) α = 45°; b = 3 cm; c = 6 cm f) a = b = 8 cm; β = 45°

Hinweis zu 10:
Hier findest du die Maßzahlen der Lösungen.

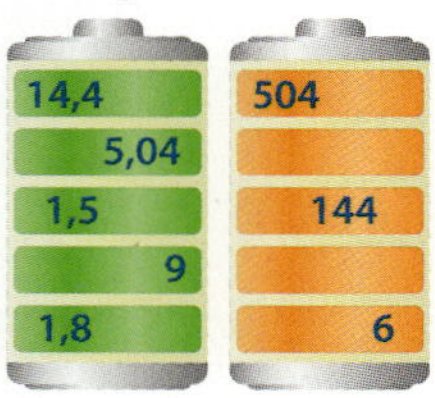

10. Berechne von den rechtwinkligen Dreiecken jeweils den Flächeninhalt und den Umfang. (Zeichnungen nicht maßgenau.)

a) b) c) d)

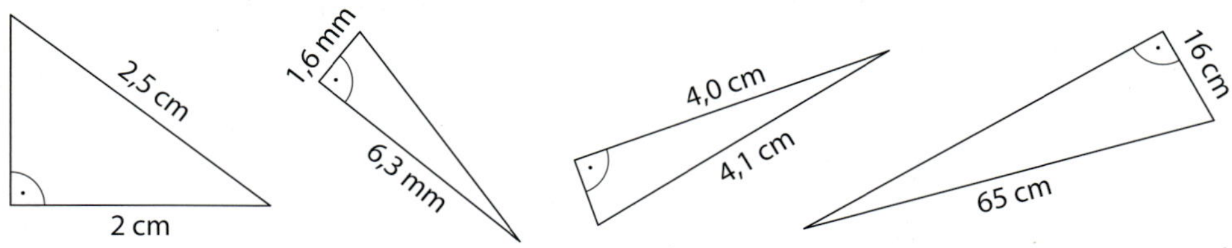

11. Übertrage die Tabelle in dein Heft. Vervollständige sie für ein Dreieck mit $\beta = 90°$.

a	b	c	u	A
	3,4 m	3,0 m		
12 cm				96 cm²
4,8 m	6,0 m		14,4 m	

12. Eine Leiter ist 5,20 m lang. Sie wird an eine Hauswand gestellt. Dabei steht sie am Boden 1,80 m von der Hauswand entfernt. Wie hoch reicht die Leiter an der Hauswand?

13. Eine Bahnstrecke überwindet auf einer Länge von horizontal 12 km einen Höhenunterschied von 300 m. Es wird zur Vereinfachung angenommen, dass die Bahnstrecke überall die gleiche Steigung hat. Gesucht ist die Länge des Schienenstrangs.
Überprüfe die folgenden Ergebnisse. Begründe deine Entscheidungen.
a) etwa 200 m länger als 12 km b) 11,9 km c) etwa 2 m länger als 12 km

Hinweis zu 13:

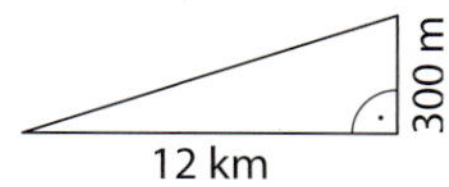

● **14.** a) Welche Quadratwurzeln können mit den Längen der blau und grün markierten Dreiecksseiten bestimmt werden (siehe Bild rechts)? Begründe durch Rechnungen.
b) Zeichne das Bild im Maßstab 1 : 1 in dein Heft.
c) Ergänze deine Zeichnung so, dass du weitere Quadratwurzeln berechnen kannst. Halte dazu einen Kurzvortrag und erkläre dein Vorgehen.
d) Verändere die Maße und die Zeichnung so, dass du schrittweise $\sqrt{2}$, $\sqrt{3}$, $\sqrt{4}$ … mithilfe der Längen von Dreiecksseiten bestimmen kannst.

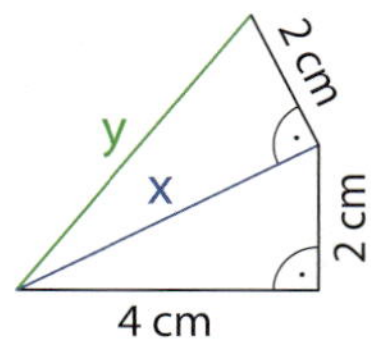

● **15.** Sarah und Jonas verabschieden sich an einer rechtwinkligen Kreuzung und fahren beide in verschiedenen Richtungen nach Hause. Sarah fährt mit einer Durchschnittsgeschwindigkeit von 12 km/h in Richtung Osten und Jonas mit durchschnittlich 18 km/h in Richtung Süden.

a) Wie weit sind die beiden nach 15 Minuten Fahrzeit voneinander entfernt?
b) Beide erreichen nach 20 Minuten ihr Ziel. Dabei sind sie nur geradeaus gefahren. Berechne die Entfernung ihrer Häuser. Runde dabei geeignet.
c) Am nächsten Morgen fährt Jonas mit durchschnittlich 20 km/h in Richtung der Kreuzung. Sarah startet zur selben Zeit und möchte nicht nach Jonas dort ankommen. Ermittle die durchschnittliche Geschwindigkeit, mit der sie mindestens fahren sollte.

● **16. Ausblick:** Gegeben sind drei Dreiecke ABC (mit a = 3 cm; b = 4 cm; c = 5 cm), DEF (mit d = 4,5 cm; e = 6 cm; f = 7,5 cm) und GHI (mit g = 6 cm; h = 8 cm; i = 10 cm).
a) Ermittle die Innenwinkel der Dreiecke, zum Beispiel durch Zeichnen und Messen. Was stellst du fest?
b) Vergleiche die Seitenverhältnisse a : d und a : g (b : e und b : h; c : f und c : i). Was stellst du fest?
c) Finde weitere Dreiecke, die nach den Innenwinkeln und den Seitenverhältnissen zu den Dreiecken ABC, DEF und GHI passen.

2.2 Längen berechnen in Figuren und Körpern

■ Die Größe von Bildschirmen wird häufig durch die Länge der Bildschirmdiagonale angegeben. Sie wird meist in der Einheit Zoll gemessen (1 Zoll = 1″ = 2,54 cm).

a) Zeige im Bild rechts eine Bildschirmdiagonale.
b) Schätze für den Bildschirm rechts die Länge der Bildschirmdiagonale in Zoll und in cm.
c) Berechne nun die Bildschirmdiagonale. ■

Man kann den Satz des Pythagoras nutzen, um zum Beispiel Seitenlängen in gleichschenkligen Dreiecken, Vierecken oder Körpern zu berechnen. Auch in vielen Anwendungssituationen wird der Satz des Pythagoras verwendet, um fehlende Maße zu ermitteln.
Dabei werden rechtwinklige Dreiecke in den Objekten gesucht. Hilfslinien (zum Beispiel Höhen) dienen dazu, Figuren so zu zerlegen, dass die rechtwinkligen Dreiecke sichtbar werden.

Beispiel 1: Ein gleichschenkliges Dreieck ABC hat die Seitenlängen a = b = 5 cm und c = 3 cm. Berechne die Länge der Höhe h_c. Fertige dafür eine Skizze an.

Lösung:

1. In der Skizze sind die gegebenen Größen eingetragen, die gesuchte Größe ist rot markiert.
2. Das rechtwinklige Dreieck BCF ist farbig markiert. Die Höhe h_c steht senkrecht auf der Seite c. Dort liegt ein rechter Winkel.
3. Zwei Seiten des Dreiecks BCF sind bekannt. Die Hypotenuse ist a = 5 cm. $\overline{BF}$ ist eine Kathete des Dreiecks BCF. Die Höhe h_c halbiert die Seite c. Daher ist $\overline{BF}$ = 1,5 cm. Die Höhe h_c ist die andere Kathete.
4. Nun wird h_c berechnet (Gleichung aufstellen, Größen einsetzen).
5. Prüfe und formuliere das Ergebnis.

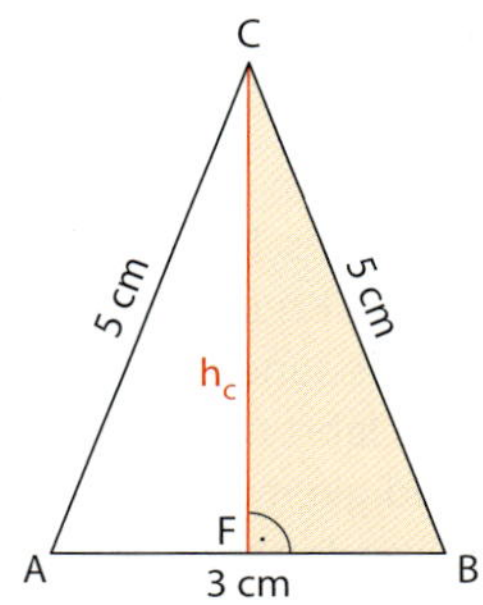

$h_c^2 + (\overline{BF})^2 = a^2$
$h_c^2 = a^2 - (\overline{BF})^2$
$h_c^2 = (5\,\text{cm})^2 - (1{,}5\,\text{cm})^2$
$h_c^2 = 25\,\text{cm}^2 - 2{,}25\,\text{cm}^2$
$h_c = \sqrt{22{,}75\,\text{cm}^2} \approx 4{,}8\,\text{cm}$

Die Höhe h_c ist 4,8 cm lang.

Basisaufgaben

1. Skizziere die Figuren in dein Heft. Finde rechtwinklige Dreiecke und markiere in deiner Skizze die rechten Winkel. Formuliere dann Gleichungen nach dem Satz des Pythagoras.

a)
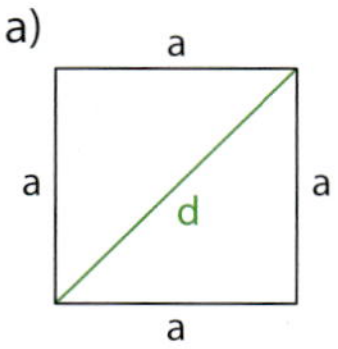

b)
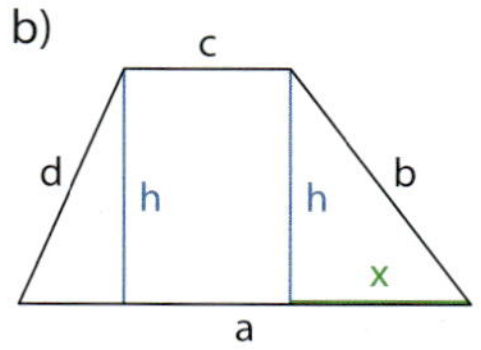

c)
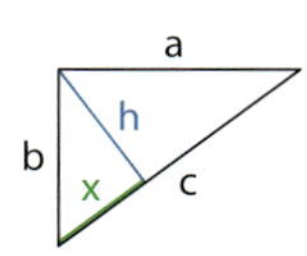

d)
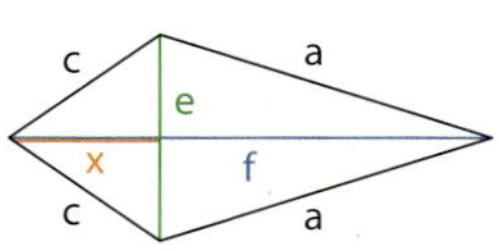

2. Gegeben ist ein gleichseitiges Dreieck (siehe Skizze rechts). Berechne die gesuchten Größen.
a) $a = b = c = 5\,cm$; gesucht: h_c; h_a; h_b
b) $a = b = c = 3{,}2\,cm$; gesucht: h_c; A
c) $u = 24\,cm$; gesucht: h_c; A

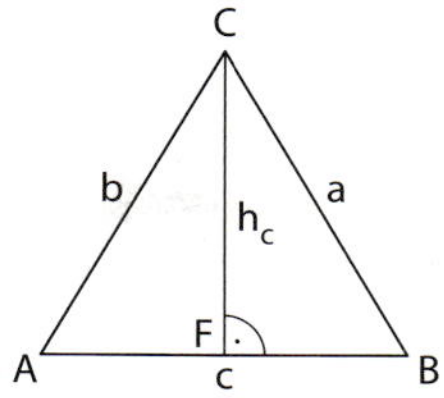

Hinweis zu 2:
Hier findest du die gerundeten Maßzahlen. Lösungen können mehrfach auftreten.

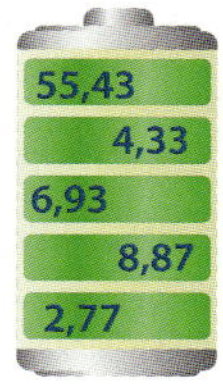

3. Fertige eine Skizze an. Berechne dann die gesuchten Größen.
a) Quadrat ABCD mit $a = 5$ cm; gesucht: Länge der Diagonalen $\overline{AC}$
b) Rechteck ABCD mit $\overline{BC} = 3$ cm und $\overline{AC} = 8$ cm; gesucht: $\overline{AB}$
c) gleichschenkliges Dreieck ABC mit der Basis $c = 5{,}5$ cm und $h_c = 7{,}2$ cm; gesucht: a; b; u
d) gleichschenkliges Dreieck ABC mit $A = 45\,cm^2$ und der Basis $c = 6$ cm; gesucht: h_c; a; u

4. Die Gondel einer Seilbahn hängt an einem 4,1 km langen Seil. Die horizontale Entfernung zwischen der Talstation und der Bergstation beträgt 3,7 km. Gesucht ist der Höhenunterschied zwischen der Tal- und der Bergstation.
a) Vervollständige die Skizze im Heft.
b) Berechne den Höhenunterschied.

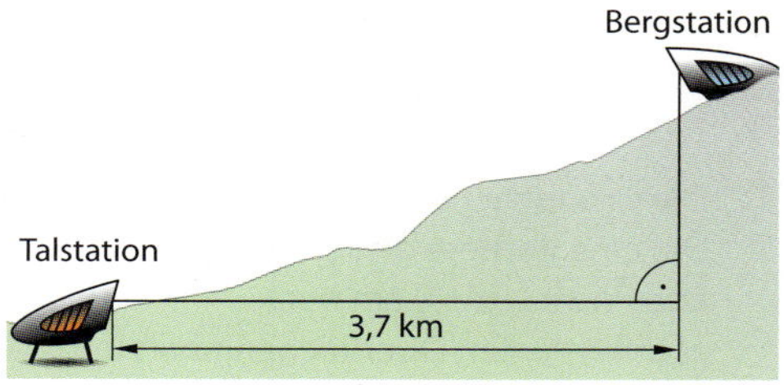

5. Berechne die rot markierten Strecken.

a)
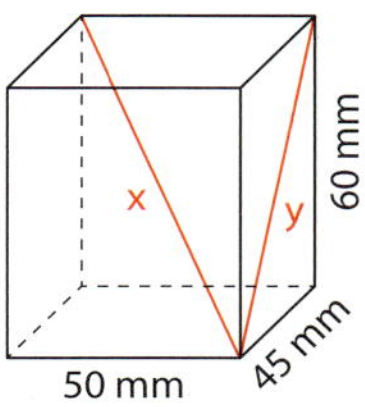

b)
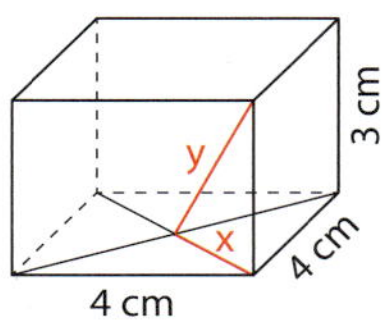

c)
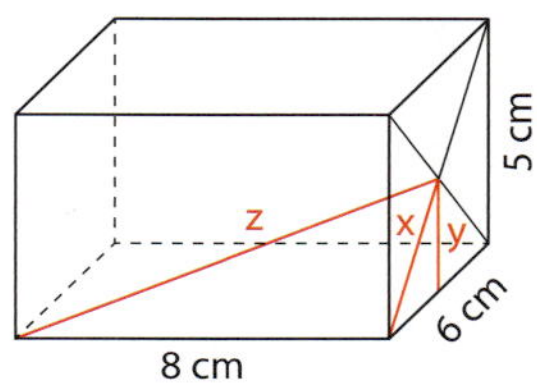

Weiterführende Aufgaben

6. Frank möchte eine rechteckige Holzplatte (210 cm × 250 cm) in sein Zimmer bringen. Die Tür des Zimmers ist 2,00 m hoch und 0,80 m breit.
Entscheide, ob die Holzplatte durch die Tür passt. Begründe durch eine Rechnung.

Hinweis zu 6:.

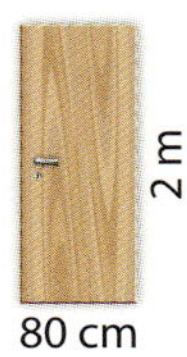

7. Ein quadratischer Platz hat die Seitenlänge 150 m. Es gibt Fußwege über den Platz, die diagonal verlaufen, und Fußwege an den Rändern. Sina will von einem Eckpunkt zum diagonal gegenüberliegenden Eckpunkt des Platzes laufen. Gib an, um wie viel Prozent der diagonale Weg kürzer ist als der Weg entlang des Randes.

8. **Stolperstelle:** Prüfe die Aussagen. Erkläre die Fehler.

a)
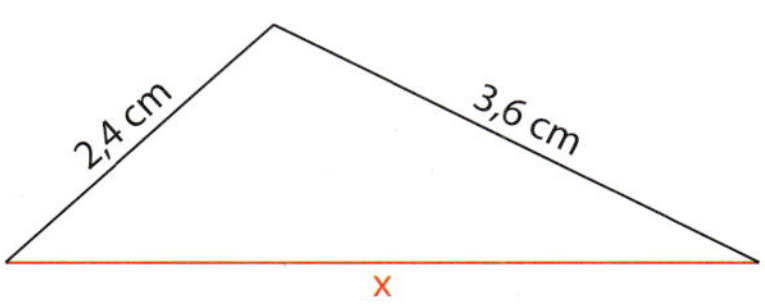

Jonas: „Aus den gegebenen Längen kann ich die Länge von x mit dem Satz des Pythagoras berechnen."

b)
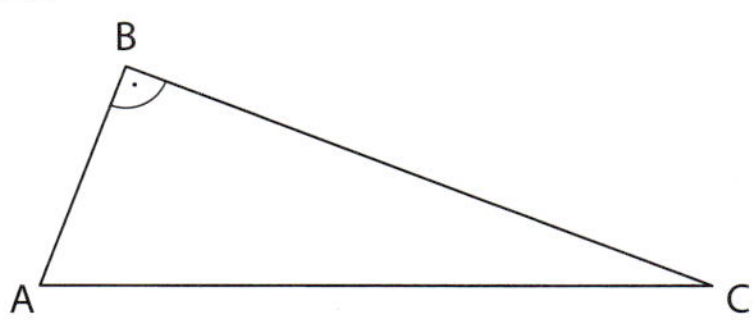

Mara: „Nach dem Satz des Pythagoras gilt: $a^2 + b^2 = c^2$."

Hinweis zu 9:.

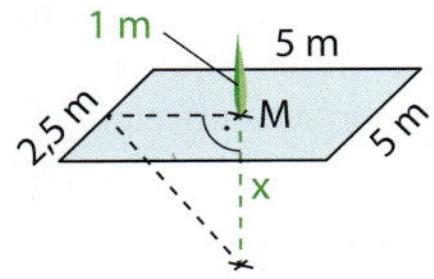

9. Ein quadratischer Teich hat eine Seitenlänge von 5 m. In der Mitte des Teiches ragt eine Schilfpflanze 1 m über die Wasseroberfläche hinaus. Wenn man sie an das Ufer zur Mitte einer Seite hin zieht, dann reicht die Pflanze gerade bis an den Rand des Teiches.
a) Erläutere den Sachverhalt zuerst anhand der Skizze links.
b) Berechne die Tiefe des Teiches in der Mitte.

10. Berechne die Längen der rot markierten Strecken .
a) Prisma
b) Zylinder
c) Prisma

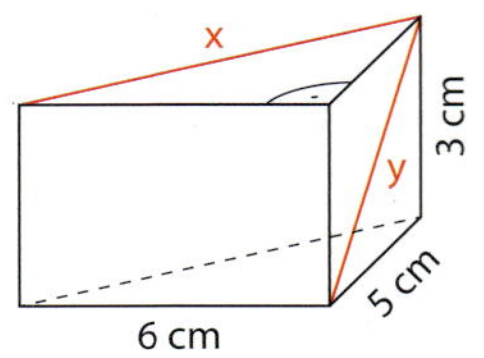

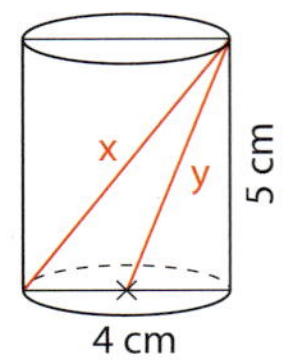

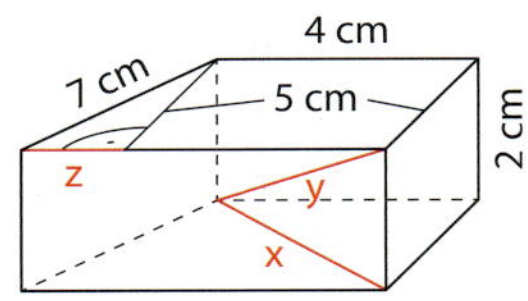

Hinweis zu 12.:

11. Die Grundfläche eines geraden dreiseitigen Prismas ist ein rechtwinkliges Dreieck. Die eine Kathete dieses Dreiecks ist 6,3 cm lang, die andere Kathete ist 1,6 cm lang. Das Prisma ist 6,0 cm hoch.
a) Ermittle den Oberflächeninhalt und das Volumen des Prismas.
b) Prüfe, ob es möglich ist, aus 45 cm Draht ein Kantenmodell des Prismas zu bauen.

12. Ein zylindrisches Trinkglas hat den Durchmesser 6 cm und eine Innenhöhe von 12,5 cm. Berechne: Wie weit ragt ein 20 cm langer Trinkhalm mindestens aus dem Trinkglas?

13. Eine Pyramide ABCDS hat ein Rechteck als Grundfläche ($\overline{AB} = 48$ mm; $\overline{BC} = 3{,}1$ cm). Die Pyramide ist 10 cm hoch. Berechne die Länge der Kante $\overline{AS}$.

Hinweis zu 14.:

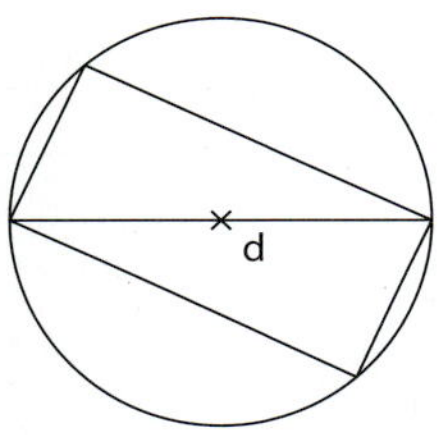

14. Gegeben ist ein Kreis mit dem Radius r = 3 cm. Ein Rechteck wird in den Kreis einbeschrieben. Eine Seite des Rechtecks hat eine Länge von 1 cm (2 cm; 3 cm; 4 cm, 5 cm).
a) Berechne den Flächeninhalt der fünf Rechtecke.
b) Gib an, welches der fünf Rechtecke den größten Flächeninhalt hat.

15. Ein Baumstamm hat einen kreisförmigen Querschnitt (d = 50 cm). Aus ihm soll ein Balken mit einem möglichst großen quadratischen Querschnitt herausgesägt werden.
a) Fertige eine Skizze an.
b) Welche Maße hat der Querschnitt? Runde auf Millimeter.

● **16.** Berechne den Umfang eines gleichseitigen Dreiecks mit einem Flächeninhalt von 100 cm².

17. Beweise. Erstelle dafür zuerst eine Skizze.
a) Die Länge der Diagonalen d in einem Rechteck ABCD mit den Seitenlängen a und b ist $d = \sqrt{a^2 + b^2}$.
b) Die Länge der Diagonalen d in einem Quadrat ABCD mit der Seitenlänge a ist $d = a\sqrt{2}$.
c) Die Höhe h über der Seite c in einem gleichschenkligen und rechtwinkligen Dreieck ABC mit den Schenkeln a und b ist $h = \frac{c}{2}$.
d) Die Höhe h über c in einem gleichseitigen Dreieck ABC mit der Seitenlänge a ist $h = \frac{a}{2}\sqrt{3}$.
e) Der Flächeninhalt A eines gleichseitigen Dreiecks ABC mit der Seitenlänge a ist $A = \frac{a^2}{4}\sqrt{3}$.

18. Beweise. Nutze die Skizzen rechts.

a) Die Raumdiagonale d eines Quaders mit den Kantenlängen a, b und c ist $d = \sqrt{a^2 + b^2 + c^2}$.

b) Die Raumdiagonale d eines Würfels mit der Kantenlänge a ist $d = a\sqrt{3}$.

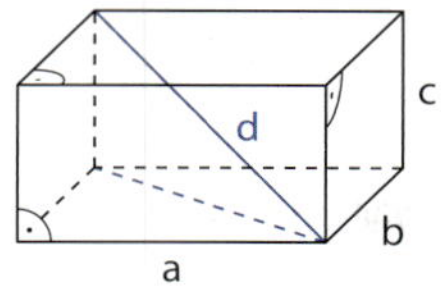

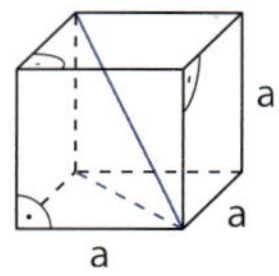

Hinweis zu 19.:

19. Typische Spielkarten sind 6 cm × 9 cm groß. Ermittle möglichst genau die Höhe eines Kartenhauses, das aus drei Etagen besteht. Beachte das Bild rechts.

20. Die Drehleiter eines Feuerwehrautos kann bis auf 30 m Länge ausgefahren werden. Sie beginnt in 3,40 m Höhe über dem Boden.

a) Eine hilflose Person soll in einer Höhe von 21 m aus dem 8. Stockwerk eines Hauses gerettet werden. Wie nah am Haus muss der Drehkranz mindestens stehen, um die Person zu erreichen?

b) Berechne, wie hoch die Leiter bei einem Anstiegswinkel von 45° reicht.

● **21.** Berechne Umfang und Flächeninhalt der Figur. Runde jeweils sinnvoll.

a)

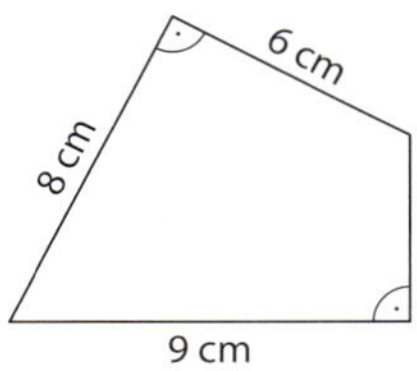

b)

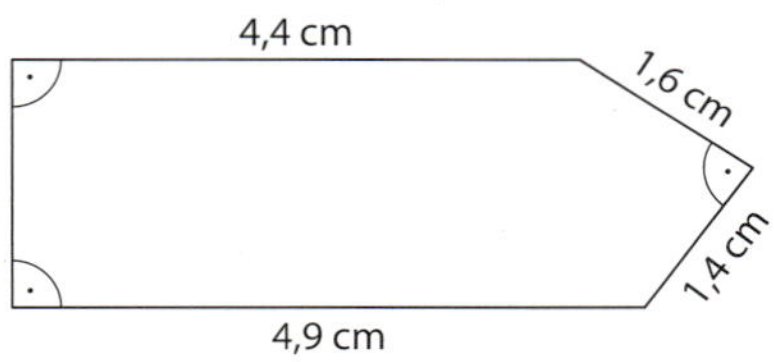

● **22.** Betrachte die Abbildung. Sven behauptet, dass für die Flächeninhalte A_1, A_2 und A_3 in den Figuren gilt: $A_1 = A_2 + A_3$.

a) Zeige durch einen Beweis, dass die Aussage für Figur ① gilt.

DGS b) Prüfe mit einer dynamischen Geometriesoftware, ob die Aussage auch für die Flächeninhalte in den Figuren ② und ③ gilt.

①

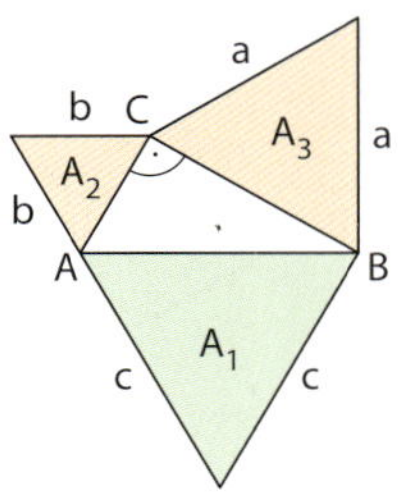

②

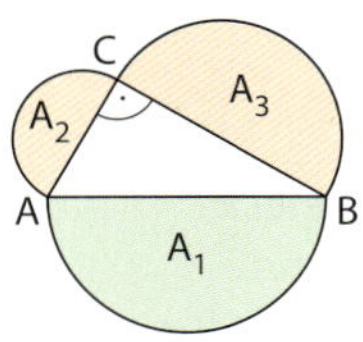

③

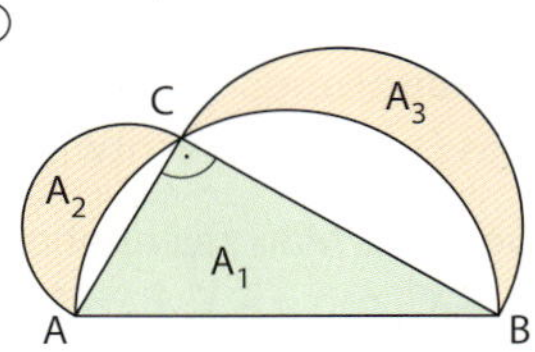

● **23. Ausblick:** Die erste Figur einer Folge von rechtwinkligen Dreiecken hat die Katheten $a = 4\,\text{cm}$ und $b = 2\,\text{cm}$. Mit jeder Figur der Folge nimmt die Länge der Katheten auf das 1,5-fache zu.

a) Wie lang sind die Katheten des 6. Dreiecks der Folge?

b) Finde einen möglichst einfachen Weg, die Länge der Hypotenuse des 20. Dreiecks der Folge zu ermitteln (ohne Tabellenkalkulation oder Geometriesoftware).

c) Gib Formeln für die Seitenlängen und den Flächeninhalt der n-ten Figur der Folge an.

2.3 Umkehrung des Satzes des Pythagoras

■ Ina hat aus zwölf Büroklammern ein rechtwinkliges Dreieck geformt:

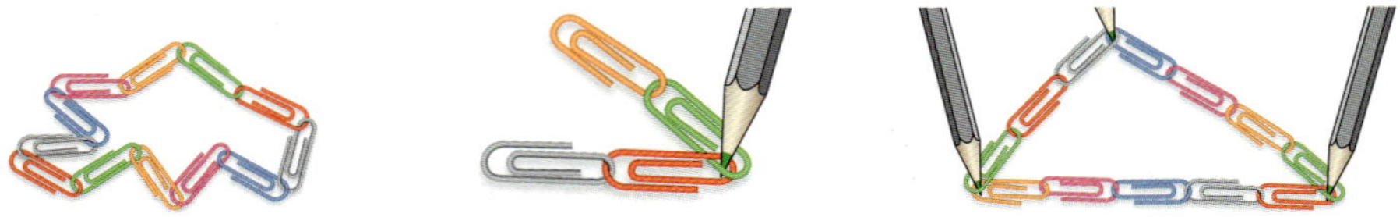

Hinweis:
Statt Büroklammern könnt ihr auch Streichhölzer verwenden.

a) Probiere aus: Kann man ein rechtwinkliges Dreieck auch aus 9 Büroklammern formen (aus 24 Büroklammern)?
Wenn ja: Wie lang sind die Katheten? Wie lang ist die Hypotenuse?

b) Finde Anzahlen an Büroklammern, aus denen man rechtwinklige Dreiecke formen kann. ■

Schon im Jahr 2300 v. Chr. war in Ägypten bekannt, dass ein Dreieck bei geschickter Wahl der Seitenlängen rechtwinklig ist. Landvermesser wendeten dieses Wissen an, um rechte Winkel abzustecken.

Dies geschah vermutlich mit einem geschlossenen Seil, welches zwölf Knoten in regelmäßigen Abständen enthielt. Um einen rechten Winkel zu erhalten, spannte man das Seil zu einem Dreieck mit den Seitenlängen drei, vier und fünf Einheiten. Der rechte Winkel lag dann dem längsten Seilstück gegenüber.
Die Landvermesser nutzten die Umkehrung des Satzes des Pythagoras.

Hinweis:
Wenn $\mathbf{b^2 + c^2 = a^2}$, dann ist $\alpha = \mathbf{90°}$.
Wenn $\mathbf{a^2 + c^2 = b^2}$, dann ist $\beta = \mathbf{90°}$.

Wissen: Umkehrung des Satzes des Pythagoras
Wenn in einem Dreieck die Quadrate über zwei Seiten zusammen denselben Flächeninhalt haben wie das Quadrat über der dritten Seite, so ist das Dreieck rechtwinklig.

Also gilt für jedes Dreieck ABC: Wenn $\mathbf{a^2 + b^2 = c^2}$, so ist $\gamma = \mathbf{90°}$.

Voraussetzung:
Im Dreieck ABC gilt $a^2 + b^2 = c^2$.

Behauptung:
Das Dreieck ist rechtwinklig mit $\gamma = 90°$.

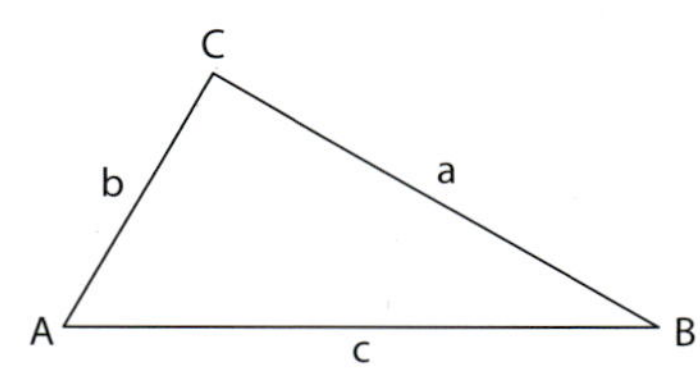

Beweis: Man zeichnet ein zweites Dreieck $A_1B_1C_1$ mit $\sphericalangle A_1C_1B_1 = 90°$ und $a_1 = a$ und $b_1 = b$. Nach dem Satz des Pythagoras gilt für dieses Dreieck $a^2 + b^2 = c_1^2$.

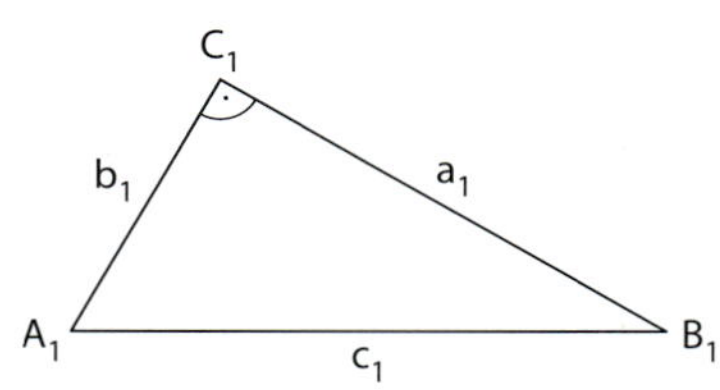

Da nach der Voraussetzung auch $a^2 + b^2 = c^2$ gilt, folgt $c^2 = c_1^2$. Da die Seitenlängen c und c_1 nur positiv sein können, gilt auch $c = c_1$.

Daher sind die Dreiecke ABC und $A_1B_1C_1$ nach dem Kongruenzsatz SSS kongruent. Somit ist auch das Dreieck $A_1B_1C_1$ rechtwinklig mit $\gamma_1 = \gamma = 90°$. (was zu beweisen war)

Mit der Umkehrung des Satzes des Pythagoras lässt sich anhand der Seitenlängen eines Dreiecks entscheiden, ob es rechtwinklig ist.

Beispiel 1: Entscheide, ob das Dreieck rechtwinklig ist.

a) $a = 4\,cm$, $b = 5\,cm$, $c = 6\,cm$ b) $a = 6\,cm$, $b = 8\,cm$, $c = 10\,cm$

Lösung:

a) Die längste Seite ist c. Quadriere sie. $(6\,cm)^2 = 36\,cm^2$

Addiere die Quadrate der beiden anderen Seiten und vergleiche die Ergebnisse. $(4\,cm)^2 + (5\,cm)^2 = 16\,cm^2 + 25\,cm^2 = 41\,cm^2$
$41\,cm^2 \neq 36\,cm^2$

Sie sind nicht gleich, also ist das Dreieck nicht rechtwinklig. Das Dreieck ist nicht rechtwinklig.

b) Die längste Seite ist c. Quadriere sie. $(10\,cm)^2 = 100\,cm^2$

Addiere die Quadrate der beiden anderen Seiten und vergleiche die Ergebnisse. $(6\,cm)^2 + (8\,cm)^2 = 36\,cm^2 + 64\,cm^2 = 100\,cm^2$
$100\,cm^2 = 100\,cm^2$

Sie sind gleich, also ist das Dreieck rechtwinklig. Das Dreieck ist rechtwinklig.

Basisaufgaben

1. Entscheide, ob das Dreieck rechtwinklig ist.
Wenn ja, gib den rechten Winkel und die Hypotenuse an.

a)	b)	c)	d)	e)
$a = 9\,cm$	$a = 10\,cm$	$a = 1{,}8\,m$	$a = 6{,}0\,dm$	$a = 1{,}6\,cm$
$b = 12\,cm$	$b = 4\,cm$	$b = 3{,}0\,m$	$b = 3{,}6\,dm$	$b = 3{,}0\,cm$
$c = 15\,cm$	$c = 6\,cm$	$c = 1{,}2\,m$	$c = 4{,}8\,dm$	$c = 3{,}5\,cm$

2. Gegeben sind je zwei Seitenlängen von Dreiecken (Maße in cm). Eine Seitenlänge fehlt. Ergänze jeweils eine dritte Seitenlänge so, dass das Dreieck rechtwinklig ist.

3|4|5	5|…|13	6|…|10	…|24|25	8|15|…	…|12|15
9|…|41	10|24|…	11|60|…	…|16|20	12|…|37	

3. Um rechte Winkel abzustecken, wird zum Teil noch heute das „Maurerdreieck" verwendet.
Man schlägt drei Pflöcke in die Erde, die voneinander einen Abstand von 80 cm, 60 cm und 1,00 m haben (s. Bild).
Begründe das Vorgehen.

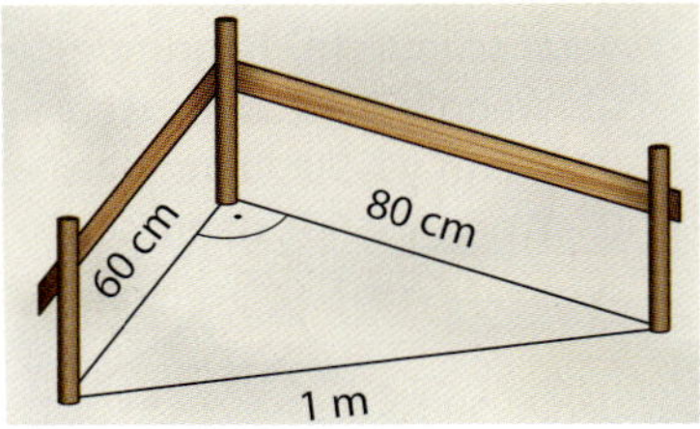

4. Gib an, ob die folgenden Aussagen zu Dreiecken richtig sind.
Korrigiere falsche Aussagen.
a) Wenn $a^2 + c^2 = b^2$ gilt, dann ist $\gamma = 90°$.
b) Wenn $b^2 + c^2 = a^2$ gilt, dann ist $\alpha = 90°$.
c) Wenn $a^2 + c^2 = b^2$ gilt, dann ist b die Hypotenuse im Dreieck.
d) Wenn $a^2 + b^2 = c^2$ gilt, dann ist $\beta = 90°$.

Weiterführende Aufgaben

5. Gegeben ist ein Dreieck ABC mit $b = 12\,mm$ und $c = 15\,mm$.
a) Ergänze eine dritte Seitenlänge so, dass das Dreieck ABC rechtwinklig ist.
b) Gib die Katheten, die Hypotenuse und den rechten Winkel an.
c) Prüfe, ob es mehr als eine Lösung gibt.

6. In einem Dreieck ABC mit $\gamma = 90°$, $a = 10\,cm$ und $c = 20\,cm$ ist die Länge der Seite b gesucht.

Joanna hat diese Aufgabe so gelöst:

$a^2 + b^2 = c^2$ | $-\,a^2$
$b^2 = c^2 - a^2$ | Einsetzen
$b^2 = (20\,cm)^2 - (10\,cm)^2$
$b^2 = 300\,cm^2$ | Wurzelziehen $\sqrt{\ }$
$b \approx 17{,}3\,cm$
Die Seite b ist 17,3 cm lang.

Luca kontrolliert die Lösung von Joanna. Er argumentiert mit einer Rechnung:

$(20\,cm)^2 = 400\,cm^2$
$(10\,cm)^2 + (17{,}3\,cm)^2 = 399{,}29\,cm^2$
$400\,cm^2 \neq 399{,}29\,cm^2$
Das Dreieck ABC ist nicht rechtwinklig.
Laut Aufgabe muss es aber rechtwinklig sein.
Das Ergebnis $b = 17{,}3\,cm$ muss daher falsch sein.

Was meinst du dazu?

7. **Stolperstelle:** a, b, c seien die Seitenlängen eines Dreiecks ABC. Überprüfe folgende Aussagen. Begründe deine Entscheidung.
a) Wenn für ein Dreieck ABC $a^2 = c^2 + b^2$ gilt, dann ist das Dreieck ABC rechtwinklig mit $\gamma = 90°$.
b) Ein rechtwinkliges Dreieck hat eine 3 cm lange Seite und eine 4 cm lange Seite. Tom behauptet: „Dann muss die dritte Seite 5 cm lang sein."

8. In einem Viereck mit den Seiten a, b, c und d gilt $a = 1{,}1\,dm$ und $b = 6{,}0\,dm$.
a) Kann das Viereck ein Rechteck sein, wenn die Länge einer Diagonalen 7,0 dm beträgt?
b) Kann das Viereck ein Rechteck sein, wenn die Länge einer Diagonalen 6,1 dm beträgt?

9. Gerbers wollen in ihrem Garten einen rechteckigen Sandkasten mit den Maßen $2{,}10\,m \times 2{,}00\,m$ anlegen. Sie schlagen zunächst für die Ecken vier Pfähle ein.
Beschreibe eine Möglichkeit zu prüfen, ob die vier Pfähle wirklich ein Rechteck bilden.

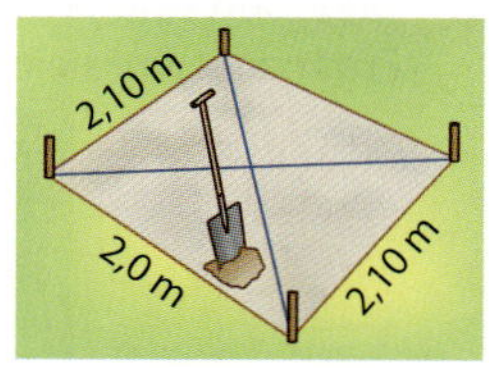

10. Welche der Aussagen ① bis ⑤ wird durch die Figur A, B oder C veranschaulicht? Begründe.
① Wenn $\gamma = 90°$, dann ist $a^2 + b^2 = c^2$.
② Wenn $\gamma > 90°$, dann ist $a^2 + b^2 > c^2$.
③ Wenn $\gamma > 90°$, dann ist $a^2 + b^2 < c^2$.
④ Wenn $\gamma < 90°$, dann ist $a^2 + b^2 < c^2$.
⑤ Wenn $\gamma < 90°$, dann ist $a^2 + b^2 > c^2$.

A

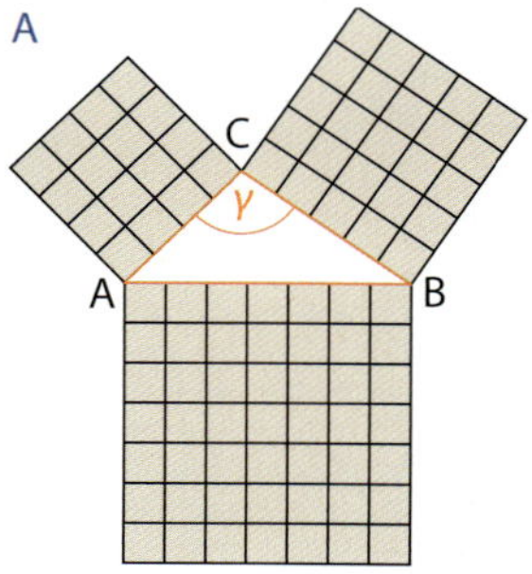

B

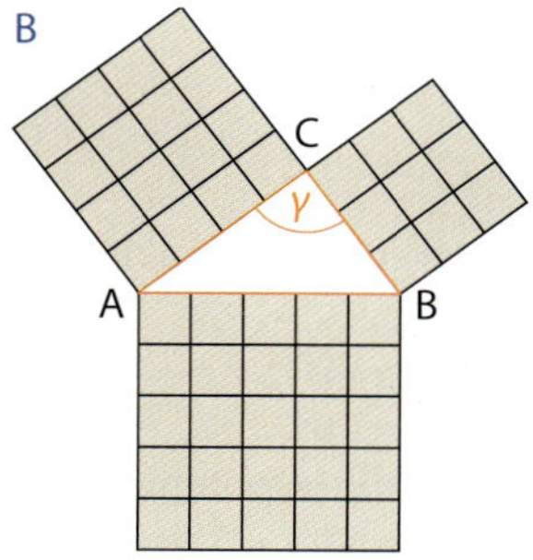

C

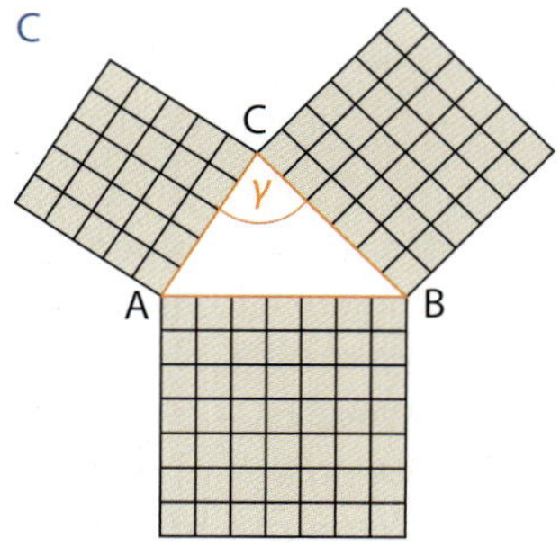

11. Überprüfe, ob ein Dreieck mit den gegebenen Seitenlängen rechtwinklig oder spitzwinklig oder stumpfwinklig ist.
a) $a = 3\,cm$, $b = 5\,cm$, $c = 7\,cm$ b) $a = 2\,cm$, $b = 4\,cm$, $c = 5\,cm$
c) $a = 12\,dm$, $b = 14\,dm$, $c = 8\,dm$ d) $a = 13\,cm$, $b = 5\,cm$, $c = 12\,cm$
In einem Dreieck ABC mit c als längste Seite gilt: dafür die Umkehrung des Satzes des Pythagoras sowie die folgenden Aussagen:
1. Wenn $a^2 + b^2 < c^2$, dann ist $\gamma > 90°$. 2. Wenn $a^2 + b^2 > c^2$, dann ist $\gamma < 90°$.

Erinnere dich:
Dreiecksarten:
- spitzwinklig: alle Innenwinkel sind kleiner als 90°;
- rechtwinklig: ein Innenwinkel ist 90°;
- stumpfwinklig: ein Innenwinkel ist größer als 90°

12. Ein Fischkutter fährt an einem Leuchtturm in einer Entfernung von 15 km vorbei. Zu diesem Zeitpunkt befindet er sich genau südlich vom Leuchtturm. Einige Zeit später ist er 19 km vom Leuchtturm entfernt und hat geradlinig eine Strecke von 8 km zurückgelegt (siehe Bild).
a) Ist der Fischkutter genau nach Westen gefahren?
b) Nimm an, der Kutter wäre nach 8 km Fahrstrecke genau 17 km vom Leuchtturm entfernt gewesen. (Skizze nicht maßgenau)
Ermittle die Fahrtrichtung.

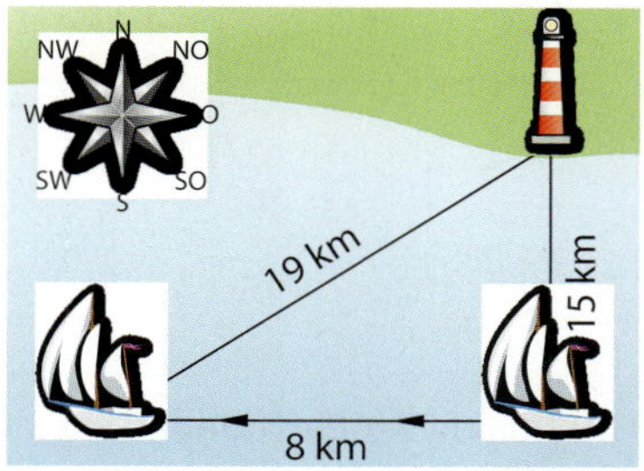

13. Drei natürliche Zahlen z. B. (3 | 4 | 5), die die Gleichung $a^2 + b^2 = c^2$ erfüllen ($3^2 + 4^2 = 5^2$), nennt man ein **pythagoreisches Zahlentripel**. Die Zahlen (1 | 2 | 3) sind kein pythagoreisches Zahlentripel, denn $1^2 + 2^2 \neq 3^2$.
a) Gib an, welche der folgenden Zahlentripel pythagoreische Zahlentripel sind.
① (8 | 15 | 17) ② (5 | 7 | 9) ③ (20 | 21 | 29) ④ (13 | 19 | 23)
b) Übertrage in dein Heft und ersetze ■ – falls möglich – so durch eine natürliche Zahl, dass ein pythagoreisches Zahlentripel entsteht. (Die größte Zahl des Tripels steht jeweils rechts.)
① (6 | 8 | ■) ② (5 | ■ | 13) ③ (■ | 35 | 37) ④ (8 | 13 | ■) ⑤ (■ | 99 | 101)
c) Gib zwei weitere pythagoreische Zahlentripel an.
d) Beweise: Ist n eine natürliche Zahl und (a | b | c) ein pythagoreisches Zahlentripel, dann ist auch (n · a | n · b | n · c) ein pythagoreisches Zahlentripel.

Hinweis zu 13:
Die griechische Vorsilbe tri bedeutet drei, so wie in Triathlon und Triangel.
Ein **Tripel** besteht aus drei Zahlen.

● **14.** TK a) Erstelle mit einer Tabellenkalkulation eine Liste mit 50 pythagoreischen Zahlentripeln. Nutze dafür den Satz: Wenn u und v natürliche Zahlen sind mit $u > v$, dann ist ($u^2 - v^2$, $2 \cdot u \cdot v$, $u^2 + v^2$) ein pythagoreisches Zahlentripel.
b) Beweise die Aussage des Satzes.

● **15.** Entscheide, welche Aussagen wahr sind. Bilde dann auch die Umkehrungen der Aussagen und entscheide ebenfalls, ob diese wahr sind. Begründe jeweils.
a) Wenn ein Dreieck gleichseitig ist, dann ist es auch gleichschenklig.
b) Wenn ein Dreieck ABC spitzwinklig ist, dann ist der Innenwinkel α kleiner als 90°.
c) Wenn ein Viereck ein Parallelogramm ist, so sind je zwei Gegenseiten gleich lang.
d) Wenn α und β Nebenwinkel sind, so ist $\alpha + \beta = 180°$.
e) Wenn in einem Dreieck alle drei Innenwinkel gleich groß sind, dann ist das Dreieck gleichseitig.

● **16. Ausblick:** Zeichne ein Dreieck mit den Eckpunkten A(0 | 0), B(8 | 0) und C(8 | 6) in ein Koordinatensystem. Verschiebe den Punkt B um +1 (+1,5; −2; −4; −6) entlang der x-Achse. Berechne jeweils neue Koordinaten für den Punkt C, sodass im Dreieck ABC weiterhin $b = 10$ und $\beta = 90°$ gilt, und zeichne den Punkt ein. Beschreibe die Bahn, auf der sich der Punkt C bewegt.

2.4 Höhensatz und Kathetensatz

■ Vergleiche für jede der Figuren den Flächeninhalt des rötlichen Quadrats und des blauen Rechtecks. (Alle Angaben in cm)

a) b) c)

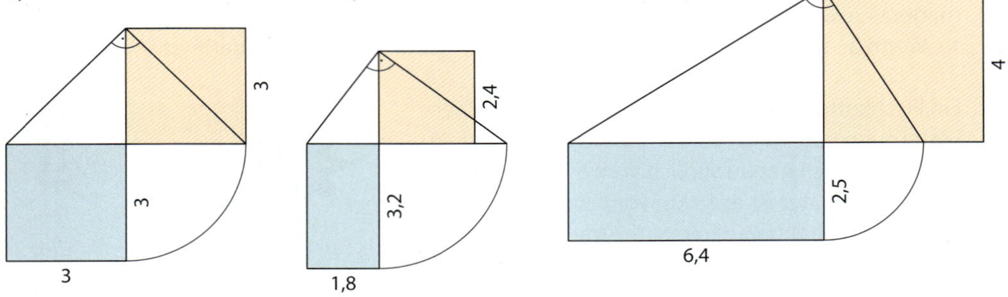

Fasse deine Beobachtungen in einem Satz zusammen. ■

Aus dem Satz des Pythagoras ergeben sich weitere Sätze und Formeln, die für Berechnungen an rechtwinkligen Dreiecken genutzt werden können.

Der Höhensatz

In einem rechtwinkligen Dreieck teilt die Höhe h auf der Hypotenuse die Hypotenuse in zwei Teilstrecken. Diese nennt man **Hypotenusenabschnitte** und bezeichnet sie mit p und q.

Tipp:
Im Alphabet steht a vor b wie p vor q.
p gehört zu a;
q gehört zu b.

Wissen: Höhensatz
In einem rechtwinkligen Dreieck sind das Quadrat über der Höhe auf der Hypotenuse und das Rechteck aus den Längen der Hypotenusenabschnitte p und q flächengleich.

Ist das Dreieck ABC rechtwinklig, so gilt $\mathbf{h^2 = p \cdot q}$.

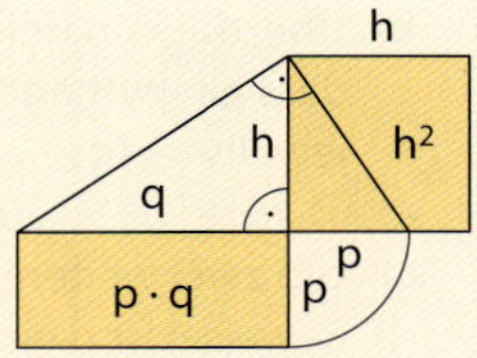

Voraussetzung: Dreieck ABC rechtwinklig (z.B. $\gamma = 90°$)

Behauptung: Es gilt $h^2 = p \cdot q$.

Beweis: Die Höhe h teilt das Dreieck ABC in zwei rechtwinklige Dreiecke AHC und BCH. Nach dem Satz des Pythagoras gilt für diese Dreiecke:

$$q^2 + h^2 = b^2$$
$$p^2 + h^2 = a^2$$

Außerdem ist $c = q + p$.

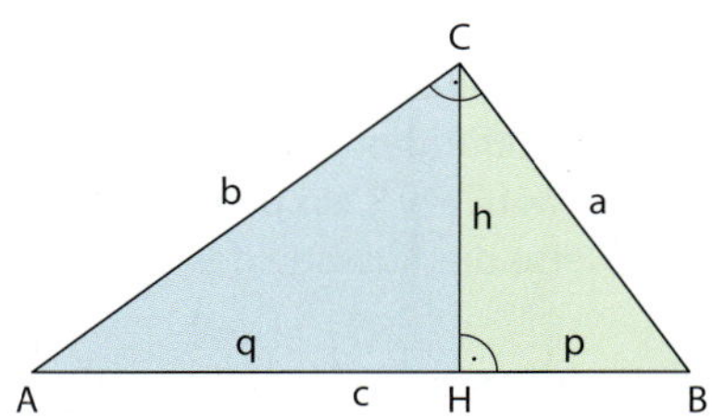

Nach dem Satz des Pythagoras gilt für das Dreieck ABC die Gleichung $a^2 + b^2 = c^2$. Ersetzt man darin a^2, b^2 und c durch die oben angegebenen Terme, so erhält man:

$a^2 + b^2$	$= c^2$	
$p^2 + h^2 + q^2 + h^2$	$= (q + p)^2$	| Klammern auflösen
$p^2 + h^2 + q^2 + h^2$	$= q^2 + 2pq + p^2$	| $- q^2$ und $-p^2$
$h^2 + h^2$	$= 2pq$	| Zusammenfassen
$2h^2$	$= 2pq$	| : 2
h^2	$= pq$	(was zu beweisen war)

Beispiel 1:

a) Im Dreieck ABC mit $\gamma = 90°$ ist $p = 4{,}5\,\text{cm}$ und $q = 2\,\text{cm}$. Berechne die Höhe h.

b) Im Dreieck ABC mit $\gamma = 90°$ ist $p = 1{,}2\,\text{cm}$ und $h = 4\,\text{cm}$. Berechne q.

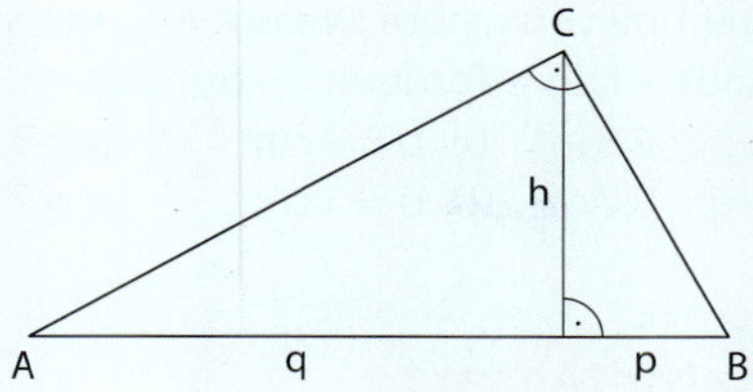

Lösung:

a) Notiere gegebene und gesuchte Größen.	Gegeben: Dreieck ABC mit $\gamma = 90°$; $p = 4{,}5\,\text{cm}$; $q = 2\,\text{cm}$ Gesucht: h
Notiere die Formel für den Höhensatz. Setze die gegebenen Größen ein und berechne schrittweise h.	$h^2 = p \cdot q$ $h^2 = 4{,}5\,\text{cm} \cdot 2\,\text{cm}$ $h^2 = 9\,\text{cm}^2$ $h \;= 3\,\text{cm}$
Kontrolliere und formuliere das Ergebnis.	Die Höhe h ist 3 cm lang.
b) Notiere gegebene und gesuchte Größen.	Gegeben: Dreieck ABC mit $\gamma = 90°$; $p = 1{,}2\,\text{cm}$; $h = 4\,\text{cm}$ Gesucht: q
Notiere die Formel für den Höhensatz. Stelle sie nach q um. Setze dann die gegebenen Größen ein und berechne schrittweise q. Runde, wenn nötig.	$h^2 = p \cdot q$ $q = \frac{h^2}{p}$ $q = \frac{(4\,\text{cm})^2}{1{,}2\,\text{cm}}$ $q \approx 13{,}3\,\text{cm}$
Kontrolliere und formuliere das Ergebnis.	q ist 13,3 cm lang.

Hinweis zum Beispiel 1 b):
Statt zuerst die Formel umzustellen, kannst du auch die gegebenen Größen in die Formel einsetzen und die so entstehende Gleichung lösen.

Basisaufgaben

1. Berechne die rot markierte Strecke.

a)
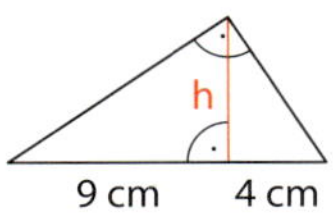

b)
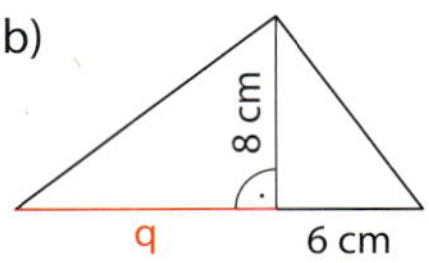

c)
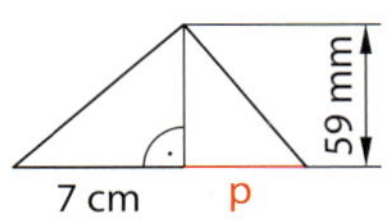

d)
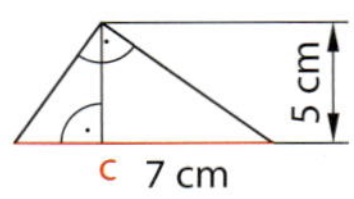

2. Unter den fünf Längen sind jeweils die Hypotenusenabschnitte p und q sowie die Höhe h eines rechtwinkligen Dreiecks. Finde diese Längen.

a) 3 cm; 4 cm; 6 cm; 8 cm; 16 cm

b) 2 cm; 4,5 cm; 5,5 cm; 7 cm; 3 cm

c) 3 cm; 10 cm; 11 cm; 12 cm; 12,1 cm

d) 2 cm; 3 cm; 11 cm; 16 cm; 128 cm

3. Stelle Gleichungen nach dem Höhensatz auf.

a)
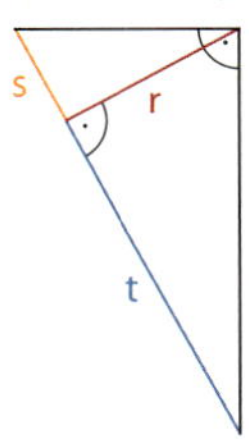

b)
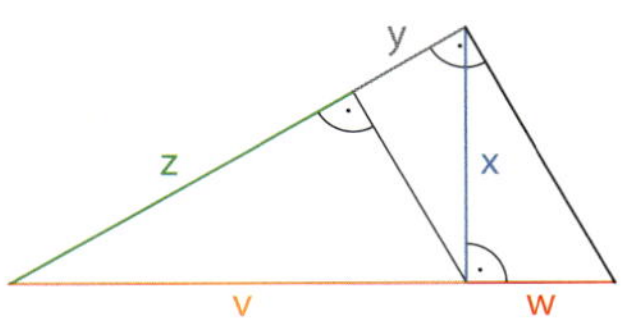

c)
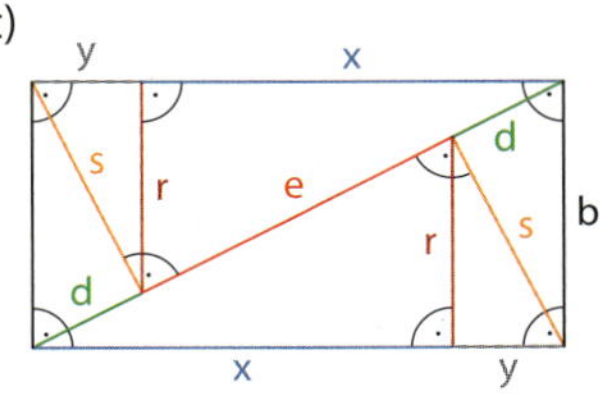

Hinweis zu 4:
Hier findest du die gerundeten Maßzahlen.

4. Berechne von einem Dreieck ABC mit $\gamma = 90°$ die dritte der drei Längen p, q und h. Runde – falls erforderlich – auf Zehntel.

a) $p = 2{,}8\,m$, $q = 0{,}7\,m$ b) $p = 4\,cm$, $q = 1\,cm$ c) $p = 3\,dm$, $q = 2\,dm$ d) $h = 2\,m$, $q = 1{,}6\,m$ e) $h = 40\,dm$, $p = 2\,m$ f) $q = 4\,cm$, $h = 40\,mm$

Der Kathetensatz

In jedem rechtwinkligen Dreieck ist das Hypotenusenquadrat genauso groß wie die beiden Kathetenquadrate. Zusammen mit den Bezeichnungen im Bild gilt $c^2 = a^2 + b^2$.

Es ist möglich, das Hypotenusenquadrat so in zwei Rechtecke zu zerlegen, dass ein Rechteck den Flächeninhalt a^2 und das andere Rechteck den Flächeninhalt b^2 hat.

Den Teilungspunkt H der Hypotenuse erhält man durch Einzeichnen der Dreieckshöhe auf die Hypotenuse.

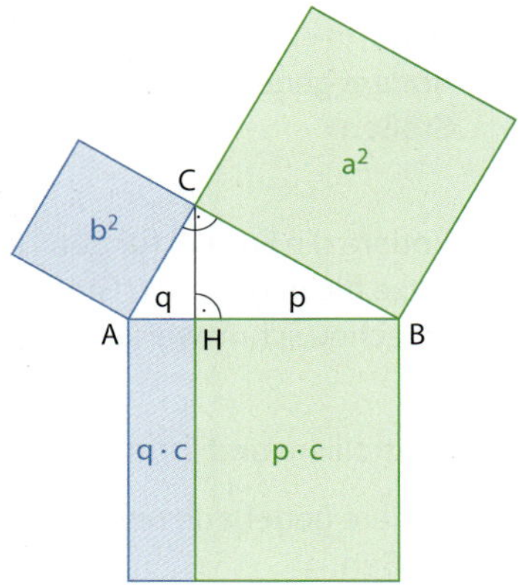

Wissen: Kathetensatz

In einem rechtwinkligen Dreieck sind das Quadrat über einer Kathete und das Rechteck aus der Hypotenuse und dem an der Kathete anliegenden Hypotenusenabschnitt flächengleich.

Für ein Dreieck ABC gilt:
Wenn $\gamma = 90°$, dann ist $\mathbf{a^2 = p \cdot c}$ und $\mathbf{b^2 = q \cdot c}$.

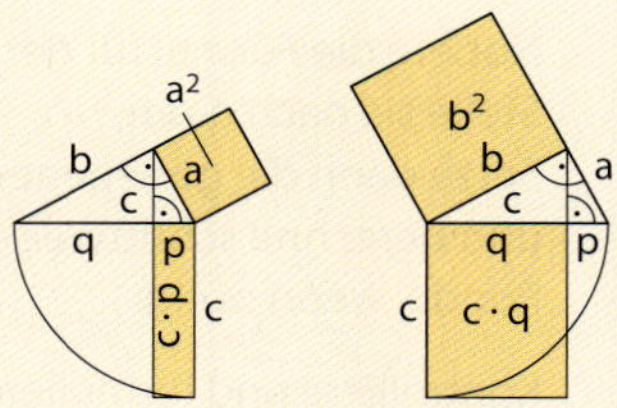

Voraussetzung: Dreieck ABC mit $\gamma = 90°$

Behauptung: Es gilt $b^2 = q \cdot c$.

Beweis:

①

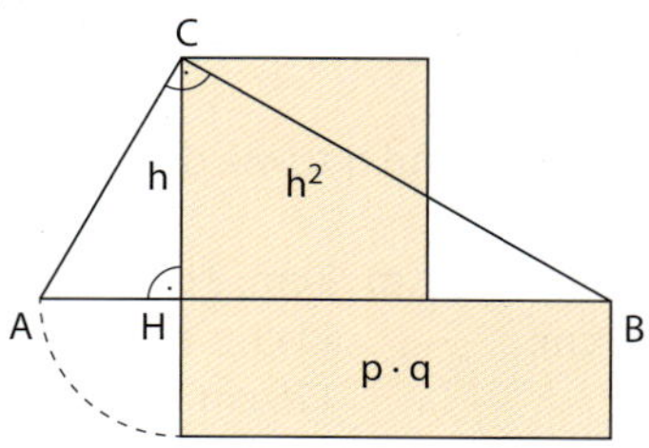

②

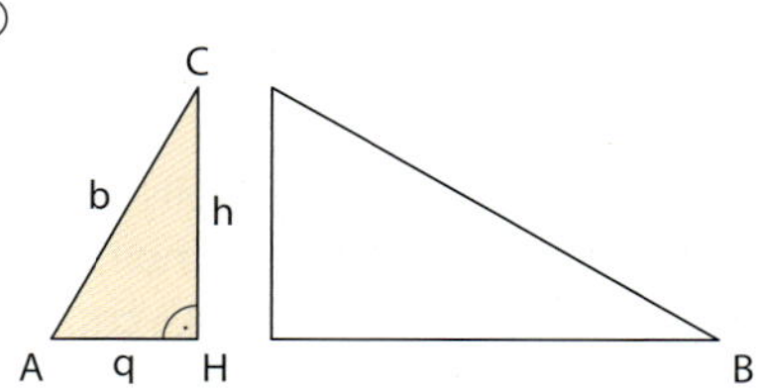

① Es gilt nach dem Höhensatz: $h^2 = p \cdot q$

② Für das Dreieck AHC gilt nach dem Satz des Pythagoras: $b^2 = q^2 + h^2$

Wenn man ① in ② einsetzt, erhält man:

$b^2 = q^2 + p \cdot q$ | Ausklammern von q

$b^2 = q\,(p + q)$ | p + q ergibt zusammen die Länge c.

$b^2 = q \cdot c$ (was zu beweisen war)

Beispiel 2:

a) Im Dreieck mit $\gamma = 90°$ ist $c = 1{,}6\,m$ und $p = 0{,}4\,m$. Berechne a.

b) Im Dreieck mit $\gamma = 90°$ ist $b = 4\,cm$ und $c = 8{,}2\,cm$. Berechne q.

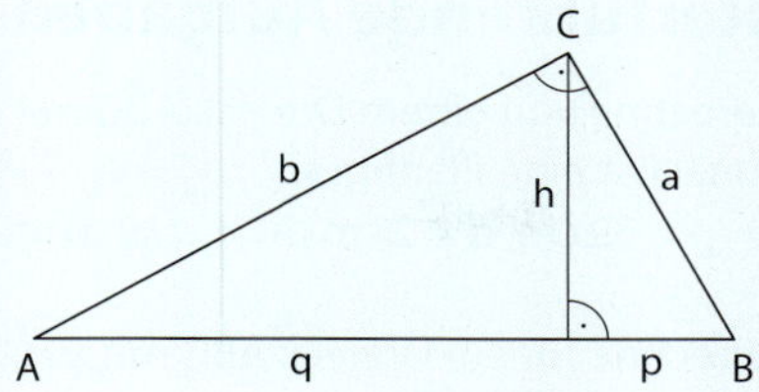

Lösung:

a) Notiere gegebene und gesuchte Größen.	Gegeben: Dreieck mit $\gamma = 90°$; $c = 1{,}6\,m$; $p = 0{,}4\,m$ Gesucht: a
Notiere die Formel für den Kathetensatz mit der Kathete a. Setze die gegebenen Größen ein und berechne schrittweise a.	$a^2 = p \cdot c$ $a^2 = 0{,}4\,m \cdot 1{,}6\,m$ $a^2 = 0{,}64\,m^2$ $a \;= 0{,}8\,m$
Kontrolliere und formuliere das Ergebnis.	Die Kathete a ist 0,8 m lang.
b) Notiere gegebene und gesuchte Größen.	Gegeben: Dreieck mit $\gamma = 90°$; $b = 4\,cm$; $c = 8{,}2\,cm$ Gesucht: q
Notiere die Formel für den Kathetensatz mit der Kathete b. Setze die gegebenen Größen ein und löse die so entstehende Gleichung. Runde, wenn nötig.	$b^2 = q \cdot c$ $(4\,cm)^2 = q \cdot 8{,}2\,cm$ $16\,cm^2 = q \cdot 8{,}2\,cm \quad \mid : 8{,}2\,cm$ $q \approx 1{,}95\,cm$
Kontrolliere und formuliere das Ergebnis.	Der Hypotenusenabschnitt q ist 1,95 cm lang.

Hinweis zum Beispiel 2 b):
Statt die gegebenen Größen direkt in die Formel einzusetzen, kannst du auch zuerst die Formel nach q umstellen.

Basisaufgaben

5. Berechne die rot markierte Strecke.

a)

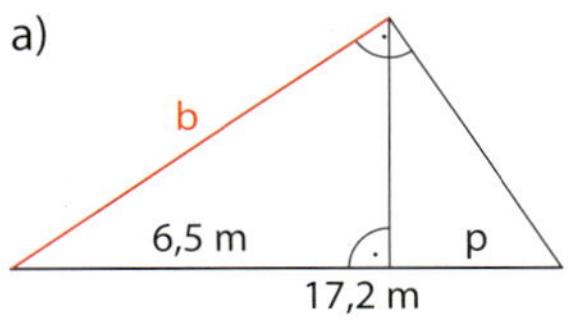

b)

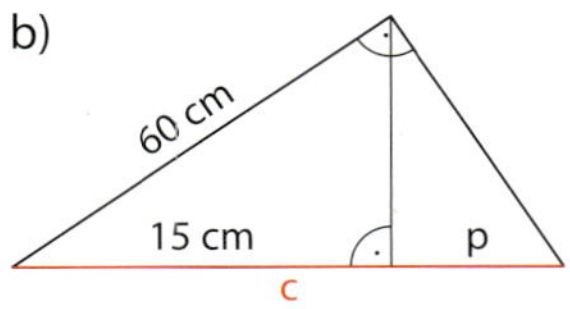

c)

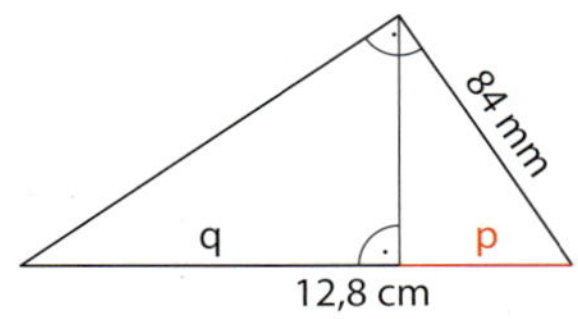

6. Stelle Gleichungen nach dem Kathetensatz auf.

a)

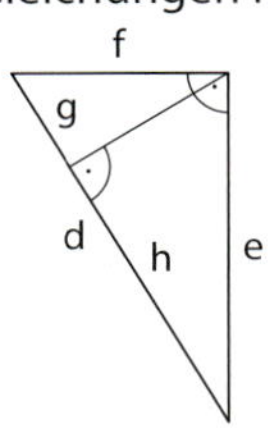

b)

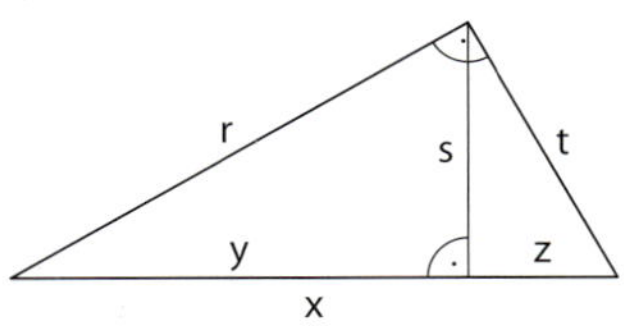

c)

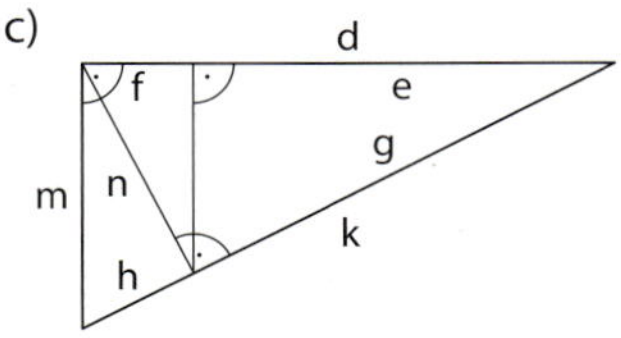

7. Berechne für ein Dreieck ABC mit $\gamma = 90°$ jeweils die nicht angegebene Größe.

	a	c	p
a)		9 cm	1 cm
b)	12 cm	36 cm	
c)	5 cm		2 cm

	b	c	q
d)		18 cm	2 cm
e)	4 cm		2 cm
f)	3 cm	4 cm	

Weiterführende Aufgaben

8. Berechne von einem Dreieck ABC mit $\alpha = 90°$ die in Klammern stehenden Längen. Erstelle zunächst eine Planfigur.
a) $p = 32\,cm, q = 2\,cm$ (h) b) $p = 2\,m, a = 40\,dm$ (q, h) c) $q = 30\,mm, h = 0{,}06\,m$ (c)

9. Berechne für ein Dreieck ABC mit $\gamma = 90°$ jeweils die fehlenden Größen.
Du kannst dich dabei an Beispiel 1 und 2 orientieren. Runde auf Zehntel.

	a	b	c	p	q	h
a)			6 m	2 m		
b)				1 cm		3 cm
c)			9 cm		1 cm	
d)	0,5 dm	12 cm			11 cm	

10. Gib an, welche Gleichungen auf das Dreieck (s. Bild) zutreffen und welche nicht.
a) $c^2 - a^2 = b^2$ b) $y^2 = h^2 + x^2$ c) $y^2 = x \cdot z$
d) $h^2 = b \cdot p$ e) $h^2 = x \cdot y$ f) $q^2 = a \cdot z$
g) $p = h^2 : q$ h) $h^2 = p \cdot b$ i) $ax = h^2$

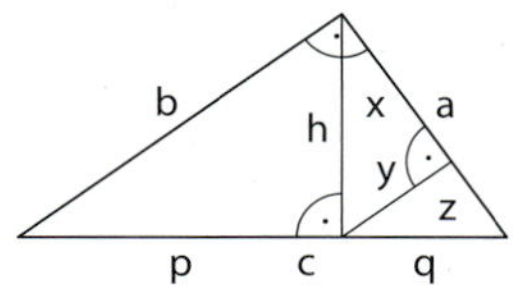

11. Beweise den Höhensatz mithilfe der folgenden Bilder.

①
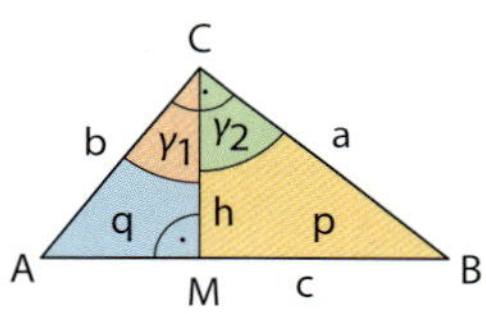

②
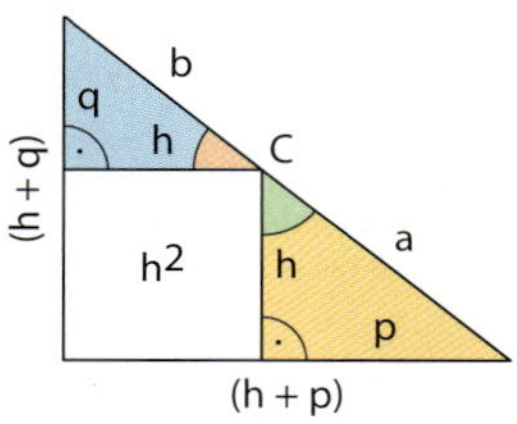

③
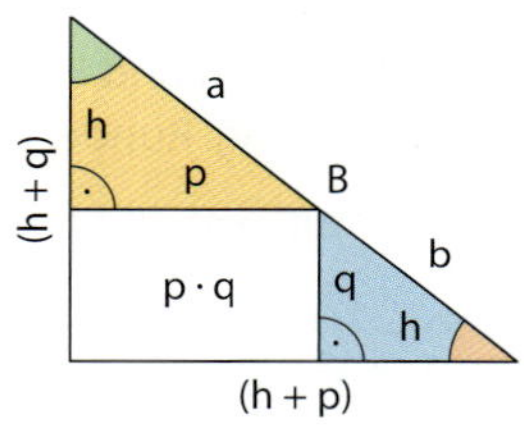

12. Beweise, dass für ein gleichschenklig-rechtwinkliges Dreieck ABC mit $\gamma = 90°$ Folgendes gilt:
a) $a^2 = \frac{c^2}{2}$ b) $h^2 = \frac{1}{4}c^2$ c) $c = b\sqrt{2}$

13. a) Zeige, dass man mithilfe des Satzes des Pythagoras und des Kathetensatzes den Höhensatz herleiten kann.
b) Zeige, dass man mithilfe des Kathetensatzes den Satz des Pythagoras herleiten kann.

14. Bilde die Umkehrung des Höhensatzes und überprüfe die Gültigkeit an zwei Beispielen. Zeichne dafür zwei verschiedene rechtwinklige Dreiecke und miss die benötigten Größen.

15. Ein rechtwinkliges Dreieck ABC hat die Maße $\gamma = 90°$, $a = 55\,mm$, $\beta = 57°$ und $q = 30\,mm$.
a) Zeichne das Dreieck. Miss darin α, p, h_c, b und c.
b) Berechne nun α, p, h_c, b und c.
c) Gib die Abweichungen zwischen den Messergebnissen und den rechnerisch ermittelten Werten in Prozent an.

16. Stolperstelle: Von einem rechtwinkligen Dreieck ABC sind $\beta = 90°$, $b = 8\,cm$ und $q = 3\,cm$ bekannt. Sandro hat mit den Formeln $b^2 = q \cdot c$ und $a^2 + b^2 = c^2$ ausgerechnet:
$c \approx 21{,}3\,cm$ und $a \approx 19{,}8\,cm$.
a) Begründe, warum diese Ergebnisse nicht stimmen können.
b) Schreibe eine Erläuterung für Sandro, wie er seine Fehler vermeiden kann.

17. Ein rechtwinkliges Dreieck hat eine Höhe von 36 mm. Für die Längen der Hypotenusenabschnitte p und q gilt p : q = 1 : 4. Gib die Längen der Hypotenusenabschnitte an.

18. Das Bild rechts zeigt einen Hausgiebel.
a) Berechne die Längen der rot markierten Dachschrägen.
b) Berechne die Fläche des dreieckigen Teils des Hausgiebels.

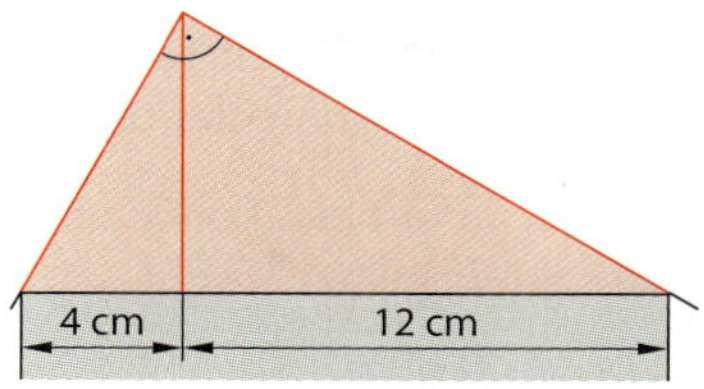

19. Für einen Dachstuhl (siehe Bild) sollen die Längen aller Streben berechnet werden. Die senkrechten Streben teilen den 10 m langen Balken in sechs gleiche Abschnitte.
Tanja sagt: „Ohne den Kathetensatz und den Höhensatz ist das nicht möglich."
Entscheide, ob Tanjas Aussage richtig ist. Begründe, zum Beispiel durch Rechnungen.

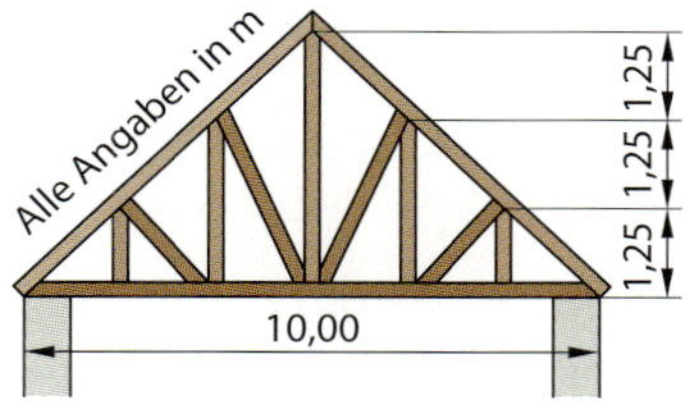

20. Der Querschnitt eines Straßentunnels hat etwa die Form eines Halbkreises mit dem Durchmesser 9,50 m. Durch den Tunnel führt eine Straße mit zwei Fahrbahnen und Randstreifen auf beiden Seiten. Die Randstreifen sind jeweils 1,75 m breit.
a) Fertige eine Skizze an. Gib die Breite der Fahrbahn an.
b) Ein Fahrzeug mit Ladung soll überall einen Sicherheitsabstand zur Tunneldecke von 10 cm haben. Wie hoch darf es höchstens sein?

Hinweis zu Aufgabe 20:
Wende den Satz des Thales an.

Hinweis zu Aufgabe 20 b):
Gehe davon aus, dass das Fahrzeug auf der Fahrbahn unmittelbar am Randstreifen fährt. Zeichne das Fahrzeug in deine Skizze ein.

21. Ein halbkreisförmiges Fenster (Breite unten 60 cm) soll durch drei Metallstäbe gesichert werden. Die Stäbe sollen voneinander den gleichen Abstand (15 cm) haben. Oben und unten werden sie 5 cm tief ins Mauerwerk eingelassen.
Berechne die Längen der Stäbe.

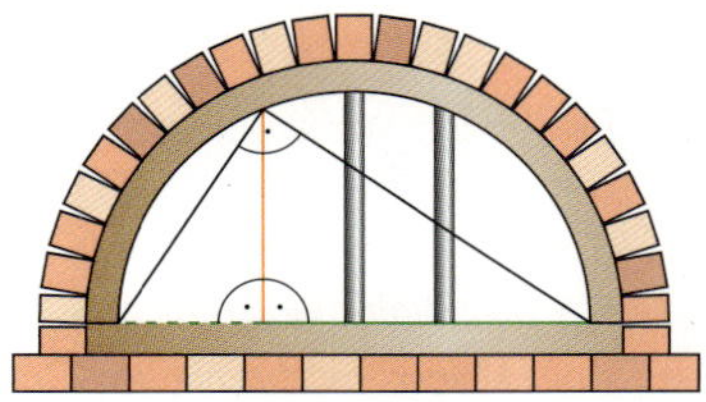

22. Ausblick: Mithilfe des Höhensatzes kannst du zu jedem Rechteck ein Quadrat mit gleichem Flächeninhalt konstruieren.
a) Führe dies für ein Rechteck mit $\overline{AB} = 4$ cm und $\overline{BC} = 1$ cm aus. Beachte die Bildfolge und die folgenden Erläuterungen.
① Zeichne das Rechteck. Konstruiere den Punkt R durch Verlängern der Rechteckseite $\overline{CD}$ und Schlagen eines Kreisbogens um den Punkt C (Radius $\overline{BC}$).
② Konstruiere den Mittelpunkt M der Strecke $\overline{DR}$. Schlage einen Halbkreis um M mit dem Radius $\overline{MD}$.
③ Verlängere die Strecke $\overline{BC}$ so, dass sie den Halbkreis schneidet. So erhältst du eine Seite des Quadrats. Konstruiere damit das Quadrat.
b) Konstruiere mithilfe des Höhensatzes Strecken mit den folgenden Längen: $\sqrt{10}$ cm; $\sqrt{6}$ cm; $\sqrt{12}$ cm; $\sqrt{2}$ cm. Erläutere deine Konstruktion in einer kurzen Präsentation.
c) Erläutere die Aussage: „Man kann eine Strecke der Länge $\sqrt{2}$ cm konstruieren, aber man kann die Nachkommastellen von $\sqrt{2}$ nicht vollständig angeben."

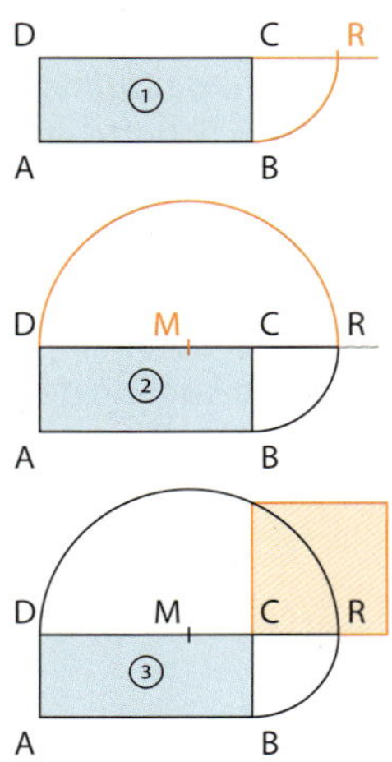

2.5 Vermischte Aufgaben

1. Der Satz des Pythagoras lässt sich anschaulich durch das Falten eines quadratischen Papierstücks begründen. Falte nach der folgenden Anleitung und begründe die einzelnen Schritte der Argumentation.

Schritt 1: Falte ein quadratisches Papier entlang einer Diagonalen (Punkt A auf C).

Schritt 2: Falte den Punkt B so nach oben, dass die entstehende Faltlinie parallel zu DC liegt (hier gibt es viele verschiedene Möglichkeiten).

Schritt 3: Falte den Punkt D nach innen wie in der Abbildung (auf der Rückseite entsteht ein Rechteck).

Schritt 4: Wende das Papier und falte das Rechteck entlang seiner Diagonalen (Punkt E schräg nach oben).

Schritt 5: Falte das Papier komplett auf. Die vier kleinen nicht-gleichschenkligen rechtwinkligen Dreiecke sind kongruent. Sind a und b die Seiten eines Rechtecks, das von je zwei dieser Dreiecke gebildet wird, so gilt für den Flächeninhalt des gesamten Papiers: $A = a^2 + b^2 + 2ab$

Schritt 6: Schneide die vier Dreiecke aus.

Schritt 7: Lege die Dreiecke so zusammen wie in der Abbildung. Ist c die Hypotenuse eines Dreiecks, so gilt für den Flächeninhalt des Quadrats:
$A = c^2 + 4 \cdot \frac{ab}{2} = c^2 + 2ab$

Die beiden großen Quadrate der Schritte 5 und 7 haben denselben Flächeninhalt. Daraus lässt sich schließen, dass die beiden Quadrate über den Katheten zusammen denselben Flächeninhalt haben wie das Quadrat über der Hypotenuse eines kleinen rechtwinkligen Dreiecks.

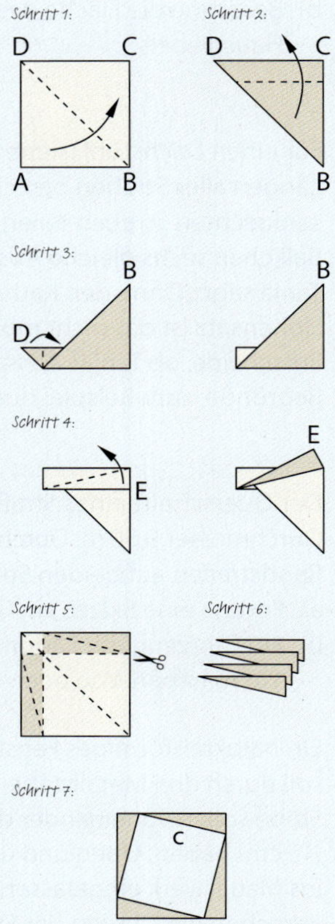

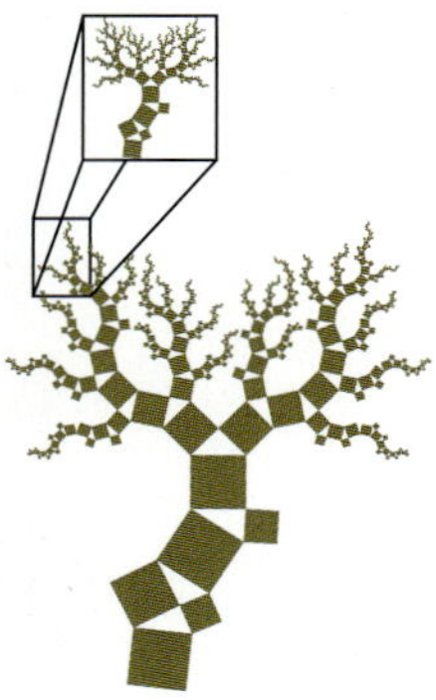

Hinweis:
In einem Pythagorasbaum findet man in jedem Ausschnitt eine exakte Kopie des gesamten Baumes. Solche Strukturen werden auch als Fraktale bezeichnet.

2. Auf ein Quadrat werden zwei weitere, kleinere Quadrate so angeordnet, dass ein rechtwinkliges Dreieck entsteht. Nun wird das Vorgehen jeweils auf diese Quadrate angewendet. Wiederholt man diese Schritte immer und immer wieder, so entsteht ein Pythagorasbaum. Die Abbildung zeigt ein Teilstück eines solchen Baumes.
   a) Berechne die Seitenlängen der grünen Quadrate und sortiere sie der Größe nach.
   b) Bestimme den Gesamtflächeninhalt aller Quadrate.
   c) Der Umriss des Baumes soll mit 5 cm langen Streichhölzern ausgelegt werden. Wie viele Streichhölzer sind dafür mindestens nötig?

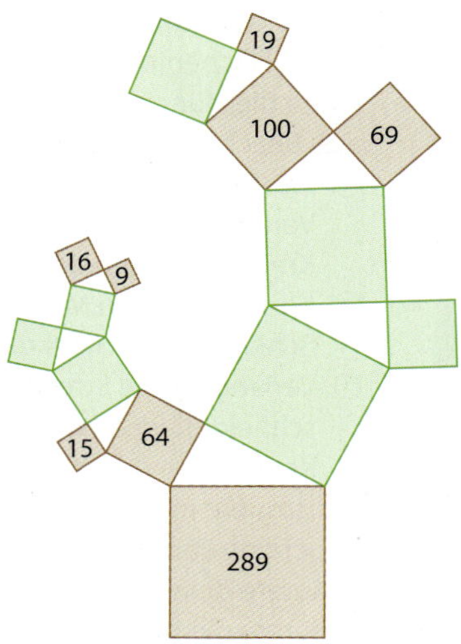

3. Nimm an, dass die Erde in etwa die Form einer Kugel mit Radius $r = 6371$ km hat. Eine Person (P) befindet sich auf offener See auf dem Mast eines Schiffes in 40 Metern Höhe und blickt Richtung Horizont (H).

a) Fertige eine Skizze an und beschrifte alle gegebenen Strecken.
b) Wie weit kann die Person sehen?
c) Wie weit ist es bis zum Horizont?

4. Stell dir vor: In einem quaderförmigen Raum ($a = 2$ m, $b = 5$ m, $c = 2{,}50$ m) sitzen zwei Spinnen (S_1 und S_2) und eine Fliege (F). S_1 sitzt genau in der Mitte der vorderen Bodenkante, S_2 sitzt mittig auf der linken Seitenkante (siehe Skizze).

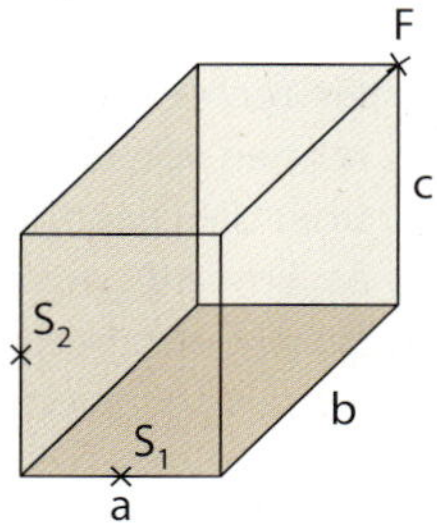

a) Welche Spinne hat den kürzeren Weg zur Fliege? Beachte: Spinnen können nur entlang der Wände laufen.
b) Zu welcher Spinne käme eine Fliege, die den raschen Tod sucht, mit derselben Fluggeschwindigkeit schneller? Beachte: Die Fliege kann auch fliegen.

5. Im Herbst weht häufig starker Wind: Ideale Bedingungen, um Drachen steigen zu lassen. Tim baut zusammen mit seinem jüngeren Bruder einen Drachen. Hierzu benötigen sie zwei Holzleisten für die Innenstreben, feste Schnur für die Verbindung außen zwischen den Holzstreben und reißfeste Folie.
In der Bauanleitung finden sie die folgenden Angaben.
Die kürzeren Seiten sind 40 cm lang. Oben in der Spitze des Drachen liegt ein rechter Winkel vor. Die Diagonale f ist halb so lang wie die Diagonale e.

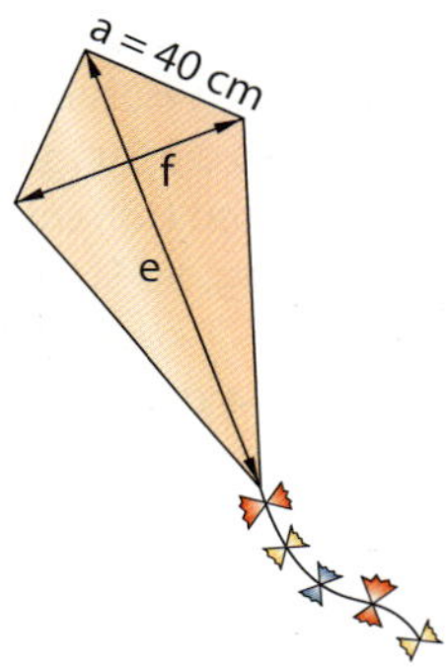

a) Bestimme die Länge der Holzleisten und der Schnur, die die Enden der Holzleisten verbindet und die Begrenzung des Drachens darstellt.
b) Wie viel Folie benötigen die Brüder mindestens?
c) Es ist noch Material für einen zweiten Drachen übrig. Die Holzleisten des zweiten Drachen haben die Maße $e = 1$ m und $f = 40$ cm. Die Brüder befestigen die Holzstreben so aneinander, dass die längere Diagonale im Verhältnis 2 : 3 geschnitten wird. Zeichne eine Skizze und berechne die Länge der Seitenkanten. Prüfe anschließend rechnerisch, ob rechte Winkel vorliegen.

6. Unter Bauholz versteht man Holz, das zur Errichtung von Gebäuden und anderen Bauwerken genutzt wird. Der innere Teil des Baumstamms, das sogenannte Kernholz, ist im Gegensatz zum äußeren Splintholz meist wertvoller und erfüllt höhere Qualitätsansprüche. Aus einem Baumstamm soll ein quaderförmiger Balken hergestellt werden.

Der Querschnitt soll quadratisch sein. Der Radius des Baumstamms ist $r = 20$ cm. Welche Maße hat der größtmögliche Querschnitt des Balkens?

Ein Balken hat eine quadratische Querschnittsfläche von $0{,}25\ m^2$. Wie groß war der Stammdurchmesser des Baumes mindestens?

Nenne zwei Möglichkeiten für den Querschnitt eines Balkens, der aus dem Baumstamm mit Radius $r = 20$ cm gefertigt werden kann.

Ein Holzbalken mit quadratischem Querschnitt (Kantenlänge a) und mit der Länge 6a wird anhand der diagonalen Ebene in zwei Hälften geteilt (siehe Skizze). Gib die Größe der grün schraffierten Schnittfläche in Abhängigkeit von a an.

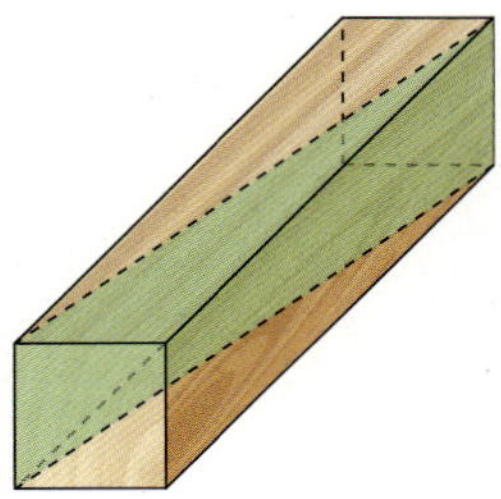

Prüfe dein neues Fundament

Lösungen ↗ S. 205

1. Frau Meier ist Schreinerin. Wenn sie einen rechteckigen Holzrahmen baut, braucht sie keinen Winkelmesser, um zu überprüfen, ob sie gründlich gearbeitet hat. Beschreibe, wie Frau Meier vorgehen kann, wenn ihr nur ein Maßband zur Verfügung steht.

2. Berechne die dritte Seitenlänge des Dreiecks.

a) $a = 8\,cm$, $b = 6\,cm$, $\gamma = 90°$
b) $a = 288\,mm$, $c = 34\,mm$, $\alpha = 90°$
c) $a = 5\,cm$, $b = 3{,}2\,cm$, $\alpha = 90°$
d) $a = 4\,dm$, $c = 3{,}5\,dm$, $\beta = 90°$
e) $a = 6{,}9\,cm$, $b = 4{,}1\,cm$, $\alpha = 90°$
f) $a = 10{,}05\,cm$, $c = 10{,}05\,cm$, $\beta = 90°$

3. Ein rechteckiger Sportplatz ist 100 m lang und 50 m breit. Luca und Jan machen ein Wettrennen von einer Eckfahne bis zu der schräg gegenüberliegenden Eckfahne. Luca läuft über die Diagonale. Jan läuft an den Außenlinien entlang.
a) Ermittle, wie lang die Strecken sind, die Luca und Jan jeweils laufen.
b) Angenommen, beide laufen mit einer Geschwindigkeit von 20 km/h. Berechne, wie weit Jan noch vom Ziel entfernt ist, wenn Luca ankommt.

4. Hat eine Straße eine Steigung von 20 %, so bedeutet dies, dass die Höhe pro 100 m in waagerechter Richtung um 20 m zunimmt.

a) Ermittle die Länge einer Straße mit einer Steigung von 10 %, die einen Höhenunterschied von 300 m überwindet.
b) Gib die Steigung einer Straße an, die auf einer Strecke von 2 km einen Höhenunterschied von 180 m überwindet, und berechne, wie lang die Straße mindestens wäre.

5. Welche der Dreiecke sind rechtwinklig? Begründe. Gib den rechten Winkel an.

a) $a = 8\,cm$, $b = 15\,cm$, $c = 17\,cm$
b) $a = 2\,cm$, $b = 5\,cm$, $c = 1\,cm$
c) $a = 13\,dm$, $b = 85\,dm$, $c = 84\,dm$
d) $a = 3{,}8\,m$, $b = 4{,}5\,m$, $c = 5{,}89\,dm$
e) $a = 4{,}1\,cm$, $b = 5{,}7\,cm$, $c = 53{,}4\,cm$
f) $a = 0{,}5\,m$, $b = 0{,}7\,m$, $c = 0{,}29\,m$

6. Kathi benutzt eine dynamische Geometrie-Software, um ein rechtwinkliges Dreieck zu konstruieren. Dazu schiebt sie den Punkt C so lange hin und her, bis sie den Eindruck hat, dass das Dreieck rechtwinklig ist. Überprüfe Kathis Lösung und korrigiere, falls nötig, indem du ein passendes Dreieck in dein Heft zeichnest.

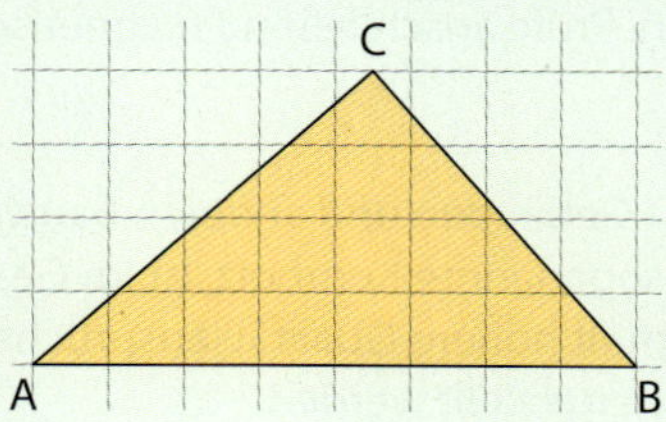

7. Übertrage die Tabelle in dein Heft und ergänze die fehlenden Größen. Begründe, welche der Dreiecke ABC rechtwinklig sind und welche nicht.

	a	b	c	α	β	γ
a)	3 cm	4 cm	5 cm		53,13°	
b)	4 cm		3 cm	53,13°		36,87°
c)	2 cm	3 cm	4 cm	34°	67°	
d)	5 cm			45°		45°
e)	10,15 cm	4,1 cm	6,43 cm	89,94°	41,72°	

8. Berechne die Länge der rot markierten Strecke (alle Angaben in cm).

a)

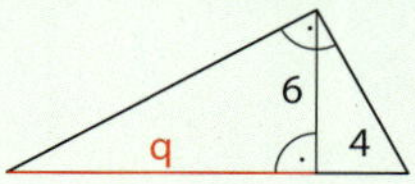

b)

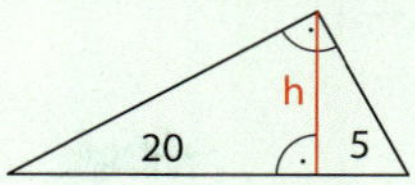

c)

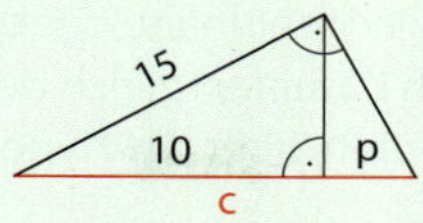

Lösungen
↗ S. 205

9. Berechne in einem Dreieck ABC mit $\gamma = 90°$ die in Klammern stehenden Längen.
a) $p = 9\,cm$, $q = 4\,cm$ (h) b) $h = 12\,cm$, $q = 18\,cm$ (p) c) $q = 4\,m$, $h = 4\,m$ (c, b)
d) $a = 0{,}6\,m$, $b = 80\,cm$ (p, q) e) $a = 0{,}6\,dm$, $c = 0{,}9\,dm$ (p, h) f) $p = 90\,mm$, $a = 1{,}5\,dm$ (h)

10. Übertrage die Tabelle in dein Heft und ergänze die fehlenden Größen. Die Angaben beziehen sich auf ein rechtwinkliges Dreieck mit der Hypotenuse c.
Gib jeweils an, welchen Satz du bei der Berechnung verwendet hast.

	a	b	c	p	q	h
a)	4 cm		9 cm			
b)		12 cm			3 cm	
c)				3 cm		5 cm
d)			7,5 cm		3,7 cm	
e)		8 cm				4 cm

Wiederholungsaufgaben

1. Entscheide, ob eine proportionale Zuordnung, eine antiproportionale Zuordnung oder keine von beiden vorliegt.
a) Anzahl der Lastwagen → Anzahl der Fahrten pro Lastwagen beim Abtransport einer großen Schutthalde
b) Gewicht eines Briefes → Porto für einen Brief
c) Volumen von Gläsern → Anzahl der Gläser, die man mit 200 l Saft füllen kann
d) Dauer einer Fernsehsendung → Anzahl der eingeschlafenen Zuschauer
e) Geldbetrag → Anzahl der dafür mindestens benötigten Münzen
f) getankte Benzinmenge in l → Preis für den Tankvorgang

2. Ordne den Graphen rechts ihre Funktionsgleichung zu.
a) $f(x) = 3x - 2$
b) $g(x) = -3x + 2$
c) $h(x) = -3x - 2$
d) $i(x) = 3x + 2$

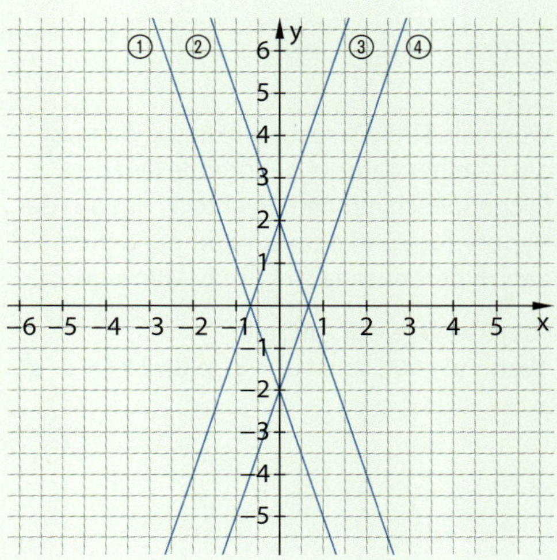

3. Runde 83,04965 auf die angegebene Rundungsstelle.
a) Tausendstel
b) Hundertstel
c) Zehntel

Satz des Pythagoras

In jedem rechtwinkligen Dreieck ist die Summe der Flächeninhalte der beiden Quadrate über den Katheten gleich dem Flächeninhalt des Quadrats über der Hypotenuse.

Für jedes **Dreieck ABC** gilt:

Wenn $\gamma = 90°$, so ist $a^2 + b^2 = c^2$.

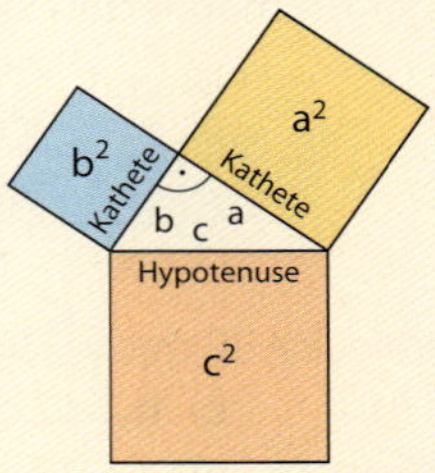

Geg.: ΔABC; $\gamma = 90°$; $c = 10\,cm$; $b = 8\,cm$

Ges.: a

$$a = \sqrt{c^2 - b^2} = \sqrt{(10\,cm)^2 - (8\,cm)^2}$$
$$= \sqrt{36\,cm^2} = 6\,cm$$

Umkehrung des Satzes des Pythagoras

Wenn in einem Dreieck der Flächeninhalt des Quadrats über einer Seite genauso groß ist wie die Summe der Flächeninhalte der Quadrate über den anderen beiden Seiten, dann ist das Dreieck rechtwinklig.

Für jedes **Dreieck ABC** gilt:

Wenn $a^2 + b^2 = c^2$, so ist $\gamma = 90°$.

Mit der Umkehrung des Satzes des Pythagoras lässt sich prüfen, ob bei gegebenen drei Seitenlängen eines Dreiecks das Dreieck rechtwinklig ist.

Ist das Dreieck ABC rechtwinklig?

a) $a = 2{,}1\,cm$, $b = 2{,}0\,cm$ und $c = 2{,}9\,cm$

b) $a = 2\,cm$, $b = 3\,cm$ und $c = 4\,cm$

Lösung:

a) $2{,}1^2 = 4{,}41$; $2{,}0^2 = 4{,}0$; $2{,}9^2 = 8{,}41$
$4{,}41\,cm^2 + 4{,}0\,cm^2 = 8{,}41\,cm^2$
→ Das Dreieck ist rechtwinklig.

b) $2^2 = 4$; $3^2 = 9$; $4^2 = 16$
$4\,cm^2 + 9\,cm^2 \neq 16\,cm^2$
→ Das Dreieck ist nicht rechtwinklig.

Höhensatz

Wenn ein Dreieck rechtwinklig ist, dann ist das Quadrat über der Hypotenusenhöhe flächengleich mit dem Rechteck, das aus beiden Hypotenusenabschnitten bestimmt wird.

Für jedes **Dreieck ABC** gilt:

Wenn $\gamma = 90°$, so ist $h^2 = p \cdot q$.

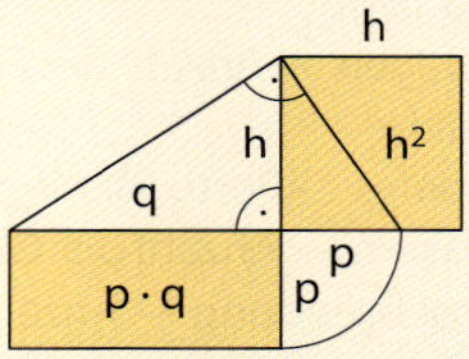

Geg.: ΔABC; $\gamma = 90°$; $p = 3{,}6\,cm$; $q = 6{,}4\,cm$

Ges.: h

$$h = \sqrt{p \cdot q} = \sqrt{3{,}6\,cm \cdot 6{,}4\,cm}$$
$$= \sqrt{23{,}04\,cm^2} = 4{,}8\,cm$$

Kathetensatz

Wenn ein Dreieck rechtwinklig ist, dann ist das zu einer Kathete gehörende Quadrat flächengleich mit dem Rechteck, das aus der Hypotenuse und dem zur Kathete gehörenden Hypotenusenabschnitt bestimmt wird.

Für jedes **Dreieck ABC** gilt:

Wenn $\gamma = 90°$, so ist $a^2 = c \cdot p$ und $b^2 = c \cdot q$.

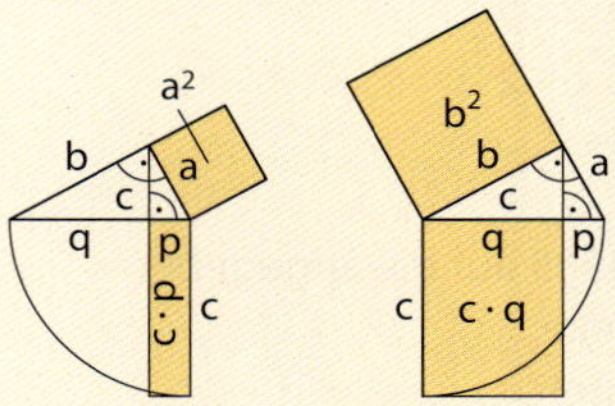

Geg.: ΔABC; $\gamma = 90°$; $c = 10\,cm$; $p = 3{,}6\,cm$

Ges.: a

$$a = \sqrt{c \cdot p} = \sqrt{10\,cm \cdot 3{,}6\,cm}$$
$$= \sqrt{36\,cm^2} = 6\,cm$$

3. Quadratische Funktionen und Gleichungen

Den Brückenbogen kann man mit einer quadratischen Funktion modellieren, um zum Beispiel die Länge der senkrechten Stahlstreben zu berechnen.

Nach diesem Kapitel kannst du …

- mit quadratischen Funktionen umgehen,
- Sachsituationen mithilfe von quadratischen Funktionen beschreiben,
- quadratische Gleichungen grafisch und rechnerisch lösen.

Lösungen
↗ **S. 206**

Lösen von Gleichungen und Gleichungssystemen

1. Löse die Gleichungen.
a) $2x + 4 = 24$ b) $3x - 4 = -5x + 12$ c) $0{,}5x - 2 = x$ d) $\frac{1}{3}(x - 8) = 3x$ e) $\frac{1}{3}x - 6 = x - 6$
f) $-2x - 4 = x + 8$ g) $2(x + 1{,}5x) = 5x$ h) $4 + \frac{1}{2}x = x$ i) $x^2 - 9 = 0$ j) $x - \sqrt{16} = 0$

2. Löse die Gleichungssysteme.
a) $\left|\begin{array}{l} y + 6 = 2x \\ y + x = 3 \end{array}\right|$ b) $\left|\begin{array}{l} y + 3x = -11 \\ y - x + 3 = 0 \end{array}\right|$ c) $\left|\begin{array}{l} 2x = 8 - 2y \\ 6y = 24 + 4x \end{array}\right|$ d) $\left|\begin{array}{l} 4x = 27 - y \\ 4y = 43 - 3x \end{array}\right|$ e) $\left|\begin{array}{r} -x + y = 2 \\ y - 3 = x \end{array}\right|$

3. Ermittle, welche der in Klammern angegebenen Zahlen die Gleichung erfüllen.
a) $x + 3 = -3$ $(-9; -6; 0; 9)$
b) $2 = \sqrt{x}$ $(-4; 0; 2; 4; 5)$
c) $x^2 = 4$ $(-2; 0; 1; 2)$
d) $0 = -2x^2 + 18$ $(-3; -1; 0; 1; 3)$
e) $x(x - 5) = 0$ $(-3; -1; 0; 1; 3)$
f) $(x - 2)(x + 1) = 0$ $(-1; 0: 1; 2)$

4. Gegeben ist die Gleichung $2x + 2y = 6$. Vervollständige die Lösungen.
a) $(2|■)$ b) $(■|3)$ c) $(\frac{1}{2}|■)$ d) $(■|0{,}7)$

5. Gesucht sind zwei ganze Zahlen. Ihre Summe ist 4. Wird das Dreifache der einen Zahl um das Doppelte der anderen Zahl vermindert, so erhält man 52.

6. Prüfe, ob das lineare Gleichungssystem $\left|\begin{array}{r} 2x - y = 1 \\ x - y = 0 \end{array}\right|$ die Lösung $x = 1$ und $y = 1$ hat.

Binomische Formeln anwenden

7. Löse die Klammern auf.
a) $(2 + x)^2$ b) $(a - 2)^2$ c) $(a - 3)(a + 3)$ d) $(2a + b)^2$ e) $(a - 2b)(a + 2b)$
f) $(2 - 0{,}5x)^2$ g) $(4 - 2x)(4 + 2x)$ h) $\left(\frac{1}{2}u - 2v\right)^2$ i) $2x(x + 3)$ j) $\left(\frac{2}{3}u + 3v\right)^2$

8. Übertrage in dein Heft und ergänze richtig.
a) $x^2 + 6x + 9 = (■ + 3)^2$
b) $a^2 + 12a + 36 = (a + ■)^2$
c) $25u^2 - 60uv + 36v^2 = (5u - ■)^2$
d) $36 + 12x + x^2 = (■ + 6)^2$
e) $(2u + v)(2u - v) = -v^2 + ■$
f) $9x^2 + y^2 + ■ = (3x + y)^2$
g) $a^2 + b^2 + ■ = (a + b)^2$
h) $(2x + y)^2 = ■ + 4xy + y^2$
i) $z^2 - 12z + ■ = (z - ■)^2$

9. Forme jeweils in ein Produkt um.
a) $a^2 - 2ab + b^2$ b) $x^2 + 2xy + y^2$ c) $a^2 + 4a + 4$ d) $9 - x^2$ e) $9a^2 + 12ab + 4b^2$

10. Bei einem Quadrat wird eine Seite um eine Längeneinheit vergrößert und die andere um eine Längeneinheit verkleinert, sodass ein Rechteck entsteht. Wie unterscheiden sich die beiden Flächeninhalte?

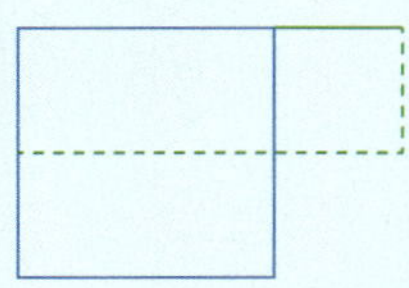

11. Ermittle, für welche Zahlen x die jeweilige Gleichung erfüllt ist.
a) $(x + 1)^2 = (x - 2)^2$ b) $(x + 2)^2 = (x + 1)(x - 1)$ c) $(x - 0{,}5)^2 = x^2 + \frac{1}{4}$
d) $(x + 2)^2 = (x + 2)(x - 2)$ e) $x^2 + 2x = \left(x + \frac{1}{2}\right)^2$ f) $(2x - 2)^2 = 5x^2 - 8x$
g) $(1 - x)^2 = 10 - 2x$ h) $(1 - x)^2 = (x - 0{,}9)^2$ i) $(7x + 1)2 = 0$

Lineare Funktionen

Lösungen ↗ S. 206

12. Zeichne die Graphen der linearen Funktionen in ein Koordinatensystem.
a) $f(x) = 2x$ b) $f(x) = 2x + 3$ c) $f(x) = 2x - 3$ d) $y = -2x$ e) $y = -x - 3$

13. Ordne jedem Funktionsgraphen die zugehörige Funktionsgleichung zu. Beschreibe den fehlenden Graphen.
a) $f(x) = x$
b) $g(x) = -x + 1$
c) $h(x) = x + 1$
d) $i(x) = 2x - 1$

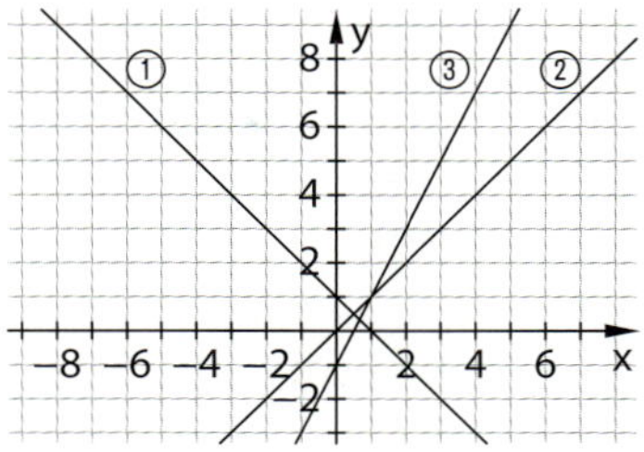

14. Zeichne die Graphen der linearen Funktionen in ein Koordinatensystem und gib jeweils die Schnittpunkte der Funktionen mit den Koordinatenachsen an.
a) $f(x) = 2x - 2$ b) $f(x) = -2x + 1$ c) $f(x) = -0{,}5x + 3$ d) $f(x) = x - 4$

15. Gib jeweils die Nullstelle der linearen Funktion an.
a) $f(x) = 2x - 2$ b) $f(x) = -0{,}5x + 4$ c) $f(x) = 0{,}3x - 0{,}3$ d) $f(x) = \frac{2}{3}x - 2$

16. Gib eine Gleichung einer linearen Funktion an, die die Steigung $m = 2$ und die Nullstelle $x = 2$ hat.

17. Ermittle – falls möglich – die Schnittpunkte der beiden Funktionsgraphen.
a) $f(x) = -x + 2$ und $g(x) = -2x + 1$
b) $f(x) = x - 3$ und $g(x) = 2x - 5$
c) $f(x) = x - 3$ und $g(x) = 1 + x$

18. Welche der Wertepaare gehören zu der Funktion mit der Gleichung $f(x) = -2{,}5x + 5$?
a) $(0|5)$ b) $(2|0)$ c) $(-1|-7{,}5)$ d) $(1|7{,}5)$ e) $(-2|10)$

19. Lineare Funktionen können mit der Funktionsgleichung $f(x) = mx + b$ beschrieben werden. Erläutere die Bedeutung der Variablen m und b für den Verlauf des Graphen der linearen Funktion.

Vermischtes

20. Berechne
a) den Flächeninhalt eines Quadrates mit der Seitenlänge 1,4 dm;
b) die Länge der Diagonalen in einem Rechteck mit a = 6 cm und b = 4 cm.
Runde die Ergebnisse auf Hundertstel.

21. 15 000 € werden zu einem Jahreszinssatz von 2,7 % angelegt. Wie hoch ist das Kapital nach 15 Monaten?

22. Sofia behauptet, dass es einen Würfel gäbe, für den die Maßzahl des Oberflächeninhalts (in cm^2) gleich der Maßzahl des Volumens (in cm^3) ist. Gib, falls möglich, die Kantenlänge eines solchen Würfels in cm an.

3.1 Normalparabel – Strecken/Stauchen

Die Stufenhöhen der abgebildeten Treppe ergeben sich immer aus der nächsten ungeraden Zahl.

a) Gib die nächsten beiden Stufenhöhen an.

b) Vervollständige im Heft die Wertetabelle, in der jeder Stufe die Gesamthöhe der Treppe zugeordnet wird.

Treppenstufe	1	2	3	4	5	6
Gesamthöhe	1	$1 + 3 = 4$				

c) Wie hoch ist die Treppe nach der 15. Stufe? Findest du eine Formel zur Berechnung der Gesamthöhe?

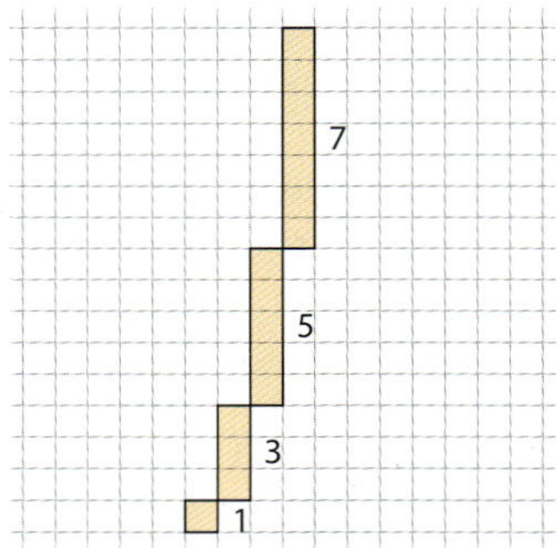

Die Normalparabel

Die quadratische Funktion mit der Funktionsgleichung $y = x^2$ hat die folgende Wertetabelle, aus der sich der abgebildete Graph ergibt.

x	−4	−3	−2	−1	0	1	2	3	4
$y = x^2$	16	9	4	1	0	1	4	9	16

(Pfeile: x-Werte · 3 → y-Werte · 9; x-Werte · 2 → y-Werte · 4)

Eine Verdoppelung der x-Werte führt zu einer Vervierfachung der y-Werte (da $2^2 = 4$), eine Verdreifachung der x-Werte führt zu einer Verneunfachung der y-Werte (da $3^2 = 9$).
Die Funktionswerte einer Zahl und ihrer Gegenzahl stimmen überein, da z. B. $2^2 = (-2)^2 = 4$ gilt. Daher ist der Graph symmetrisch zur y-Achse.

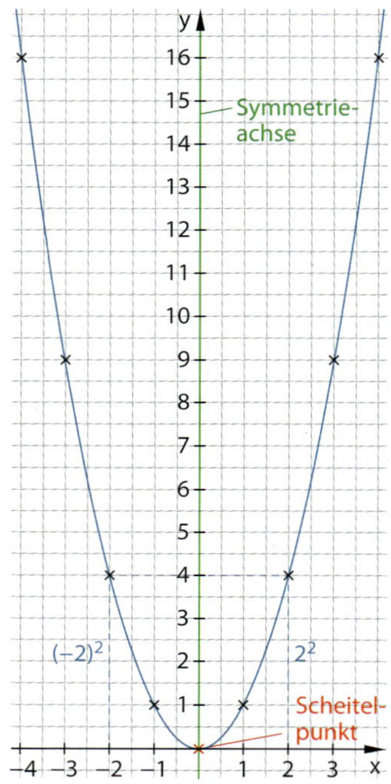

Hinweis:
Normalparabeln mit der Längeneinheit 1 cm kann man mit Schablonen zeichnen.

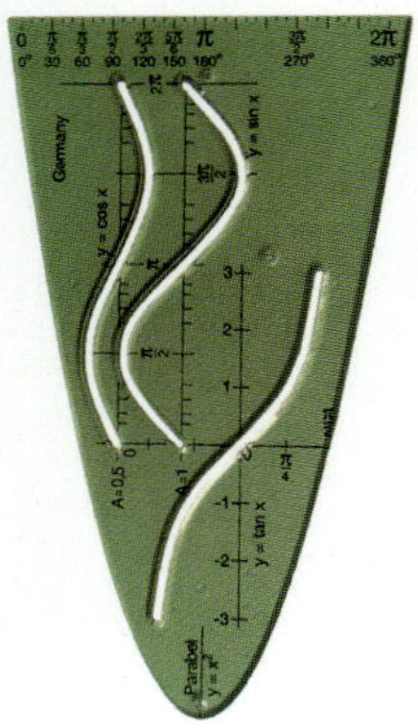

Wissen: Normalparabel
Der Graph der Funktion mit der Funktionsgleichung $y = x^2$ heißt **Normalparabel**.
Die Normalparabel ist nach oben geöffnet und **symmetrisch** zur y-Achse. Der tiefste Punkt ist der **Scheitelpunkt** $S(0|0)$. Der Graph fällt für $x \le 0$ und steigt für $x \ge 0$.

Beispiel 1: Fehlende x- und y-Werte der Normalparabel grafisch bestimmen
Die Punkte liegen auf der Normalparabel. Lies am Graphen die fehlenden Koordinaten ab.

a) $P(2{,}5|\blacksquare)$

b) $Q(\blacksquare|2{,}25)$

Lösung:

a) Lies den Funktionswert an der Stelle $x = 2{,}5$ ab, er ist $y = 6{,}25$. Es gilt $P(2{,}5|6{,}25)$.

b) Zeichne eine waagerechte Linie bei $y = 2{,}25$. Lies die x-Werte an beiden Schnittstellen mit der Normalparabel ab, sie sind $x = -1{,}5$ und $x = 1{,}5$.
Für Q gibt es die beiden Möglichkeiten $Q(-1{,}5|2{,}25)$ oder $Q(1{,}5|2{,}25)$.

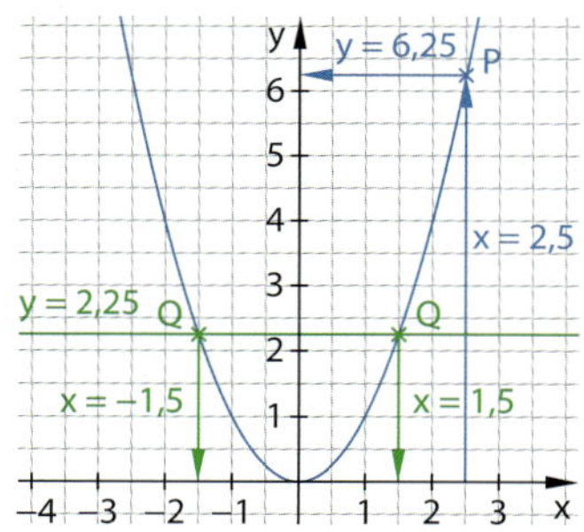

Beispiel 2: Fehlende x- und y-Werte der Normalparabel rechnerisch bestimmen
Die Punkte liegen auf der Normalparabel. Bestimme rechnerisch die fehlenden Koordinaten.
a) P(–0,7|■) b) Q(■|16)

Lösung:
a) Setze x = –0,7 in die Funktionsgleichung $y = x^2$ der Normalparabel ein und berechne den y-Wert.
$y = (-0{,}7)^2 = 0{,}49$
P(–0,7|0,49)

b) Setze den Funktionsterm von $y = x^2$ gleich 16 und löse die Gleichung. Die quadratische Gleichung hat zwei Lösungen, also gibt es für Q zwei Möglichkeiten.
$x^2 = 16 \quad |\sqrt{\ }$
$x = \sqrt{16}$ oder $x = -\sqrt{16}$
$x_1 = 4$ $\quad x_2 = -4$
$Q_1(4|16)$ $\quad Q_2(-4|16)$

Basisaufgaben

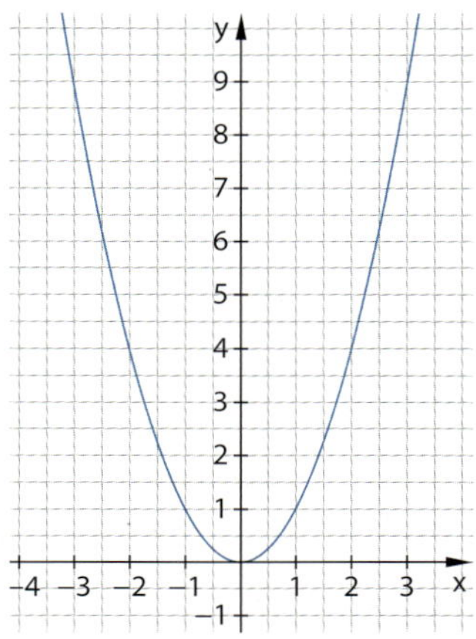

1. a) Lies an der Normalparabel die fehlenden Koordinaten der Punkte ab. In welchen Fällen gibt es zwei Möglichkeiten?
A(–1|■) B(3|■) C(–3|■) D(0,5|■)
E(■|1) F(■|4) G(■|6,25) H(■|0)
b) Überprüfe die Koordinaten aus a), indem du sie in die Funktionsgleichung $y = x^2$ einsetzt.

2. a) Zeichne die Normalparabel im Bereich $-5 \le x \le 5$ möglichst genau in ein Koordinatensystem. Lies die fehlenden Koordinaten der Punkte ab.
A(2|■) B(5|■) C(–4|■) D(–4,5|■)
E(■|25) F(■|0,25) G(■|12,25) H(■|20,25)
b) Überprüfe die Koordinaten aus a) rechnerisch.

3. Die Punkte liegen auf der Normalparabel. Bestimme die fehlenden Koordinaten rechnerisch.
A(7|■) B(0,4|■) C(–0,3|■) D(■|81) E(■|0,36) F(■|121)

GTR **4.** Zeichne die Normalparabel mit dem Grafiktaschenrechner. Bestimme im Grafikmenü die fehlenden Koordinaten der Punkte.
A(3,5|■) B(■|5,29) C(7,5|■) D(■|30,25) E(–2,7|■) F(■|44,89)

5. Bestimme rechnerisch die Stellen, an denen die Normalparabel den vorgegebenen Funktionswert hat. Runde wenn nötig auf zwei Nachkommastellen.
a) 36 b) 8 c) 0 d) 110,25 e) 40 f) 1000

6. Jonas sagt: „Bei einer Normalparabel hat jeder y-Wert zwei zugehörige x-Werte". Stimmt das? Erkläre deine Antwort
a) anhand einer Zeichnung, b) rechnerisch.

7. a) Zeichne den Graphen der Funktion $f(x) = x^2$ im Bereich $-2 \le x \le 2$. Im Koordinatensystem soll eine Einheit zwei Zentimetern entsprechen.
b) Zeichne den Graphen der Funktion $f(x) = x^2$ im Bereich $-4 \le x \le 4$. Im Koordinatensystem soll eine Einheit einem halben Zentimeter entsprechen.
c) Vergleiche die Form der beiden Parabeln.

Strecken und Stauchen der Normalparabel

Beispiel 3: Gestreckte und gestauchte Normalparabeln zeichnen

a) Zeichne die Normalparabel der Funktion f mit $f(x) = x^2$ und die Graphen der Funktionen g, h und k mit $g(x) = 2x^2$, $h(x)= 0{,}5x^2$ und $k(x) = -2x^2$.

b) Vergleiche die Graphen von g, h und k mit der Normalparabel.

Lösung:

a) Lege eine Wertetabelle für die Funktionen an.

x	−2	−1	0	1	2
$f(x) = x^2$	4	1	0	1	4
$g(x) = 2x^2$	8	2	0	2	8
$h(x) = 0{,}5x^2$	−2	−0,5	0	0,5	2
$k(x) = -2x^2$	−8	−2	0	−2	-8

Trage für jede Funktion die Wertepaare (x|y) in ein Koordinatensystem ein und zeichne den Graphen.

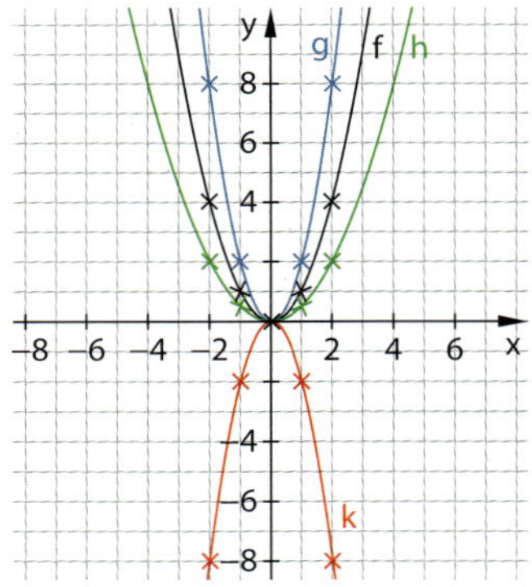

b) Durch den Faktor 2 bei $g(x) = 2x^2$ sind die Funktionswerte von g doppelt so groß wie bei der Normalparabel. Deswegen verläuft der Graph von g enger.
Durch den Faktor 0,5 bei $h(x) = 0{,}5x^2$ sind die Funktionswerte von h halb so groß wie bei der Normalparabel. Deswegen verläuft der Graph von h breiter.
Da sich g(x) und k(x) nur durch das Vorzeichen unterscheiden, entsteht der Graph von k, wenn man den Graphen von g an der x-Achse spiegelt.

Wissen: Strecken und Stauchen der Normalparabel, Streckfaktor

Der Faktor $a \neq 0$ in der Funktionsgleichung $f(x) = a \cdot x^2$ führt zur **Streckung** oder **Stauchung** der Normalparabel und heißt **Streckfaktor**.
Für $|a| > 1$ ist die Parabel in Richtung der y-Achse **gestreckt**, für $|a| < 1$ ist sie in Richtung der y-Achse **gestaucht**.
Für $a > 0$ ist die Parabel **nach oben**, für $a < 0$ **nach unten geöffnet**.

Der **Scheitelpunkt** der Parabel liegt bei S(0|0).
Die Parabel ist **symmetrisch** zur y-Achse.
Eine Änderung des Vorzeichens von a führt zu einer **Spiegelung** an der x-Achse.

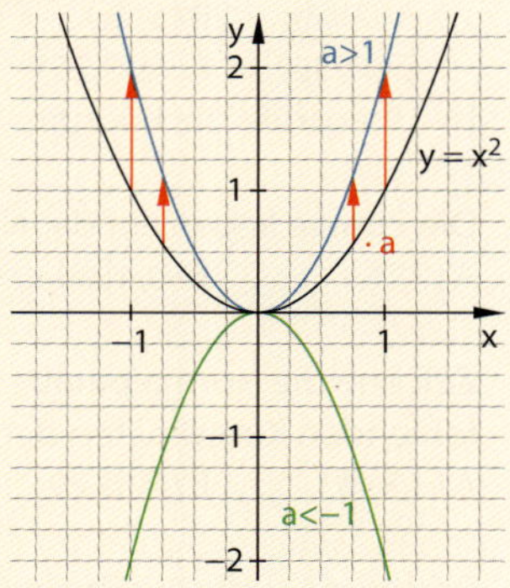

Beispiel 4: Streckfaktor anhand eines Punktes bestimmen

Der Punkt P(3|−3) liegt auf einer gestreckten oder gestauchten Normalparabel. Bestimme die zugehörige Funktionsgleichung.

Lösung:

Setze in die allgemeine Funktionsgleichung $y = a \cdot x^2$ den x- und den y-Wert von P ein.

Löse die Gleichung nach a auf und setze den Wert von a in die allgemeine Funktionsgleichung ein.

$y = a \cdot x^2$ | P(3|−3) einsetzen
$-3 = a \cdot 3^2$ | Vereinfachen
$-3 = a \cdot 9$ | : 9
$a = -\frac{3}{9} = -\frac{1}{3}$

gesuchte Funktionsgleichung: $y = -\frac{1}{3}x^2$

Basisaufgaben

8. Erstelle für die Funktion eine Wertetabelle im Bereich $-3 \le x \le 3$ und zeichne den zugehörigen Graphen. Beschreibe den Graphen und vergleiche ihn mit der Normalparabel.
a) $f(x) = 4x^2$ b) $g(x) = 3x^2$ c) $h(x) = \frac{1}{4}x^2$ d) $k(x) = -0{,}5x^2$ e) $l(x) = -2{,}5x^2$

9. Welcher Graph gehört zu welcher Funktionsgleichung? Ordne zu.

$f_1(x) = -0{,}25x^2$ $f_2(x) = -4x^2$ $f_3(x) = 0{,}25x^2$ $f_4(x) = x^2$ $f_5(x) = -1{,}5x^2$ $f_6(x) = 3x^2$

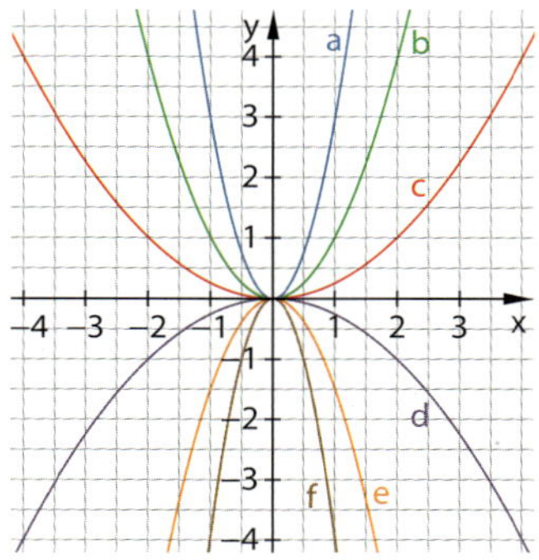

10. Bestimme die y-Koordinaten der Punkte A(2|■), B(−4|■), C(1,5|■) und D(−20|■), sodass sie auf dem Graphen der Funktion mit der angegebenen Funktionsgleichung liegen.
a) $f(x) = 2x^2$ b) $g(x) = -4x^2$ c) $h(x) = 0{,}25x^2$ d) $k(x) = -0{,}25x^2$ e) $l(x) = 15x^2$

Hinweis zu 10:
Hier findest du die Lösungen zu a) – c).

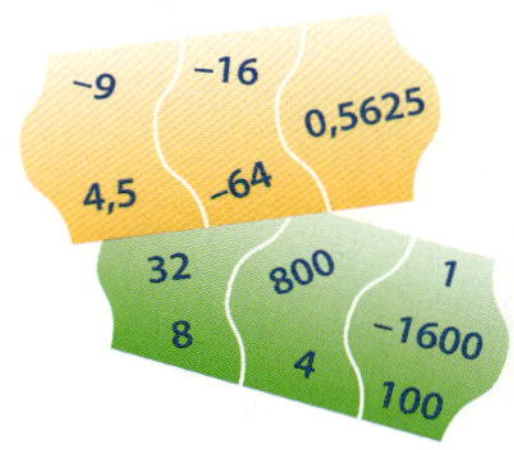

11. Untersuche, ob der Punkt P auf dem Graphen der Funktion f mit $f(x) = \frac{1}{12}x^2$ liegt. Setze dazu die x-Koordinate in die Funktionsgleichung ein, berechne den Funktionswert und vergleiche.
a) P(−12|12) b) P(9|7) c) P(−6|3) d) P(−3|0,75) e) P(10|8)

12. a) Der Punkt P liegt auf dem Graphen einer quadratischen Funktion mit der Gleichung $y = a \cdot x^2$. Bestimme die Funktionsgleichung.
① P(1|6) ② P(1|−1) ③ P(1|−8) ④ P(2|8) ⑤ P(0,5|−0,25)
b) Timo behauptet: „Kenne ich den Funktionswert an der Stelle x = 1, dann kann ich den Streckfaktor einer Funktion mit $y = a \cdot x^2$ direkt ablesen.“ Erkläre anhand der Ergebnisse aus a), warum Timo recht hat.

13. Das Aussehen des Graphen einer Funktion mit der Funktionsgleichung $f(x) = a \cdot x^2$ wird von dem Parameter a beeinflusst.
Unterscheide folgende Fälle: $a < 0$; $a > 0$; $a = 0$; $|a| > 1$; $|a| < 1$; $|a| = 1$.
Wähle Beispiele und notiere dann wahre Aussagen mithilfe der folgenden Begriffe: „nach oben geöffnet“, „nach unten geöffnet“, „gestreckt“, „gestaucht“, „gespiegelt“, „Scheitelpunkt“; „höchster Punkt“, „tiefster Punkt“, „Nullstelle“, „symmetrisch“.

Hinweis zu 13:
Hier ist der Einsatz eines GTR sinnvoll.

Weiterführende Aufgaben

14. Prüfe, ob die Aussage für den Graphen der Funktion f mit $f(x) = -0{,}5x^2$ gilt. Begründe.
a) Die Parabel ist „enger“ als die Normalparabel.
b) Der Punkt P(2|−4) liegt auf dem Graphen.
c) Der Punkt P(3|−8) liegt unterhalb des Graphen.
d) Die Parabel ist nach unten geöffnet.
e) Alle Punkte des Graphen haben eine negative y-Koordinate.
f) Die Parabel entsteht durch Spiegelung des Graphen von $y = 0{,}5x^2$ an der x-Achse.

15. Je zwei der Punkte A(−1|−3), B(−2|−16), C(3|−36) und D(4|−48) liegen auf der gleichen gestreckten Normalparabel. Bestimme die beiden Funktionsgleichungen und gib an, welche Punkte zu welcher Funktion gehören.

16. Auf einer gestreckten oder gestauchten Normalparabel liegt der Punkt A(2|8). Erläutere, wie man entscheiden kann, welche der folgenden Punkte dann ebenfalls auf dieser Parabel liegen: B(3|18); C(−2|−8); D$(-2|\frac{1}{8})$; E(−2|8); F(1|0); G(1|1); H(1|2); I(−3|9); J(−3|18).

17. x-Werte bei $y = a \cdot x^2$ bestimmen:

GTR

a) Zeichne den Graphen der Funktion f mit $f(x) = 6x^2$ mit dem Grafiktaschenrechner. Bestimme im Grafikmenü alle x-Werte mit dem angegebenen Funktionswert.
① $f(x) = 24$ ② $f(x) = 384$ ③ $f(x) = 6$ ④ $f(x) = 337{,}5$

b) Marina möchte die x-Werte zum Funktionswert $f(x) = 96$ rechnerisch bestimmen und stellt die Gleichung $6x^2 = 96$ auf. Sie sagt: „Ich teile die Gleichung im ersten Schritt durch den Streckfaktor 6. Dann kann ich wie bei der Normalparabel weiterrechnen." Erläutere, was Marina meint und führe ihre Rechnung zu Ende.

c) Berechne für die Funktion g mit $g(x) = -3x^2$ alle x-Werte zu folgenden Funktionswerten.
① $g(x) = -27$ ② $g(x) = -18{,}75$ ③ $g(x) = -363$ ④ $g(x) = -6$

18. Stolperstelle: Tom berechnet Werte der Funktion f mit $f(x) = 2x^2$. Erkläre die Fehler, die er gemacht hat, und korrigiere sie.

a) Funktionswert bei x = 4:
$y = 2 \cdot 4^2 = 8^2 = 64$

b) x-Werte zum y-Wert 16:
$2 \cdot x^2 = 16 \quad |\sqrt{\ }$
$2 \cdot x = 4 \quad |:2$
$x = 2$

19. Galileo Galilei hat bereits 1590 Untersuchungen zum freien Fall durchgeführt und die Zeit gemessen. Angeblich hat er dafür auch Gegenstände vom Schiefen Turm in Pisa fallen lassen. Später hat sich Sir Isaac Newton mit demselben Thema beschäftigt, angeblich, weil er unter einem Baum saß und ein Apfel direkt vor ihm zu Boden fiel. Für die Fallzeit t in Sekunden und die Strecke s in Meter gilt ungefähr $s(t) = 5\,t^2$.

a) Berechne die Strecke, die ein fallender Apfel nach 4 s (5 s; 2,5 s; 0,125 s) zurückgelegt hat.

b) Ein Apfel fällt vom 55,86 m hohen Schiefen Turm in Pisa auf die Erde. Berechne seine Fallzeit.

20. In einem Experiment wird der Zusammenhang zwischen der Geschwindigkeit und dem Bremsweg eines Autos untersucht. Dabei werden die folgenden Werte gemessen.

Geschwindigkeit v in km/h	20	30	50	100	150
Bremsweg s in m	4	8,8	25	100,6	225,5

a) Trage die Wertepaare in ein Koordinatensystem (x-Achse: 1 cm ≙ 20 km/h, y-Achse: 1 cm ≙ 20 m) ein und verbinde die Punkte sinnvoll. Überprüfe, ob der Graph annähernd zu einer quadratischen Funktion passt.

b) Bestimme mit den Werten bei 50 km/h die Gleichung der Funktion s mit $s(v) = a \cdot v^2$.

c) Marco behauptet: „Wenn ich die ersten beiden Wertepaare betrachte, dann führen 10 km/h mehr zu einem etwa 5 m längeren Bremsweg. Also macht es keinen großen Unterschied, ob man mit 100 km/h oder 110 km/h fährt." Nimm dazu Stellung.

d) Untersuche, wie schnell man fahren darf, damit der Bremsweg maximal 20 m beträgt.

21. Die Golden Gate Bridge in San Francisco hat zwischen den beiden Pfeilern eine Länge von 1280 m. Bei normalem Wasserstand ragen die Pfeiler ca. 230 m aus dem Wasser heraus und die Fahrbahn befindet sich etwa 70 m über dem Wasser.

a) Skizziere anhand der Daten den parabelförmigen Verlauf des Brückenbogens in einem Koordinatensystem. Dabei soll die x-Achse auf Höhe der Fahrbahn und der Scheitelpunkt der Parabel im Koordinatenursprung liegen.
b) Bestimme die Gleichung einer Funktion, deren Graph den Brückenbogen modelliert.
c) Die senkrechten Aufhängungen zwischen dem Brückenbogen und der Fahrbahn haben einen Abstand von 15 m. Berechne die Längen der längsten vier Aufhängungen.

22. Bei der Funktion f mit $f(x) = x^2$ führt eine Verdopplung (Verdreifachung) der x-Werte zu einer Vervierfachung (Verneunfachung) der Funktionswerte f(x).
a) Untersuche allgemein was passiert, wenn man den x-Wert mit einem Faktor k multipliziert. Vervollständige dazu die folgende Gleichungskette im Heft.

$$f(k \cdot x) = (k \cdot x)^2 = ■ = ■ \cdot f(x)$$

b) Untersuche, ob der Zusammenhang aus a) auch für die Funktion g mit $g(x) = a \cdot x^2$ gilt.

23. Parabel als Ortslinie: Führe die folgende Konstruktion mit einer dynamischen Geometriesoftware durch.

GS

① Zeichne den Punkt B(0|0,25) und die Gerade g mit $y = -0{,}25$ ein.
② Wähle einen beliebigen Punkt G auf der Geraden g.
③ Konstruiere eine Gerade s durch G, die senkrecht zur Geraden g ist.
④ Konstruiere die Mittelsenkrechte m zur Strecke $\overline{BG}$.
⑤ Konstruiere den Schnittpunkt P von s und m.

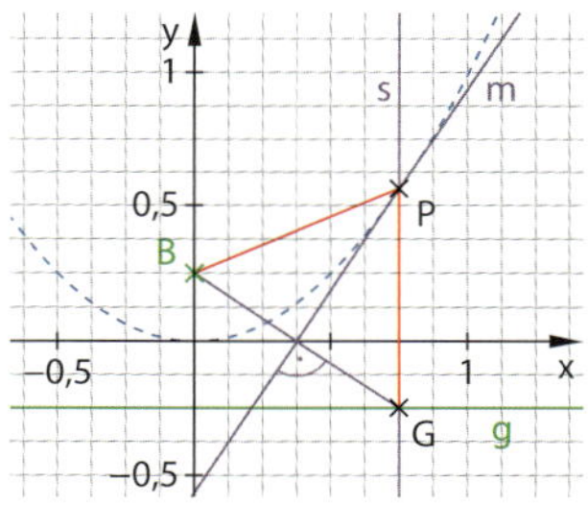

a) Miss die Abstände von G zu P und von B zu P für unterschiedliche Lagen von G. Was fällt dir auf? Begründe deine Beobachtung.
b) Aktiviere den Spurmodus von P. Bewege den Punkt G beliebig auf der Geraden g und beobachte die Spur von P. Welcher Zusammenhang gilt für die Koordinaten von P?
c) Zeige mithilfe des Satzes des Pythagoras, dass P für jede Lage von G auf der Normalparabel mit der Funktionsgleichung $y = x^2$ liegt.

24. Ausblick: Zeichne ein Koordinatensystem (Längeneinheit 2 cm) für x und y von 0 bis 4.
a) Erstelle für die Funktion f mit $f(x) = x^2$ eine Wertetabelle für $x = 0$ bis $x = 2$ in 0,5er-Schritten. Trage die Punkte ins Koordinatensystem ein und zeichne den Graphen von f.
b) Spiegele die Punkte und den Graphen an der Geraden mit $y = x$.
c) Trage die Koordinaten der gespiegelten Punkte in eine Wertetabelle ein und bestimme die Gleichung der Funktion g, die zum gespiegelten Graphen gehört.
d) g nennt man die Umkehrfunktion zu f. Kannst du diese Bezeichnung erklären?
e) Zeichne ebenfalls den Graphen der Funktion h mit $h(x) = \frac{1}{2}x^2$ in das Koordinatensystem und spiegele ihn an der Geraden mit $y = x$. Ermittle zum gespiegelten Graphen die Funktionsgleichung.

3.2 Verschieben der Normalparabel in y-Richtung

■ Im Grafikmenü des Grafiktaschenrechners wurden die Parabeln der Funktionen f_1, f_2 und f_3 mit $f_1(x) = x^2 + 2$, $f_2(x) = x^2 - 1$ und $f_3(x) = x^2 + 3$ gezeichnet.
Beschreibe Gemeinsamkeiten und Unterschiede der drei Parabeln. ■

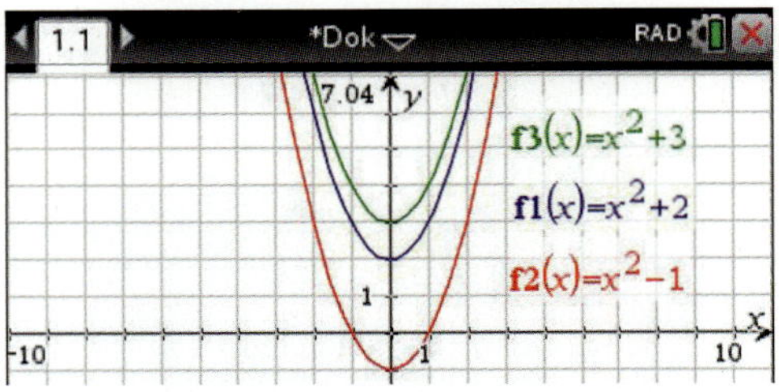

Beispiel 1: Eine Normalparabel mit $y = x^2$ wird um 3 Einheiten nach oben verschoben.
a) Zeichne die Parabel, die dann entsteht.
b) Bestimme die Funktionsgleichung der entstandenen Parabel.

Lösung:
a) Zeichne die Normalparabel und verschiebe jeden Punkt der Normalparabel um 3 Einheiten nach oben.
b) Jeder Funktionswert der verschobenen Parabel ist um 3 größer als bei der Normalparabel. Also lautet die Funktionsgleichung $y = x^2 + 3$.

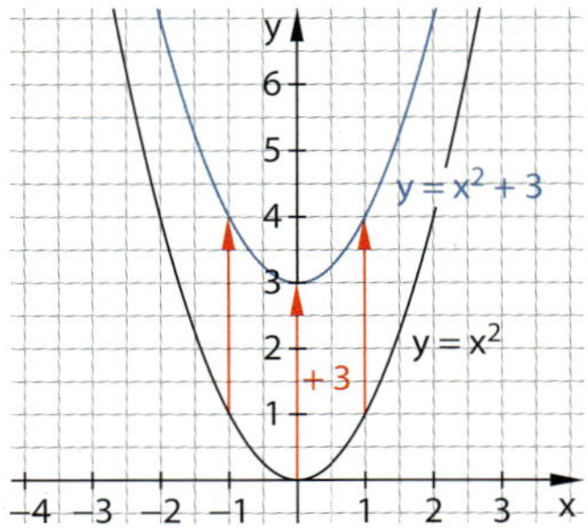

Wissen: Verschieben der Normalparabel in y-Richtung
Die Parabel mit der Funktionsgleichung $f(x) = x^2 + y_s$ geht aus der Normalparabel durch **Verschieben** um y_s entlang der **y-Achse** hervor.
Für $y_s > 0$ wird die Normalparabel **nach oben**, für $y_s < 0$ **nach unten** verschoben.

Der **Scheitelpunkt** der Parabel liegt bei $S(0|\, y_s\,)$.
Die Parabel ist **symmetrisch** zur y-Achse.

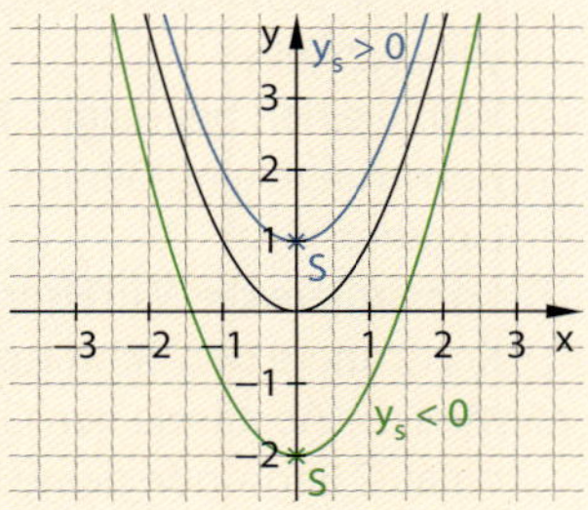

Basisaufgaben

1. a) Lies die Scheitelpunkte der Graphen ① bis ④ ab und beschreibe die Verschiebungen gegenüber der Normalparabel.
   b) Gib die Funktionsgleichungen an.

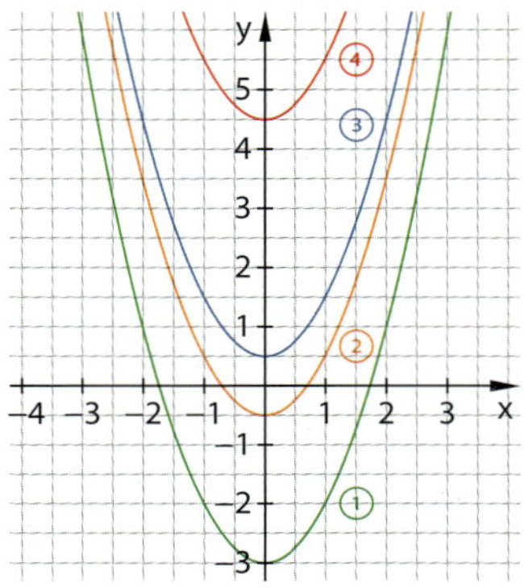

2. Gib die Funktionsgleichung der verschobenen Normalparabel an.
   a) Verschiebung um 5 Einheiten nach oben
   b) Verschiebung um 12 Einheiten nach unten
   c) Der Scheitelpunkt liegt bei $S(0|-10)$.
   d) Der Scheitelpunkt liegt bei $S(0|15)$.

3. a) Zeichne die Graphen der Funktionen in ein Koordinatensystem.
① $f(x) = x^2 - 1{,}5$ ② $g(x) = x^2 + 1{,}5$ ③ $h(x) = x^2 + 3{,}5$ ④ $k(x) = x^2 - 3{,}5$
b) Gib jeweils die Koordinaten des Scheitelpunktes an.
c) Beschreibe Eigenschaften der vier Graphen. Welche Gemeinsamkeiten und welche Unterschiede gibt es?

Nullstellen einer in y-Richtung verschobenen Normalparabel

Die Nullstellen eines Funktionsgraphen geben die Schnittstellen mit der x-Achse an. An diesen Stellen ist der Funktionswert gleich 0. Man kann Nullstellen entweder durch Ablesen am Graphen oder durch Lösen der Gleichung $f(x) = 0$ bestimmen.

Beispiel 2: Bestimme die Nullstellen der Funktion ① grafisch und ② rechnerisch.
a) $f(x) = x^2 - 2{,}25$ b) $g(x) = x^2 + 2$

Lösung:
① Lies am Graphen ab, an welchem x-Wert der Graph die x-Achse schneidet.

a)
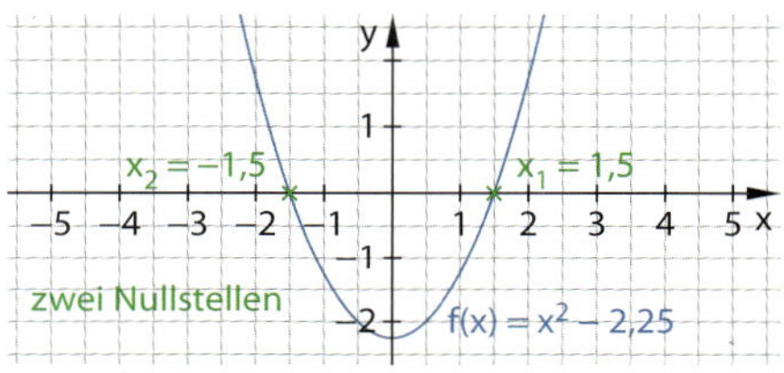

b)
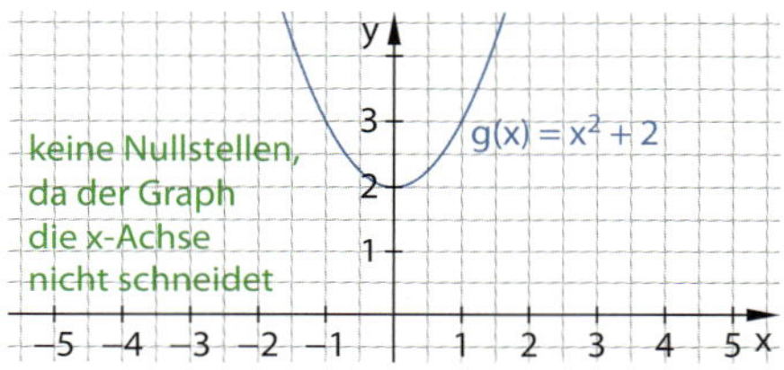

② Setze den Funktionsterm gleich 0 und löse die Gleichung nach x auf. Die Lösungen der Gleichung sind die Nullstellen.

a) $x^2 - 2{,}25 = 0 \quad | +2{,}25$
$x^2 = 2{,}25 \quad | \sqrt{\ }$
$x = \sqrt{2{,}25}$ oder $x = -\sqrt{2{,}25}$
$x_1 = 1{,}5 \qquad x_2 = -1{,}5$

Nullstellen: $x_1 = 1{,}5$ und $x_2 = -1{,}5$

b) $x^2 + 2 = 0 \quad | -2$
$x^2 = -2$
keine Lösung, da −2 negativ ist.

Es gibt keine Nullstelle.

Wissen: Nullstellen
Parabeln mit der Funktionsgleichung $f(x) = x^2 + y_s$ haben
- für $y_s > 0$ **keine Nullstelle**,
- für $y_s = 0$ **nur die Nullstelle** $x = 0$,
- für $y_s < 0$ **zwei Nullstellen**, die symmetrisch zur y-Achse liegen.

Basisaufgaben

4. Bestimme die Nullstellen ① grafisch und ② rechnerisch.
a) $f(x) = x^2 - 9$ b) $g(x) = x^2 - 6{,}25$ c) $h(x) = x^2 - 0{,}25$ d) $k(x) = x^2 - \frac{4}{9}$

5. Begründe grafisch und rechnerisch, dass die Funktion f mit $f(x) = x^2 + 4$ keine Nullstelle hat.

TR 6. Bestimme die Nullstellen ① rechnerisch und ② grafisch mit dem Grafiktaschenrechner. Runde die Ergebnisse auf zwei Nachkommastellen.
a) $f(x) = x^2 - 6$ b) $g(x) = x^2 - 10$ c) $h(x) = x^2 + 50$ d) $k(x) = x^2 - 8{,}5$

Weiterführende Aufgaben

7. Welche Nullstellen passen zu welcher Funktionsgleichung? Begründe kurz.

① $x_1 = 4; x_2 = -4$ ② $x_1 = 4{,}5; x_2 = -4{,}5$ ③ $x = 0$ ④ $x_1 = \sqrt{14}; x_2 = -\sqrt{14}$

$f(x) = x^2$ $g(x) = x^2 - 14$ $h(x) = x^2 - 16$ $k(x) = x^2 - 20{,}25$

8. Gegeben sind die Nullstellen einer verschobenen Normalparabel. Bestimme die zugehörige Funktionsgleichung.
a) $x_1 = 7; x_2 = -7$ b) $x_1 = \frac{1}{4}; x_2 = -\frac{1}{4}$ c) $x_1 \approx 8{,}37; x_2 \approx -8{,}37$

9. **Stolperstelle:** Jonas und Maja untersuchen Funktionen mit einer Funktionsgleichung der Form $f(x) = x^2 + y_s$. Erläutere, welche Fehler sie gemacht haben.
a) Jonas sagt: „Die Nullstelle liegt bei –9, die Schnittpunkte mit der y-Achse bei 3 und –3."
b) Maja berechnet die Nullstellen. Ihr Ergebnis lautet $x_1 = -1{,}5$ und $x_2 = 2{,}5$.

10. **x-Werte bestimmen:** Die Abbildung zeigt die Parabel mit der Gleichung $f(x) = x^2 + 2$.
a) Lies aus dem Graphen ab, für welche x-Werte die Parabel den angegebenen Funktionswert hat.
① $y = 6$ ② $y = 3$ ③ $y = 8{,}25$
b) Rico soll die x-Werte berechnen, die den Funktionswert $y = 123$ haben. Dazu stellt er die Gleichung $x^2 + 2 = 123$ auf. Erkläre seinen Ansatz und löse die Aufgabe.
c) Bestimme für die Funktion g mit $g(x) = x^2 - 4$ rechnerisch die x-Werte zu dem angegebenen y-Wert.
① $y = 21$ ② $y = 60$ ③ $y = 8{,}25$

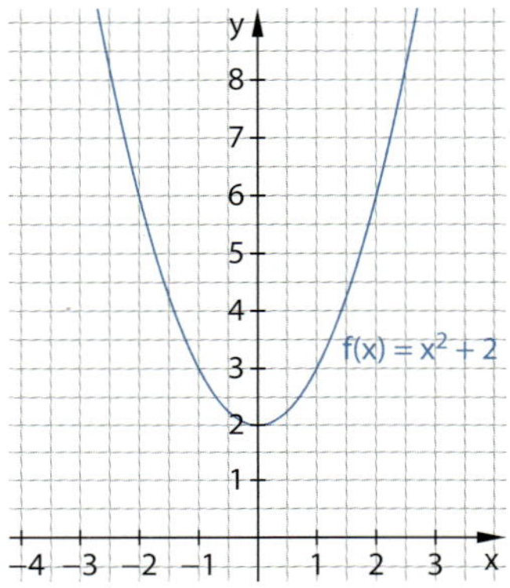

11. Eine in y-Richtung verschobene Normalparabel geht durch den angegebenen Punkt. Bestimme die Funktionsgleichung.
a) P(0|6) b) P(0|4) c) P(4|10) d) P(–3|5) e) P(2|6,25)

● **12.** Der unvollständige Graph gehört zu einer Funktion, deren Gleichung die Form $f(x) = x^2 + y_s$ hat. Bestimme die Funktionsgleichung. Erkläre dein Vorgehen.

a) 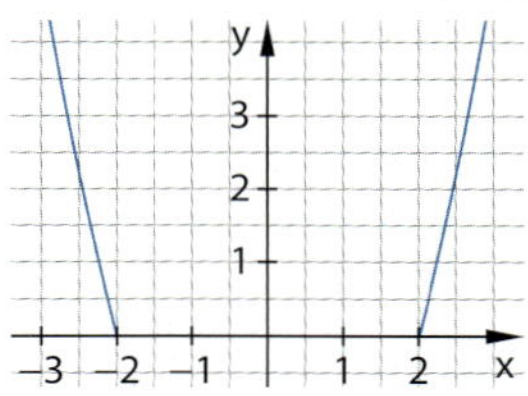

b) 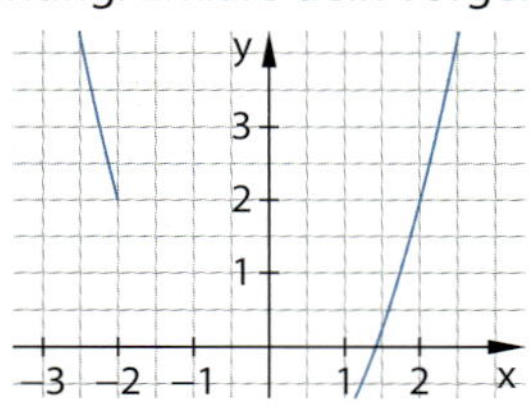

c) 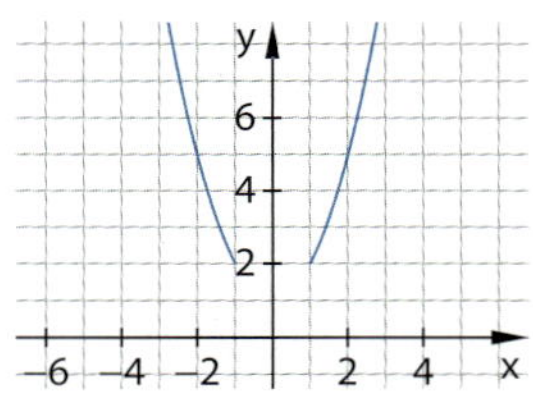

● **13.** **Ausblick:**
a) Zeige, dass die Funktionen mit den Gleichungen $y = 2x^2 - 18$ und $y = x^2 - 9$ dieselben Nullstellen haben.
b) Gib die Gleichungen von drei Funktionen an, die jeweils die Nullstellen $x_1 = 5$ und $x_2 = -5$ haben.
c) In der Abbildung haben alle Graphen dieselben beiden Nullstellen. Gib die Funktionsgleichungen an.

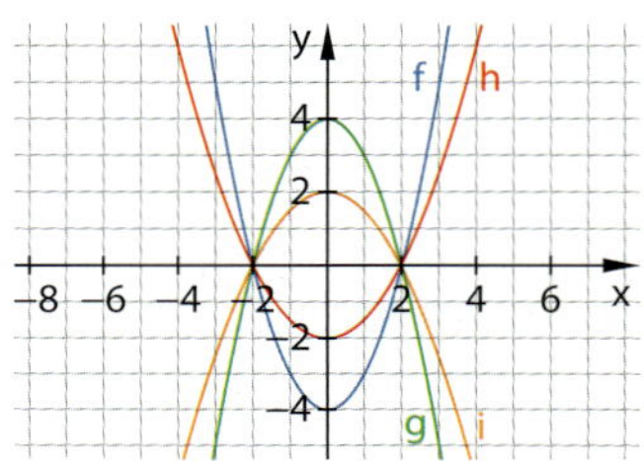

3.3 Verschieben der Normalparabel in x-Richtung

■ Im Grafikmenü des Grafiktaschenrechners wurden drei Geraden mit den Gleichungen $f_1(x) = 2x$, $f_2(x) = 2(x - 2)$ und $f_3(x) = 2(x + 1)$ gezeichnet.

a) Lies die Nullstellen der Geraden ab.

b) Pascal behauptet, dass die Geraden nach links und rechts verschoben wurden. Was meinst du dazu? ■

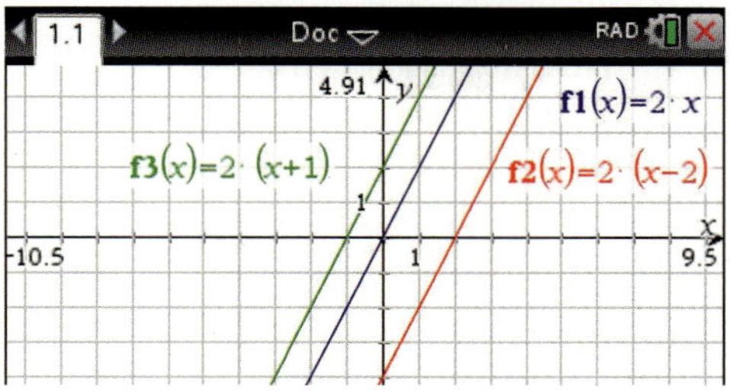

Beispiel 1: Betrachte die Funktionen f und g mit $f(x) = x^2$ und $g(x) = (x - 2)^2$.

a) Zeichne die Graphen von f und g.

b) Beschreibe die Lage des Graphen von g gegenüber der Normalparabel von f.

c) Gib für die Funktion g die Koordinaten des Scheitelpunkts und die Nullstelle an.

Lösung:

a) Lege eine Wertetabelle an.

x	−2	−1	0	1	2	3	4
$f(x) = x^2$	4	1	0	1	4	9	16
$g(x) = (x - 2)^2$	16	9	4	1	0	1	4

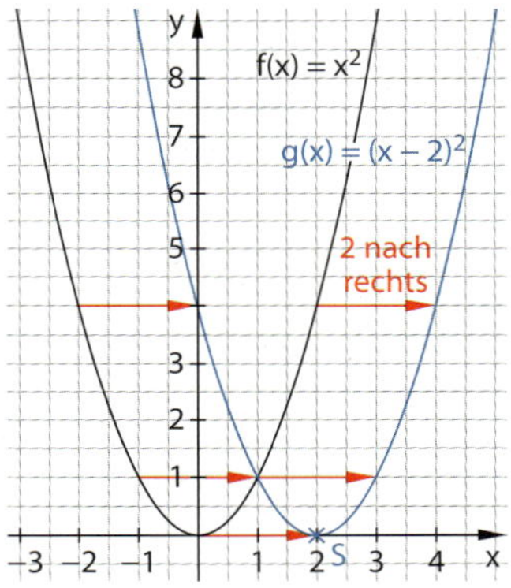

b) Der Funktionswert der Normalparabel entspricht dem Funktionswert von g an der Stelle 2 Einheiten weiter rechts. Daher ist der Graph von g gegenüber der Normalparabel um 2 Einheiten nach rechts verschoben.

c) Der Scheitelpunkt von g liegt bei $S(2|0)$. Dort befindet sich auch die Nullstelle $x = 2$.

Wissen: Verschieben der Normalparabel in x-Richtung

Die Parabel mit der Funktionsgleichung $f(x) = (x - x_s)^2$ geht aus der Normalparabel durch **Verschieben** um x_s entlang der **x-Achse** hervor.
Für $x_s > 0$ wird die Normalparabel **nach rechts**, für $x_s < 0$ **nach links** verschoben.

Der **Scheitelpunkt** der Parabel liegt bei $S(x_s|0)$, es gibt also genau eine **Nullstelle** bei $x = x_s$. Die **Symmetrieachse** verläuft parallel zur y-Achse durch den Scheitelpunkt.

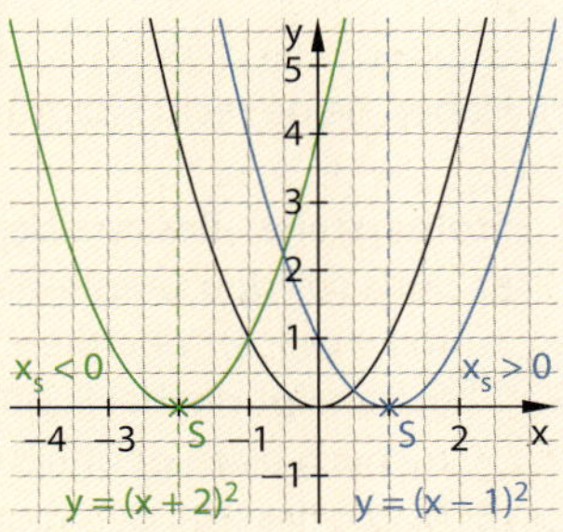

Basisaufgaben

1. Gib die Funktionsgleichung der verschobenen Normalparabel an.
   a) Die Normalparabel wird um drei Einheiten nach rechts verschoben.
   b) Die Normalparabel wird um sechs Einheiten nach links verschoben.
   c) Der Scheitelpunkt hat die Koordinaten $S(-7|0)$.
   d) Der Scheitelpunkt hat die Koordinaten $S(8{,}5|0)$.
   e) Die Symmetrieachse liegt bei $x = 4$.
   f) Die Symmetrieachse liegt bei $x = -20$.

2. a) Lies die Scheitelpunkte der verschobenen Normalparabeln ① bis ⑥ ab.
b) Ordne die Funktionsgleichungen passenden Graphen zu.

$f(x) = (x - 3)^2$ | $g(x) = (x + 2{,}5)^2$ | $h(x) = \left(x - \frac{3}{4}\right)^2$ | $k(x) = \left(x + \frac{3}{4}\right)^2$

c) Zwei Graphen bleiben in b) übrig. Gib für diese beiden Graphen die Funktionsgleichung an.

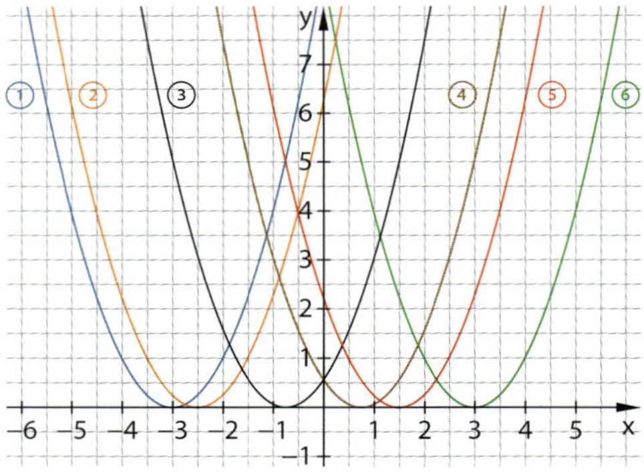

3. a) Zeichne die Graphen der Funktionen in ein Koordinatensystem.
① $f(x) = (x + 1)^2$ ② $g(x) = (x - 3)^2$ ③ $h(x) = (x - 5)^2$ ④ $k(x) = (x + 3)^2$
b) Gib jeweils den Scheitelpunkt und die Verschiebung gegenüber der Normalparabel an.
c) Gib die Nullstellen der Graphen an.
d) Zeichne bei den Graphen aus a) jeweils die Symmetrieachse ein.

Weiterführende Aufgaben

4. Überprüfe, ob die Punkte A und B auf der Parabel der Funktion f liegen.
a) $f(x) = (x - 6)^2$; A(1|25), B(4|4)
b) $f(x) = (x + 10)^2$; A(−4|16), B(2|144)

5. Tina und Mila sprechen über Parabeln mit einer Gleichung in der Form $f(x) = (x - x_s)^2$.

Haben beide recht? Begründe deine Entscheidung.

6. **Stolperstelle:** Beschreibe, welche Fehler gemacht wurden und wie es richtig geht.
a) Joris soll den Graphen der Funktion f mit $f(x) = (x + 3)^2$ zeichnen. Er zeichnet den Scheitelpunkt bei S(3|0) ein und von dort eine nach oben geöffnete Normalparabel.
b) Marco liest bei der abgebildeten verschobenen Normalparabel den Scheitelpunkt (−4|0) ab. Dann bestimmt er die Gleichung: $f(x) = (x - (-4))^2 = (x + 4)^2$.

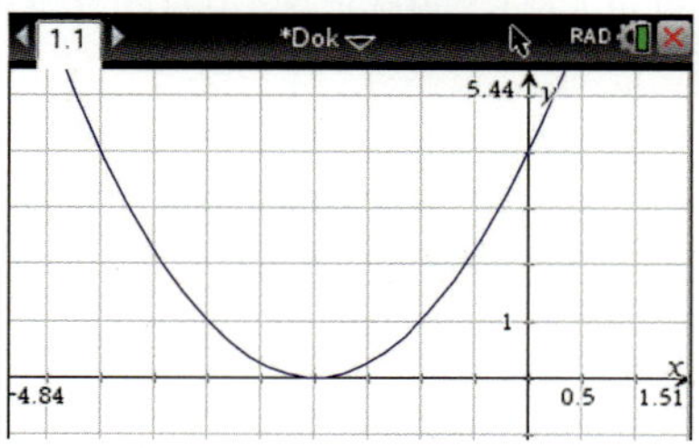

7. Bestimme die Funktionsgleichung der verschobenen Normalparabel.
a) Der Graph der Funktion mit $y = (x - 2)^2$ wird um vier Einheiten nach links verschoben.
b) Der Graph der Funktion mit $y = (x + 3)^2$ wird um zehn Einheiten nach links verschoben.
c) Der Graph einer verschobenen Normalparabel mit einer Nullstelle bei $x = -15$ wird um 25 Einheiten nach rechts verschoben.
d) Der Graph einer verschobenen Normalparabel mit einem Scheitelpunkt bei S(81|0) wird um 80 Einheiten nach links verschoben.

8. Die Wertetabellen gehören zu Funktionen mit einer Gleichung in der Form $f(x) = (x - x_s)^2$. Finde die Funktionsgleichung. Erkläre dein Vorgehen.

a)

x	−3	−2	−1	0	1
y	0	1	4	9	16

b)

x	1	2	3	4	5
y	1	0	1	4	9

c)

x	1	2	3	4	5
y	4	9	16	25	36

d)

x	−4	−2	0	2	4
y	1	1	9	25	49

● **9.** Die Funktionsgleichungen der betrachteten Funktionen haben die Form $f(x) = (x - x_s)^2$.

a) Die beiden angegebenen Punkte liegen auf dem Graphen der Funktion. Bestimme die Lage der Symmetrieachse und gib die Funktionsgleichung an.
① A(2|1) und B(4|1) ② C(5|9) und D(−1|9) ③ E(5|4) und F(9|4)

b) Der Punkt P(2|9) liegt auf dem Graphen der Funktion f. Erkläre, warum es für f zwei mögliche Funktionsgleichungen gibt.

c) Bestimme die beiden möglichen Funktionsgleichungen aus b). Erkläre dein Vorgehen.

GTR **10.** **x-Werte grafisch bestimmen:** Gegeben ist die Funktion f mit $f(x) = (x - 3)^2$. Gesucht werden die x-Werte mit dem Funktionswert 6,25.

a) Zeichne den Graphen von f mit dem Grafiktaschenrechner.

b) Erkläre, warum es mehrere Lösungen für den x-Wert gibt.

c) Zeichne zusätzlich eine Gerade mit der Gleichung y = 6,25 ein und lies die möglichen Lösungen ab.

d) Betrachte die Funktion g mit $g(x) = (x + 1{,}5)^2$. Bestimme im Grafikmenü die x-Koordinaten, für welche die Punkte auf dem Graphen von g liegen.
A(■|9) B(■|12,25) C(■|2,25) D(■|−1)

● **11.** **x-Werte rechnerisch bestimmen:**

a) Gegeben ist die Funktion f mit $f(x) = (x + 6)^2$. Die x-Werte mit dem Funktionswert f(x) = 56,25 sollen rechnerisch bestimmt werden. Bringe die Schritte (A) bis (D) in die richtige Reihenfolge. Erkläre, welche Umformung jeweils vorgenommen wird.

(A) $x + 6 = 7{,}5$ oder $x + 6 = -7{,}5$

(C) $(x + 6)^2 = 56{,}25$

(B) $x_1 = 1{,}5$; $x_2 = -13{,}5$

(D) $x + 6 = \sqrt{56{,}25}$ oder $x + 6 = -\sqrt{56{,}25}$

b) Bestimme mit dem Verfahren aus a) die fehlenden x-Koordinaten, sodass der Punkt auf dem Graphen der angegebenen Funktion liegt.
① $g(x) = (x + 1)^2$; P(■|4) ② $h(x) = (x - 2{,}5)^2$; Q(■|9)
③ $k(x) = \left(x - \frac{3}{4}\right)^2$; R$\left(■\middle|\frac{9}{16}\right)$ ④ $l(x) = (x + 15)^2$; S(■|625)

● **12.** **Ausblick:** Gegeben ist die Funktion f mit der Funktionsgleichung $f(x) = (x - x_s)^2$.

a) Die Funktion f soll die Nullstelle x = −3 haben. Bestimme den Schnittpunkt des Graphen von f mit der y-Achse.

b) Begründe rechnerisch: Der Schnittpunkt P des Graphen von f mit der y-Achse hat die Koordinaten $P(0|x_s^2)$.

c) Betrachte die Funktion g mit $g(x) = a \cdot (x - x_s)^2$. Bestimme für $x_s = 2{,}5$ den Streckfaktor a so, dass der Schnittpunkt des Graphen von g mit der y-Achse die Koordinaten P(0|25) hat.

d) Die Parabel der Funktion g soll die y-Achse im Punkt P(0|3) schneiden. Zeige, dass in diesem Fall $a = \frac{3}{x_s^2}$ gelten muss.

3.4 Scheitelpunktform

■ Zwei Schüler reden über eine verschobene Normalparabel, deren Symmetrieachse bei $x = 4$ liegen soll.
Was meinst du zu ihren Aussagen? ■

„Die verschobene Normalparabel ist durch die Symmetrieachse eindeutig festgelegt."

„Es gibt unendlich viele solcher Parabeln."

Strecken/Stauchen und Verschieben der Normalparabel

Beispiel 1: Bestimme die Funktionsgleichung und zeichne die Parabel.

a) Die Normalparabel wird um 3 Einheiten nach links und um 1 Einheit nach unten verschoben.

b) Die Normalparabel wird um 2 Einheiten nach rechts und 3 Einheiten nach oben verschoben. Vorher wird sie mit dem Faktor –0,5 gestaucht.

Lösung:

a) Du kannst die Verschiebungen der Normalparabel nacheinander umsetzen:
3 Einheiten nach links: $f(x) = (x + 3)^2$
1 Einheit nach unten: $f(x) = (x + 3)^2 - 1$

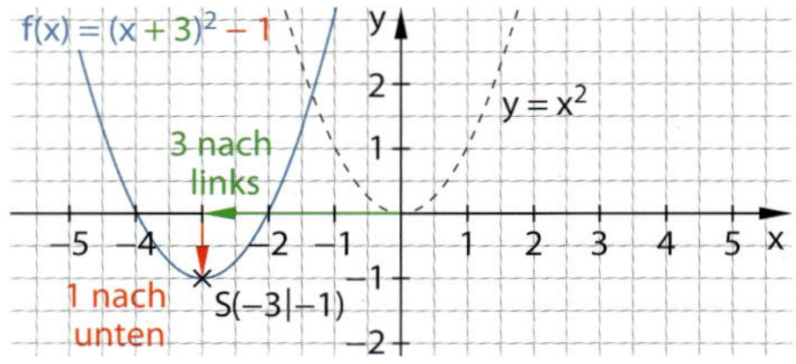

b) Du kannst die Normalparabel zunächst an der x-Achse spiegeln und mit dem Faktor 0,5 stauchen. Dies führt zu: $g(x) = -0{,}5x^2$
Dann folgen die beiden Verschiebungen:
2 Einheiten nach rechts: $g(x) = -0{,}5\,(x - 2)^2$
3 Einheiten nach oben: $g(x) = -0{,}5\,(x - 2)^2 + 3$

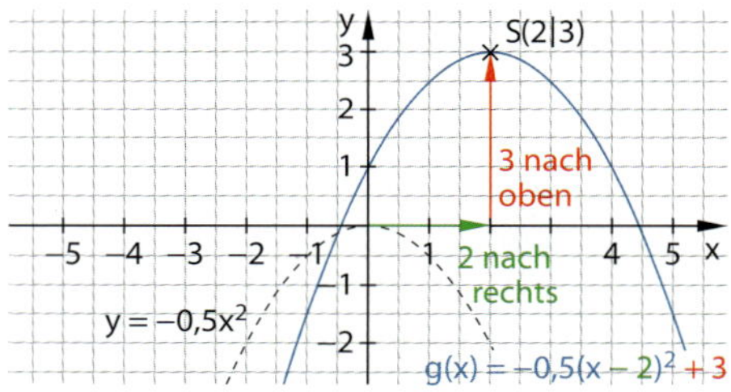

Wissen: Scheitelpunktform

Die Parabel mit der Funktionsgleichung $f(x) = a \cdot (x - x_s)^2 + y_s$ geht aus der Normalparabel durch **Strecken/Stauchen** mit dem Faktor a, **Verschieben** um x_s entlang der **x-Achse** und um y_s entlang der **y-Achse** hervor.

$f(x) = a \cdot (x - x_s)^2 + y_s$ ist die **Scheitelpunktform** der Funktionsgleichung, da man aus ihr direkt den **Scheitelpunkt** $S(x_s|y_s)$ der Parabel ablesen kann. Die **Symmetrieachse** der Parabel verläuft parallel zur y-Achse durch den Scheitelpunkt.

Basisaufgaben

1. Gib den Scheitelpunkt und die Funktionsgleichung der verschobenen Normalparabel an.

a)

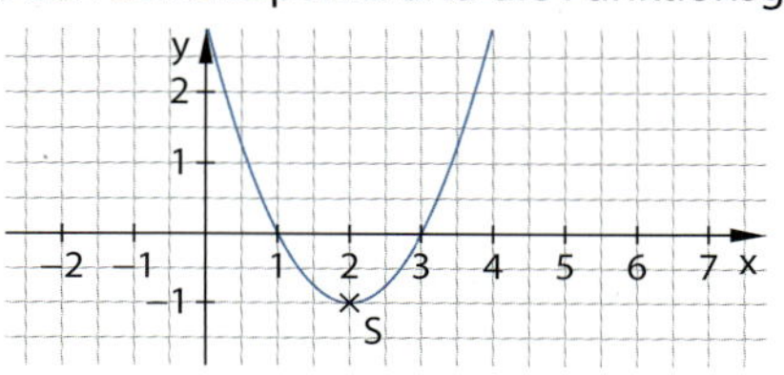

b)

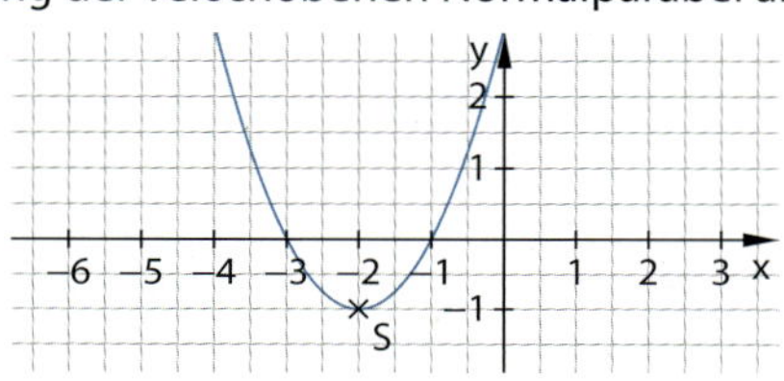

2. a) Gib den Scheitelpunkt und die Funktionsgleichung der verschobenen Normalparabel an.
① Verschiebung um 4 Einheiten nach rechts und um 3 Einheiten nach oben
② Verschiebung um 2,5 Einheiten nach rechts und um 1,5 Einheiten nach unten
③ Verschiebung um 1 Einheit nach unten und um 1 Einheit nach rechts
b) Wie ändern sich bei den Parabeln aus a) Scheitelpunkt und Funktionsgleichung, wenn die Normalparabel zusätzlich mit dem Faktor 3 gestreckt wird?

3. Von einer Parabel sind der Streckfaktor und der Scheitelpunkt angegeben. Stelle die zugehörige Funktionsgleichung auf.
a) $a = 1{,}5$; $S(1|4)$ b) $a = 1$; $S(4|-1)$ c) $a = -5{,}5$; $S(0|3)$ d) $a = -10$; $S(-10|-25)$

4. Skizziere in einem Koordinatensystem mit der Längeneinheit 1 cm die Normalparabel. Gib nach jedem der Schritte ① bis ③ die Funktionsgleichung an und skizziere den Graphen.
a) ① Streckung mit dem Faktor 2 ② Verschiebung um 4 Einheiten nach links
③ Verschiebung um 2 Einheiten nach oben
b) ① Spiegelung an der x-Achse ② Verschiebung um 3 Einheiten nach rechts
③ Verschiebung um 2 Einheiten nach unten

5. a) Gib die Koordinaten des Scheitelpunktes und den Streckfaktor der Parabeln an.
① $f(x) = (x - 4)^2 - 2$ ② $g(x) = (x + 2{,}5)^2 - 4{,}5$
③ $h(x) = -0{,}5\,(x + 3)^2 - 1$ ④ $k(x) = 2\,(x + 2)^2 - 3$
b) Zeichne ein Koordinatensystem mit der Längeneinheit 1 cm. Zeichne die Parabeln aus a) in das Koordinatensystem ein. Gib Eigenschaften der Parabeln an.

6. a) Tom skizziert per Hand den Graphen der Funktion f mit $f(x) = -2\,(x + 3)^2 + 4$. Er zeichnet den Scheitelpunkt ein. Dann geht er vom Scheitelpunkt eine Einheit nach links bzw. nach rechts und jeweils 2 Einheiten nach unten, da der Streckfaktor –2 ist. Tom erhält auf diese Weise drei Punkte. Gib die Koordinaten dieser Punkte an.

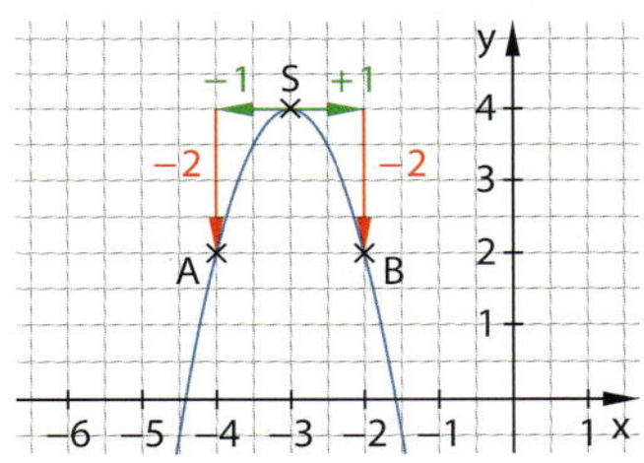

b) Bestimme auf die gleiche Weise jeweils die Koordinaten von drei Punkten und skizziere den Graphen.
① $g(x) = 2\,(x - 2)^2 - 3$ ② $h(x) = -3{,}5\,(x + 0{,}5)^2 - 1$ ③ $k(x) = 2{,}5\,(x - 4)^2 - 2{,}5$

7. Gegeben sind der Scheitelpunkt S sowie zwei weitere Punkte einer Parabel. Bestimme den Streckfaktor und gib die Funktionsgleichung an.
a) $A(2|8)$, $S(3|12)$, $B(4|8)$ b) $A(4|1)$, $S(5|-7)$, $B(6|1)$ c) $A(-2|2)$, $S(-1|2{,}5)$, $B(0|2)$

8. Bestimme durch Ablesen den Scheitelpunkt und den Streckfaktor der Parabel. Gib auch die Funktionsgleichung an.

a)
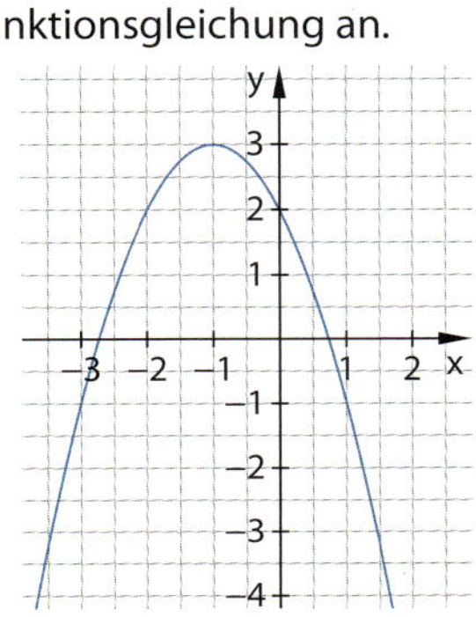

b)
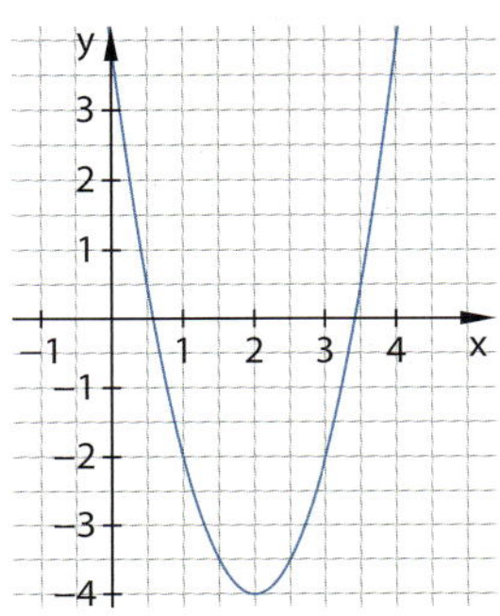

c)
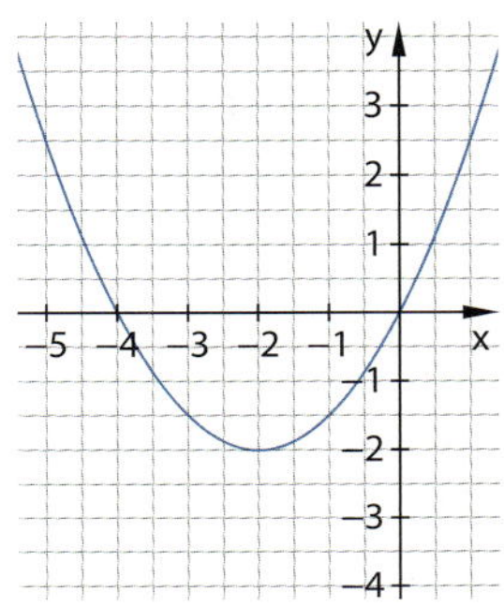

Hinweis zu 9:
Du kannst statt des Grafiktaschenrechners auch Dynamische Geometrie-Software verwenden.

GTR **9.** Erstelle im Grafikmenü des Taschenrechners einen Schieberegler a. Zeichne die angegebene Funktion und verändere den Wert von a. Beschreibe die Auswirkung auf die Lage und Form der Parabel.

a) $f(x) = (x - 2)^2 + a$ b) $g(x) = (x - a)^2 - 1$
c) $h(x) = (x + a)^2 + a$ d) $k(x) = a(x - 2)^2 - 1$

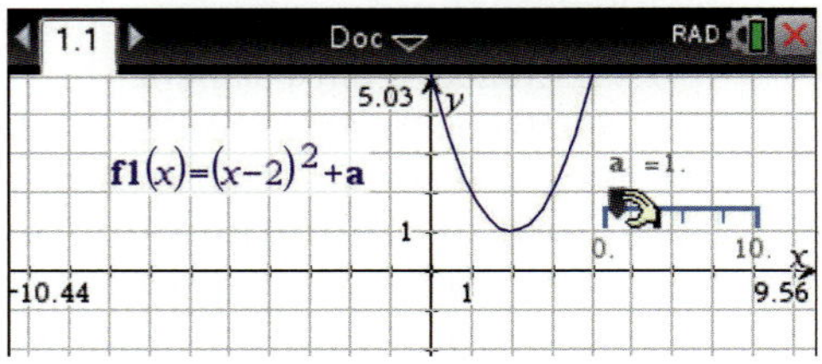

Nullstellen bestimmen

Beispiel 2: Bestimme die Nullstellen der Funktion f mit $f(x) = 2(x - 3)^2 - 8$
a) rechnerisch, b) grafisch mit dem Grafiktaschenrechner.

Lösung:

a) Bestimme die Lösungen der Gleichung $f(x) = 0$, indem du die Gleichung nach x auflöst.

$2(x - 3)^2 - 8 = 0 \quad | +8$
$2(x - 3)^2 = 8 \quad | :2$
$(x - 3)^2 = 4 \quad | \sqrt{\ }$
$(x - 3) = 2$ oder $(x - 3) = -2 \quad | +3$
$x_1 = 5 \qquad x_2 = 1$

Nullstellen: $x_1 = 5$ und $x_2 = 1$

b) Zeichne den Graphen von f im Grafikmenü und lass die Nullstellen anzeigen.

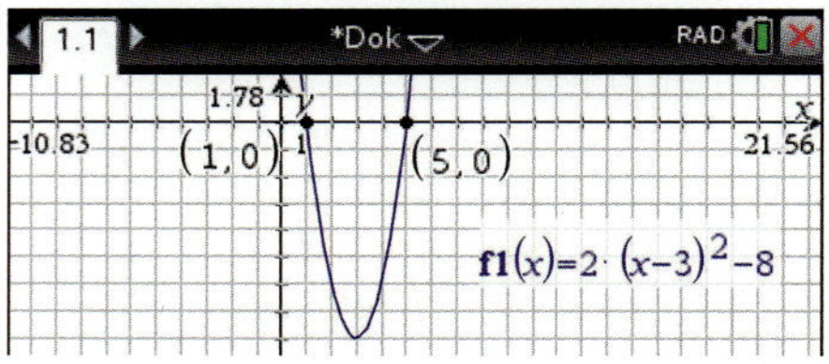

Es gibt Nullstellen bei x = 1 und x = 5.

Basisaufgaben

GTR **10.** Bestimme die Nullstellen ① rechnerisch und ② grafisch mit dem Grafiktaschenrechner.

a) $f(x) = (x - 1)^2 - 100$ b) $g(x) = (x + 4)^2 - 1$ c) $h(x) = 3(x - 2)^2 + 75$
d) $k(x) = -(x + 1)^2 + 16$ e) $l(x) = -3(x + 2{,}5)^2$ f) $m(x) = -1{,}5(x - 0{,}5)^2 + 9{,}375$

11. Ordne Funktionsgleichung, Nullstellen und Graph einander zu.

$f(x) = (x - 2{,}5)^2 - 0{,}25$	① $x_1 = -3{,}5; x_2 = -0{,}5$
$g(x) = 2(x + 2)^2 - 4{,}5$	② $x_1 = 2; x_2 = 3$
$h(x) = -0{,}5(x + 1)^2 + 0{,}125$	③ $x_1 = 1{,}5; x_2 = 3{,}5$
$k(x) = -2(x - 2{,}5)^2 + 2$	④ $x_1 = -1{,}5; x_2 = -0{,}5$

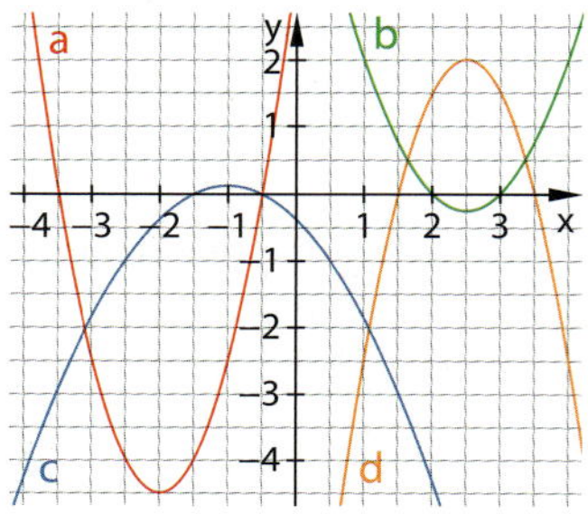

12. a) Entscheide ohne Rechnung, ob die Parabeln mit den angegebenen Funktionsgleichungen Nullstellen haben. Begründe deine Entscheidung.

① $f(x) = 2(x - 4)^2 - 3$ ② $g(x) = -3(x + 4)^2 + 4$ ③ $h(x) = -0{,}1(x + 1)^2 - 0{,}25$

b) Joris behauptet: „Eine Parabel hat immer dann Nullstellen, wenn der Streckfaktor und die Verschiebung in y-Richtung unterschiedliche Vorzeichen haben." Hat Joris recht? Begründe.

Hinweis zu 13:
Hier findest du die gerundeten Lösungen.

GTR **13.** Untersuche im Grafikmenü des Taschenrechners, ob die Funktionen Nullstellen haben. Falls ja, gib sie auf zwei Nachkommastellen gerundet an.

a) $f(x) = (x - 5)^2 - 20$ b) $g(x) = 2{,}5(x - 3)^2 + 1$ c) $h(x) = -8(x + 20)^2 + 100$

Weiterführende Aufgaben

14. a) Bestimme in der Abbildung die beiden Nullstellen der unvollständig gezeichneten Parabeln.
b) Gegeben sind der Scheitelpunkt und eine Nullstelle einer Parabel. Gib die zweite Nullstelle an. Erkläre dein Vorgehen.
① S(−3|−25); x = −8 ② S(4|−56,25); x = 11,5
c) Notiere einen Merksatz zur Lage der Nullstellen einer Parabel im Bezug zum Scheitelpunkt.

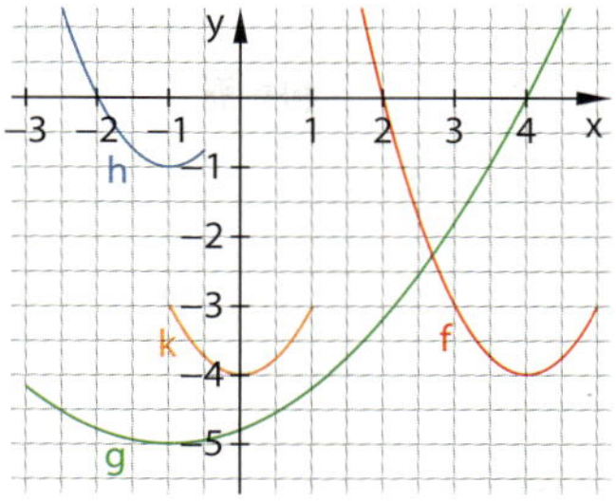

15. Stolperstelle: Erkläre und korrigiere die Fehler, die Thomas gemacht hat.

a) Nullstellen von f mit $f(x) = (x-3)^2 - 16$

$(x-3)^2 - 16 = 0 \quad | +16$
$(x-3)^2 = 16 \quad | \sqrt{\ }$
$x - 3 = 4 \quad | +3$
$x_1 = 7$ und $x_2 = -7$, da es auch eine negative Lösung gibt.

b) Nullstellen von g mit $g(x) = 2(x-1)^2 - 4$

$2(x-1)^2 - 4 = 0 \quad | +4$
$2(x-1)^2 = 4 \quad | \sqrt{\ }$
$2(x-1) = 2$ oder $2(x-1) = -2$
$2x - 2 = 2$ oder $2x - 2 = -2 \quad | +2$
$2x = 4$ oder $2x = 0 \quad | :2$
$x_1 = 2 \qquad x_2 = 0$

16. Es sollen die Nullstellen der Funktion mit der Gleichung $y = (x - x_s)^2 - 9$ bestimmt werden. Marco beschreibt seinen Plan:
„Ich bestimme die Nullstellen der Funktion $y = x^2 - 9$. Dann verschiebe ich beide Nullstellen um x_s nach rechts."
a) Erkläre Marcos Vorgehen mithilfe einer geeigneten Skizze.
b) Bestimme mit Marcos Vorgehen die Nullstellen der folgenden Funktionen.
① $f(x) = (x-3{,}5)^2 - 121$ ② $g(x) = (x-7{,}5)^2 - 225$ ③ $h(x) = (x+3{,}5)^2 - 42{,}25$

17. x-Werte rechnerisch bestimmen: Die Punkte A und B sollen auf dem Graphen der Funktion f liegen. Berechne alle möglichen Werte für die fehlende x-Koordinate.
a) $f(x) = (x+1)^2 - 4$ A(■|12), B(■|32)
b) $f(x) = -3x^2 + 10$ A(■|7), B(■|−38)
c) $f(x) = 0{,}25(x-10)^2$ A(■|4), B(■|64)
d) $f(x) = 2(x-2{,}5)^2 - 5$ A(■|3), B(■|19,5)

18. Streckfaktor rechnerisch bestimmen: Der Graph der Funktion f mit $f(x) = a \cdot (x-3)^2 - 4$ enthält den Punkt A(1|−2). Mit dieser Information soll der Streckfaktor a bestimmt werden. Jonas stellt dazu die folgende Gleichung auf: $-2 = a \cdot (1-3)^2 - 4$
a) Erkläre, wie Jonas auf diese Gleichung gekommen ist.
b) Bestimme den Streckfaktor, indem du die Gleichung löst.
c) Der angegebene Punkt liegt auf dem Graphen der Funktion. Bestimme den Streckfaktor a.
① $g(x) = a \cdot (x+4)^2 - 1$; B(−3|1) ② $h(x) = a \cdot (x+4)^2 - 1$; C(4|−3)
③ $k(x) = a \cdot (x-1)^2 - 1$; D(−1|9) ④ $l(x) = a \cdot (x-0{,}5)^2 + 1{,}5$; E(0|0)

19. Ein DIN-A4-Blatt hat die Maße 21 cm x 29,7 cm. Eine Parabel soll durch die beiden unteren Ecken des Blattes gehen und ihr Scheitelpunkt genau im Mittelpunkt der gegenüberliegenden Seite liegen. Gib die Gleichung der Parabel (Längeneinheit 1 cm) an, wenn der Ursprung des Koordinatensystems
a) in der Ecke links unten liegt und das Blatt Hochformat hat,
b) genau in der Blattmitte liegt und das Blatt Hochformat hat,
c) in der Ecke rechts oben liegt und das Blatt Querformat hat.

20. Die abgebildete Brücke führt in Hannover über den Mittellandkanal. Der Brückenbogen hat eine Spannweite von 55 m. Die Fahrbahn befindet sich 5 m über dem Wasser. Der höchste Punkt des Brückenbogens liegt 6,50 m über der Fahrbahn.

a) Skizziere den Verlauf des Brückenbogens in einem Koordinatensystem. Lege dabei den Ursprung des Koordinatensystems in den Scheitelpunkt des Brückenbogens.

b) Bestimme den Streckfaktor der Parabel, die den Brückenbogen beschreibt, und gib die Funktionsgleichung für die Parabel aus a) an.

c) Gib die Gleichung der Parabel an, wenn der Ursprung des Koordinatensystems
① am linken Schnittpunkt von Fahrbahn und Brückenbogen,
② am rechten Schnittpunkt von Fahrbahn und Brückenbogen,
③ auf der Wasseroberfläche genau unter dem höchsten Punkt des Brückenbogens liegt.

● **21.** a) Die Flugbahn eines geschossenen Balls wird durch den Graphen einer Funktion f mit $f(x) = -0{,}02\,(x - 15)^2 + 4{,}5$ beschrieben (x horizontale Entfernung in m, f(x) Höhe in m). Berechne, wie weit und wie hoch der Ball fliegt.

b) Ein Mitspieler schießt den Ball ebenfalls auf einer parabelförmigen Flugbahn. Der Ball fliegt genau 40 m weit. Im höchsten Punkt ist er 4 m hoch. Bestimme eine Funktionsgleichung für die Flugbahn dieses Balls in der Scheitelpunktform.

c) Berechne, nach welcher Entfernung der zweite Ball erstmals die Höhe 1,75 m erreicht.

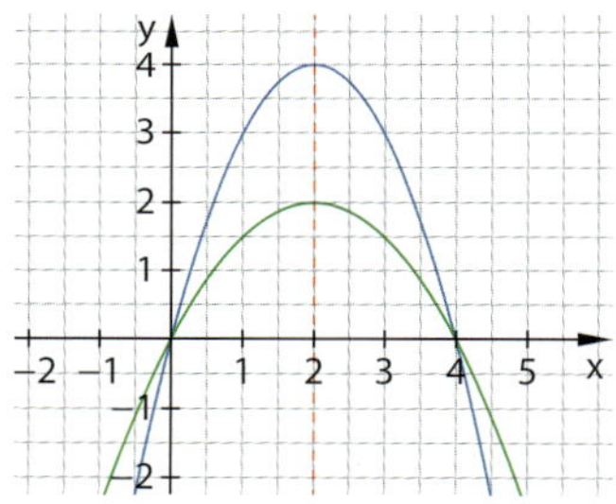

● **22.** Der Graph von Funktionen der Form $f(x) = a \cdot (x - x_s)^2 + y_s$ soll die Symmetrieachse bei $x = 2$ haben und durch den Koordinatenursprung gehen.

a) Begründe, dass die zweite Nullstelle immer bei $x = 4$ liegt.

b) Bestimme die Koordinaten des Scheitelpunkts für den angegeben Wert des Streckfaktors.
① $a = -2$ ② $a = 1{,}5$ ③ $a = -5$ ④ $a = \frac{1}{5}$

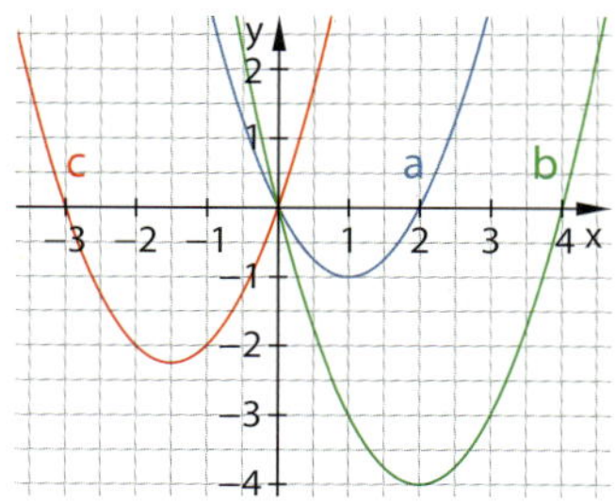

● **23.** Betrachte die quadratischen Funktionen mit einer Gleichung der Form $f(x) = (x - b)^2 - b^2$.

a) Die drei Graphen in der Abbildung passen für bestimmte Werte von b zur Funktion f. Gib die zugehörigen Werte von b an. Erkläre deine Antwort.

b) Gib für die abgebildeten Graphen die Nullstellen an. Erkläre, welcher Zusammenhang zwischen dem Wert von b und den Nullstellen besteht.

● **24. Ausblick:** Betrachte die quadratischen Funktionen der Form $g(x) = (x - t)^2 + t^2$.

a) Zeichne die Graphen von g für mindestens fünf Werte von t. Markiere die Scheitelpunkte.

b) Gib die Koordinaten der Scheitelpunkte an und beschreibe die Lage der Scheitelpunkte.

c) Gib die Gleichung einer Funktion p an, sodass alle Scheitelpunkte von g auf dem Graphen von p liegen.

d) Untersuche, welche Auswirkung eine Veränderung des Streckfaktors der Funktion g auf die Funktion p hat.

3.5 Allgemeine und faktorisierte Form

■ Zeichne die Graphen der beiden Funktionen f und g mit $f(x) = 2\,(x + 1)^2 - 4$ und $g(x) = 2x^2 + 4x - 2$.
Was fällt dir auf? Hast du hierfür eine Erklärung? ■

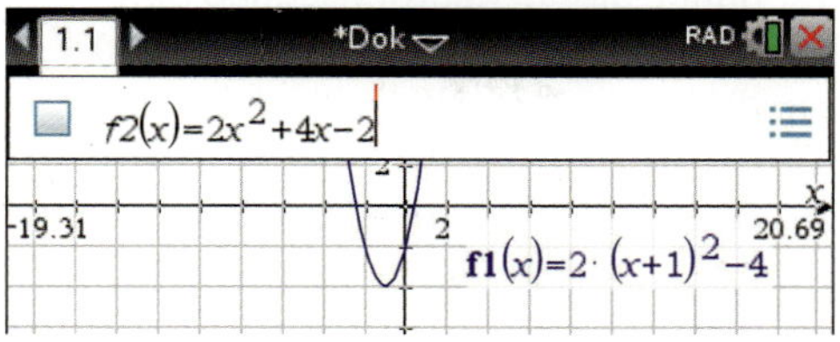

Allgemeine Form

Multipliziert man die Scheitelpunktform der Funktion f mit $f(x) = -0{,}5\,(x - 2)^2 + 5$ aus, erhält man: $f(x) = -0{,}5\,(x^2 - 4x + 4) + 5 = -0{,}5x^2 + 2x + 3$
Die Funktionsgleichung hat nun die **allgemeine Form** $f(x) = ax^2 + bx + c$. Dabei ist $a = -0{,}5$ der Streckfaktor der Parabel und $c = 3$ der y-Achsenabschnitt, das heißt die Funktion f schneidet die y-Achse im Punkt $(0|3)$.
Bei der allgemeinen Form ist es nicht mehr möglich, die Verschiebungen der Parabel in x- und in y-Richtung aus der Funktionsgleichung direkt abzulesen.

Wissen: Allgemeine Form
$f(x) = ax^2 + bx + c$ ist die **allgemeine Form** einer quadratischen Funktionsgleichung.
Dabei ist a der **Streckfaktor** und c der **y-Achsenabschnitt**.
Man kann die Funktionsgleichung jeder **quadratischen Funktion** durch Termumformung in die allgemeine Form bringen.

Beispiel 1: Betrachte die Funktion f mit $f(x) = 2x^2 - 12x + 16$.
a) Zeichne den Graphen von f mit dem Grafiktaschenrechner und lies den Scheitelpunkt ab. Gib die Funktionsgleichung von f in der Scheitelpunktform an.
b) Bringe die Funktionsgleichung von f rechnerisch in die Scheitelpunktform.

Lösung:
a) Der Scheitelpunkt liegt bei $S(3|-2)$.

Der Streckfaktor ist der Koeffizient bei x^2, er ist also 2.
Mit den Koordinaten des Scheitelpunktes ergibt sich die Scheitelpunktform:
$f(x) = 2\,(x - 3)^2 - 2$

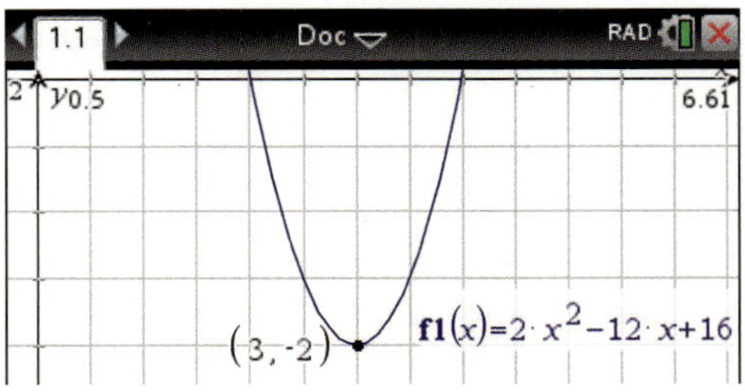

b) Klammere zuerst den Streckfaktor 2 aus.

quadratische Ergänzung:
Ergänze zu $x^2 - 6x$ die Zahl $\left(\frac{6}{2}\right)^2 = 9$, um die 2. binomische Formel anwenden zu können: $x^2 - 6x + 9 = (x - 3)^2$.
Die addierte Zahl 9 musst du wieder subtrahieren.

Multipliziere die äußere Klammer aus, um die Scheitelpunktform zu erhalten.

$$f(x) = 2x^2 - 12x + 16 \quad | \text{ 2 ausklammern}$$
$$= 2\,(x^2 - 6x + 8) \quad | \text{ quadr. Ergänzung}$$
$$\left(\tfrac{6}{2}\right)^2 = 9$$
$$= 2\,(x^2 - 6x + 9 - 9 + 8) \quad | \text{ 2. bin. Formel}$$
$$= 2\,(\,(x - 3)^2 - 1\,) \quad | \text{ äußere Klammer auflösen}$$
$$= 2\,(x - 3)^2 - 2$$

Hinweis:
Die quadratische Ergänzung zu $x^2 + px$ ist $\left(\frac{p}{2}\right)^2$.
Für $p > 0$ kann man die 1. binomische Formel anwenden, z. B. $x^2 + 7x + \left(\frac{7}{2}\right)^2 = \left(x + \frac{7}{2}\right)^2$

Basisaufgaben

1. Bringe die Funktionsgleichung durch Ausmultiplizieren in die allgemeine Form.

a) $f(x) = (x+2)^2 - 5$ b) $f(x) = 3(x-5)^2 - 70$ c) $f(x) = 2(x+4)^2 - 3$
d) $f(x) = 0{,}1(x+10)^2 + 2$ e) $f(x) = 3x(x+2) + 3$ f) $f(x) = 5x^2 - 5 - (4x^2 - 2x)$

GTR **2.** Zeichne den Graphen der Funktion mit dem Grafiktaschenrechner und lies die Koordinaten des Scheitelpunkts ab. Gib dann die Funktionsgleichung in der Scheitelpunktform an.

a) $f(x) = -2x^2 - 4x - 5$ b) $g(x) = 0{,}5x^2 - 4x + 15$ c) $h(x) = \frac{1}{4}x^2 - \frac{1}{2}x + \frac{1}{4}$

Erinnere dich:
1. binomische Formel:
$a^2 + 2ab + b^2 = (a+b)^2$
2. binomische Formel:
$a^2 - 2ab + b^2 = (a-b)^2$

3. Ergänze in beiden Kästchen dieselbe Zahl, sodass du die 1. oder 2. binomische Formel anwenden kannst. Gib dann die Scheitelpunktform der Funktion an.

a) $f(x) = x^2 + 6x$
$= x^2 + 6x + ■ - ■$

b) $f(x) = x^2 - 14x + 3$
$= x^2 - 14x + ■ - ■ + 3$

c) $f(x) = x^2 + 3x - 7$
$= x^2 + 3x + ■ - ■ - 7$

d) $f(x) = 4x^2 + 8x$
$= 4(x^2 + 2x + ■ - ■)$

e) $f(x) = -2x^2 + 16x$
$= -2(x^2 - 8x + ■ - ■)$

f) $f(x) = 5x^2 + 5x + 10$
$= 5(x^2 + x + ■ - ■ + 2)$

4. Bringe die Funktionsgleichung in die Scheitelpunktform. Klammere dazu den Streckfaktor aus und ergänze in der Klammer quadratisch, sodass du die 1. oder 2. binomische Formel anwenden kannst.

a) $f(x) = 3x^2 + 6x + 4$ b) $g(x) = -x^2 + 4x - 1$ c) $h(x) = 0{,}25x^2 - 3x + 11$

Faktorisierte Form

Beispiel 2: Nullstellen bei der faktorisierten Form

Das Bild zeigt den Graphen der Funktion f mit $f(x) = 0{,}5(x+3)(x-2)$.

a) Lies am Graphen die Nullstellen ab.
b) Erkläre, wie man die Nullstellen am Funktionsterm ablesen kann.
c) Zeige, dass f eine quadratische Funktion ist, indem du die Funktionsgleichung in die allgemeine Form bringst.

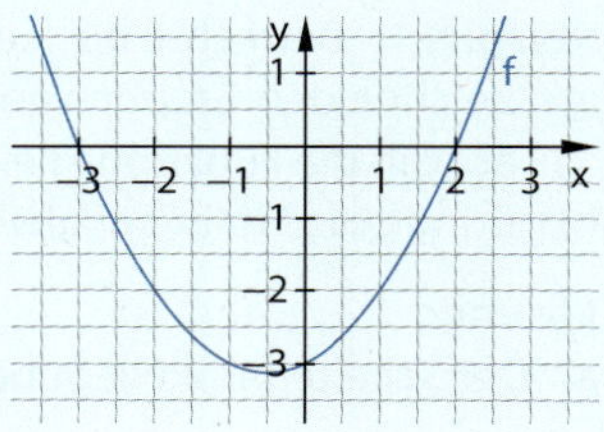

Lösung:

a) Bei den Nullstellen schneidet der Graph die x-Achse.
Nullstellen: $x_1 = -3$; $x_2 = 2$

b) Eine Nullstelle liegt vor, wenn $f(x) = 0$ gilt. Dies ist genau dann der Fall, wenn eine der Klammern im Funktionsterm 0 wird.

$0{,}5(x+3)(x-2) = 0$
$(x+3) = 0$ oder $(x-2) = 0$
$x_1 = -3$ $x_2 = 2$

c) Du kannst zunächst die beiden Klammern ausmultiplizieren. Multipliziere dann den Streckfaktor 0,5 mit dem Ergebnis.

$$\begin{aligned} f(x) &= 0{,}5(x+3)(x-2) \\ &= 0{,}5(x^2 - 2x + 3x - 3 \cdot 2) \\ &= 0{,}5(x^2 + x - 6) \\ &= 0{,}5x^2 + 0{,}5x - 3 \end{aligned}$$

Wissen: Faktorisierte Form

$f(x) = a(x-m)(x-n)$ ist die **faktorisierte Form** einer quadratischen Funktionsgleichung. Dabei ist a der Streckfaktor. Die **Nullstellen** $x_1 = m$ und $x_2 = n$ sind direkt **ablesbar**.

Achtung: Die Funktionsgleichung einer quadratischen Funktion kann nur dann in einer faktorisierten Form dargestellt werden, wenn die Funktion Nullstellen hat.

Beispiel 3: Faktorisierte Form aufstellen und in die Scheitelpunktform umwandeln

Die quadratische Funktion f hat den Streckfaktor a = 3 und die Nullstellen $x_1 = -1$ und $x_2 = 7$.

a) Stelle die Funktionsgleichung in faktorisierter Form auf.

b) Bestimme die Scheitelpunktform der Funktionsgleichung.

Lösung:

a) Setze in f(x) = a (x – m) (x – n) den Streckfaktor a = 3 und die Nullstellen m = –1 und n = 7 ein.

$f(x) = 3\,(x - (-1))\,(x - 7)$

$f(x) = 3\,(x + 1)\,(x - 7)$

b) Genau in der Mitte zwischen den beiden Nullstellen verläuft die Symmetrieachse, auf der der Scheitelpunkt liegt. Der x-Wert des Scheitelpunkts x_s ist daher der Mittelwert der Nullstellen.

$x_s = \frac{m+n}{2}$

$= \frac{-1+7}{2} = 3$

Setze $x_s = 3$ in f(x) ein, um die y-Koordinate des Scheitelpunkts zu erhalten.

$y_s = f(x_s)$

$= f(3) = 3 \cdot (3 + 1)(3 - 7) = -48$

Setze in $f(x) = a\,(x - x_s)^2 + y_s$ den Streckfaktor a = 3 und die Scheitelpunktkoordinaten $x_s = 3$ und $y_s = -48$ ein.

$f(x) = 3\,(x - 3)^2 - 48$

Hinweis:
Man kann die faktorisierte Form auch durch Ausmultiplizieren in die allgemeine Form und dann durch quadratische Ergänzung in die Scheitelpunktform umwandeln. Aber das ist aufwändiger.

Basisaufgaben

5. Gib die Nullstellen der Funktionen an.

a) $f(x) = 2\,(x - 3)\,(x - 5)$ b) $g(x) = -0{,}5\,(x + 4)\,(x - 6)$ c) $h(x) = -3\left(x - \frac{1}{2}\right)\left(x + \frac{7}{4}\right)$

Hinweis zu 5:
Hier findest du die Lösungen.

6. Angegeben sind der Streckfaktor a sowie die Nullstellen x_1 und x_2 einer quadratischen Funktion f. Stelle die Funktionsgleichung von f in der faktorisierten Form auf.

a) $a = -2;\ x_1 = 2;\ x_2 = 3$ b) $a = 1;\ x_1 = -1;\ x_2 = -4$ c) $a = -0{,}5;\ x_1 = 0;\ x_2 = -3$

7. a) Ordne jeder Funktionsgleichung den passenden abgebildeten Graphen zu.

$f(x) = 0{,}1\,(x - 8)\,(x + 7)$ $g(x) = (x - 2)\,(x + 3)$

$h(x) = -0{,}1\,(x + 3)\,(x - 2)$

$k(x) = -(x - 3)\,(x + 2)$ $l(x) = 0{,}5x\,(x - 2)$

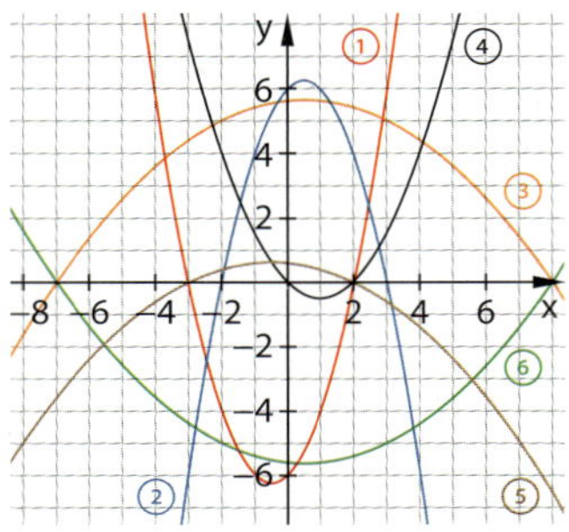

b) Ein Graph bleibt in a) übrig. Gib die zugehörige Funktionsgleichung an.

8. Wandle die faktorisierte Funktionsgleichung in die allgemeine Form um.

a) $f(x) = (x - 3)\,(x + 4)$ b) $g(x) = 2\,(x + 0{,}5)\,(x + 6)$ c) $h(x) = -3\,(x - 2)\,(x + 3)$

d) $k(x) = -2{,}5\,(3 - x)\,(x + 4)$ e) $l(x) = -\frac{1}{2}(10 - x)\,(20 - x)$ f) $m(x) = -\frac{1}{3}(x - 3)\,(x + 3)$

9. Gegeben sind die folgenden Funktionsgleichungen in faktorisierter Form.

① $f(x) = (x + 5)\,(x - 3)$ ② $g(x) = -3\,(x + 0{,}5)\,(x - 2{,}5)$

③ $h(x) = 0{,}25\,(x - 3)\,(x - 6)$ ④ $k(x) = -2x\,(x - 6)$

a) Bestimme jeweils die Symmetrieachse der Parabeln.

b) Bestimme rechnerisch die Koordinaten des Scheitelpunkts der Parabeln.

c) Gib die Scheitelpunktform der Funktionsgleichungen an.

Weiterführende Aufgaben

10. Zeige durch Umformen, dass die Funktionen f, g und h identisch sind.

a) $f(x) = 3(x-4)(x+6)$ $g(x) = 3(x+1)^2 - 75$ $h(x) = 3x^2 + 6x - 72$

b) $f(x) = 0{,}25(x+5)(x-7)$ $g(x) = 0{,}25(x-1)^2 - 9$ $h(x) = 0{,}25x^2 - 0{,}5x - 8{,}75$

11. Je zwei Funktionsgleichungen beschreiben die gleiche Funktion. Ordne zu.

$f_1(x) = 0{,}5(x-2)(x+2)$ $f_2(x) = -x^2 - 2x + 8$ $f_3(x) = 0{,}5x^2 + 2x + 4$

$f_4(x) = -0{,}5x^2 + 2$ $f_5(x) = -(x+4)(x-2)$ $f_6(x) = -0{,}5(x-2)(x+2)$

$f_7(x) = 0{,}5x^2 - 2$ $f_8(x) = 0{,}5(x+2)^2 + 2$

12. Stolperstelle: Lina hat Funktionsgleichungen bei a) in die allgemeine Form und bei b) und c) in die Scheitelpunktform umgeformt. Erkläre, was sie richtig und was sie falsch gemacht hat. Korrigiere ihre Fehler.

a) $f(x) = 2(x+3)(x-4)$
$= 2(x^2 + 3x - 4x - 12)$
$= 2x^2 - x - 12$

b) $g(x) = 2x^2 + 6x - 2$
$g(x) = x^2 + 3x - 1$
$g(x) = \left(x + \frac{3}{2}\right)^2 - \frac{9}{4} - 1$
$g(x) = \left(x + \frac{3}{2}\right)^2 - \frac{13}{4}$

c) $h(x) = 2x^2 - 12x + 4$
$= 2(x^2 - 6x + 2)$
$= 2(x^2 - 6x + 9 - 9 + 2)$
$= 2(x-3)^2 - 7$

13. Gib zu dem Graphen die passende Funktionsgleichung in Scheitelpunktform, in faktorisierter Form und in allgemeiner Form an.

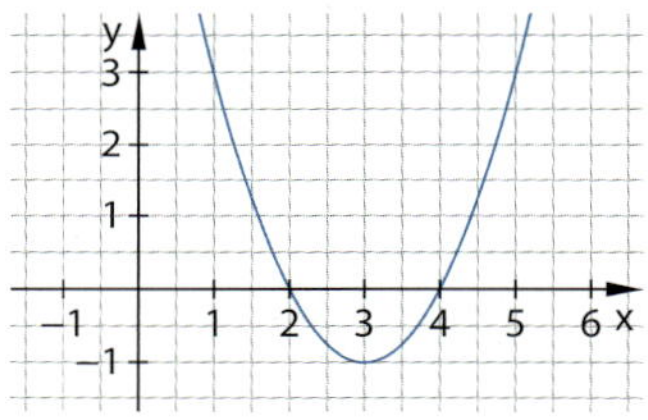

14. Die drei Funktionsgleichungen beschreiben dieselbe Funktion.

$f_1(x) = -1{,}5(x-6)(x+2)$ $f_2(x) = -1{,}5x^2 + 6x + 18$ $f_3(x) = -1{,}5(x-2)^2 + 24$

a) Tim sagt: „Aus den drei Funktionsgleichungen kann man direkt vier Punkte ablesen, die auf dem zugehörigen Graphen liegen: $P_1(0|18)$, $P_2(2|24)$, $P_3(6|0)$ und $P_4(-2|0)$." Erkläre, wie Tim jeden der einzelnen Punkte ermittelt hat.

b) Tom meint: „Es lassen sich nun noch weitere Punkte angeben: $P_5(4|18)$, $P_6(1|22{,}5)$ und $P_7(3|22{,}5)$."
Kannst du erklären, wie Tom zu den Punkten gekommen ist, ohne dass er die x-Koordinate in eine Funktionsgleichung eingesetzt hat?

c) Auch die Funktionen g_1, g_2 und g_3 beschreiben ebenfalls dieselbe Funktion.
$g_1(x) = 0{,}5(x+4)(x-6)$ $g_2(x) = 0{,}5x^2 - x - 12$ $g_3(x) = 0{,}5(x-1)^2 - 12{,}5$
Skizziere den Verlauf des Graphen, indem du zunächst wie in a) und b) sieben Punkte auf dem Graphen bestimmst.

GTR **15.** Gib die Funktionsgleichung in faktorisierter Form an. Nutze dazu das Grafikmenü des Grafiktaschenrechners. Beschreibe deine Vorgehensweise.

a) $f(x) = x^2 + 1{,}5x - 1$ b) $g(x) = -2x^2 - 6x + 20$ c) $h(x) = 0{,}25x^2 + 3x + 5$

16. Berechne die Nullstellen und stelle dann die Funktionsgleichung in faktorisierter Form auf.

a) $f(x) = (x-6)^2 - 25$ b) $g(x) = -1{,}5(x-2)^2 + 6$ c) $h(x) = 5(x+5)^2 - 20$

AS **17.** Ein CAS kann Funktionsterme umformen.

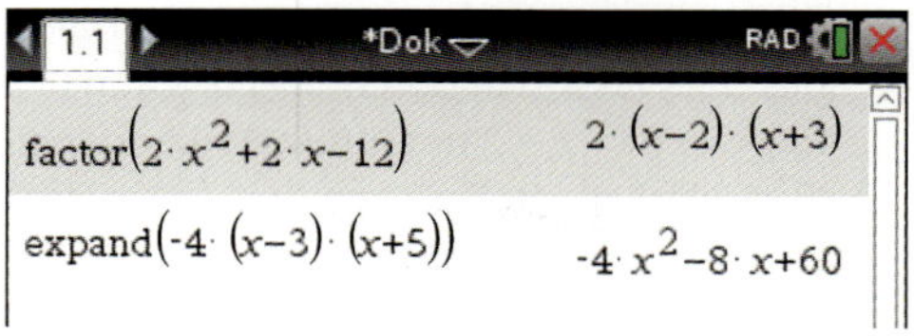

a) Erkläre, was die Befehle factor und expand im Bild rechts bewirken.

b) Bringe die Funktionsgleichungen mithilfe der Befehle expand und factor in eine andere Form.

① $f(x) = -3\,(x+6)\,(x-4)$ ② $g(x) = -2x^2 + 6x + 8$

③ $h(x) = 0{,}25\,(x-4)^2 - 16$ ④ $k(x) = -0{,}6x^2 - 1{,}8x + 2{,}4$

c) Erkläre, warum der Befehl factor$(-0{,}5\,(x-3)^2 - 2)$ keine faktorisierte Form liefert.

d) Überprüfe, ob dein Taschenrechner den Befehl „completeSquare" hat. Falls ja: Untersuche, wie sich der Befehl auf die Funktionsgleichungen aus b) auswirkt.

GS **18.** Erzeuge mit einer Dynamischen Geometrie-Software zunächst zwei Schieberegler p und q, dann die Funktion mit der Gleichung $f(x) = x^2 + px + q$ und schließlich den Scheitelpunkt S der zugehörigen Parabel.

a) Setze p auf einen beliebigen festen Wert. Verändere q und beschreibe, auf welcher Spur der Punkt S wandert.

b) Setze $q = 0$ und verändere p. Beschreibe, auf welcher Spur der Punkt S wandert. Gib hierfür eine Funktionsgleichung an.

c) Beschreibe, wie sich die Spur von S in b) verändert, wenn man nun auch q verändert.

Hinweis:
Man kann sich die Spur eines Punktes anzeigen lassen.

● GS **19.** Ein Feuerwehrmann steht auf einer 1 m hohen Plattform und 2 m vor einer 3 m hohen Wand. Er muss ein Feuer auf einer Fläche löschen, die zwischen 6 m und 7 m von ihm entfernt ist. Der Wasserstrahl kann durch eine Funktion mit der Gleichung $f(x) = -0{,}25x^2 + px + 2$ beschrieben werden.

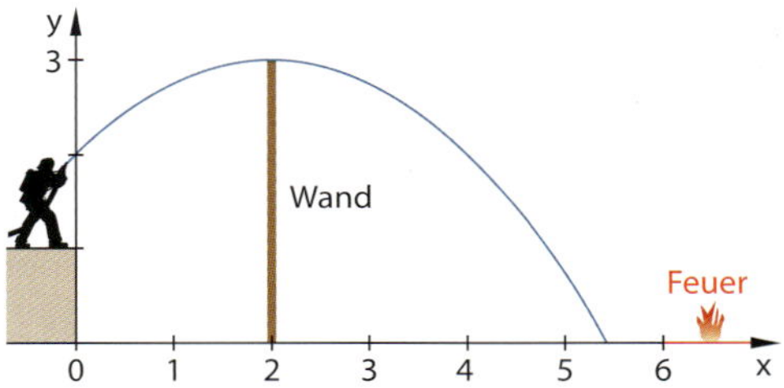

a) Setze die Situation mit einer Dynamischen Geometrie-Software um, indem du für p einen Schieberegler erzeugst.

b) Untersuche, für welche Werte von p der Wasserstrahl über die Wand geht.

c) Untersuche, für welche Werte von p der Wasserstrahl die brennende Fläche trifft.

d) Setze $p = 1$ und erzeuge einen Schieberegler a für den Streckfaktor. Untersuche, für welche Werte von a der Wasserstrahl die brennende Fläche trifft.

e) Bestätige alle deine Untersuchungsergebnisse, indem du eine rechnerische Probe machst.

20. Im freien Fall gilt für die zurückgelegte Strecke s in Meter in Abhängigkeit von der Zeit t in Sekunden ungefähr die Formel $s(t) = 5\,t^2$. Ein Ball wird von einem 100 m hohen Turm fallen gelassen.

a) Gib die Gleichung einer Funktion h(t) an, die die Höhe des Balls in Abhängigkeit von der Zeit während des freien Falls beschreibt.

b) Erkläre, warum bei der Funktion aus a) die Scheitelpunktform und die allgemeine Form identisch sind.

c) Bestimme die Höhe, die der Ball nach 2 Sekunden erreicht.

d) Bestimme die Dauer des freien Falls aus 100 m Höhe.

e) Gib an, für welche Werte von t die Funktion h(t) die Höhe des Balls beschreibt.

21. Ein Basketballspieler wirft einen Ball. Die Flugbahn des Balls lässt sich durch die Funktion f mit $f(x) = -x^2 + 4x + 2$ beschreiben (Längeneinheit 1 m).

a) Erkläre die Bedeutung der „+2" in der Gleichung.

b) Bestimme die Höhe des Balls nach 1 m und nach 3 m.

c) Bestimme mithilfe der Ergebnisse aus b) die Koordinaten des Scheitelpunktes und erkläre seine Bedeutung in dieser Situation.

d) Ein Basketballkorb hängt in einer Höhe von 3,05 m. Der Spieler steht 4 m vor dem Korb. Der Ring eines Basketballkorbes hat einen Durchmesser von 0,45 m. Fliegt der Ball in den Korb? Begründe.

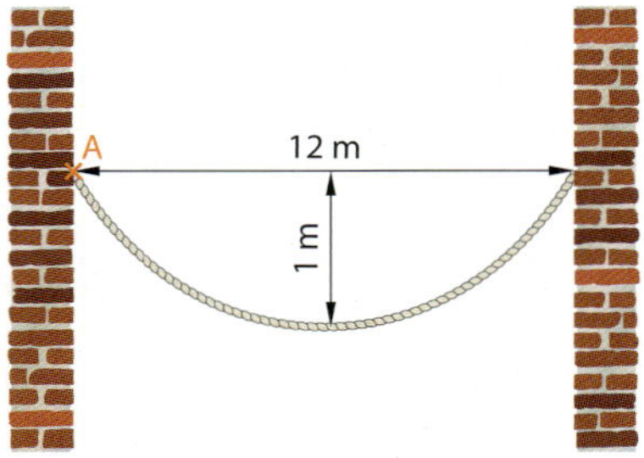

● **22.** Zwischen zwei 12 m auseinanderstehenden Pfeilern wird in 2 m Höhe eine Schnur gespannt. Diese Schnur hängt in der Mitte 1 m durch. Ihr Verlauf kann näherungsweise durch eine nach oben geöffnete Parabel beschrieben werden.

a) Bestimme die Funktionsgleichung der Parabel in faktorisierter Form. Lege dabei den Ursprung des Koordinatensystems in den linken Befestigungspunkt A der Schnur.

b) Bestimme auch die Funktionsgleichung in Scheitelpunktform und in allgemeiner Form.

c) Bestimme eine Höhe, sodass die Schnur insgesamt auf genau der Hälfte der horizontalen Strecke zwischen den Pfeilern unterhalb dieser Höhe verläuft.

● **23.** Eine Silvesterrakete wird schräg nach oben abgefeuert. Ihre Flugbahn kann durch die Funktion f mit $f(x) = -0{,}4x\,(x-25)$ beschrieben werden (Längeneinheit 1 m).

a) Gib die Nullstellen von f an und beschreibe ihre Bedeutung im Sachzusammenhang.

b) Bestimme den Scheitelpunkt der Funktion f und gib die maximale Flughöhe der Rakete an.

c) Richtig oder falsch? Begründe.
Verdoppelt man den Streckfaktor der Funktion f, so verdoppelt sich
① die maximale Flughöhe der Rakete,
② die Entfernung von Start- und Landepunkt.

d) Eine zweite Rakete wird direkt neben der ersten abgeschossen. Die Flugbahn wird durch die Funktion g mit $g(x) = -0{,}3\,(x-15)^2 + 67{,}5$ beschrieben. Zeige, dass bei $x = 0$ eine Nullstelle vorliegt. Bestimme die zweite Nullstelle und erkläre ihre Bedeutung.

● **24. Ausblick:** An einem Fenster 3 m über dem Boden eines Hauses wird das Ende eines Seils befestigt. Das andere Ende wird genau 5 m vor dem Haus im Boden verankert.

a) Begründe, dass die Parabel mit der Gleichung $f(x) = \frac{3}{25}(x-5)^2$ den Verlauf des Seils modellieren kann.

b) Als Durchhang wird die vertikal gemessene Abweichung des Seils von der direkten Verbindung zwischen den beiden Endpunkten des Seils bezeichnet.
Erkläre den Durchhang anhand einer Skizze und bestimme den maximalen Durchhang des Seils.

Kurvenanpassung und Regression

Beim Mikrozensus 2013 wurden ausgewählte Haushalte vom Statistischen Bundesamt befragt. In der Tabelle ist das ermittelte durchschnittliche Gewicht von Männern in unterschiedlichen Altersstufen dargestellt.

Alter in Jahren	Gewicht in kg
20	75.7
30	81,6
40	85,6
50	86,6

Alter in Jahren	Gewicht in kg
60	86,8
70	85,4
75	84,1
85	80,4

Zur Untersuchung des Zusammenhangs mit einem CAS trägt man im Menü *Lists&Spreadsheet* die Werte von Alter und Gewicht in die Spalten A und B ein. Dann erstellt man im Menü *Data&Statistics* ein Streudiagramm. Man erkennt näherungsweise einen quadratischen Zusammenhang.

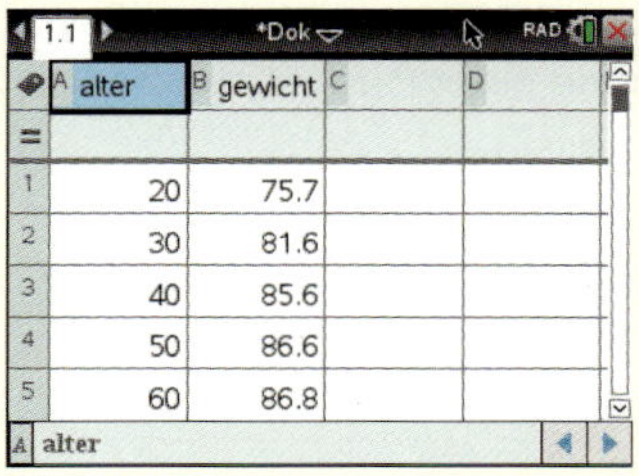

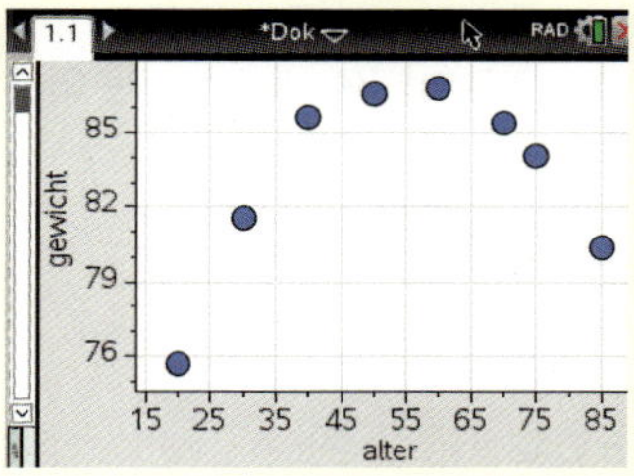

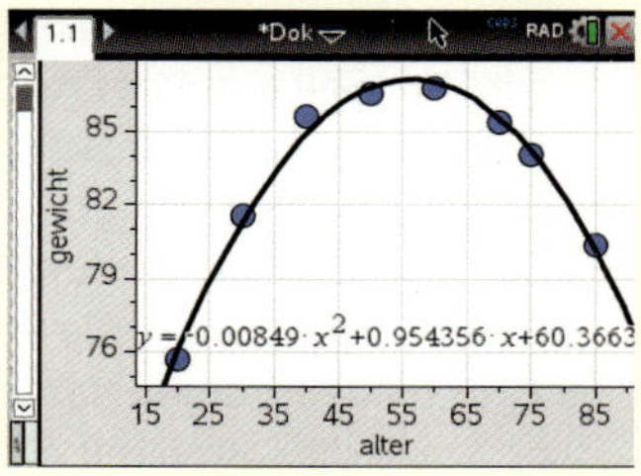

Über das Menü *Analysieren – Regression – Quadratische Regression anzeigen* kann man eine **quadratische Regression** durchführen. Diese ermittelt eine quadratische Funktion, deren Graph die Datenpunkte im Streudiagramm möglichst gut annähert:
$y = -0{,}00849x^2 + 0{,}954356x + 60{,}3663$ (x Alter in Jahren; y Gewicht in kg)
Bei einer Regression wird die Summe der quadrierten vertikalen Abstände zwischen den Datenpunkten und der Regressionskurve minimiert (**Kleinste-Quadrate-Methode**).

Eine Vereinfachung der quadratischen Regression ist die Kurvenanpassung durch drei Datenpunkte. Hierbei wird eine eindeutige quadratische Funktion bestimmt, deren Graph durch drei vorher festgelegte Punkte verläuft (**Drei-Punkte-Methode**).

Beispiel 1: Bestimme die Gleichung der Parabel durch die Punkte P(−1|5), Q(1|1) und R(2|2).

Lösung:

Wähle als Ansatz die allgemeine Form einer quadratischen Gleichung $y = ax^2 + bx + c$. Setze die x- und y-Werte der Punkte P, Q und R in die Gleichung ein. Es entsteht ein lineares Gleichungssystem mit drei Gleichungen und drei Variablen a, b und c. Subtrahiere im ersten Schritt die 2. und 3. Zeile jeweils von der 1. Zeile, damit c wegfällt.

$$\left|\begin{array}{llll} a\cdot(-1)^2 & +b\cdot(-1) & +c & =5 \\ a\cdot 1^2 & +b\cdot 1 & +c & =1 \\ a\cdot 2^2 & +b\cdot 2 & +c & =2 \end{array}\right| \quad \text{(2. und 3. Zeile jeweils von der 1. Zeile subtrahieren)}$$

$$\left|\begin{array}{r} a-b+c=5 \\ -2b=4 \\ -3a-3b=3 \end{array}\right| \quad \begin{array}{l} \\ |:(-2) \\ |:(-3) \end{array}$$

$$\left|\begin{array}{r} a-b+c=5 \\ b=-2 \\ a+b=-1 \end{array}\right| \quad \underline{b=-2}$$

Bestimme zuerst b und dann durch Einsetzen a und c.

3. Zeile: $a - 2 = -1$, also $\underline{a = 1}$
1. Zeile: $1 - (-2) + c = 5$, also $\underline{c = 2}$
Parabel: $y = x^2 - 2x + 2$

Aufgaben

CAS **1.** Finde heraus, wie du mit einem CAS ein lineares Gleichungssystem mit drei Gleichungen und drei Variablen lösen kannst. Löse das Gleichungssystem von Beispiel 1 mit dem CAS.

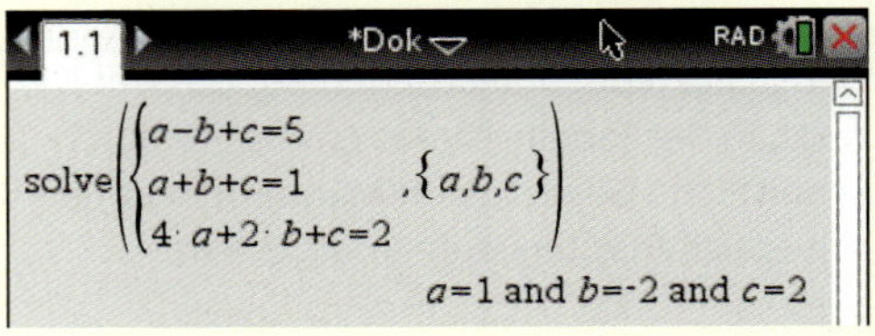

2. Die Punkte P, Q und R liegen auf einer Parabel. Ermittle die zugehörige Funktionsgleichung.

a) P(0|3), Q(0,5|0,5), R(−0,5|6,5) b) P(0|−3), Q(1,5|0), R(3|7,5)

c) P(1|−3), Q(−1|−7), R(−4|2) d) P(−1|−4), Q(−2|0), R(4|6)

3. Ein Basketballspieler wirft einen Freiwurf so, dass der Ball 1 m hinter der Freiwurflinie eine Höhe von 3,20 m und 2 m hinter der Freiwurflinie eine Höhe von 3,70 m hat. Abgeworfen wird der Ball aus einer Höhe von 2,20 m. Bestimme die Gleichung einer Parabel, die die Flugbahn des Balls beschreibt.

CAS **4.** Die Tabelle zeigt das durchschnittliche Gewicht der Frauen, die am Mikrozensus 2013 teilgenommen haben.

Alter in Jahren	Gewicht in kg	Alter in Jahren	Gewicht in kg
20	60,9	60	70,4
30	64,7	70	71,2
40	67,5	75	70,8
50	68,8	85	68,3

a) Stelle die Daten mit einem CAS in einem Streudiagramm grafisch dar.

b) Bestimme mit der Drei-Punkte-Methode eine quadratische Funktion für den Zusammenhang zwischen Alter und Gewicht. Nutze die Daten bei 30 Jahren, 50 Jahren und 70 Jahren. Zeichne den Graphen in das Streudiagramm ein. Erkläre, warum der Graph exakt durch drei Datenpunkte geht.

c) Führe mit dem CAS eine quadratische Regression durch und vergleiche mit dem Graphen aus b). Verläuft der Graph der Regression exakt durch einzelne Datenpunkte?

CAS **5.** In der Abbildung haben die Punkte A bis G ganzzahlige Koordinaten. Sie werden durch den Graphen der Funktion f mit $f(x) = -0{,}06x^2 + 1{,}3x + 2$ angenähert.

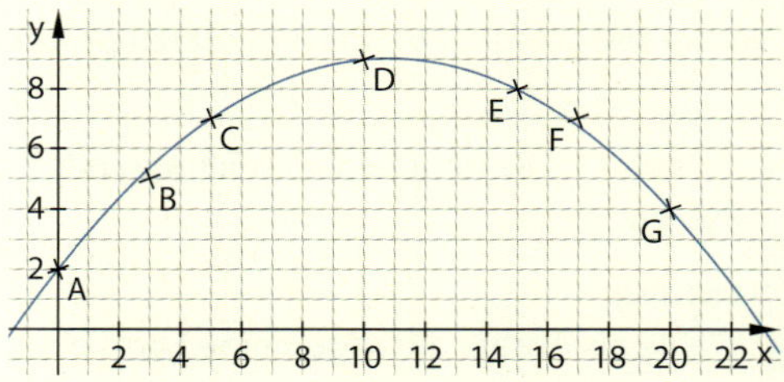

a) Berechne für die Punkte A bis G jeweils die Quadrate der vertikalen Abstände zwischen Punkt und Graph und summiere diese auf.

b) Führe die Berechnung aus a) auch für die quadratischen Abweichungen der Punkte A bis G von den Graphen der Funktionen g und h durch.

① $g(x) = -0{,}06x^2 + 1{,}35x + 1{,}5$ ② $h(x) = -0{,}05x^2 + 1{,}21x + 1{,}84$

c) Entscheide anhand der Ergebnisse aus a) und b), welche der Funktionen f, g und h die Punkte A bis G mit der Kleinste-Quadrate-Methode am besten annähert.

d) Bestimme zu den Punkten A bis G die quadratische Regressionskurve und vergleiche diese bezüglich der quadratischen Abweichungen mit den Funktionen f, g und h.

6. **Forschungsauftrag:** Führe die Drei-Punkte-Methode jeweils für die angegebenen Punkte P, Q und R, welche auf einer Geraden liegen, durch. Formuliere eine Merkregel, in welchen Fällen die Drei-Punkte-Methode welche Ergebnisse liefert. Begründe kurz.

a) P(−2|−3), Q(0|3), R(1|6) b) P(−3|2), Q(5|2), R(10|2) c) P(2|0), Q(2|6), R(2|4)

3.6 Einfache quadratische Gleichungen

■ a) Erkläre, welche der drei Gleichungen mit welcher Abbildung grafisch gelöst wurde. Gib die Lösungen an.
① $x^2 = 4$ ② $2x^2 = 8$ ③ $2x^2 - 4 = 4$

b) Forme mit Äquivalenzumformungen die Gleichungen ② und ③ in die Gleichung ① um. ■

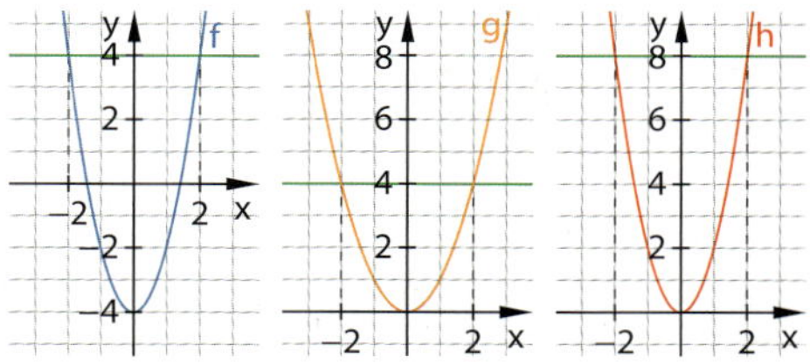

Eine Gleichung wie $3x + 4 = 10$ ist als lineare Gleichung bekannt. Dagegen ist eine Gleichung wie $3x^2 + 8 = 35$ eine **quadratische Gleichung**, weil die höchste Potenz x^2 ist. In beiden Fällen kann man die Lösungen mithilfe von Äquivalenzumformungen bestimmen.

Gleichungen, die sich in die Form $x^2 = a$ umwandeln lassen

Die Gleichung $x^2 = a$ muss man lösen, wenn man bei der Normalparabel $f(x) = x^2$ die x-Werte zu dem gegebenen y-Wert a sucht.

Für $a > 0$ gibt es bei der Normalparabel zwei zugehörige x-Werte, die Gleichung $x^2 = a$ hat zwei Lösungen $x_1 = \sqrt{a}$ und $x_2 = -\sqrt{a}$.
Zu $a = 0$ gehört bei der Normalparabel der x-Wert 0 (Scheitelpunkt), die Gleichung $x^2 = 0$ hat nur die Lösung $x = 0$.
Für $a < 0$ gibt es bei der Normalparabel zu a keine x-Werte, die Gleichung $x^2 = a$ hat keine Lösungen, da ein Quadrat nicht negativ sein kann.

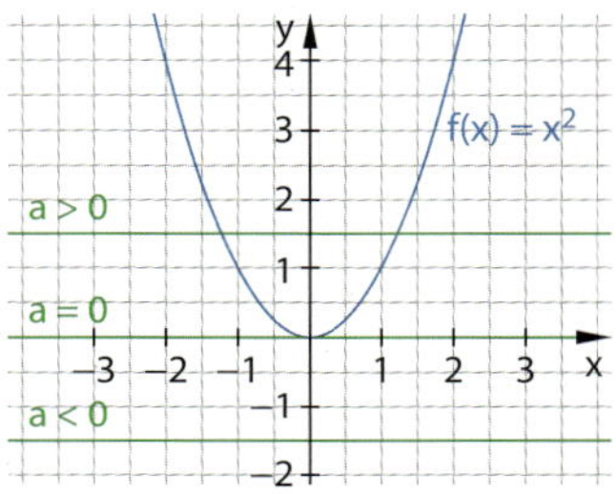

Beispiel 1: Löse die Gleichung rechnerisch und veranschauliche die Lösung grafisch.
a) $2x^2 - 2 = 0$ b) $-x^2 - 1{,}5 = 1$

Lösung:
Löse die Gleichung durch Äquivalenzumformungen nach x^2 auf. Ziehe dann, wenn möglich, die Wurzel und bestimme so alle Lösungen.

a)
$$\begin{aligned} 2x^2 - 2 &= 0 \quad &| +2 \\ 2x^2 &= 2 \quad &| :2 \\ x^2 &= 1 \quad &| \sqrt{\ } \end{aligned}$$
$x_1 = \sqrt{1} = 1$ $x_2 = -\sqrt{1} = -1$ $L = \{1; -1\}$

Der Graph von $y = 2x^2 - 2$ ist eine nach oben geöffnete Parabel. Ihr Scheitelpunkt liegt 2 Einheiten unterhalb der x-Achse. Die Nullstellen sind die Lösungen der Gleichung $2x^2 - 2 = 0$.

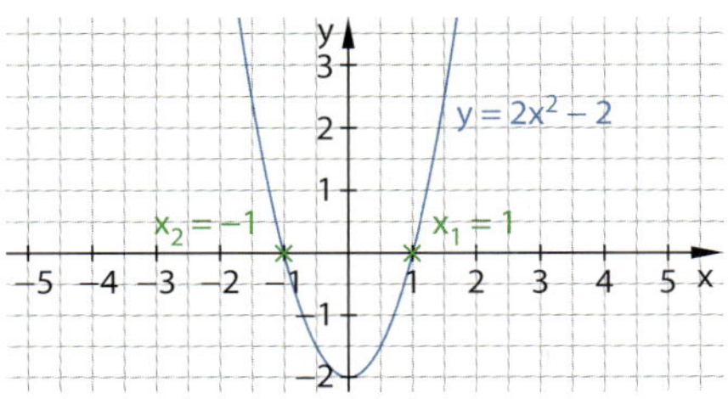

b)
$$\begin{aligned} -x^2 - 1{,}5 &= 1 \quad &| +1{,}5 \\ -x^2 &= 2{,}5 \quad &| \cdot (-1) \\ x^2 &= -2{,}5 \quad &\text{keine Lösung} \quad L = \{\ \} \end{aligned}$$

Der Graph von $y = -x^2 - 1{,}5$ ist eine nach unten geöffnete und um 1,5 Einheiten nach unten verschobene Normalparabel. Die Funktionswerte sind alle negativ und können daher nicht 1 sein.

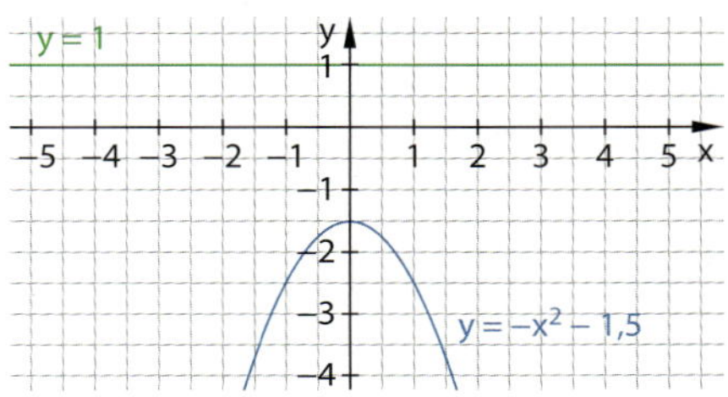

Basisaufgaben

1. Löse die Gleichung rechnerisch und veranschauliche die Lösung grafisch.

a) $x^2 = 4$ b) $0{,}25 = x^2$ c) $x^2 = -1$ d) $x^2 - 9 = 0$ e) $x^2 + 2 = 0$

f) $-x^2 = -16$ g) $0{,}5x^2 = 0$ h) $4x^2 + 12 = 0$ i) $2 = -x^2 + 6$ j) $2x^2 - \frac{1}{2} = 0$

2. Gib ohne zu rechnen die Anzahl der Lösungen an.

a) $x^2 = 5$ b) $x^2 + 7 = 0$ c) $-9x^2 = 0$ d) $2x^2 - 3 = \frac{1}{3}$ e) $-x^2 + 7 = 7$

3. Löse die Gleichung rechnerisch. Überprüfe grafisch mit dem Taschenrechner.

a) $3x^2 - 48 = 0$ b) $x^2 + 7 = 9$ c) $-5x^2 - 3 = 0$ d) $0{,}2a^2 - 2 = -2$

4. Löse die Gleichung rechnerisch. Falls es Lösungen gibt, mache eine Probe.

a) $x^2 - 105 = -24$ b) $8 - x^2 = -41$ c) $7 + 4x^2 = 0$ d) $\frac{1}{2}x^2 - 50 = 0$

e) $5 - 0{,}25x^2 = 0$ f) $5x^2 - 605 = 0$ g) $3y^2 + 4 = 13$ h) $16t^2 - 25 = -16$

5. Gib eine quadratische Gleichung mit der gegebenen Lösungsmenge an.

a) $L = \{1{,}5; -1{,}5\}$ b) $L = \{0\}$ c) $L = \{\,\}$ d) $L = \{\sqrt{11}; -\sqrt{11}\}$

Nullprodukt bei quadratischen Gleichungen

Der Wasserstrahl lässt sich durch den Graphen einer Funktion f mit $f(x) = -0{,}3x^2 + 3x$ beschreiben (Längeneinheit 1 m). Er beginnt im Punkt $(0|0)$. Mithilfe der zweiten Nullstelle kann man bestimmen, wie weit der Wasserstrahl reicht.

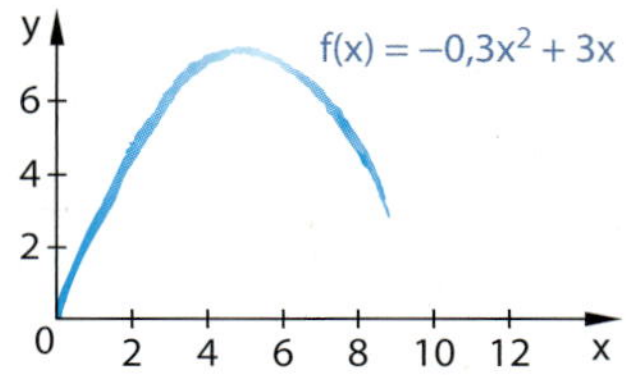

$-0{,}3x^2 + 3x = 0 \quad | : (-0{,}3)$

$x^2 - 10x = 0$

Zum Lösen der Gleichung klammert man x aus und erhält $x \cdot (x - 10) = 0$. Eine solche Gleichung heißt **Nullprodukt**, da ein Produkt zweier Terme Null ergibt. Damit das Produkt 0 ist, muss einer der Terme 0 sein. Als Lösungen erhält man $x_1 = 0$ und $x_2 = 10$. Der Strahl reicht also 10 m weit.

Wissen: Regel vom Nullprodukt

Ein Produkt ist genau dann 0, wenn einer der Faktoren 0 ist.

Sind T_1 und T_2 zwei Terme, so folgt: Die Lösungen einer Gleichung vom Typ $T_1 \cdot T_2 = 0$ sind die Lösungen von $T_1 = 0$ zusammen mit den Lösungen von $T_2 = 0$.

Beispiel 2: Löse die Gleichung.

a) $7(x + 3)(x - 4) = 0$ b) $4x^2 + 12x = 0$

Lösung:

a) Wende die Regel vom Nullprodukt an. Setze die einzelnen Faktoren gleich 0, um die Lösungen der Gleichung zu erhalten.

7 ist ungleich 0.
$(x + 3) = 0$ ergibt $x = -3$.
$(x - 4) = 0$ ergibt $x = 4$.
Lösungen: $x_1 = -3$; $x_2 = 4$ $L = \{-3; 4\}$

b) Dividiere die Gleichung zuerst durch den Koeffizienten 4 vor x^2. Klammere dann x aus.
Wende die Regel vom Nullprodukt an.

$4x^2 + 12x = 0 \quad | : 4$
$x^2 + 3x = 0 \quad |$ x ausklammern
$x \cdot (x + 3) = 0$
Lösungen: $x_1 = 0$; $x_2 = -3$ $L = \{0; -3\}$

Basisaufgaben

6. Gib die Lösungen der Gleichung an.
a) $(x-11)(x+1)=0$ b) $(x-4{,}5)\cdot x=0$ c) $2x(x+12)=0$ d) $0=5(x+1)(x+2)$

7. a) Gib die Lösungen der Gleichung $(x-3)(x+1)=0$ an.
b) Zeichne den Graphen der Funktion f mit $f(x)=(x-3)(x+1)$ und erkläre den Zusammenhang mit den Lösungen aus a).

8. Klammere x aus und löse dann die Gleichung. Überprüfe grafisch mit dem Taschenrechner.
a) $x^2-6x=0$ b) $0=x^2+3{,}5x$ c) $8x+x^2=0$ d) $-1{,}5x+x^2=0$

9. Löse die Gleichung, indem du ein Nullprodukt erzeugst. Du kannst die Gleichung zuerst durch den Koeffizienten vor x^2 dividieren.
a) $4x^2+36x=0$ b) $30x-2x^2=0$ c) $144x+60x^2=0$ d) $-0{,}5x^2-3x=0$

Hinweis zu 9:
Hier findest du die Lösungen. Manche treten mehrfach auf.

10. a) Gib jeweils eine Gleichung mit der gegebenen Lösungsmenge an.
① $L=\{2;5\}$ ② $L=\{-3{,}5;10\}$ ③ $L=\{0;6\}$ ④ $L=\{-4;0\}$
b) Gib zu den Lösungsmengen aus a) jeweils eine zweite Gleichung an. Erkläre deine Vorgehensweise.

11. Forme um, sodass auf einer Seite der Gleichung 0 steht, und löse die Gleichung. Überprüfe die Lösungen durch Einsetzen in die Ausgangsgleichung.
a) $42x=x^2$ b) $-x^2=2{,}5x$ c) $6x^2=18x$ d) $4y^2+3=2y+3$

Weiterführende Aufgaben

12. Fasse gleichartige Terme zusammen und löse die Gleichung rechnerisch. Manchmal musst du die Gleichung als Nullprodukt schreiben.
a) $5+x^2=69-3x^2$ b) $0{,}5x^2+x=2x$ c) $1{,}5x^2-5{,}5=5+x^2$ d) $a^2=-12a-2a^2$

13. Löse die Gleichungen rechnerisch. Multipliziere dazu zunächst die Klammer aus.
a) $16x+9x^2=8(2x-1)$ b) $y(5-7y+6)=11y$ c) $6x^2+3=-3(1+x^2)$
d) $x(x+1)=3x$ e) $5a(a-1)=(2-3a)\cdot a$ f) $2(x^2+14)=-3(12-x^2)$

14. Stolperstelle: Beschreibe, welche Fehler beim Lösen der Gleichungen passiert sind. Löse die Gleichungen richtig und markiere die korrigierten Schritte.

a) $x^2+225=0$
$x_1=\sqrt{225}=15$
$x_2=-\sqrt{225}=-15$

b) $x(x-3)=0 \quad |:x$
$x-3=0 \quad |+3$
$x=3$

c) $(x+2)(x+4)=8$
$(x+2)=8$ oder $(x+4)=8$
$x_1=6 \qquad x_2=4$

15. a) Sarah antwortet auf die Frage nach ihrem Alter: „Quadriert man mein Alter und addiert 1820, so erhält man 2016. Bei meiner Schwester müsste man 1895 statt 1820 addieren.“
Wie alt ist Sarah? Wie alt ist ihre Schwester?
b) Tim meint: „Man bekommt mein Alter, wenn man es quadriert und das Ergebnis verdoppelt oder wenn man es mit 30 multipliziert.“ Bestimme Tims Alter mithilfe einer Gleichung.

16. Die Gleichungen ① bis ③ wurden grafisch gelöst. Ordne jeder Gleichung die passende Abbildung zu.

① $(x-1)^2 = 4$ ② $(x+1)^2 = 4$ ③ $2(x+1)^2 = 4$

a)
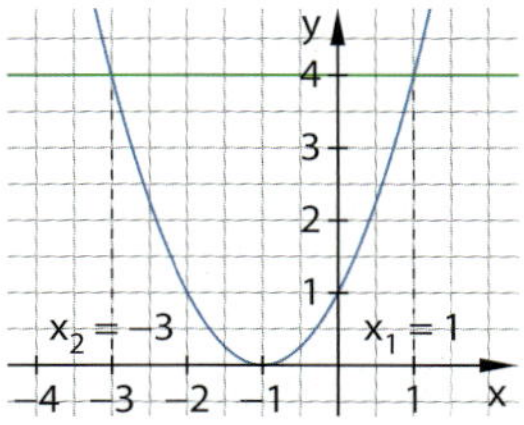

b)
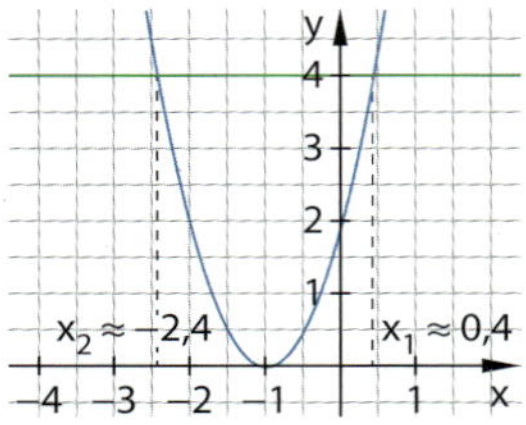

c)
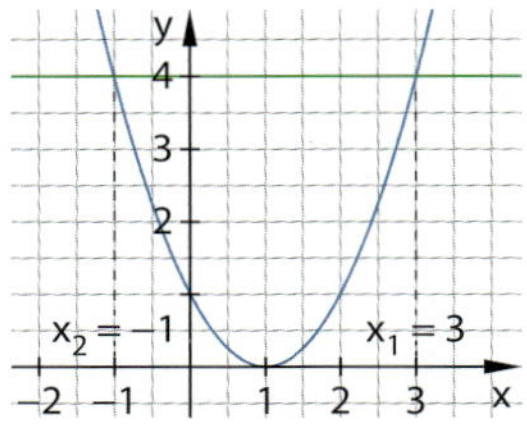

17. Löse die Gleichung rechnerisch. Überprüfe grafisch mit dem Taschenrechner.

a) $(x-1)^2 = 0$ b) $(x+2)^2 = 9$ c) $49 = (x-7)^2$ d) $(x+0{,}5)^2 - 2{,}25 = 0$
e) $7(x+5{,}5)^2 = 0$ f) $3(x-4)^2 = 15$ g) $-8 = -2(x+1)^2$ h) $0 = -4(x+3{,}5)^2 + 25$

Erinnere dich:
Mithilfe der binomischen Formeln kann man eine Summe in ein Produkt verwandeln.

● **18.** Forme eine Seite der Gleichung mit der 1. oder 2. binomischen Formel um. Bestimme dann die Lösung der Gleichung.

a) $x^2 + 6x + 9 = 0$ b) $a^2 - 2a + 1 = 0$ c) $0 = x^2 + \frac{2}{3}x + \frac{1}{9}$ d) $x^2 - 8x + 16 = 1$
e) $16 = x^2 + 10x + 25$ f) $y^2 - 20y + 100 = 2$ g) $x^2 - 3x + 2{,}25 = -2$ h) $0{,}25 + x^2 + x = 2{,}5$

19. Verlängert man alle Kanten eines Würfels um 4 cm, so ist der Oberflächeninhalt 2646 cm². Berechne die Kantenlänge des ursprünglichen Würfels.

20. Bestimme rechnerisch die Nullstellen der Funktion. Überprüfe grafisch mit dem Taschenrechner.

a) $f(x) = x^2 + 2x$ b) $g(x) = 3x^2 - 3x$ c) $h(x) = -5x^2 + 20x$ d) $k(x) = -2x - 0{,}1x^2$

● **21.** Ein Fußballspieler schießt einen Freistoß aus 20 m Entfernung aufs Tor. Die Flugbahn des Balls kann näherungsweise mit der Funktion $h(x) = -0{,}02x^2 + 0{,}4x$ beschrieben werden (x horizontale Entfernung vom Freistoßpunkt in m, $h(x)$ Höhe in m).

a) Kommt der Ball noch vor der Torlinie auf dem Boden auf?
b) Bestimme die maximale Höhe des Balls.

● **22.** a) Berechne den Flächeninhalt eines Rechtecks mit den Seitenlängen 5 cm und 10 cm.
b) Nun soll die kürzere Seite um x cm verlängert und die längere Seite um x cm verkürzt werden. Gib einen Term für den neuen Flächeninhalt an.
c) Bestimme, für welche Werte von x der neue Flächeninhalt mit dem ursprünglichen übereinstimmt.

● **23.** **Ausblick:** Die Lösungen der folgenden Gleichungen hängen vom Parameter a bzw. b ab.

a) Untersuche, für welche Werte von a die Gleichung $(x-a)(x-4) = 0$
① genau eine Lösung, ② zwei Lösungen und ③ keine Lösung hat.

b) Bestimme die beiden Lösungen der Gleichung $2(x-b)^2 = 32$ in Abhängigkeit von b. Untersuche dann, für welche Werte von b
① beide Lösungen positiv sind, ② $x = 0$ eine Lösung der Gleichung ist,
③ beide Lösungen größer als 10 sind, ④ das Produkt beider Lösungen 7 ist.

3.7 p-q-Formel

■ In der Figur soll x so bestimmt werden, dass die blaue Fläche $119\,cm^2$ groß ist.

a) Isa stellt die Gleichung $x^2 + 10x = 119$ auf. Erläutere, wie sie darauf kommt.

b) Da Isa die Gleichung so nicht lösen kann, ergänzt sie die Figur durch das rote Quadrat und schreibt die Gleichung $(x + 5)^2 = 119 + 25$ auf. Erläutere das Vorgehen.

c) Bestimme x mithilfe der Gleichung aus b). Löst der Wert von x auch die Gleichung aus a)? ■

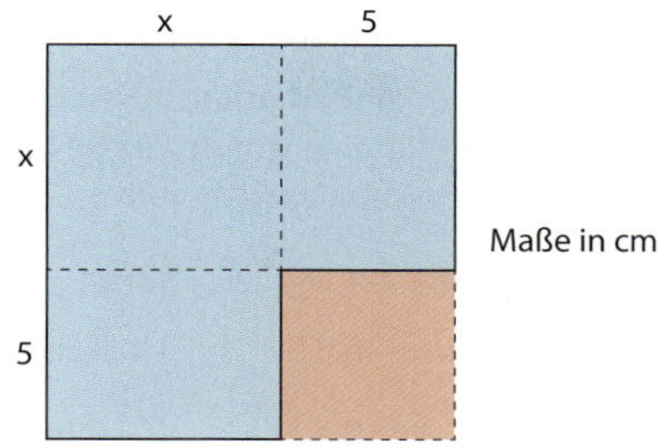

Quadratische Gleichungen mit quadratischer Ergänzung lösen

Mithilfe der quadratischen Ergänzung und der binomischen Formeln kann man jede quadratische Gleichung in der **Normalform** $x^2 + px + q = 0$ lösen.

Beispiel 1: Löse die Gleichung $x^2 + 3x - 10 = 0$ mit quadratischer Ergänzung.

Lösung:

Bringe −10 auf die andere Seite, damit nur x^2 und 3x auf einer Seite stehen.	$x^2 + 3x - 10 = 0$	$\mid +10$
Teile für die quadratische Ergänzung den Koeffizienten 3 bei 3x durch 2 und quadriere das Ergebnis: $\left(\frac{3}{2}\right)^2 = 1{,}5^2$.	$x^2 + 3x = 10$	$\mid +\left(\frac{3}{2}\right)^2 = 1{,}5^2$ (quadr. Ergänzung)
Fasse die linke Seite der Gleichung mit der 1. binomischen Formel zusammen.	$x^2 + 3x + 1{,}5^2 = 10 + 1{,}5^2$	| zusammenfassen
Löse nun die quadratische Gleichung wie gewohnt.	$(x + 1{,}5)^2 = 12{,}25$	$\mid \sqrt{\;}$
	$x + 1{,}5 = 3{,}5$ oder $x + 1{,}5 = -3{,}5$	$\mid -1{,}5$
	$x_1 = 2$ $x_2 = -5$	
	$L = \{2; -5\}$	

Basisaufgaben

1. Ergänze im Heft auf beiden Seiten der Gleichung dieselbe Zahl, sodass du die 1. oder 2. binomische Formel anwenden kannst. Löse dann die Gleichung.

a) $x^2 + 10x + ■ = -21 + ■$
$(x + 5)^2 = \ldots$

b) $x^2 - 12x + ■ = 13 + ■$
$(x - 6)^2 = \ldots$

c) $x^2 + 4x + ■ = 5 + ■$
$(x + ●)^2 = \ldots$

d) $x^2 + 40x + ■ = -300 + ■$

e) $x^2 - 16x + ■ = -63 + ■$

f) $x^2 - 5x + ■ = 18{,}75 + ■$

TR **2.** Löse die Gleichung mit quadratischer Ergänzung. Überprüfe deine Lösungen, indem du die Gleichung grafisch im Grafikmenü des Taschenrechners löst.

a) $x^2 + 6x = -5$ b) $x^2 - x = 0{,}75$ c) $2x^2 - 20x = 48$ d) $x^2 + 30x = 75$

e) $x^2 + 2x - 8 = 0$ f) $x^2 - 14x - 32 = 0$ g) $x^2 - 8x + 9 = 0$ h) $x^2 + x - 6 = 0$

3. Forme die Gleichung geeignet um und löse sie mit quadratischer Ergänzung. Überprüfe deine Lösungen mit einer rechnerischen Probe.

a) $10x + 11 = x^2$ b) $-49 + x^2 = 14x$ c) $7x^2 - 14x - 21 = 0$ d) $5x^2 = 5x + 10$

Tipp zu 3:
Wenn vor x^2 ein Koeffizient steht, teile die Gleichung zuerst durch diesen Koeffizienten.

Die p-q-Formel

Jede quadratische Gleichung kann man durch Äquivalenzumformungen in die Normalform $x^2 + px + q = 0$ umformen.
Anstatt immer eine quadratische Ergänzung durchzuführen, kann man eine **allgemeine Lösungsformel** für eine quadratische Gleichung in Normalform herleiten. Diese wird nach den Bezeichnungen der Variablen **p-q-Formel** genannt.

$$x^2 + px + q = 0 \quad | -q$$
$$x^2 + px = -q \quad | + \left(\tfrac{p}{2}\right)^2 \text{ (quadratische Ergänzung)}$$
$$x^2 + px + \left(\tfrac{p}{2}\right)^2 = -q + \left(\tfrac{p}{2}\right)^2 \quad | \text{ 1. binomische Formel}$$
$$\left(x + \tfrac{p}{2}\right)^2 = \left(\tfrac{p}{2}\right)^2 - q \quad | \text{ Wenn } \left(\tfrac{p}{2}\right)^2 - q < 0 \text{, dann gibt es keine Lösung. Andernfalls kann man die Wurzel ziehen.}$$
$$x + \tfrac{p}{2} = \sqrt{\left(\tfrac{p}{2}\right)^2 - q} \quad \text{oder} \quad x + \tfrac{p}{2} = -\sqrt{\left(\tfrac{p}{2}\right)^2 - q} \quad | -\tfrac{p}{2}$$
$$x_1 = -\tfrac{p}{2} + \sqrt{\left(\tfrac{p}{2}\right)^2 - q} \qquad x_2 = -\tfrac{p}{2} - \sqrt{\left(\tfrac{p}{2}\right)^2 - q}$$

Hinweis:
$x_{1,2} = \ldots \pm \ldots$ ist eine Kurzschreibweise für
$x_1 = \ldots + \ldots$
$x_2 = \ldots - \ldots$

Hinweis:
Das Wort **Diskriminante** kommt aus dem Lateinischen, discriminare bedeutet unterscheiden.

Wissen: Die p-q-Formel
Die quadratische Gleichung in Normalform $x^2 + px + q = 0$ hat die Lösungen

$$x_{1,2} = -\tfrac{p}{2} \pm \sqrt{\left(\tfrac{p}{2}\right)^2 - q}$$

Der Term $\left(\tfrac{p}{2}\right)^2 - q$ wird als **Diskriminante D** bezeichnet. Die Gleichung hat

- für $D > 0$ genau **zwei Lösungen**.
- für $D = 0$ genau **eine Lösung**, nämlich $x = -\tfrac{p}{2}$.
- für $D < 0$ **keine Lösung**, die Wurzel aus einer negativen Zahl ist nicht definiert.

Beispiel 2: Löse die quadratische Gleichung mit der p-q-Formel.
a) $x^2 + 8x - 33 = 0$
b) $4x^2 - 16x = 28$

Tipp:
Achte beim Ablesen von p und q besonders auf die Vorzeichen.

Lösung:
a) Vergleiche $x^2 + 8x - 33 = 0$ mit der Normalform $x^2 + px + q = 0$.
Du erhältst $p = 8$ und $q = -33$. Setze diese Werte in die p-q-Formel ein und berechne die Lösungen.

$$x_{1,2} = -\tfrac{p}{2} \pm \sqrt{\left(\tfrac{p}{2}\right)^2 - q}$$
$$x_{1,2} = -\tfrac{8}{2} \pm \sqrt{\left(\tfrac{8}{2}\right)^2 - (-33)}$$
$$= -4 \pm \sqrt{49}$$
$$= -4 \pm 7$$
$$x_1 = -4 + 7 = 3 \qquad x_2 = -4 - 7 = -11$$
$$L = \{3; -11\}$$

b) Bringe die Gleichung in die Normalform. Teile dazu die Gleichung durch den Koeffizienten 4 bei $4x^2$ und subtrahiere 5, damit auf einer Seite der Gleichung 0 steht.
Du kannst in der Normalform die Werte $p = -4$ und $q = -5$ ablesen. Setze diese Werte in die p-q-Formel ein.

$$4x^2 - 16x = 20 \quad |:4$$
$$x^2 - 4x = 5 \quad | -5$$
$$x^2 - 4x - 5 = 0$$

$$x_{1,2} = -\tfrac{-4}{2} \pm \sqrt{\left(\tfrac{-4}{2}\right)^2 - (-5)}$$
$$= 2 \pm \sqrt{9}$$
$$= 2 \pm 3$$
$$x_1 = 2 + 3 = 5 \qquad x_2 = 2 - 3 = -1$$
$$L = \{5; -1\}$$

Basisaufgaben

4. Übertrage die Tabelle in dein Heft und vervollständige sie.

$x^2 + px + q = 0$	p	q	$-\frac{p}{2}$	$\left(\frac{p}{2}\right)^2$	$\sqrt{\left(\frac{p}{2}\right)^2 - q}$	$-\frac{p}{2} \pm \sqrt{\left(\frac{p}{2}\right)^2 - q}$	x_1	x_2
$x^2 - 2x + 4 = 0$								
$x^2 + 4x + 4 = 0$								
$x^2 - 3x - 1{,}75 = 0$								
$x^2 + x = 0$								
$x^2 - 16 = 0$								
$x^2 + 2{,}5x + 1 = 0$								

5. Vervollständige die vorgegebenen Lösungen.

a) $x^2 + 10x + 7 = 0$ $\quad x_{1,2} = ■5 \pm \sqrt{5^2 - ●}$
b) $x^2 + x - 7 = 0$ $\quad x_{1,2} = ■0{,}5 \pm \sqrt{0{,}5^2 - ●}$
c) $x^2 - 8x - 8 = 0$ $\quad x_{1,2} = ■ \pm \sqrt{(-4)^2 - ●}$
d) $x^2 - x - 3 = 0$ $\quad x_{1,2} = ■ \pm \sqrt{(-0{,}5)^2 ●}$

TR **6.** Löse die Gleichung mit der p-q-Formel. Überprüfe die Lösung, indem du die Gleichung grafisch mit dem Taschenrechner löst.

a) $x^2 + 2x - 3 = 0$ b) $x^2 + 4x - 21 = 0$ c) $x^2 - 7x + 12 = 0$ d) $x^2 - 8x + 16 = 0$
e) $x^2 + 10x + 44 = 0$ f) $x^2 - 4x = 0$ g) $x^2 - 0{,}75 + 3x = 0$ h) $-1 + x^2 + 14x = 0$

7. Bringe die Gleichung in die Normalform. Löse sie dann mit der p-q-Formel. Überprüfe durch Einsetzen der Lösungen in die Ausgangsgleichung.

a) $x^2 + 2x - 7 = 1$ b) $2x - x^2 = -24$ c) $2x^2 + 4x - 2 = 0$ d) $0{,}5x^2 - 4x - 24 = 0$
e) $\frac{2}{3}x^2 - 6x - 24 = 0$ f) $2x^2 + 12x = 14$ g) $4x^2 + 36 = 24x$ h) $15 = 42x - 30 + 3x^2$

Weiterführende Aufgaben

8. Löse die Gleichung ① mit quadratischer Ergänzung und ② mit der p-q-Formel. Prüfe, ob du mit beiden Verfahren die gleichen Lösungen erhältst.

a) $x^2 - 2x - 63 = 0$ b) $x^2 + 20x = -100$ c) $y^2 + y + 2 = 0$ d) $4x^2 + 4x = 48$

9. Fasse gleichartige Terme zusammen. Bringe die Gleichung in die Normalform und löse sie.

a) $x^2 - 4x = 16x + 96$ b) $8y + 84 = 3y^2 - y$
c) $4a - a^2 = 9 - 2a^2$ d) $3x^2 + 2x - 3 = -x^2 + 3$

Hinweis zu 9:
Hier findest du die Lösungen.

10. Stolperstelle: Beschreibe, welche Fehler bei der Anwendung der p-q-Formel gemacht wurden. Löse die Gleichungen mit der p-q-Formel richtig und markiere die korrigierten Stellen.

a) $x^2 - 4x + 1 = 0$

$x_{1,2} = -\frac{4}{2} \pm \sqrt{\left(\frac{4}{2}\right)^2 - 1}$

$x_{1,2} = -2 \pm \sqrt{3}$

b) $x^2 + 6x - 5 = 0$

$x_{1,2} = -\frac{6}{2} \pm \sqrt{\left(\frac{6}{2}\right)^2 - 5}$

$x_{1,2} = -3 \pm \sqrt{4}$

c) $x^2 + 14 + 9x = 0$

$x_{1,2} = -\frac{14}{2} \pm \sqrt{\left(\frac{14}{2}\right)^2 - 9}$

$x_{1,2} = -7 \pm \sqrt{40}$

d) $2x^2 - 12x - 13 = 1$

$x_{1,2} = -\frac{-12}{2} \pm \sqrt{\left(\frac{-12}{2}\right)^2 - (-13)}$

$x_{1,2} = 6 \pm \sqrt{49}$

● **11.** Multipliziere zuerst die die Klammer aus. Löse dann die Gleichung.

a) $x(x-3)=4$ b) $(x-5)(x+4)=-8$ c) $3(x-2)\cdot x=240$
d) $2x(6-x)=8$ e) $-12=(y+3)(y-4)$ f) $2(x-2)(x+2)=40$
g) $-3(a+5)(a-3)=-33$ h) $x(x+1)=(x+2)(x-4)$ i) $b(4-b)=(1-b)^2$

12. Bestimme die Diskriminante und gib die Anzahl der Lösungen an.

a) $x^2+7x+12=0$ b) $x^2-2x+2=0$ c) $x^2+8x-3=0$
d) $x^2-10x+25=0$ e) $x^2-8x-16=0$ f) $x^2-16=0$

13. a) Gib die Diskriminante der Gleichung $x^2-3x+k=0$ an.
b) Bestimme, für welche Werte von k die Gleichung aus a)
① genau eine Lösung, ② zwei Lösungen und ③ keine Lösung hat.
c) Untersuche mit dem Verfahren aus a) und b) die folgenden Gleichungen auf Lösbarkeit.
① $x^2+10x+k=0$ ② $x^2-2x+k-3=0$ ③ $x^2+8x+k=-16$

CAS **14.** CAS-Rechner können Gleichungen mit dem Befehl solve lösen.
a) Erkläre anhand der Abbildung, welche Eingaben der Befehl verlangt.
b) Erkläre die Lösungen der Gleichungen in der Abbildung.
c) Bestimme mit dem solve-Befehl die Lösungen der folgenden Gleichungen.

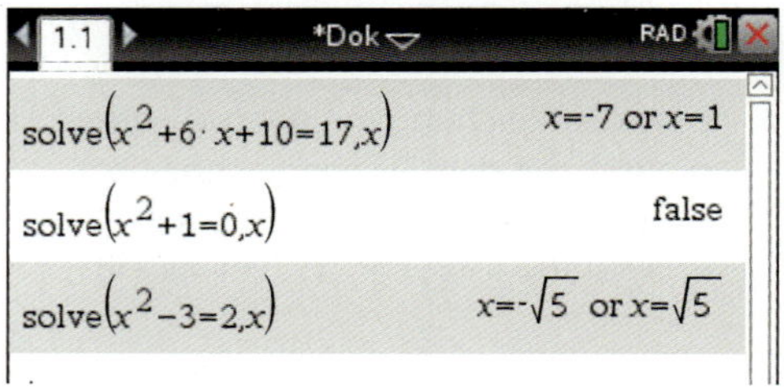

① $x^2+4x+4=9$ ② $2x^2+4x=22{,}5$ ③ $x^2-2x=1$ ④ $-3x^2+6x=15x+2$
d) Überprüfe, ob dein Taschenrechner in der Lage ist, die p-q-Formel mithilfe des solve-Befehls zu erstellen. Erkläre dein Vorgehen und die Lösung des Taschenrechners.

15. Bestimme die Zahl des Zahlenrätsels mithilfe einer quadratischen Gleichung.
a) Quadriert man die Zahl und addiert dazu das Doppelte der Zahl, so erhält man 48.
b) Addiert man zum Doppelten des Quadrats der gesuchten Zahl das Achtfache dieser Zahl, dann erhält man die Summe aus dem Doppelten der gesuchten Zahl und 216.
c) Multipliziert man die gesuchte Zahl mit der um 15 verminderten Zahl, so erhält man 496.
d) Das Produkt der um 7 verminderten und der um 9 vergrößerten Zahl ist –64.

16. a) Bei einem Quadrat wird eine Seite um 6 cm verlängert. Das neue Rechteck hat einen Flächeninhalt von 160 cm². Bestimme die Seitenlänge und den Flächeninhalt des Ausgangsquadrats.
b) Wird bei einem Quadrat die eine Seite um 3 cm verkürzt und die andere verdoppelt, so ist der Flächeninhalt des dabei entstehenden Rechtecks um 16 cm² größer als der des Quadrats. Gib die Seitenlänge des Quadrats an.

17. a) Ein quadratisches Grundstück ist 6724 m² groß. Berechne die Seitenlängen des Quadrats.
b) Das Grundstück soll gegen ein rechteckiges, gleich großes getauscht werden, um darauf einen Sportplatz zu erstellen. Dabei soll eine Rechteckseite 15 m länger als die andere Seite sein. Welche Maße ergeben sich für das gesuchte neue Grundstück?

18. Die Seitenlängen der beiden Schenkel eines gleichschenkligen rechtwinkligen Dreiecks werden verändert, der erste wird um 3 cm verlängert, der zweite um 2 cm gekürzt. Anschließend beträgt der Flächeninhalt 18 cm². Wie lang waren die Schenkel ursprünglich?

19. Ein Würfel mit der Kantenlänge x hat den gleichen Oberflächeninhalt wie ein Quader mit der Höhe x, der Breite 6 cm und der Länge 15 cm. Bestimme x.

20. a) Bestimme die Nullstellen der Funktion rechnerisch.
① $f(x) = x^2 - 6x - 7$ ② $g(x) = x^2 - x + 1$ ③ $h(x) = 3x^2 - 33x + 54$
④ $k(x) = 3x^2 - 5x + 2$ ⑤ $l(x) = -0{,}5x^2 - 1{,}5x + 9$ ⑥ $m(x) = 3{,}5x^2 - 2{,}1x + 1{,}4$
b) Gib die Funktionsgleichungen aus a) in faktorisierter Form an, falls dies möglich ist.

● **21.** Gegeben sind die folgenden quadratischen Funktionen.
① $f(x) = x^2 + 5x - 6$ ② $g(x) = x^2 + 9x + 8$ ③ $h(x) = x^2 - 3x - 4$
a) Bestimme jeweils die Nullstellen und gib den x-Wert des Scheitelpunktes an.
b) Tim betrachtet allgemein die Funktion $k(x) = x^2 + p \cdot x + q$. Er behauptet: „Der x-Wert des Scheitelpunktes steht in direktem Zusammenhang mit dem Wert des Parameters p." Stelle anhand deiner Ergebnisse aus Aufgabe a) eine Vermutung für den Zusammenhang zwischen p und dem x-Wert des Scheitelpunktes auf.
c) Begründe den x-Wert des Scheitelpunktes der Funktion k mithilfe der p-q-Formel.
d) Bestimme für die Funktion f, g und h auch den y-Wert des Scheitelpunktes sowie die Diskriminante D. Beschreibe den Zusammenhang.
e) Beweise den Zusammenhang aus d) allgemein für die Funktion k.

22. In der Fahrschule lernt man, dass sich der Anhalteweg aus dem Reaktionsweg $s_R = \frac{3}{10}v$ und dem Bremsweg $s_B = \frac{1}{100}v^2$ zusammensetzt (Wege in m; Geschwindigkeit v in km/h).

a) Ermittle eine Funktionsgleichung, die den Anhalteweg in Abhängigkeit von der Geschwindigkeit angibt.
b) Berechne den Anhalteweg für eine Geschwindigkeit von 50 km/h.
c) Wie schnell darf man fahren, wenn der Anhalteweg kleiner als 50 Meter sein soll?

23. Ein Feuerwerkskörper bewegt sich auf einer Flugbahn, die annähernd durch die Funktionsgleichung $f(x) = -0{,}5x^2 + 25x + 0{,}98$ beschrieben werden kann. Dabei ist x die horizontale Entfernung vom Abschussort in Meter und f(x) die Höhe in Meter.

a) Ist die Abschusshöhe realistisch?
b) In welcher Höhe befindet sich der Feuerwerkskörper, wenn die horizontale Entfernung vom Abschussort 5 m ist?
c) In welcher Entfernung vom Abschussort müsste der abgebrannte Rest auf der Erde landen, wenn er sich ungehindert genau auf dieser Bahn bewegen würde?
d) Bestimme die maximale Höhe der Flugbahn.
e) Muss man befürchten, dass der Feuerwerkskörper ein Fenster in 8 m Höhe und 40 m Entfernung vom Abschussort trifft?

24. Hannah meint: „Um die Lösung von $2x^2 + 6x + 4 = 0$ zu bestimmen, dividiere ich durch 2. Daher sind auch die Funktionen $f(x) = 2x^2 + 6x + 4$ und $g(x) = x^2 + 3x + 2$ gleich."
Nimm begründet Stellung dazu.

● **25.** a) In der Rechenmauer soll der Eintrag in einem Feld jeweils das Ergebnis der Rechnung sein, die in den beiden Feldern darunter steht. Berechne, welche Werte x, y und z haben können.

①
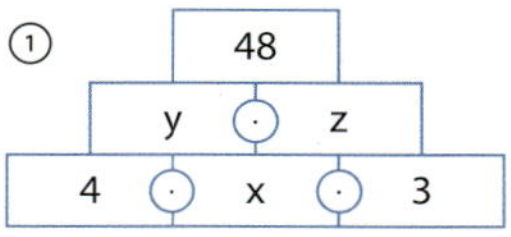

②
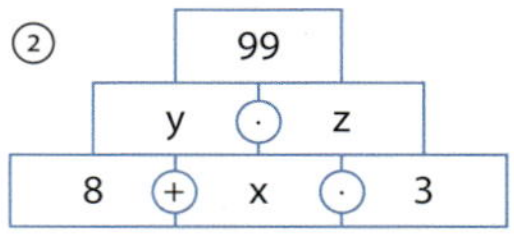

b) Erstelle zwei eigene Rechenmauern. Dabei soll in einem der unteren Felder x stehen und im obersten Feld ein Ergebnis. Tausche die Rechenmauern mit deinem Nachbarn.

● **26.** Betrachte die Gleichung $x^2 + k \cdot x + 20 = 0$.
a) Bestimme, für welche Werte von k die Lösungsmenge nicht leer ist.
b) Begründe, ob die Lösungsmenge genau ein Element enthalten kann.
c) Eine Lösung dieser Gleichung soll $x_1 = -4$ sein. Bestimme die zweite Lösung.

● **27.** Vier Schüler haben quadratische Gleichungen mit der quadratischen Ergänzung oder mit der p-q-Formel gelöst. Einige Zahlen sind nicht mehr lesbar. Finde die fehlenden Zahlen.

a)
$x^2 + ■x = ■$ | + 9 (quad. Erg.)
$x^2 + ■x + 9 = ■$ | 1. binom. Formel
$(x + 3)^2 = ■$ | $\sqrt{\ }$
$x + 3 = 5$ oder $x + 3 = -5$
$x_1 = ■$ $x_2 = ■$

b)
$x^2 - 10x + 26 = ■$ | − ■ (quad. Erg.)
$x^2 - 10x + ■ = 64$ | 2. binom. Formel
$(x - ■)^2 = 64$ | $\sqrt{\ }$
$x - ■ = ■$ oder $x - ■ = ■$
$x_1 = ■$ $x_2 = ■$

c)
$3x^2 + ■x - ■ = 0$ | : ■
$x^2 + ■x - ■ = 0$
p-q-Formel: $x_{1,2} = -\frac{4}{2} \pm \sqrt{\left(\frac{4}{2}\right)^2 - (■)}$
$x_1 = 8$ $x_2 = -12$

d)
$■x^2 + ■x + ■ = 0$ | : (−2)
$x^2 - ■x - ■ = 0$
p-q-Formel: $x_{1,2} = 4 \pm \sqrt{49}$
$x_1 = ■$ $x_2 = ■$

● **28.** **Ausblick:** Der französische Mathematiker François Viète – meist Vieta genannt – fand im 16. Jahrhundert für eine quadratische Gleichung $x^2 + px + q = 0$ einen einfachen Zusammenhang zwischen den Parametern p und q und den Lösungen x_1 und x_2, der als **Satz von Vieta** bekannt ist: $p = -(x_1 + x_2)$, $q = x_1 \cdot x_2$.
Das Produkt der Lösungen ist q und die Gegenzahl ihrer Summe ist p.
Mit dem Satz von Vieta kann man die Lösungen einer quadratischen Gleichung „durch Anstarren" der Parameter bestimmen.

a) Für $q = +7$ kommen als ganzzahlige Faktoren nur +1 und +7 oder −1 und −7 in Frage. Die Summen sind dann 8 oder −8, entsprechend die Gegenzahlen. Für $q = -7$ sind es +1 und −7 oder −1 und +7, die Gegenzahlen der Summen sind dann 6 oder −6.
Gib möglichst schnell die Lösungen der folgenden Gleichungen an.
① $x^2 - 8x + 7 = 0$ ② $x^2 + 8x + 7 = 0$ ③ $x^2 - 6x - 7 = 0$ ④ $x^2 + 6x - 7 = 0$

b) Löse die folgenden Gleichungen mit diesem Verfahren.
① $x^2 + 3x + 2 = 0$ ② $x^2 - 2x + 1 = 0$ ③ $x^2 - 12x - 13 = 0$
④ $x^2 - 8x + 12 = 0$ ⑤ $x^2 - 12x - 28 = 0$ ⑥ $2x^2 - 16x + 14 = 0$

c) Der Satz von Vieta eignet sich auch gut, um zu überprüfen, ob man eine quadratische Gleichung richtig gelöst hat. Gib an, ob die folgenden Lösungsmengen korrekt sind.
① $x^2 + x - 12 = 0$ $L = \{-4; 3\}$ ② $x^2 - 7x - 12 = 0$ $L = \{3; 4\}$
③ $x^2 + 7x + 10 = 0$ $L = \{2; 5\}$ ④ $3x^2 - 5x + 6 = 0$ $L = \{2; 3\}$

3.8 Optimierungsprobleme

■ Beschreibe jeweils, welche Gemeinsamkeiten und Unterschiede es zwischen dem Modell und dem realen Objekt gibt.
Erkläre, wodurch sich ein Modell auszeichnet. Finde weitere Beispiele für Modelle. ■

Viele alltägliche Problemstellungen kann man lösen, indem man ein mathematisches Modell bildet. Die Lösung im Modell überträgt man dann auf den realen Sachverhalt.

Beispiel 1: Optimieren durch Modellieren mit einer quadratischen Funktion

Problem:
Ein dreieckiges Grundstück liegt an einer rechtwinkligen Straßenkreuzung, es ist an den beiden Straßen 120 m bzw. 80 m lang. Auf dem Grundstück soll eine rechteckige Lagerhalle mit einer möglichst großen Grundfläche gebaut werden. Die Seiten der Lagerhalle verlaufen parallel zu den Straßen.

Mathematisches Modell bilden:
Übertrage das Grundstück in ein Koordinatensystem (Längeneinheit 1 m). Das rote Rechteck stellt die Lagerhalle dar.
Die schräge Dreieckseite kannst du mit einer Geradengleichung $y = mx + b$ modellieren.
y-Achsenabschnitt: $b = 80$ Steigung $m = -\frac{80}{120} = -\frac{2}{3}$
Daraus ergibt sich: $y = -\frac{2}{3}x + 80$

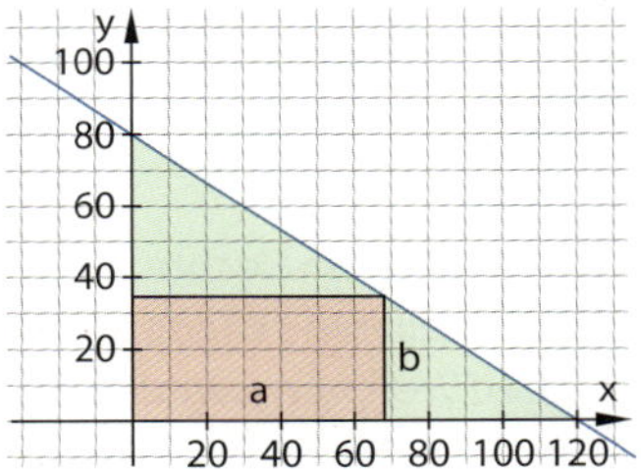

Ist a die Länge des Rechtecks, gilt für die Breite $b = -\frac{2}{3}a + 80$. Die Funktion A mit $A(a) = a \cdot (-\frac{2}{3}a + 80)$ gibt den Flächeninhalt des Rechtecks in Abhängigkeit von a an.

Lösung im Modell bestimmen:
Bestimme, bei welchem Wert für a die Funktion A den größten Funktionswert **(Maximum)** hat. Dazu kannst du den Graphen von A zeichnen. Das Maximum befindet sich am Scheitelpunkt (60|2400).
Für die Länge $a = 60$ hat das Rechteck den maximalen Flächeninhalt 2400.
Für die Breite ergibt sich: $b = -\frac{2}{3} \cdot 60 + 80 = 40$

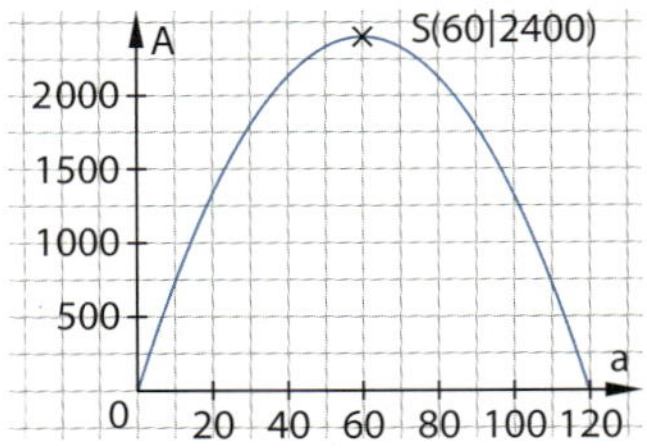

Lösung interpretieren:
Die Lagerhalle muss 60 m lang und 40 m breit sein. Sie hat dann einen maximalen Flächeninhalt von 2400 m^2.

Wissen: Optimierungsprobleme mithilfe quadratischer Funktionen lösen

Bei **Optimierungsproblemen** wird das **Minimum** (der kleinste Wert) oder das **Maximum** (der größte Wert) einer Größe gesucht. Kann man die Situation mit einer quadratischen Funktion modellieren, befindet sich das Minimum oder das Maximum immer am **Scheitelpunkt**.

Basisaufgaben

1. a) Gesucht ist die Zahl, für die die Summe aus dem Quadrat der Zahl und dem Achtfachen der Zahl am kleinsten ist. Erläutere die Vorgehensweise von Henry und Mats und gib die gesuchte Zahl sowie die minimale Summe an.

Henry: $x^2 + 8x$
$= x^2 + 8x + 16 - 16$
$= (x + 4)^2 - 16$
Scheitelpunkt $S(-4|-16)$

Mats: $x^2 + 8x = 0$
$x(x + 8) = 0 \quad x_1 = 0 \quad x_2 = -8$
Mittelwert: $\frac{0 + (-8)}{2} = -4$
Minimum: $(-4)^2 + 8 \cdot (-4) = -16$

Hinweis zu 1b):
Hier findest du die Lösungen zu b).

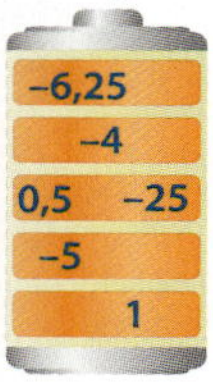

b) Bestimme die Zahl, für die das Ergebnis am kleinsten ist, sowie das minimale Ergebnis. Gehe sowohl wie Henry als auch wie Mats vor.
① Summe aus dem Quadrat einer Zahl und dem Zehnfachen der Zahl
② Produkt aus dem Vierfachen einer Zahl und der um 2 verminderten Zahl.
③ Produkt aus der um 3 verminderten und der um 2 vermehrten Zahl.

2. a) Gib an, ob die Parabel am Scheitelpunkt ein Minimum oder ein Maximum hat
① $f(x) = x^2 + 14x + 49$ ② $g(x) = -3x^2 - 15x$ ③ $h(x) = -2x^2 + 4x + 6$
b) Bestimme das Minimum bzw. Maximum der Funktionen aus a) rechnerisch.
GTR c) Finde heraus, wie du im Grafikmenü deines Grafiktaschenrechners das Minimum oder Maximum einer quadratischen Funktion anzeigen lassen kannst. Überprüfe damit deine Ergebnisse aus b).

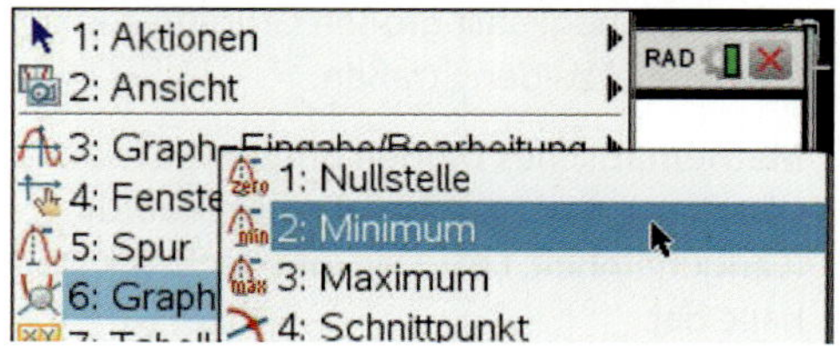

3. Betrachte ein Rechteck mit den Seitenlängen a = 12 cm und b = 3 cm. Die Seite a wird um eine beliebige Länge x verkürzt und die Seite b um die gleiche Länge verlängert. Für welchen Wert von x wird der Flächeninhalt A des veränderten Rechtecks am größten?
a) Untersuche die Situation, indem du die Tabelle für ganzzahlige Werte von x fortsetzt.
b) Stelle für den Flächeninhalt einen Term in Abhängigkeit von x auf.
c) Bestimme den Scheitelpunkt der quadratischen Funktion, die zum Term aus b) gehört.

x in cm	a in cm	b in cm	Flächeninhalt A in cm²
0	12	3	36
1	11	4	44
2	10	5	50
…	…	…	…

d) Gib den gesuchten Wert von x und den zugehörigen maximalen Flächeninhalt an.

4. Ein Dreieck hat die Grundseite g = 10 cm und die Höhe h = 7 cm. Die Grundseite wird um eine Länge x verkürzt, die Höhe wird um die Hälfte dieser Länge verlängert. Bestimme x so, dass der Flächeninhalt des Dreiecks so groß wie möglich wird.

5. Auf der abgebildeten Wiese soll eine möglichst große rechteckige Fläche für Tiere eingezäunt werden. Der rechte obere Eckpunkt E der Fläche soll auf der Strecke $\overline{CD}$ liegen.
a) Überführe die Abbildung in ein geeignetes Koordinatensystem.
b) Untersuche, wo der Punkt E liegen muss, damit die Tierfläche so groß wie möglich wird.

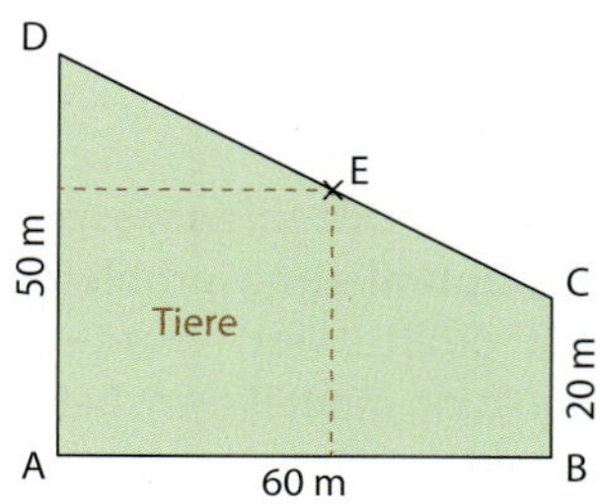

Weiterführende Aufgaben

6. Beim letzten Konzert der Schulband hat der Eintritt 5 € gekostet. Es kamen 600 Gäste. Allerdings wurde bei der Aufführung insgesamt Verlust gemacht. Deswegen soll der Preis erhöht werden. Eine Befragung ergibt, dass pro 1 € Preiserhöhung etwa 20 Gäste weniger kommen werden.

a) Vervollständige die Tabelle mit Preisen von 5 € bis 10 € im Heft.

Preis	Gäste	Einnahmen
5 €	600	3000 €
6 €	...	...
...	...	...

b) Die Variable x stehe für die Preisänderung in Euro. Gib einen Term für die Anzahl der Gäste und die Einnahmen in Abhängigkeit von x an.

c) Bestimme den Preis, mit dem die Schulband die höchsten Einnahmen erzielen kann. Wie hoch sind dann die Einnahmen und wie viele Gäste werden kommen?

d) Beurteile das Ergebnis. Würdest du der Band empfehlen, diesem Ergebnis zu folgen? Begründe deine Entscheidung.

7. **Stolperstelle:** Johanna möchte mit 100 m Stacheldrahtzaun an einer Mauer eine möglichst große Fläche für ihre Hunde einzäunen. Mithilfe der Skizze erstellt sie eine Tabelle in 10-m-Schritten.

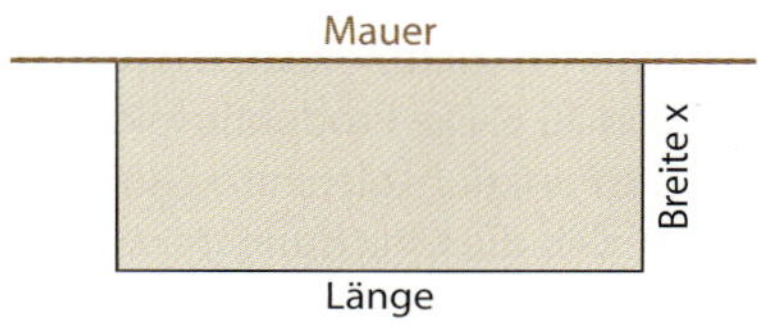

Breite x	*Länge*	*Flächeninhalt*
10 m	*80 m*	
20 m		
30 m		
40 m		

a) Überprüfe, ob Johanna die Tabelle richtig begonnen hat, und vervollständige sie im Heft.

b) Nachdem Johanna mit der Tabelle fertig ist, sagt sie: „Den größtmöglichen Auslauf bekomme ich für x = 20 m oder für x = 30 m." Erkläre, welchen Fehler Johanna gemacht hat, und bestimme die Breite x mit dem maximalen Flächeninhalt.

8. Ein Fußballtrainer verwendet 50 m Markierungsband, um damit Spielfelder abzustecken.

a) Der Trainer möchte ein möglichst großes rechteckiges Spielfeld abstecken. Dazu legt er die Tabelle rechts an. Vervollständige sie im Heft.

Länge	Breite	Flächeninhalt
5 m	20 m	
6 m		
7 m		
8 m		
9 m		

b) Die Länge des Rechtecks in m sei x. Stelle einen Term für die Breite in m und einen Term für den Flächeninhalt in m^2 auf.

c) Bestimme die Maße des Spielfelds mit maximalem Flächeninhalt.

d) Der Trainer möchte auf ein größeres Feld spielen lassen und nutzt deswegen für eine Seite des Spielfeldes den Rand des Rasenplatzes.
Bestimme die Maße, sodass das Spielfeld möglichst groß wird. Vergleiche die Größe dieses Feldes mit dem von c).

e) Beim Abschlussspiel soll auf ein 5-m-Tor gespielt werden. Wieder soll das rechteckige Spielfeld möglichst groß werden.
Bestimme die Maße eines Spielfeldes mit möglichst großer Fläche.

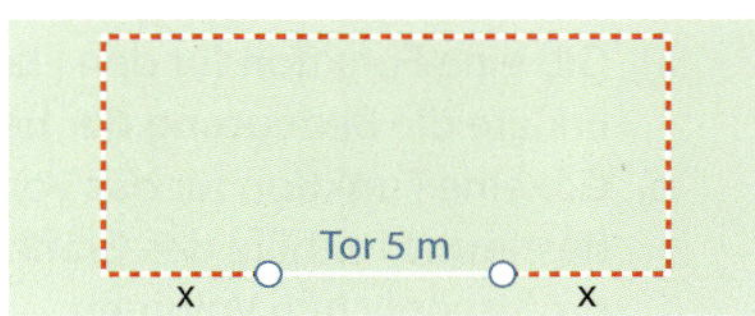

9. a) Ermittle eine Funktionsgleichung zu der gespiegelten und verschobenen Normalparabel in der Abbildung.
b) Der Punkt A(a|0) liegt auf der x-Achse zwischen 0 und 2,5. Bestimme die Breite und Höhe des Rechtecks ABCD in Abhängigkeit von a.
c) Untersuche, für welchen Wert von a der Umfang des Rechtecks maximal wird und gib den maximalen Umfang an.

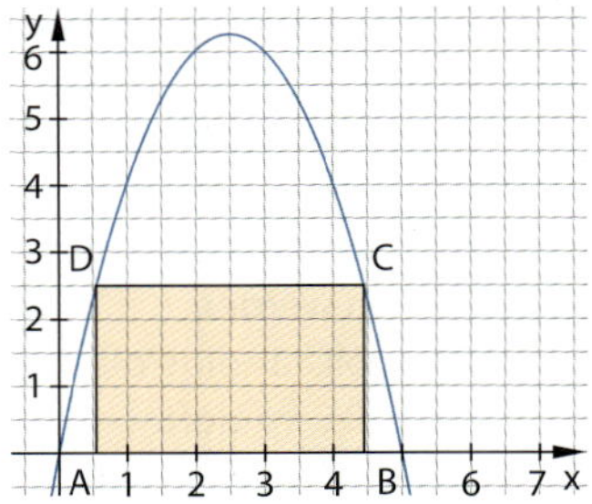

10. Ein Kino hat bei einem Eintrittspreis von 6 € durchschnittlich 225 Besucher pro Vorstellung. Aus langer Erfahrung weiß der Besitzer: Würde der Eintrittspreis um 0,50 € (1 € usw.) erhöht, so ginge die Besucherzahl um 10 Personen (20 Personen usw.) zurück.
a) Erarbeite eine Preisempfehlung für den Kinobesitzer, wenn die Einnahmen möglichst hoch sein sollen.
b) Für eine Benefizveranstaltung möchte der Kinobesitzer nur seine Unkosten in Höhe von 700 € erhalten. Zu welchem Preis sollte er die Karten anbieten?

11. Ein Unternehmen stellt ein Produkt her und verkauft es auf dem Markt für einen Stückpreis von 30 €. Die Produktionskosten in € in Abhängigkeit von der Stückzahl x können durch die Funktionsgleichung $K(x) = 5000 + 0{,}1x + 0{,}01x^2$ modelliert werden.
a) Gib die Gleichung der Funktion U an, welche den Umsatz in Abhängigkeit der verkauften Stückzahl angibt.
b) Untersuche, wie groß die Anzahl der verkauften Produkte sein muss, damit das Unternehmen Gewinn macht.
c) Untersuche, wie viele Produkte das Unternehmen verkaufen muss, damit der Gewinn so groß wie möglich ist.

Hinweis zu 11:
Der Umsatz gibt die erzielten Einnahmen an. Der Gewinn gibt den Umsatz abzüglich der Kosten an.

● **12.** Im Punkt (0|0) befindet sich ein altes Wasserwerk. Der Ort A liegt 400 m nördlich und der Ort B 1200 m östlich sowie 100 m nördlich vom alten Wasserwerk. 400 m nördlich und 800 m östlich vom alten Wasserwerk wird ein modernes neues Wasserwerk gebaut.
a) Berechne die Entfernung vom alten und vom neuen Wasserwerk zum Ort A und zum Ort B.

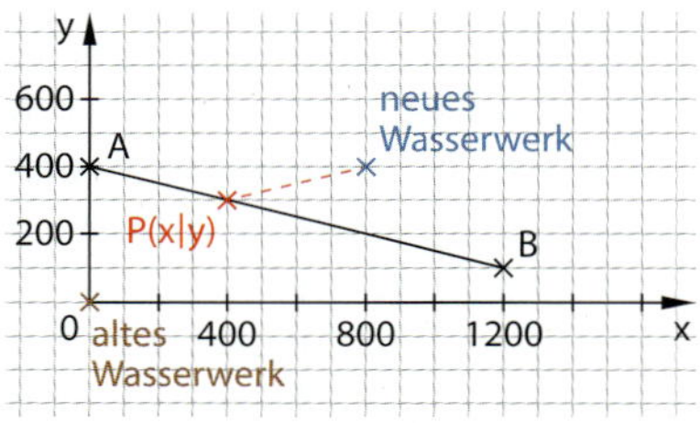

b) Die Orte A und B sind durch eine gerade Straße miteinander verbunden. Entlang dieser Straße liegt auch die Wasserversorgung. Bestimme den Punkt P auf der Straße $\overline{AB}$, von dem aus der Abstand zum neuen Wasserwerk am kleinsten ist. Stelle dazu eine Funktion auf, die den quadratischen Abstand zwischen dem neuen Wasserwerk und dem Punkt P beschreibt.

● **13. Ausblick:** Ein quadratisches Blatt Pappe mit der Seitenlänge 50 cm soll zu einer nach oben offenen Schachtel gefaltet werden. Dafür wird an allen vier Ecken ein kleines Quadrat mit der Seitenlänge x herausgeschnitten. Dann können die Seiten hochgeklappt werden.
a) Gib eine Funktion für den Flächeninhalt der Grundfläche in Abhängigkeit von x an. Erkläre die Bedeutung der beiden Nullstellen in dieser Situation.
GTR b) Gib eine Funktion für das Volumen der Pappschachtel in Abhängigkeit von x an. Bestimme mithilfe des Grafiktaschenrechners die Maße der Pappschachtel mit dem größtmöglichen Volumen.

3.9 Schnittpunkte

■ Gegeben ist die lineare Gleichung $2x - 1 = -0{,}5x + 4$.

a) Löse die Gleichung rechnerisch.

b) Gib die Funktionen an, die in der Grafik dargestellt sind.

c) Erkläre, welcher Zusammenhang zwischen der Lösung der Gleichung und der Grafik besteht. ■

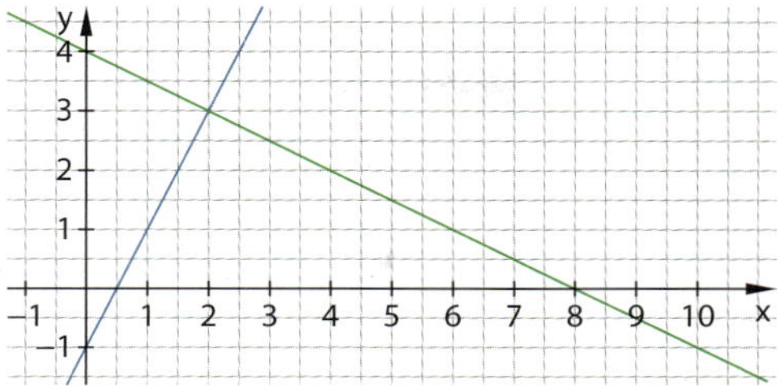

Grafisches Lösen quadratischer Gleichungen

Beispiel 1: Bestimme die Lösung der quadratischen Gleichung grafisch.

a) $-2x^2 - 2x + 12 = 0$ b) $0{,}5x^2 + 2x + 2 = x + 6$

Lösung:

a) Fasse die linke Seite der Gleichung als Term einer quadratischen Funktion $f(x) = -2x^2 - 2x + 12$ auf und zeichne den zugehörigen Graphen.

Bei den Nullstellen von f gilt $f(x) = 0$, also $-2x^2 - 2x + 12 = 0$. Die Nullstellen sind also genau die Lösungen der Gleichung. Lies die Nullstellen ab und du erhältst die Lösungen $x_1 = -3$ und $x_2 = 2$.

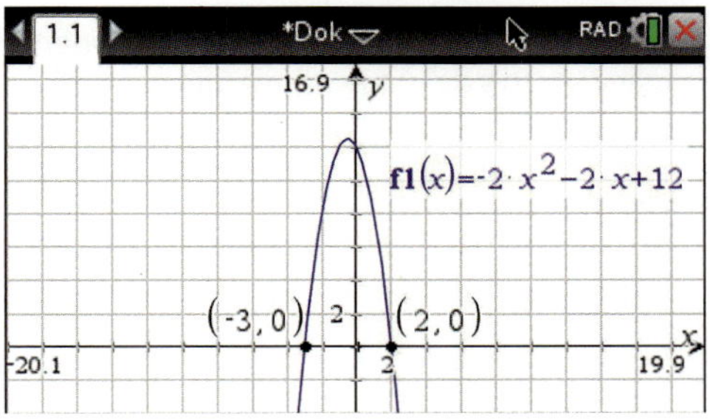

b) Fasse jede Seite der Gleichung als Term einer Funktion auf:
$f(x) = 0{,}5x^2 + 2x + 2$ $g(x) = x + 6$
Zeichne die zugehörigen Graphen.

Bei den Schnittpunkten von f und g gilt $f(x) = g(x)$, also $0{,}5x^2 + 2x + 2 = x + 6$. Die **Schnittstellen** (x-Koordinaten der Schnittpunkte) sind also genau die Lösungen der Gleichung
Lies die Schnittstellen ab und du erhältst die Lösungen $x_1 = -4$ und $x_2 = 2$.

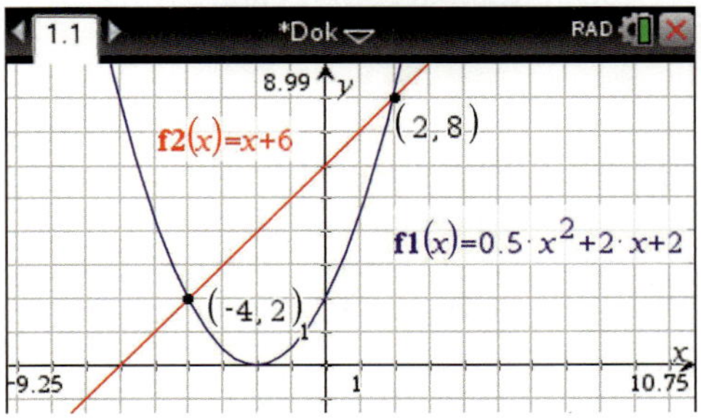

Hinweis:
Beim Grafiktaschenrechner lassen sich im Grafikmenü auch die Schnittpunkte zweier Graphen im dargestellten Bereich anzeigen.

Wissen: Grafisches Lösen von Gleichungen
Man kann eine Gleichung lösen, indem man die **linke** und **rechte** Seite der Gleichung als Terme einer Funktion auffasst und die beiden Funktionen **grafisch** darstellt. Die **Schnittstellen (x-Koordinaten der Schnittpunkte)** beider Graphen sind die **Lösungen** der Gleichung. Die Lösungen einer Gleichung der Form $f(x) = 0$ sind die Nullstellen des Graphen von f.

Basisaufgaben

TR 1. Bestimme die Lösungen grafisch mithilfe der Nullstellen einer Parabel. Verwende den Grafiktaschenrechner.
a) $3x^2 - 12x + 9 = 0$ b) $2x^2 + 2x - 40 = 0$ c) $3x^2 - 4x + 1 = 0$ d) $-2x^2 - 4x + 6 = 0$

GTR **2.** Bestimme die Lösungen der quadratischen Gleichung als Schnittstellen zweier Graphen. Verwende den Grafiktaschenrechner. Mache auch eine rechnerische Probe.

a) $3x^2 - 12x - 7 = 8$ b) $2x^2 + 10x + 25 = 13$ c) $4x^2 - 10x + 1 = 5 + 5x$

d) $x^2 = x$ e) $2x^2 - 4x + 1 = -x^2$ f) $-0{,}75x^2 + 4x = 0{,}25x^2 + 6x$

3. Bestimme, welche quadratische Gleichung grafisch gelöst wird. Gib auch die Lösungen an.

a)

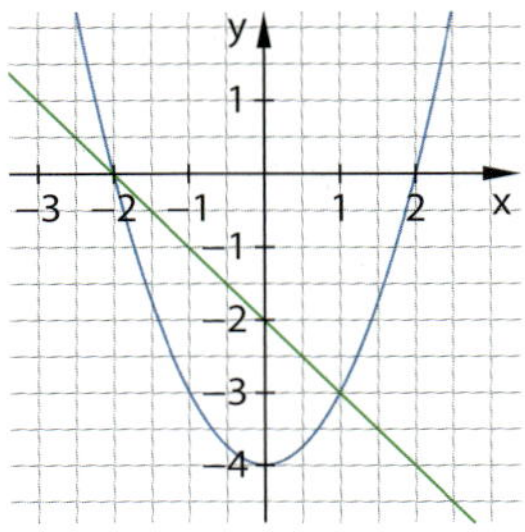

b)

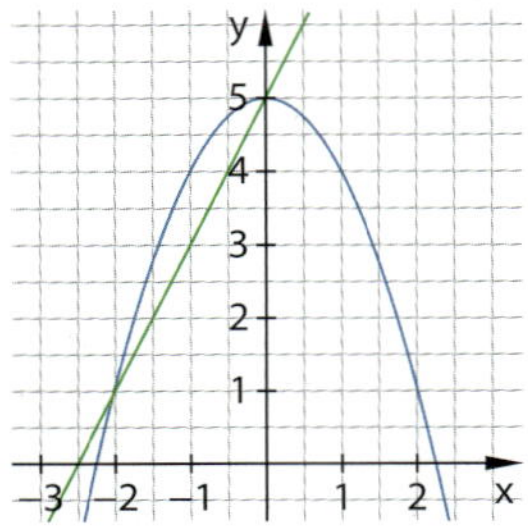

c)

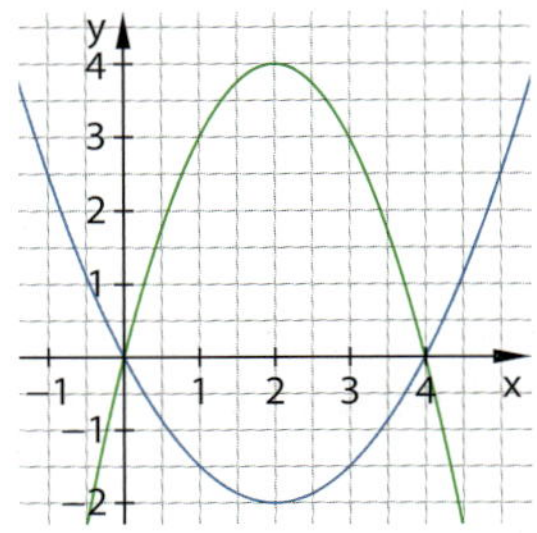

Schnittpunkte von Parabeln

Beispiel 2: Gegeben sind die Funktionen f und g mit $f(x) = -0{,}5x^2 + x + 2$ und $g(x) = x^2 - 0{,}5x - 1$. Bestimme die Schnittpunkte der beiden Graphen

a) grafisch, b) rechnerisch.

Lösung:

a) Zeichne die Graphen beider Funktionen in ein gemeinsames Koordinatensystem.

Lies die x- und y-Koordinate bei jedem Schnittpunkt ab.
Schnittpunkte: $S_1(2|2)$ und $S_2(-1|0{,}5)$

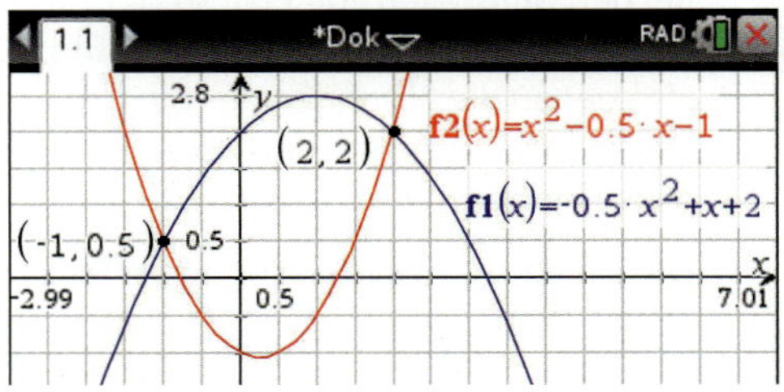

b) Bei den Schnittpunkten sind die Funktionswerte von f und g gleich, es gilt f(x)= g(x). Setze die beiden Funktionsterme gleich und löse die quadratische Gleichung.

$$-0{,}5x^2 + x + 2 = x^2 - 0{,}5x - 1 \quad | -x^2 + 0{,}5x + 1$$
$$-1{,}5x^2 + 1{,}5x + 3 = 0 \quad | :(-1{,}5)$$
$$x^2 - x - 2 = 0$$

Du kannst die Gleichung in die Normalform bringen und die p-q-Formel anwenden.
Die Lösungen sind die x-Koordinaten der Schnittpunkte.

p-q-Formel:

$$x_{1,2} = -\frac{-1}{2} \pm \sqrt{\left(\frac{-1}{2}\right)^2 - (-2)} = \frac{1}{2} \pm \frac{3}{2}$$

$$x_1 = \frac{1}{2} + \frac{3}{2} = 2 \qquad x_2 = \frac{1}{2} - \frac{3}{2} = -1$$

Setze die beiden Lösungen jeweils in f(x) oder g(x) ein, um die y-Koordinaten der Schnittpunkte zu bestimmen.

$g(2) = 2^2 - 0{,}5 \cdot 2 - 1 = 2$ $S_1(2|2)$

$g(-1) = (-1)^2 - 0{,}5 \cdot (-1) - 1 = 0{,}5$ $S_2(-1|0{,}5)$

Wissen: Rechnerisches Bestimmen der Schnittpunkte von zwei Graphen

Zur Bestimmung der Schnittpunkte zweier Graphen werden die Funktionsterme **gleichgesetzt**. Die Lösungen der Gleichung sind die **Schnittstellen**, also die x-Koordinaten der Schnittpunkte. Die **y-Koordinaten der Schnittpunkte** erhält man, indem man die x-Koordinaten in eine der Funktionsgleichungen einsetzt.

Basisaufgaben

4. Bestimme die Schnittpunkte der Parabeln rechnerisch. Kontrolliere, indem du die Schnittpunkte grafisch mit dem Grafiktaschenrechner bestimmst.

a) $f(x) = -x^2 + 12$
$g(x) = x^2 + 4$

b) $f(x) = x^2 + 4x + 3$
$g(x) = 2x^2 + 8x + 6$

c) $f(x) = -0{,}5x^2 + 4$
$g(x) = -2x^2 + 2x + 4$

TR **5.** Bestimme die Schnittpunkte der beiden Parabeln grafisch mit dem Grafiktaschenrechner.

a) $f(x) = x^2 + 4x$
$g(x) = -x^2 + 4x + 8$

b) $f(x) = -2x^2 + 3x + 10$
$g(x) = x^2 + 10$

c) $f(x) = (6x - 9)^2$
$g(x) = (3x - 9)^2$

6. Bestimme, falls vorhanden, die Schnittpunkte der beiden Graphen rechnerisch. Kontrolliere, indem du die Koordinaten der Schnittpunkte in die Funktionsgleichungen einsetzt.

a) $f(x) = x^2$
$g(x) = x$

b) $f(x) = -4x^2$
$g(x) = -16$

c) $f(x) = x^2 - 2x + 1$
$g(x) = -x$

d) $f(x) = x^2 + 2x$
$g(x) = -2x - 4$

e) $f(x) = 6x^2 - 1$
$g(x) = 3$

f) $f(x) = 0{,}25x^2 + x - 5$
$g(x) = -x - 8$

g) $f(x) = 3x^2 + 1$
$g(x) = 2x^2 + 2x$

h) $f(x) = x^2 - 9$
$g(x) = -x^2 + 5$

i) $f(x) = -0{,}25x^2 - 1$
$g(x) = x^2 + 3$

Hinweis zu 9:
Hier findest du x- und y-Werte für a) – d).

Weiterführende Aufgaben

7. Abgebildet sind jeweils zwei Graphen.

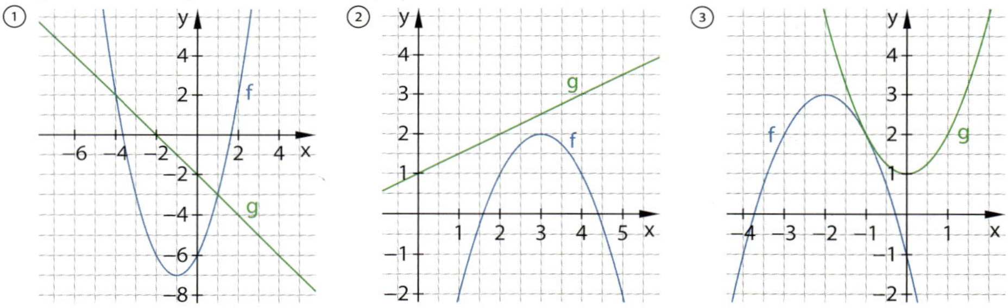

a) Lies, falls vorhanden, die Schnittpunkte ab.

b) Gib die Funktionsgleichungen der Graphen an und erstelle mit ihnen die zugehörige quadratische Gleichung.

c) Überprüfe deine Ergebnisse aus a), indem du die Gleichungen aus b) rechnerisch löst.

d) Beschreibe den Zusammenhang zwischen den Lösungen einer Gleichung der Form $f(x) = g(x)$ und der Lagebeziehung der Graphen von f und g.

8. **Stolperstelle:** Erkläre die Fehler von Theo und Tina beim grafischen Lösen von Gleichungen und korrigiere sie.

a) Theo löst die Gleichung $0{,}25\,(x - 1)^2 = 2x + 3$ mit der Abbildung rechts. Er sagt: „Die beiden Graphen haben nur einen Schnittpunkt in $(-1\,|\,1)$. Also hat die Gleichung nur Lösung $x = -1$."

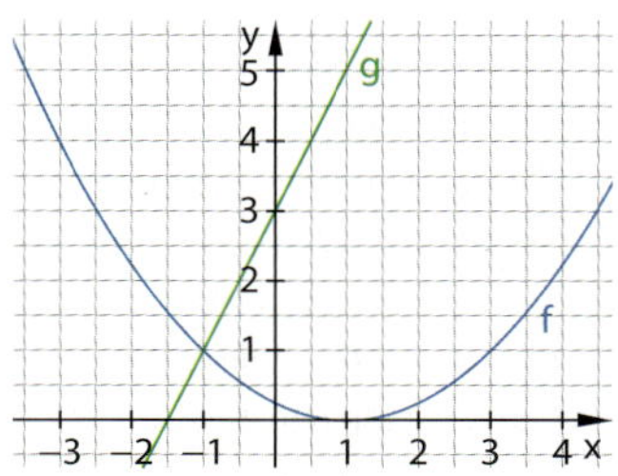

b) Tina löst die Gleichung $-x^2 - 3x + 4 = 2x^2 + 4$, indem sie die beiden Schnittpunkte $A\,(-1\,|\,6)$ und $B\,(0\,|\,4)$ abliest. Dann sagt sie: „Die Gleichung hat die Lösungen $x_1 = 6$ und $x_2 = 4$".

9. Gib zwei Funktionsgleichungen an, sodass die zugehörigen Graphen den angegebenen Schnittpunkt S haben. Dabei soll mindestens eine Funktion quadratisch sein. Gib, falls vorhanden, auch die Koordinaten eines zweiten Schnittpunkts an.
a) $S(0|0)$ b) $S(0|-2)$ c) $S(1|2)$ d) $S(-5|-1)$

10. Mark soll die Gleichung $4x^2 - 8x + 4 = 16$ grafisch lösen. Vor dem Zeichnen formt er die Gleichung in $x^2 = 2x + 3$ um.
a) Zeige, dass die beiden Gleichungen äquivalent sind.
b) Zeichne ein Koordinatensystem und stelle dort die Gleichung $x^2 = 2x + 3$ grafisch dar. Lies die Lösungen der Gleichung ab.
c) Welche Vorteile hat das Vorgehen von Mark, wenn kein Grafiktaschenrechner zur Verfügung steht?
d) Löse die Gleichungen grafisch, indem du wie Mark jeweils die Normalparabel und eine passende Gerade zeichnest.
① $9x^2 + 7 = 16$ ② $16x^2 - 24x + 8 = 0$ ③ $26x^2 - 25x + 4 = x^2 + 154$

11. Die drei folgenden Gleichungen sollen grafisch gelöst werden.
① $x^2 = 2x + 8$ ② $x^2 = 2x + 1$ ③ $x^2 = 2x - 3$
a) Zeichne die Normalparabel und die Geraden, die zu den rechten Seiten der Gleichungen gehören, in ein gemeinsames Koordinatensystem. Lies die Lösungen der Gleichungen ab.
b) Forme die Gleichungen so um, dass auf einer Seite 0 steht. Zeichne die zugehörigen Parabeln in ein gemeinsames Koordinatensystem und lies die Nullstellen ab.
c) Erläutere den Zusammenhang zwischen den Ergebnissen aus a) und b).

● **12.** In der Abbildung sind drei Parabeln dargestellt.
a) Bestimme die Funktionsgleichungen der drei Parabeln.
b) Zeige, dass sich die Funktion h aus der Differenz der anderen beiden Funktionen ergibt.
c) Vergleiche die Schnittstellen der Graphen von f und g mit den Nullstellen des Graphen von h.
d) Bestimme jeweils die Schnittstellen der Graphen der Funktionen f und g.

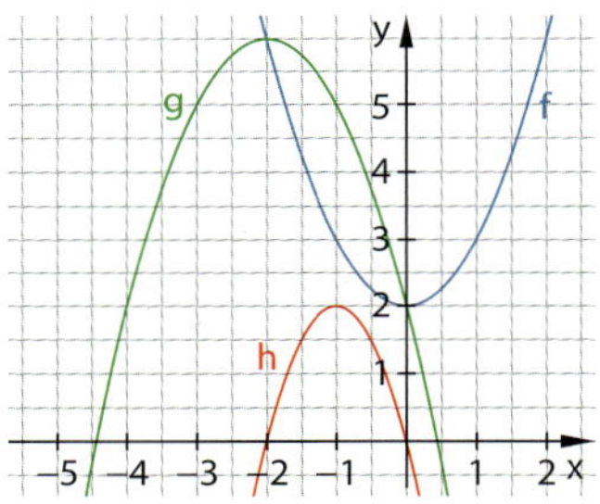

① $f(x) = x^2 - 3$
$g(x) = -x^2 + 5$
② $f(x) = 0{,}25x^2 + x - 5$
$g(x) = -x - 8$
③ $f(x) = -5x^2 - 4x$
$g(x) = 3x^2 - 4$
e) Gib jeweils zu den Funktionen f und g aus d) die Gleichung einer Funktion h an, sodass die Funktion h genau an den Schnittstellen der Graphen von f und g eine Nullstelle hat.
f) Begründe: Alle Lösungen von quadratischen Gleichungen der Form $f(x) = g(x)$ können sowohl als Schnittstellen von Graphen als auch als Nullstellen einer Parabel interpretiert werden.

● **13.** **Ausblick:** Erstelle mithilfe eines Schieberegels für den Parameter t $(-4 \leq t \leq 4)$ eine Grafik mit den Graphen der Funktionen f und g mit $f(x) = x^2$ und $g(x) = -(x - t)^2 + t$.
DGS
a) Beschreibe den Einfluss des Parameters t auf den Verlauf des Graphen von g. Konzentriere dich dabei vor allem auf den Scheitelpunkt.
b) Untersuche, für welche Werte von t die Graphen von f und g ① keinen, ② einen oder ③ zwei Schnittpunkte haben.
c) Bestätige die Fälle ① bis ③ aus b) rechnerisch.
d) Zeige: Wenn f und g zwei Schnittpunkte haben, so entspricht die Summe der Schnittstellen dem Wert des Parameters t.

3.10 Vermischte Aufgaben

1. Der Graph einer quadratischen Funktion mit der Gleichung $f(x) = ax^2$ geht durch den Punkt P. Bestimme die Funktionsgleichung und überprüfe deine Lösung zeichnerisch.
   a) $P(1|2)$ b) $P(-2|-2)$ c) $P(-1|4)$ d) $P(2|-4)$ e) $P(2|3)$ f) $P(-5|-5)$

2. In dieser Abbildung sind die Achsen nicht beschriftet. Begründe, welche Zahlenwerte du auf den Achsen eintragen müsstest, damit die Parabel zu der Funktion mit der angegebenen Gleichung gehört.
   a) $f(x) = 0{,}25x^2$ b) $f(x) = 2x^2$

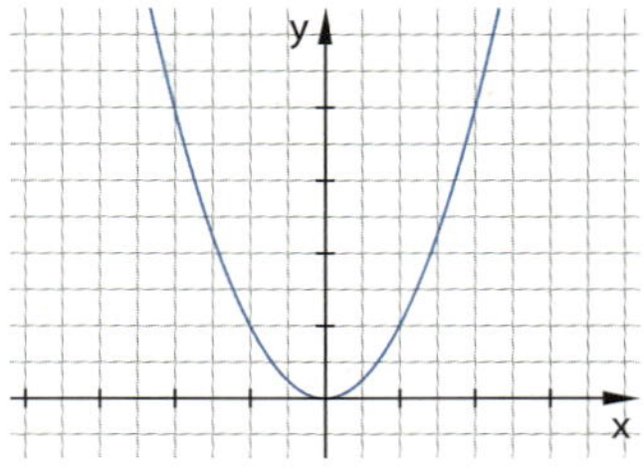

3. Richtig oder falsch? Begründe. Jede verschobene Normalparabel hat
   a) zwei Nullstellen,   b) höchstens zwei Nullstellen,   c) mindestens eine Nullstelle.

4. Gib die Funktionsgleichung zu dem abgebildeten Graphen an.

a)

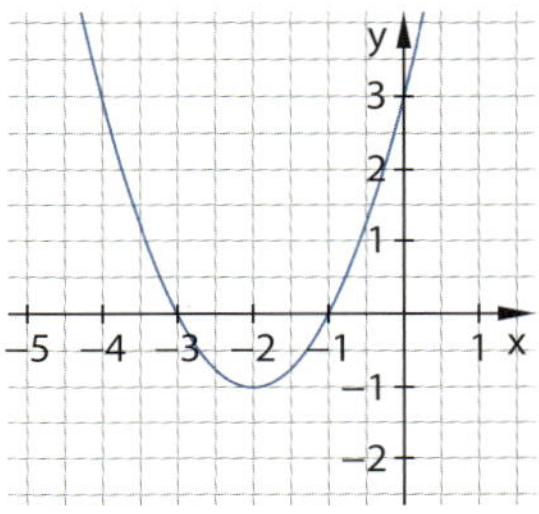

b)

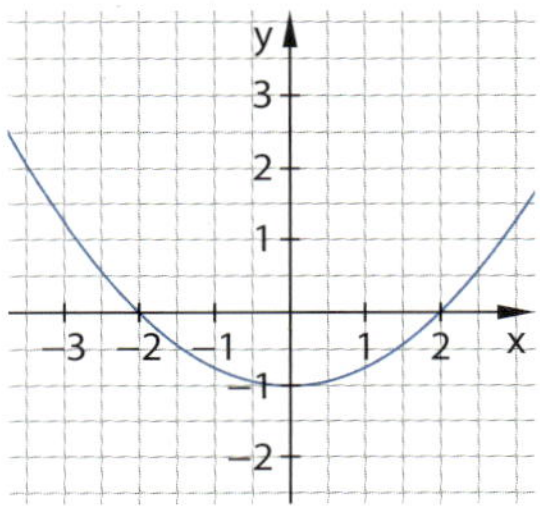

c)

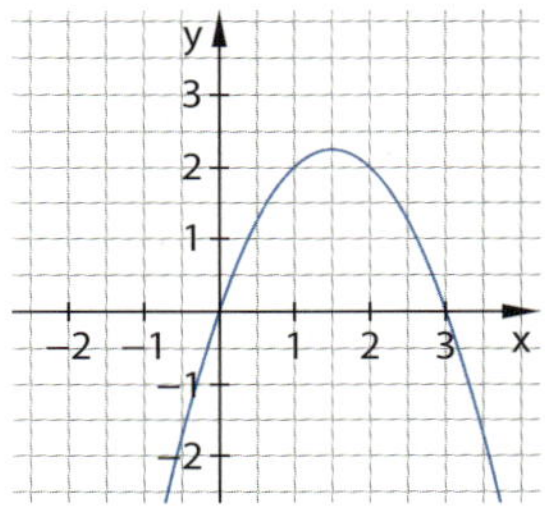

5. Die Wasserfontänen haben die Form einer Parabel. Sie können durch die quadratische Funktion mit der Gleichung $f(x) = -(x-2)^2 + 4$ (Längeneinheit m) beschrieben werden.
   a) Bestimme anhand der Funktionsgleichung die maximale Höhe der Parabel.
   b) Bestimme rechnerisch, in wie viel Metern Entfernung das Wasser wieder auf dem Boden aufkommt.

TR 6. Betrachte die quadratischen Funktionen mit einer Gleichung der Form $f(x) = a \cdot (x-2)^2 + y_s$ mit $a > 0$ und $y_s < 0$.
   a) Zeichne mit dem Grafiktaschenrechner die folgenden vier Parabeln.
   ① $a = 1, y_s = -2$ ② $a = 3, y_s = -3$ ③ $a = 0{,}5, y_s = -1$ ④ $a = 5, y_s = -5$
   b) Gib an, welche Parabeln die gleichen Nullstellen haben.
   c) Richtig oder falsch: Die Nullstellen bleiben gleich, wenn der Streckfaktor und die Verschiebung in y-Richtung mit dem gleichen Faktor multipliziert werden. Begründe.

7. a) Bestimme die Nullstellen der Funktion f mit $f(x) = x^2 - 361$.
   b) Gib eine weitere Funktionsgleichung an, deren Graph dieselben Nullstellen hat.

8. Gib die Funktionsgleichung dreier verschiedener quadratischer Funktionen an, die die Nullstellen $x_1 = 2$ und $x_2 = 5$ haben.

9. Multipliziert man die Funktionsterme zweier linearer Funktionen, so ergibt sich der Funktionsterm einer quadratischen Funktion. Erläutere, ob es quadratische Funktionen gibt, deren Term sich so nicht erzeugen lässt.

10. Quadratzahlen kann man auf zwei Arten berechnen:
1. direkt: $4^2 = 16$ oder
2. als Summe: $1 + 3 + 5 + 7 = 16$.

a) Erprobe an 6^2, 8^2 und 10^2, ob das Verfahren auch für weitere Quadratzahlen funktioniert.
b) Diese Eigenschaft kann man nutzen, um Normalparabeln schnell zu skizzieren. Beschreibe ein mögliches Verfahren.

11. Vervollständige die Gleichung im Heft.
a) $x^2 + 12x = (x + ■)^2 - 36$
b) $x^2 + 24x = (x + ■)^2 - 144$
c) $x^2 + 12x = (x + 6)^2 - ■$
d) $x^2 + 11x = (x + 5{,}5)^2 - ■$
e) $x^2 + 20x = \left(x + \frac{■}{2}\right)^2 - ◆$
f) $x^2 + 15x = \left(x + \frac{■}{2}\right)^2 - ◆$

12. Hält man einen Gartenschlauch schräg nach oben, entsteht eine annähernd parabelförmige Wasserfontäne. Die „Bewegung" des Wasserstrahls wurde mit einer Stroboskopaufnahme festgehalten.

- Lies aus der Grafik die Koordinaten der Punkte ab und notiere hierzu eine Wertetabelle.
- Stelle zu dem Wasserstrahl die Funktionsgleichung einer Parabel auf. Verwende dazu den Scheitelpunkt und den Anfangspunkt bei $x = 0$.
  Berechne damit die Funktionswerte bei $x = 0{,}1$, $x = 0{,}2$, …, $x = 0{,}9$ und vergleiche mit den Punkten in der Grafik.
- Angenommen, die Bewegung könne durch die Gleichung $f(x) = -3x^2 + 1{,}8x + 1{,}2$ beschrieben werden. Berechne, in welcher Höhe der Gartenschlauch gehalten wird und nach wie viel Metern das Wasser auf dem Boden aufkommt.
- Überlege, welche Vorgänge durch Parabeln beschreibbar sind. Nenne mindestens drei Beispiele.

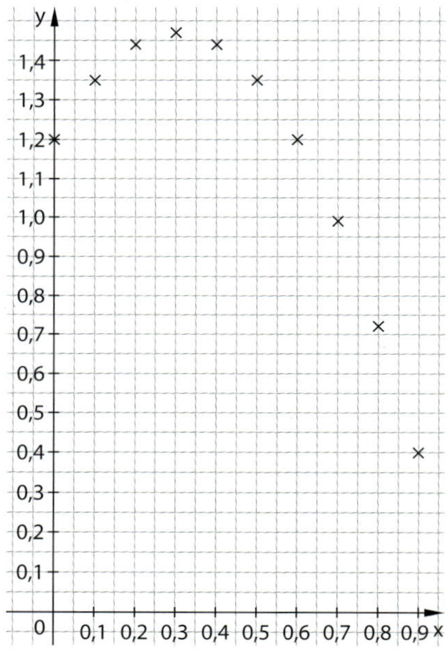

13. Die Flugkurve eines Tennisballs kann annähernd durch die quadratische Funktion mit der Gleichung $f(x) = -0{,}1x^2 + x + 2{,}5$ beschrieben werden. Die x-Werte geben hierbei die Entfernung des Tennisballs in Metern an, die y-Werte die Höhe des Balls in Metern. Berechne.
a) Wie hoch ist der Ball beim Aufschlag?
b) Wie hoch ist der Ball nach drei Metern?
c) Nach wie viel Metern ist der Ball 3,40 m hoch?
d) Nach wie viel Metern kommt der Ball wieder auf dem Boden auf?
e) Wie hoch fliegt der Tennisball maximal?

14. Bestimme die Lösungsmenge.

a) $0 = x^2 - 7x + 12$　b) $x^2 - 2x - 63 = 0$　c) $x^2 + 8x = -16$
d) $(x-3)^2 = 0$　e) $5x^2 = 25x + 30$　f) $17(x - 0{,}12)(x + 0{,}89) = 0$
g) $432 = (9x - 81)(x - 7)$　h) $8(x^2 - 12x + 28) = 8$　i) $0{,}5(x - 12) = 4(x - 1)^2$
j) $(x-5)(x+9) = 0$　k) $(x-7)^2 = 0$　l) $(x+3)(x-7) - 1 = -1$
m) $x^2 = 441$　n) $3x^2 - 3x - 90 = 0$　o) $3{,}75x^2 - 0{,}125x = -0{,}25x$

15. Löse die Gleichung.

a) $(x+2)^2 - 2(2x+1) = 18$　b) $x(x+5) - 3(x+8) = 2x + 57$
c) $(x+1)^2 + (x-1)^2 = 100$　d) $2(x-3)^2 + 5(x-1)^2 = (x-11)^2 + 1252$

16. Vervollständige die Gleichung im Heft.

a) $x^2 + 2x + 1 = (x+1)(x + ■)$　b) $x^2 + 4x + 3 = (x+1)(x + ■)$
c) $x^2 - 2x - 3 = (x+1)(x + ■)$　d) $x^2 + px + ■ = \left(x + \frac{p}{2}\right)(x + ■)$

17. Löse das Zahlenrätsel.

a) Subtrahiert man vom Vierfachen des Quadrats der gesuchten Zahl ihr Vierfaches, so erhält man ihr Zehnfaches.
b) Das verdoppelte Quadrat der gesuchten Zahl ist ebenso groß wie das Vierfache der gesuchten Zahl.

18. Der Flächeninhalt eines Dreiecks beträgt 5,98 cm². Die Grundseite ist um 2 cm länger als die zugehörige Höhe. Wie lang sind beide Seiten?

19. Erstelle ein Plakat oder Merkblatt zur Bestimmung von Nullstellen von Parabeln. Gehe dabei auf den Zusammenhang mit quadratischen Gleichungen und auf die verschiedenen Möglichkeiten zum Lösen ein.

20. Gegeben sind zwei quadratische Funktionen f und g.

a) Bestimme jeweils den Scheitelpunkt der Parabeln und gib die Funktionsgleichung in Scheitelpunktform an.
b) Forme die Scheitelpunktform jeweils in die allgemeine Form um.
c) Berechne die Schnittpunkte von f und g.
d) Gib die Funktionsgleichung einer quadratischen Funktion h an, deren Graph keinen (bzw. genau einen) Schnittpunkt mit f hat.

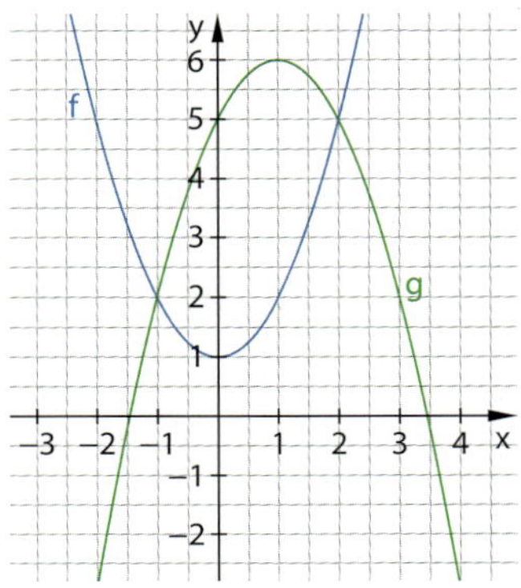

21. Gegeben sind die rechts abgebildeten Graphen zweier Funktionen.

a) Ermittle die Gleichungen der zugehörigen Funktionen.
b) Beschreibe möglichst viele Arten, wie man durch die Veränderung von jeweils einem Wert in einer der Funktionsgleichungen erreichen kann, dass die Graphen genau einen Schnittpunkt haben.

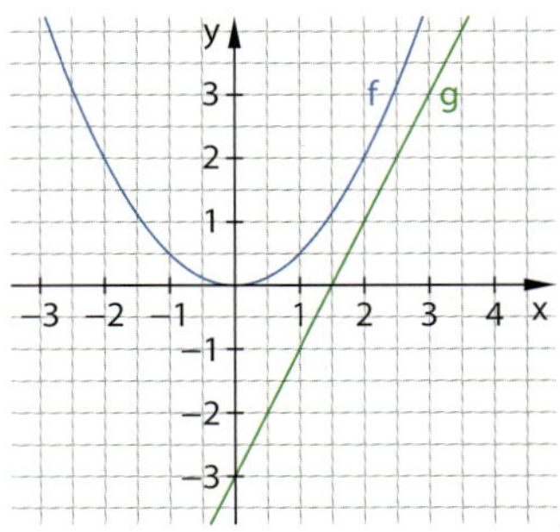

Prüfe dein neues Fundament

Lösungen
↗ S. 207

1. Der Punkt P liegt auf der Normalparabel. Bestimme fehlende Werte, soweit möglich.
a) P(3,5|■) b) P(■|1,96) c) P(■|0) d) P(0|■) e) P(■|−1)

2. Zeichne den Graphen der Funktion mithilfe einer Wertetabelle.
a) $f(x) = x^2$ b) $g(x) = 3x^2$ c) $h(x) = -0{,}5x^2$ d) $k(x) = -2x^2$ e) $l(x) = 0{,}2x^2$

3. Beschreibe die Verschiebung gegenüber der Normalparabel, gib den Scheitelpunkt an und zeichne den Graphen der Funktion.
a) $f(x) = x^2 + 2$ b) $g(x) = (x + 1)^2$ c) $h(x) = (x - 2)^2 - 1$ d) $k(x) = \left(x + \frac{1}{2}\right)^2 - \frac{9}{4}$

4. a) Bestimme jeweils die Funktionsgleichung der verschobenen Normalparabel.
① Verschiebung der Normalparabel um 4 Einheiten nach unten und 7 Einheiten nach links
② Der Scheitelpunkt liegt bei S(−1,5|3,5).
③ Der Graph enthält die Punkte P(−2|−5,25), Q(−1|−6,25) und R(0|−5,25).
b) Bestimme die Nullstellen der Funktionen aus a).

5. Zeichne den Graphen der Funktion. Gib zuerst die Koordinaten des Scheitelpunkts an.
a) $f(x) = 2(x - 2)^2 + 1$ b) $g(x) = -(x - 1)^2 - 1$ c) $h(x) = 0{,}25(x - 4)^2 - 2$

6. a) Gib die Funktionsgleichung zu der abgebildeten Parabel an.
b) Berechne die x-Werte, bei denen die Parabel den Funktionswert 11,25 hat.

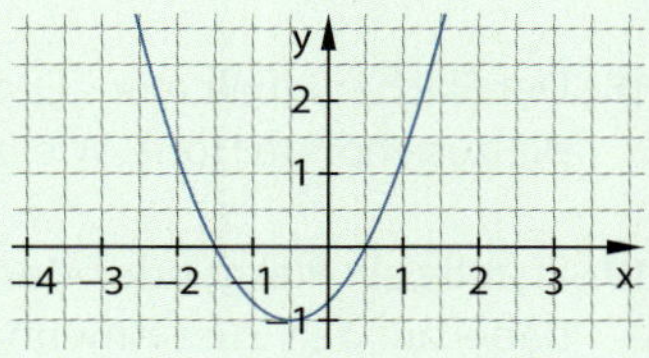

7. Auf dem Graphen einer quadratischen Funktion liegen der Scheitelpunkt S und Punkt P. Bestimme die Nullstellen der Funktion.
a) S(0|−2) und P(2|0) b) S(3|−2) und P(7|0) c) S(2|12) und P(1|9)

8. Der Brückenbogen mit den gegebenen Maßen hat die Form einer Parabel.
a) Bestimme eine Funktionsgleichung der Parabel, wenn der Koordinatenursprung ① im Scheitelpunkt, ② links unten am Beginn des Bogens liegt.
b) Berechne die Länge der Stützen, die 29 m vom Scheitelpunkt entfernt beginnen.

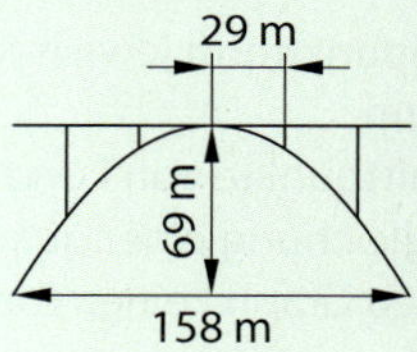

9. Bestimme die Funktionsgleichung jeweils in der Scheitelpunktform, in der allgemeinen Form und in der faktorisierten Form.
a) $f(x) = 2(x - 1)^2 - 18$ b) $g(x) = x^2 - 14x + 45$ c) $h(x) = -3(x + 4)(x - 2)$

10. Bestimme a so, dass die Gleichung $(x - 1)^2 + a = 3$ keine, eine oder zwei Lösungen hat.

11. Löse die Gleichung rechnerisch. Überprüfe grafisch mit dem Taschenrechner.
a) $x^2 - 0{,}04 = 0$ b) $9x^2 - 225 = 0$ c) $7x^2 + 7x = 0$ d) $3x^2 + 6 = 33$

12. Die Funktion f mit $f(x) = -0{,}002x^2 + 0{,}6x$ beschreibt die Flugbahn eines Golfballs.
a) Bestimme, wie weit der Golfball fliegt.
b) Bestimme die maximale Höhe des Golfballs während des Flugs.

13. Die Gleichung wird mit der p-q-Formel gelöst. Vervollständige die Lücken im Heft.

a) $x^2 - 6x + 8 = 0;\ x_{1,2} = 3 \pm \sqrt{(-3)^2 - \blacksquare}$
b) $x^2 - 12x + 32 = 0;\ x_{1,2} = \blacksquare \pm \sqrt{(-6)^2 - \blacksquare}$
c) $x^2 + 6x + 8 = 0;\ x_{1,2} = \blacksquare 3 \pm \sqrt{3^2 - \blacksquare}$
d) $x^2 - x - \frac{3}{4} = 0;\ x_{1,2} = \blacksquare \pm \sqrt{\blacksquare^2 - \blacksquare}$

Lösungen ↗ S. 207

14. Bestimme die Lösungen der Gleichung rechnerisch.

a) $x^2 + 4x + 3 = 0$
b) $x^2 + 6x + 11 = 0$
c) $0{,}5x^2 - 3x + 2{,}5 = 0$
d) $2x^2 - 28x + 96 = 0$
e) $\frac{1}{3}x^2 - \frac{8}{3}x + 5 = 0$
f) $0{,}25x^2 + 1{,}5x + 1{,}75 = 0$

15. Ein Rechteck hat die Seiten $a = 6\,\text{cm}$ und $b = 4\,\text{cm}$. Beide Seiten werden um die Länge x verlängert, sodass sich der Flächeninhalt des Rechtecks verdoppelt. Bestimme x mithilfe einer Gleichung.

16. Ein Quadrat hat den Flächeninhalt $100\,\text{cm}^2$. Nun wird eine Seite des Quadrats um eine Länge x verkürzt, die andere Seite wird um das Doppelte der Länge x verlängert, sodass ein Rechteck entsteht.

a) Bestimme x so, dass der Flächeninhalt des Rechtecks so groß wie möglich wird.
b) Wie ändert sich das Ergebnis in a), wenn eine Seite des Quadrats um eine Länge x verkürzt und die andere Seite um das Fünffache der Länge x verlängert wird?

17. a) Bestimme, welche quadratische Gleichung in der Abbildung grafisch gelöst wird.
b) Lies die Lösung ab und mache eine rechnerische Probe.

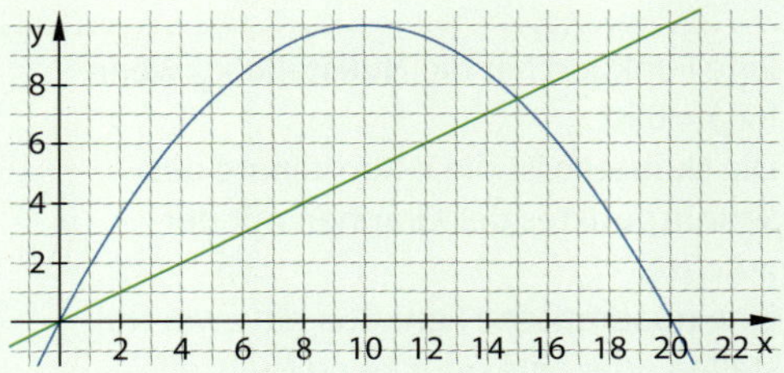

18. Bestimme die Schnittpunkte der Graphen von f und g rechnerisch. Kontrolliere deine Ergebnisse im Grafikmenü des Grafiktaschenrechners.

a) $f(x) = x^2 + 2x + 1;\ g(x) = 4$
b) $f(x) = x^2 + 2x + 1;\ g(x) = -x^2 + 2x + 1$
c) $f(x) = x^2 - 2x + 1;\ g(x) = -x + 1$
d) $f(x) = -2x^2 + x - 1;\ g(x) = -x^2 + 1$

Wiederholungsaufgaben

1. Ein Energieversorgungsunternehmen verlangt von seinen Gaskunden 3,50 € als Grundgebühr im Monat und 7,3 ct pro verbrauchte KWh. Berechne, wie hoch die Gasrechnung im Monat Dezember ist, in dem 280 KWh verbraucht wurden.

2. Bestimme die Lösungsmenge des Gleichungssystems.
$$\begin{vmatrix} 2x - 6y = 1 \\ x - \ \ y = 1 \end{vmatrix}$$

3. Im Dreieck ABC ist $\gamma = 90°$, w_β ist die Winkelhalbierende von β. Berechne die Größe der Winkel α und β.

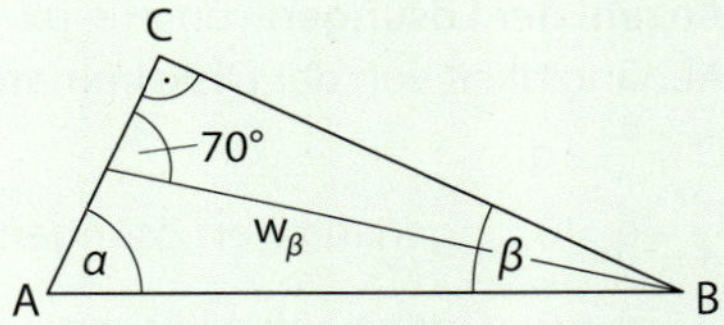

4. Beim Kauf eines Gebrauchtwagens werden 30 % angezahlt. Dies sind 4 200 €. Berechne den Kaufpreis des Fahrzeugs.

Quadratische Funktionen und Parabeln

Funktionen mit Gleichungen der Form $y = f(x) = ax^2 + bx + c$ ($a \neq 0$) heißen quadratische Funktionen. Ihre Graphen nennt man **Parabeln** mit dem **Scheitelpunkt S**.
Der Graph der Funktion $y = f(x) = x^2$ heißt **Normalparabel (NP)**.

$y = f(x) = x^2$

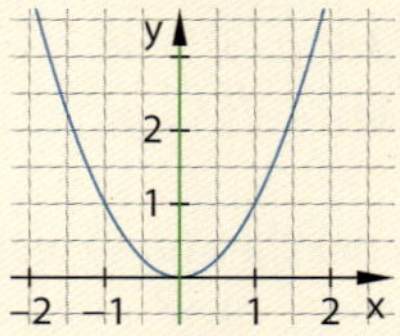

Normalparabel

$x \leqq 0$ monoton fallend
$x \geqq 0$ monoton steigend

Symmetrieachse S(0|0)

Scheitelpunktform

Aus der Scheitelpunktform

$$y = f(x) = a \cdot (x - x_s)^2 + y_s \quad (a \neq 0)$$

einer quadratischen Funktion kann man unmittelbar den Scheitelpunkt $S(x_s|y_s)$ ablesen. Der Faktor a bestimmt die Form und die Öffnungsrichtung der Parabel.

- **a = 1** Normalparabel
- **|a| > 1** Parabel ist gegenüber NP gestreckt.
- **|a| < 1** Parabel ist gegenüber NP gestaucht.
- **a > 0** Parabel ist nach oben geöffnet.
- **a < 0** Parabel ist nach unten geöffnet.

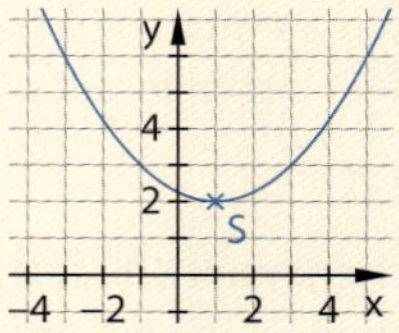

$y = f(x) = \frac{1}{4}(x - 1)^2 + 2$
S(1|2).
Da $a = \frac{1}{4}$, ist die Parabel gestaucht und nach oben geöffnet.

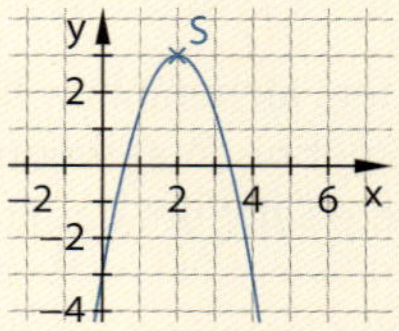

$y = f(x) = -1{,}5(x - 2)^2 + 3$
S(2|3)
Da $a = -1{,}5$, ist die Parabel gestreckt und nach unten geöffnet.

Nullstellen

Eine Funktion hat die **Nullstelle x_o**, wenn $f(x_o) = 0$ ist.
Die Nullstelle ist die x-Koordinate des Schnittpunktes des Graphen mit der x-Achse.
Eine quadratische Funktion hat zwei Nullstellen oder eine oder keine Nullstelle.

$f(x) = x^2 + 2x - 3$

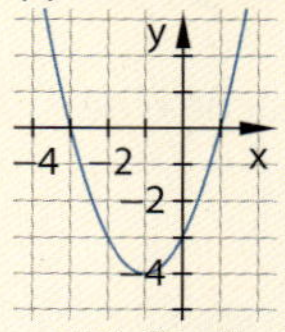

zwei Nullstellen

$f(x) = x^2 + 2x + 1$

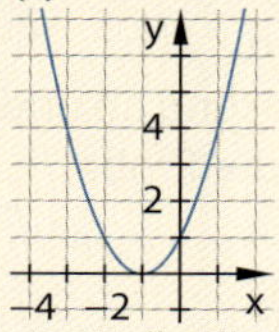

eine Nullstellen

$f(x) = x^2 + 1$

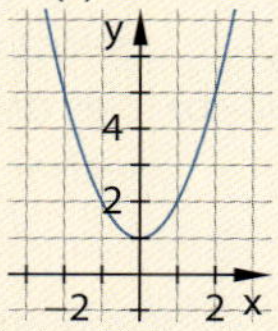

keine Nullstellen

Aus der **faktorisierenden Form** einer quadratischen Funktionsgleichung **$y = f(x) = a(x - m)(x - n)$** sind die Nullstellen **$x_1 = m$** und **$x_2 = n$** direkt ablesbar.

$f(x) = 2(x - 3)(x + 2)$ Nullstellen: $x_1 = 3$; $x_2 = -2$

Quadratische Gleichungen

Die **allgemeine Form $ax^2 + bx + c = 0$** ($a \neq 0$) einer quadratischen Gleichung kann in die **Normalform $x^2 + px + q = 0$** überführt werden, indem man die Gleichung durch a dividiert.
Die Lösung der Gleichung **$x^2 + px + q = 0$** erhält man mithilfe der **quadratischen Ergänzung** oder der p-q-Formel:

$$x_{1/2} = -\frac{p}{2} \pm \sqrt{\frac{p^2}{4} - q}$$

Anzahl der Lösungen von $x^2 + px + q = 0$ in Abhängigkeit von der **Diskriminante D** mit $D = \frac{p^2}{4} - q$:

- $\frac{p^2}{4} - q > 0$ genau zwei Lösungen
- $\frac{p^2}{4} - q = 0$ genau eine Lösung
- $\frac{p^2}{4} - q < 0$ keine Lösung

$2x^2 + 2x - 4 = 0 \quad |:2$ allgemeine Form
$x^2 + x - 2 = 0$ Normalform

Lösung mit quadratischer Ergänzung:

$x^2 + x + 0{,}5^2 - 0{,}5^2 - 2 = 0$
$(x + 0{,}5)^2 - 2{,}25 = 0 \quad |+2{,}25$
$(x + 0{,}5)^2 = 2{,}25$
$x_1 + 0{,}5 = \sqrt{2{,}25} \rightarrow x_1 = 1$
und $x_2 + 0{,}5 = -\sqrt{2{,}25} \rightarrow x_2 = -2$

Lösung mit p-q-Formel:

$x_{1/2} = -\frac{p}{2} \pm \sqrt{\frac{p^2}{4} - q}$ $p = 1; q = -2$
$x_{1/2} = -0{,}5 \pm \sqrt{0{,}5^2 + 2}$
$x_{1/2} = -0{,}5 \pm \sqrt{2{,}25} \rightarrow x_1 = 1; x_2 = -2$

4. Ähnlichkeit

In der Mathematik gibt es klare Regeln, ob zwei Figuren ähnlich sind. Die Matrjoschkas sehen zwar alle ähnlich aus, im mathematischen Sinne ähnlich sind sie aber nicht.

Nach diesem Kapitel kannst du …
- ähnliche Figuren erkennen und zeichnen,
- Ähnlichkeitssätze für Dreiecke anwenden.

Lösungen ↗ S. 208

Gleichungen lösen

1. Löse die Gleichungen.

a) $3x - 6 = 12$ b) $\frac{1}{3}x - 1 = 5{,}6$ c) $6 - 3x = 7x + 4$
d) $\frac{3}{4}x - 2 = -0{,}25x + 3$ e) $-5{,}5 + 1{,}5x = -2\frac{1}{2}x + 4{,}5$ f) $3x - 10 + 2x = 0$

2. Löse die Gleichungen.

a) $\frac{x}{4} = 0{,}5$ b) $\frac{6}{x} = -2$ c) $\frac{x}{3} = \frac{-5}{6}$ d) $\frac{5}{6} = \frac{x}{12}$ e) $-\frac{3}{4} = \frac{18}{x}$ f) $\frac{42}{49} = \frac{6}{x}$

3. Ersetze a, b und c so durch Zahlen, dass die Gleichung die Lösung $x = 5$ hat.

a) $a + bx = c$ b) $ax = \frac{b}{c}$ c) $\frac{x}{a} = \frac{b}{c}$ d) $\frac{a}{b} = \frac{c}{x}$

Größenangaben umrechnen

4. Rechne in die in Klammern stehende Einheit um.

a) 7,3 cm (mm) b) 0,5 km (m) c) 25 cm (m) d) 32 dm (m) e) 7 cm (dm)
f) $\frac{3}{4}$ km (m) g) $\frac{1}{2}$ m (mm) h) $\frac{1}{4}$ dm (m) i) $\frac{1}{2}$ dm (m) j) $1\frac{1}{4}$ m (dm)

5. Übertrage in dein Heft und vervollständige.

a) $37\,cm^2 = ■\,mm^2$ b) $2{,}5\,m^2 = ■\,cm^2$ c) $320\,000\,cm^2 = ■\,m^2$
d) $5\,dm^2 = ■\,mm^2$ e) $\frac{1}{4}\,dm^2 = ■\,cm^2$ f) $76\,890\,mm^2 = ■\,cm^2$

6. Berechne ohne Taschenrechner.

a) 5 m + 70 cm b) 5 m − 50 cm c) 4 m · 1 dm d) $6\,m^2 : 3\,m$
e) $14\,m^2 : 70\,dm$ f) $5000\,m - \frac{1}{2}\,km$ g) $30\,cm^2 : 10\,mm$ h) $6\,m \cdot \frac{1}{2}\,m$

Maßstäbe sicher nutzen

7. Übertrage die Tabelle in dein Heft und vervollständige sie.

	Maßstab	Entfernung	
		Karte	Wirklichkeit
a)	1 : 100 000	3 cm	
b)	1 : 250 000		7,5 km
c)	1 : 250 000	10 cm	
d)		5 cm	50 km

	Maßstab	Entfernung	
		Karte	Wirklichkeit
e)	1 : 25 000	2 cm	
f)	1 : 25 000		1 km
g)	1 : 50 000 000		200 km
h)		1 cm	1 m

8. Gib an, in welchem Maßstab das jeweilige Rechteck gezeichnet wurde.

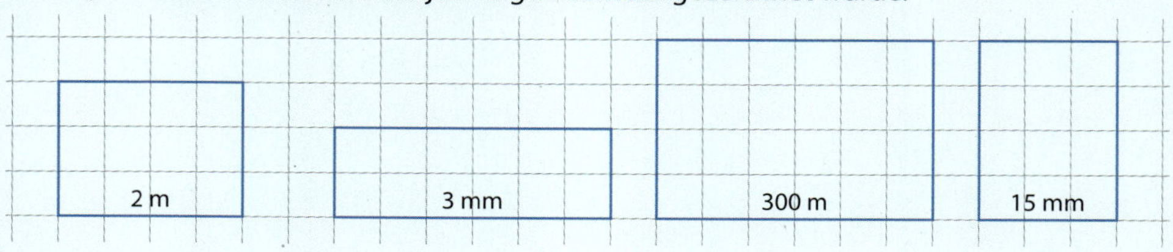

Zueinander kongruente Figuren erkennen

Lösungen ↗ S. 208

9. Prüfe, welche der Figuren zueinander kongruent sind. Begründe deine Entscheidungen.

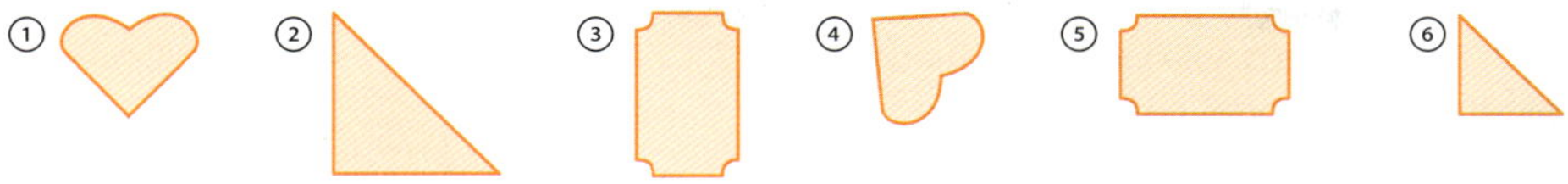

10. Prüfe, ob die Dreiecke ABC und DEF zueinander kongruent sind. Begründe die Antwort.

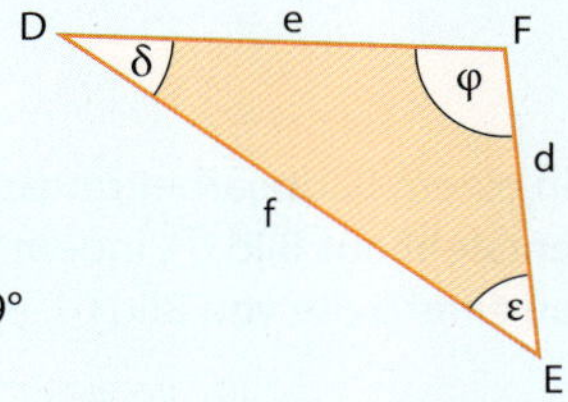

a) $a = 6\,cm$; $\gamma = 80°$; $\beta = 38°$ und $e = 6\,cm$; $\delta = 80°$; $\varphi = 38°$
b) $c = 8\,cm$; $\alpha = 40°$; $a = 6\,cm$ und $f = 6\,cm$; $\varphi = 40°$; $d = 6\,cm$
c) $c = 1{,}2\,cm$; $\alpha = 49°$; $\beta = 91°$ und $d = 1{,}2\,cm$; $\varepsilon = 91°$; $\varphi = 49°$

Umfang und Flächeninhalt berechnen

11. Berechne den Umfang u und den Flächeninhalt A der gegebenen Figuren. Entnimm die erforderlichen Größen der Zeichnung. Eine Kästchenbreite entspricht 0,5 cm.

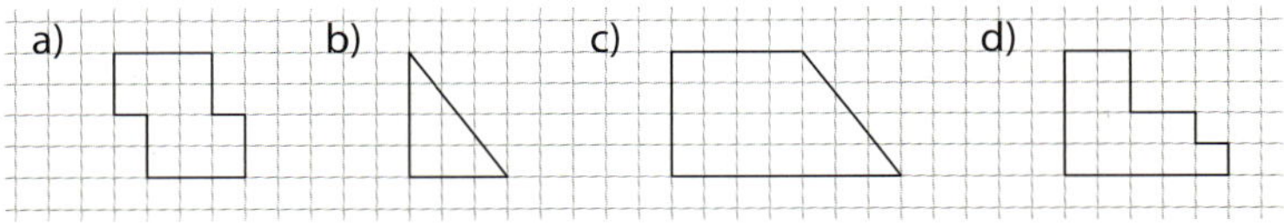

12. Berechne den Flächeninhalt der folgenden Figuren ohne Taschenrechner:
a) Quadrat mit der Seitenlänge von 0,7 m
b) Rechteck mit den Seitenlängen 4 m und 30 dm
c) Dreieck mit der Seitenlänge $c = 4\,cm$ und der zugehörigen Höhe von 5 cm
d) Parallelogramm mit der Seitenlänge $a = 5\,dm$ und der zugehörigen Höhe $h_a = 2\,cm$

13. Inka und Frank haben Zimmer mit rechteckigen Grundflächen. Inkas Zimmer hat die Maße 2,50 m × 3,10 m, Franks Zimmer hat die Maße 2,80 m × 2,80 m.
a) Ermittle, um wie viel Quadratmeter sich die Flächeninhalte der Grundflächen beider Zimmer unterscheiden.
b) Frank behauptet, dass die Grundfläche des Zimmers mit dem größeren Flächeninhalt auch den größeren Umfang hat. Was meinst du?

Vermischtes

14. Konstruiere ein Dreieck ABC mit folgenden Seitenlängen:
$a = 2{,}6\,cm$; $b = 2{,}4\,cm$; $c = 1{,}0\,cm$

15. Konstruiere, wenn möglich, ein Dreieck ABC aus folgenden Bestimmungsstücken:
a) $c = 4\,cm$; $\alpha = 30°$; $\gamma = 45°$ b) $\alpha = 25°$; $\beta = 75°$; $\gamma = 80°$

16. Überprüfe die Aussage und begründe deine Entscheidung.
a) Wenn zwei Dreiecke in drei Seiten übereinstimmen, sind sie zueinander kongruent.
b) Zwei Dreiecke, die in ihren Innenwinkeln übereinstimmen, sind zueinander kongruent.
c) Alle Rechtecke mit gleichem Umfang sind zueinander kongruent.

4.1 Ähnliche Figuren

■ Frau Talmann hat für ihre Kunststunde Schablonen in verschiedenen Größen kopiert. Finde heraus, wie viele verschiedene Vorlagen sie verwendet hat und welche Vergrößerung oder Verkleinerung am Kopierer möglicherweise eingestellt war. ■

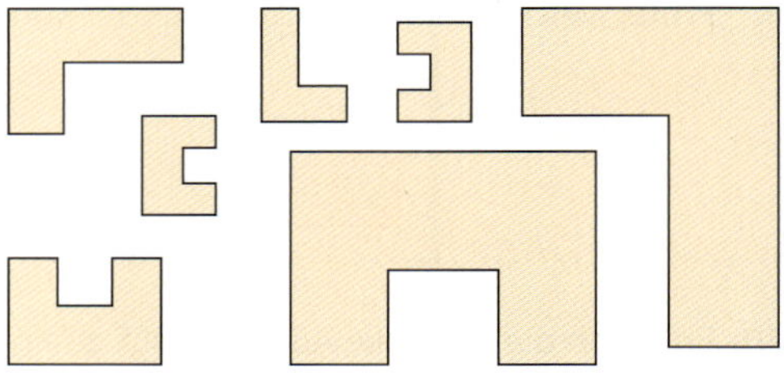

In einem Bildbearbeitungsprogramm kann man Bilder vergrößern oder verkleinern. Bild ② entsteht aus Bild ①, indem man mit der Maus an einer der Ecken von Bild ① zieht. Zieht man an einer Seite von Bild ①, entstehen verzerrte Bilder wie Bild ③ oder ④.

Die Briefmarke in Bild ① zeigt den Satz des Pythagoras, auf ihr sieht man drei Quadrate. Auf Bild ② gibt es ebenfalls drei Quadrate, sie sind aber doppelt so groß. Die Vierecke in Bild ③ und ④ sind keine Quadrate.

Bild ① und Bild ② heißen (im geometrischen Sinn) **ähnlich** zueinander, da alle Längen in Bild ② mit demselben festen Faktor k (hier $k = 2$) vergrößert wurden und die Winkel im Vergleich zum Ausgangsbild ① erhalten geblieben sind. Der Faktor k heißt **Ähnlichkeitsfaktor**. Bild ② ist eine maßstäbliche Vergrößerung von Bild ① (Maßstab 2 : 1).
Bild ③ und ④ sind hingegen nicht ähnlich zum Ausgangsbild ①.

Wissen: Ähnliche Vielecke

Zwei Vielecke sind **ähnlich** zueinander, wenn sich die Ecken der beiden Vielecke so zuordnen lassen, dass gilt:
- benachbarte Ecken werden wieder benachbarten Ecken zugeordnet,
- die Winkel an jeweils zugeordneten Ecken sind gleich groß,
- das Längenverhältnis ist bei allen Paaren entsprechender Seiten gleich.

Das Verhältnis
$k = \frac{a'}{a} = \frac{b'}{b} = \frac{c'}{c} = \frac{d'}{d} = \frac{e'}{e}$
heißt **Ähnlichkeitsfaktor**.

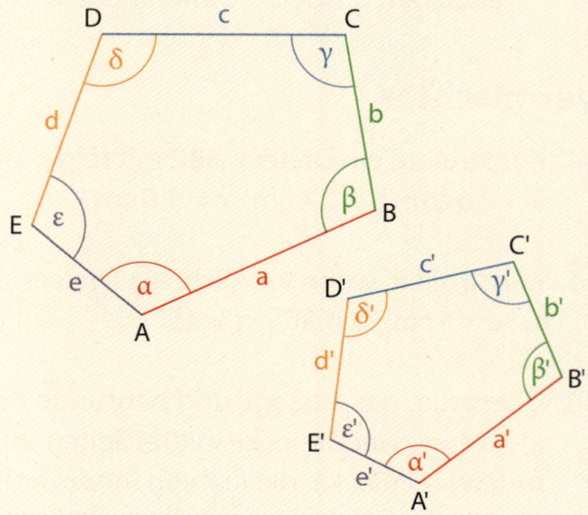

Hinweis:
Beim **Längenverhältnis** dividiert man zwei Seitenlängen (mit gleichen Einheiten) durcheinander und erhält eine Zahl.

Wissen: Ähnlichkeit beim maßstäblichen Vergrößern und Verkleinern

Beim Vergrößern oder Verkleinern einer Figur mit dem Faktor k entsteht eine dazu ähnliche Figur (k ist Ähnlichkeitsfaktor). Für die Strecken der Figuren gilt: $k = \frac{\text{neue Streckenlänge}}{\text{alte Streckenlänge}}$

Für $k > 1$ liegt eine **Vergrößerung**, für $k < 1$ eine **Verkleinerung** vor.

Ähnlichkeit besteht auch dann, wenn die verkleinerte oder vergrößerte (oder auch gleich große) Figur gedreht, gespiegelt oder verschoben wurde.

Beispiel 1:

Ergänze die rechte Figur so, dass sie ähnlich zur linken Figur ist. Bestimme zunächst den Ähnlichkeitsfaktor k.

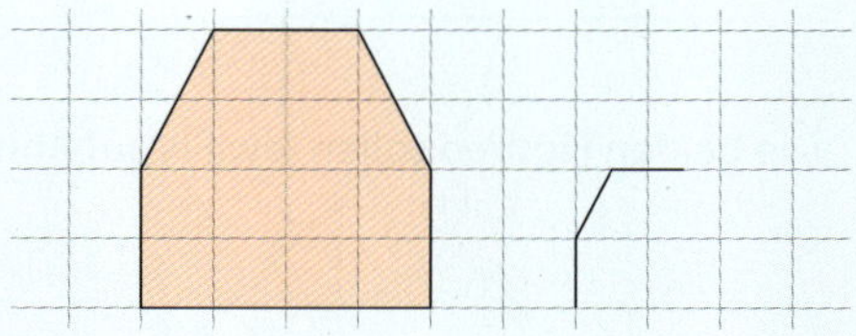

Lösung:

Die rechte Figur ist eine Verkleinerung der linken Figur. Die Seiten oben entsprechen einander, ebenso die Seiten links. Entsprechende Winkel sind gleich groß.
Beschrifte entsprechende Seiten mit a und a′, b und b′ …

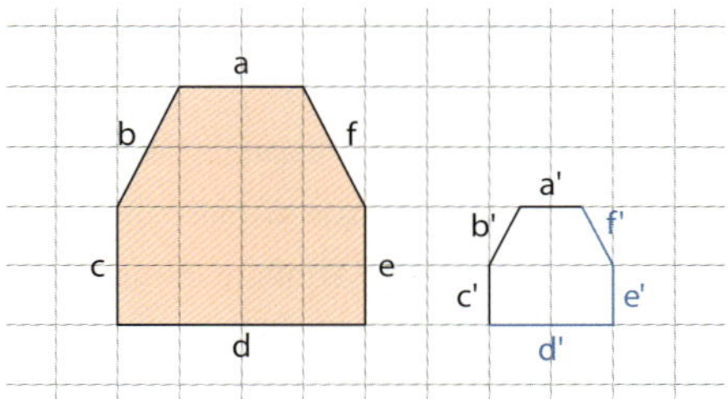

An den Kästchen kannst du leicht erkennen, dass bei den vorgezeichneten Seiten die Längen halbiert worden sind.

$\frac{a'}{a} = \frac{0{,}5\,\text{cm}}{1\,\text{cm}} = 0{,}5 \qquad \frac{b'}{b} = 0{,}5 \qquad \frac{c'}{c} = 0{,}5$

Ähnlichkeitsfaktor: $k = 0{,}5$

Durch Multiplikation mit dem Ähnlichkeitsfaktor 0,5 kannst du die Längen fehlender Seiten berechnen.

$d' = d \cdot 0{,}5 = 2\,\text{cm} \cdot 0{,}5 = 1\,\text{cm}$
$e' = e \cdot 0{,}5 = 1\,\text{cm} \cdot 0{,}5 = 0{,}5\,\text{cm}$

Ergänze die fehlenden Seiten. Orientiere dich auch an den Kästchen.

Basisaufgaben

1. Zeichne die Figur mit dem Faktor 2 (Faktor 1,5) vergrößert in dein Heft.

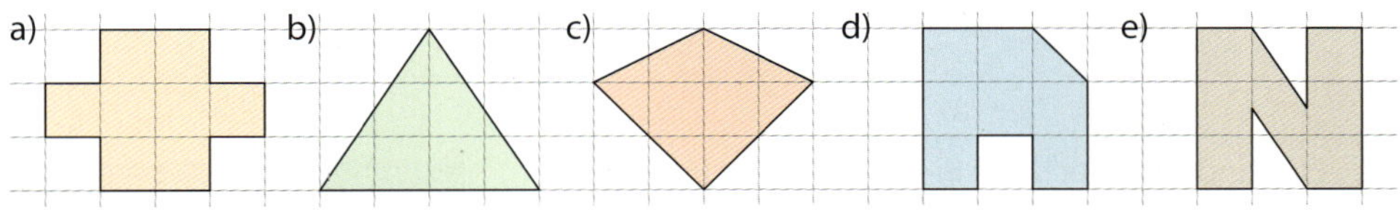

2. Trage die Punkte in ein Koordinatensystem (Längeneinheit 1 cm) ein und verbinde sie in alphabetischer Reihenfolge zu einem Vieleck. Zeichne anschließend ein dazu ähnliches Vieleck, welches mit dem Faktor k verkleinert ist. Beginne beim Punkt A′(7|0).

   a) A(0|0), B(6|0), C(6|3), D(3|4,5), E(0|3); $k = \frac{1}{3}$

   b) A(3|0), B(3|2), C(6|3), D(4|3), E(3|6), F(3|4), G(0|3), H(2|3); $k = 0{,}5$

3. Bestimme den Ähnlichkeitsfaktor k und ergänze die begonnene Figur in deinem Heft zu einer ähnlichen Figur.

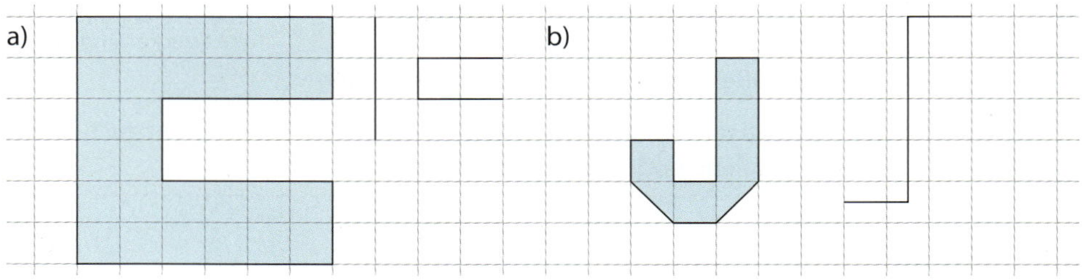

4. Die beiden Figuren sollen jeweils auf Ähnlichkeit untersucht werden.

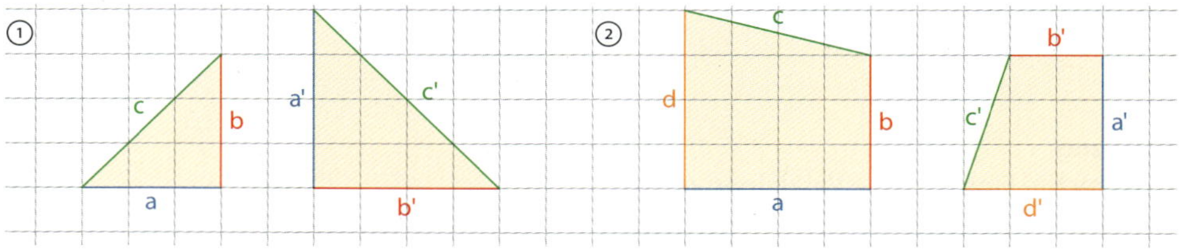

a) Miss die Längen entsprechender Seiten und berechne die Verhältnisse $\frac{a'}{a}; \frac{b'}{b} \dots$

b) Sind entsprechende Winkel gleich groß? Begründe. Orientiere dich an den Kästchen.

c) Sind die Vielecke ähnlich? Begründe.

5. Tabea sagt: „Der Ähnlichkeitsfaktor der beiden Figuren ist $\frac{2}{3}$." Daniel erwidert: „Nein, der Ähnlichkeitsfaktor ist 1,5." Nimm zu beiden Aussagen Stellung.

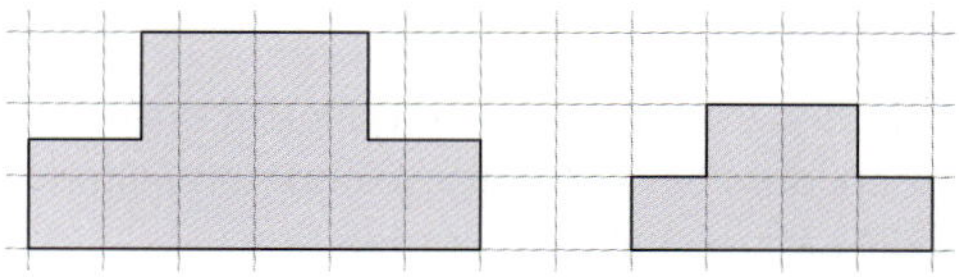

6. Prüfe, ob die beiden Figuren ähnlich zueinander sind. Falls ja, gib den Ähnlichkeitsfaktor an.

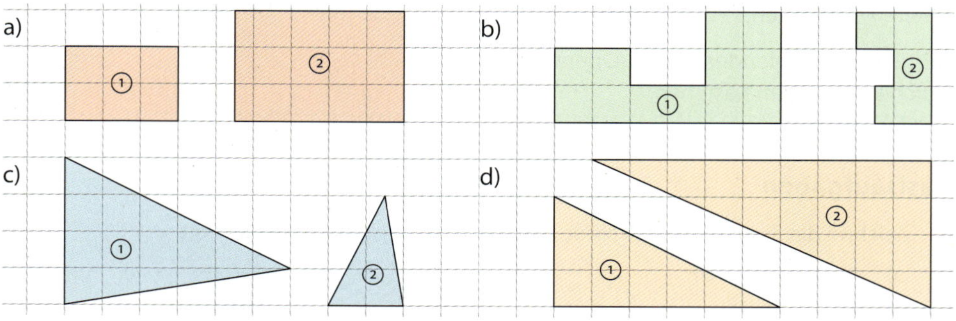

Hinweis zu 7:
Hier findest du die Maßzahlen.

7. Ein Landschaftsbild mit Breite b = 18 cm und Höhe h = 13 cm soll auf verschiedene Größen vergrößert oder verkleinert werden. Gib den Ähnlichkeitsfaktor an und bestimme die jeweils fehlende Seitenlänge.

a) Breite b' = 9 cm b) Höhe h' = 39 cm

c) Höhe h' = 9,75 cm d) Breite b' = 1 m

Weiterführende Aufgaben

8. Prüfe, ob die Figuren ② bis ④ ähnlich zur Figur ① sind. Falls ja, gib den Ähnlichkeitsfaktor an.

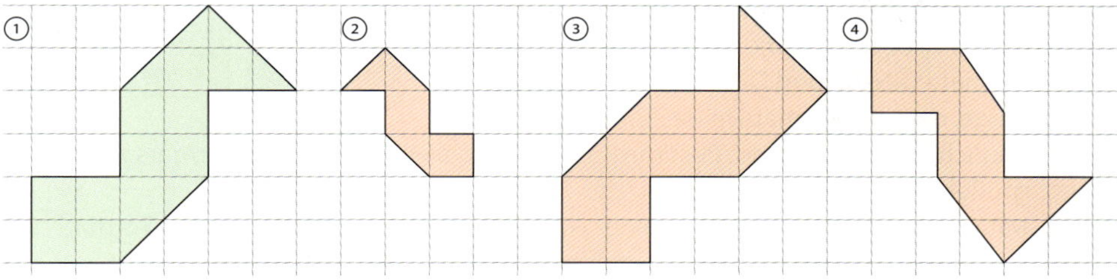

Hinweis zu 8:
Beim Spiegeln und Drehen einer Figur entsteht eine dazu ähnliche Figur. Dies gilt auch, wenn die Figur zusätzlich mit einem Faktor vergrößert oder verkleinert wird.

9. **Stolperstelle:** Max sagt: „Jede Seite des zweiten Parallelogramms ist halb so lang wie die entsprechende Seite des ersten. Die beiden sind also ähnlich zueinander." Hat er recht mit den Seitenverhältnissen? Woran hat er nicht gedacht?

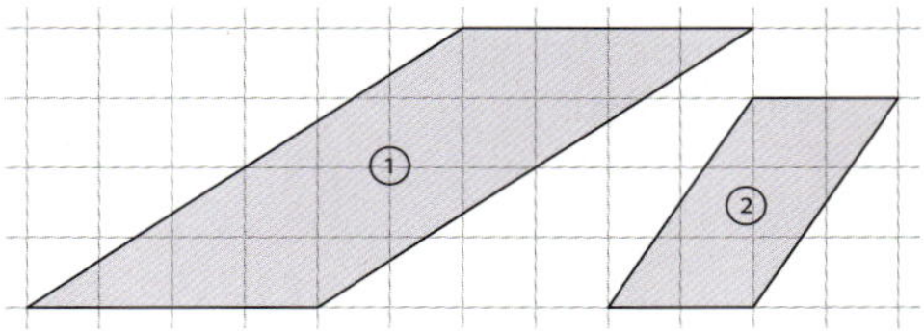

10. Überprüfe, ob die Aussage wahr oder falsch ist. Begründe deine Entscheidung.
a) Alle Rechtecke sind zueinander ähnlich.
b) Alle Quadrate sind zueinander ähnlich.
c) Alle gleichseitigen Dreiecke sind zueinander ähnlich.
d) Alle rechtwinkligen Dreiecke sind zueinander ähnlich.
e) Alle Rauten sind zueinander ähnlich.
f) Sind zwei Vielecke kongruent, so sind sie auch zueinander ähnlich.

11. Zeichne die Figur im angegebenen Maßstab vergrößert in dein Heft. Erläutere, dass die vergrößerte Figur ähnlich zum Original ist und gib den Ähnlichkeitsfaktor an.

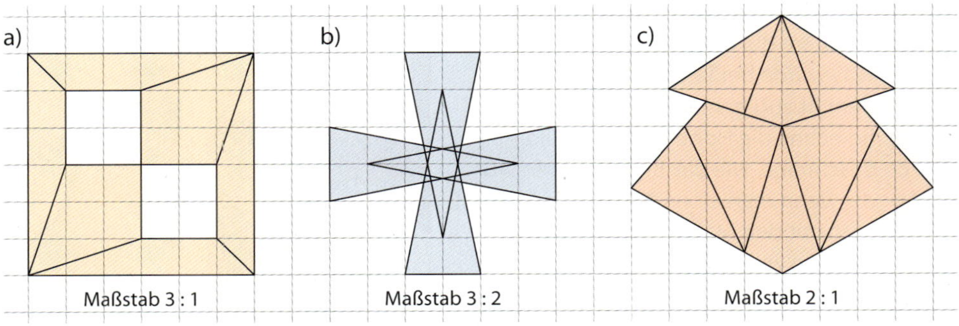

Hinweis zu 11b:
Maßstab 3 : 2 bedeutet: 3 cm im Bild entsprechen 2 cm im Original.

12. Untersuche, welche Großbuchstaben zu ihren Kleinbuchstaben in unserem Alphabet ähnlich sind.

13. a) Berechne die Länge und Breite eines Rechtecks, das zu einem 50 cm langen und 30 cm breiten Rechteck ähnlich mit Ähnlichkeitsfaktor $k = 0{,}1$ ($k = 0{,}5$, $k = 3$, $k = 7$) ist.
b) Berechne die Flächeninhalte der Rechtecke aus a) und vergleiche sie mit dem Flächeninhalt des 50 cm langen und 30 cm breiten Rechtecks. Was stellst du fest?
c) Formuliere und beweise eine allgemeine Regel für den Flächeninhalt von Rechtecken, die mit dem Faktor k vergrößert oder verkleinert wurden.

14. In einem Copy-Shop können Farbkopien in verschiedenen DIN-Papierformaten angefertigt werden.

Format DIN	Länge (mm)	Breite (mm)	Preis pro Farbkopie
A4	297	210	0,65 €
A3	420	297	1,25 €
A2	594	420	2,50 €
A1	841	594	5,50 €

a) Bechreibe, wie aus einem größeren Format das nächstkleinere Format entsteht. Bestimme die Maße der Formate DIN-A5 und DIN-A6.

b) Zeige, dass die Formate in der Tabelle ähnlich zueinander sind. Bestimme den Ähnlichkeitsfaktor eines Formats zum nächstgrößeren Format.

c) Mit welchem Faktor ändert sich der Flächeninhalt zum nächstgrößeren Format?

d) Bestimme, welches Format in Bezug auf die Fläche das kostengünstigste ist.

● **15.** Die beiden Fünfecke sind ähnlich zueinander. Berechne die fehlenden Seitenlängen.

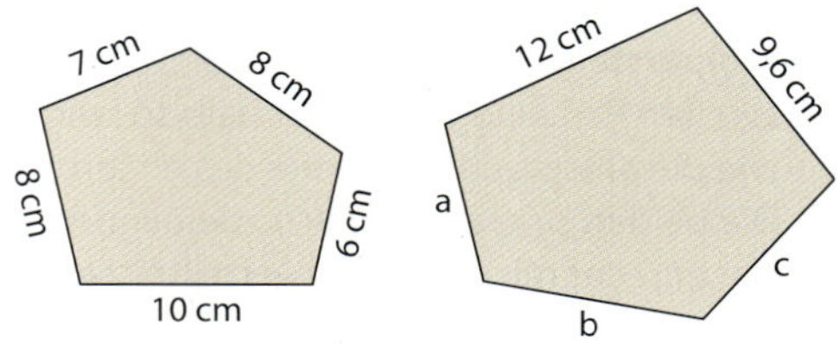

Tipp zu 16:
Verwende den Satz des Pythagoras.

● **16.** Prüfe, ob die Figuren ähnlich zueinander sind. Falls ja, gib den Ähnlichkeitsfaktor an.

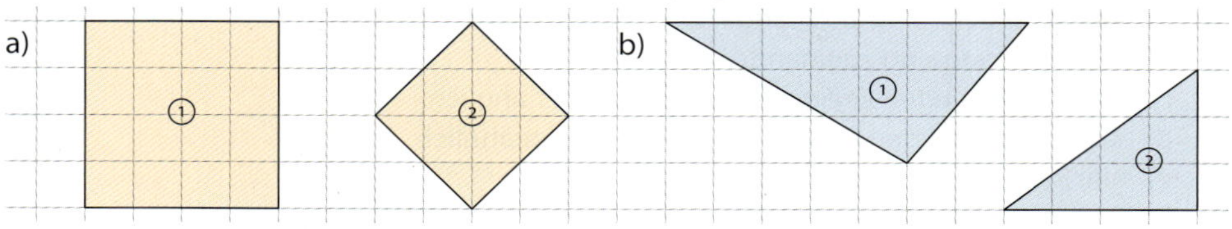

● **17.** Sina und Tara haben mit dem Smartphone ein Selfie im Format 3 : 4 gemacht. Beide haben einen Abzug im 10er-Format (10 × 15) anfertigen lassen. Die Bilder sind jeweils 10 cm breit, aber nur Taras Bild ist 15 cm hoch.

Sina:

Tara:

a) Erläutere die Unterschiede der Bilder. Was wurde bei Tara mit dem Foto vor dem Abzug gemacht?

b) Berechne die Höhe von Sinas Bild.

c) Beschreibe, wie das Bild aussehen würde, wenn man einen Abzug vom ganzen Foto mit den Maßen 10 cm × 15 cm machen würde.

d) Welche der drei Bilder in a) bis c) sind ähnlich zueinander? Begründe deine Meinung.

● **18. Ausblick:** Vergrößert (verkleinert) man einen Quader mit einem Faktor k, so werden die Seiten jeweils mit diesem Faktor verlängert (verkürzt).

a) Bestimme das Volumen und den Oberflächeninhalt eines Quaders mit den Seiten $a = 2\,cm$, $b = 3\,cm$, $c = 3\,cm$. Berechne dann die entsprechenden Werte für den mit dem Faktor $k = 2$ ($k = 3$; $k = 0{,}5$) vergrößerten bzw. verkleinerten Quader.

b) Stelle eine Vermutung auf, mit welchem Faktor sich das Volumen und der Oberflächeninhalt allgemein ändert, wenn man die Seiten mit dem Faktor k verlängert (verkürzt).

Zentrische Streckung

■ Mit einem Pantografen kann man Zeichnungen vergrößern. Hierzu kombiniert man vier Schienen an vier Gelenkpunkten. Der Endpunkt links wird an der Unterlage befestigt. Ein Stift überträgt rechts die Zeichnung in der Mitte, die mit der kürzeren Schiene nachbeschrieben wird.
Wodurch wird das Größenverhältnis von Original und Kopie beeinflusst? Ist auch eine Verkleinerung des Originals möglich? ■

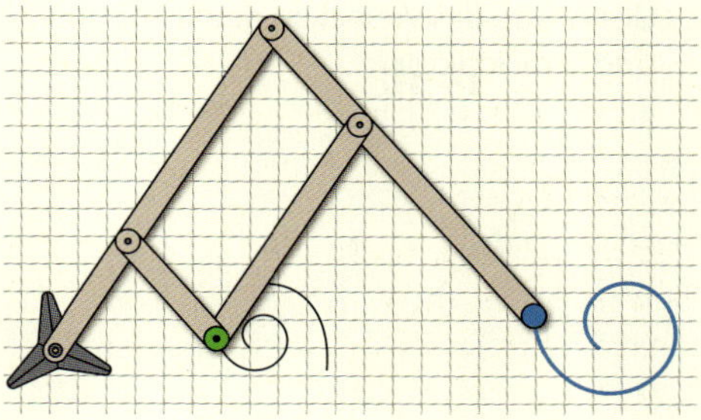

Eine maßstäbliche Vergrößerung oder Verkleinerung einer Figur kann man mithilfe einer **zentrischen Streckung** erhalten. Hierzu wird ein Punkt als **Zentrum** der Streckung und ein **Streckfaktor** vorgegeben.

Beispiel 1: Konstruiere die zentrische Streckung der Figur mit dem Faktor $k = 2$ und dem Zentrum Z.

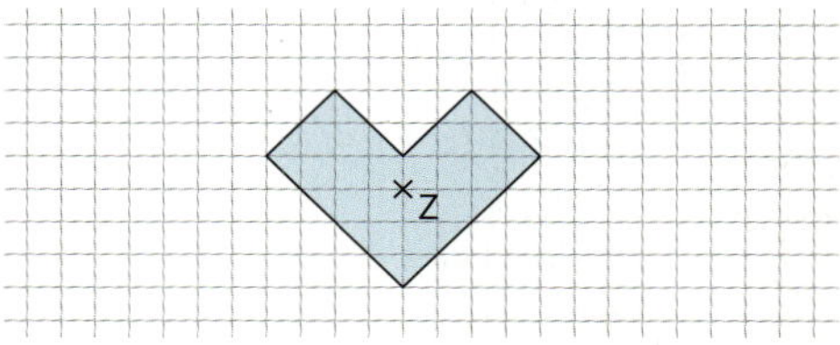

Lösung:
Wähle einen Eckpunkt A der Figur und zeichne den vom Zentrum Z ausgehenden Strahl durch A.
Trage auf dem Strahl den Bildpunkt A' so ein, dass der Abstand von Z doppelt so groß ist (wegen $k = 2$) wie der Abstand von A zu Z.
Es gilt dann $\overline{ZA'} = k \cdot \overline{ZA}$.

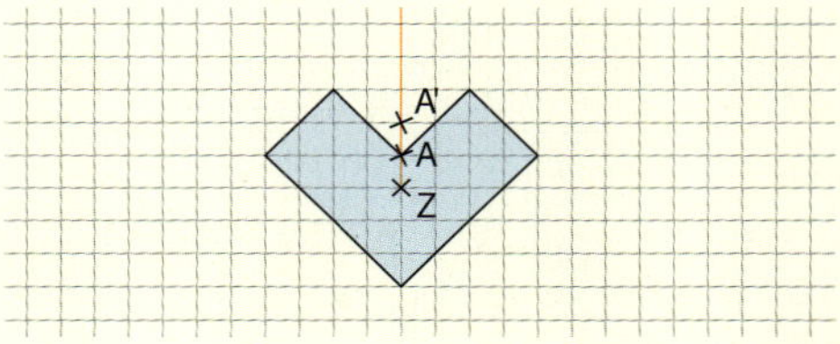

Gehe genauso mit den übrigen Ecken des Vielecks vor. Verbinde die so entstandenen Bildpunkte zu einem Vieleck.

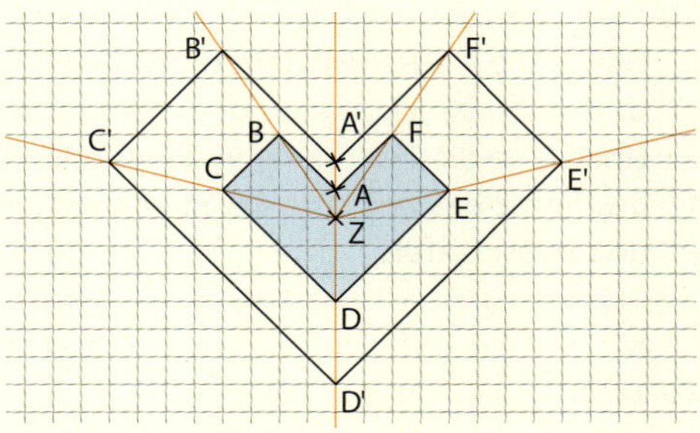

Wissen: Zentrische Streckung
Bei der zentrischen Streckung einer Figur mit dem Faktor $k > 0$ und dem Zentrum Z gilt:
- Die Figur wird bei $k > 1$ mit dem Faktor k **vergrößert**, bei $k < 1$ **verkleinert**. Figur und Bildfigur sind zueinander **ähnlich**.
- Jede Ecke der Bildfigur liegt auf dem von Z ausgehenden Strahl durch die entsprechende Ecke der Figur und ist k-mal so weit wie diese von Z entfernt.
- Jede Strecke der Bildfigur ist zu der entsprechenden Strecke der Figur parallel.

Aufgaben

1. Übertrage das Vieleck in dein Heft und konstruiere die zentrische Streckung mit Zentrum Z und Streckfaktor k.

a) 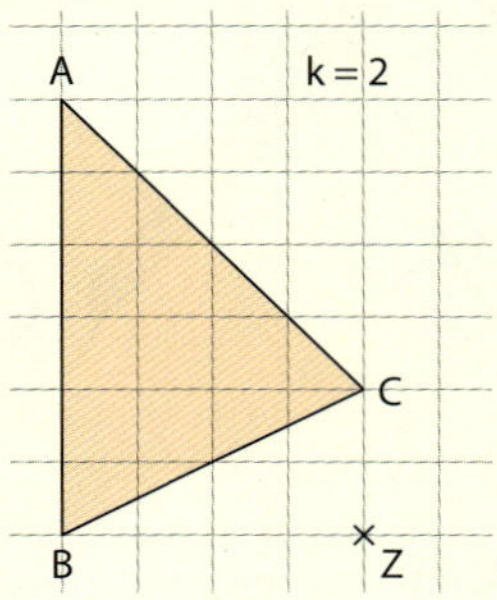

b) 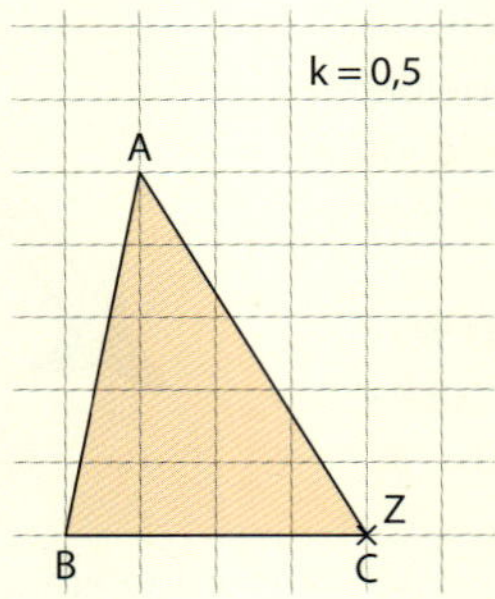

c) 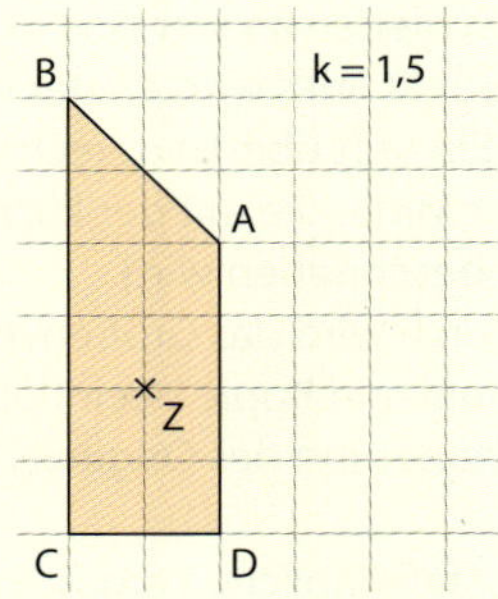

2. Zeichne die Punkte jeweils in ein Koordinatensystem ($-4 \leq x \leq 4$; $-4 \leq y \leq 4$) ein und verbinde sie zu einem Vieleck. Führe dann die zentrische Streckung mit dem Streckzentrum Z und dem Streckfaktor k durch. Notiere die Koordinaten der Bildpunkte.

a) Viereck: A(−2|3), B(−3|−2), C(1|−2), D(2|3) Zentrum Z(−1|1), k = 1,5

b) Achteck: A(4|4), B(1|2), C(−4|4), D(−2|1), E(−4|−4), F(−1|−2), G(4|−4), H(2|−1)
Zentrum Z(0|0), k = 0,5

3. Die ungefärbte Figur entsteht durch eine zentrische Streckung aus der gelben Figur. Gib die Lage des Streckzentrums an und bestimme den Streckfaktor.

a) 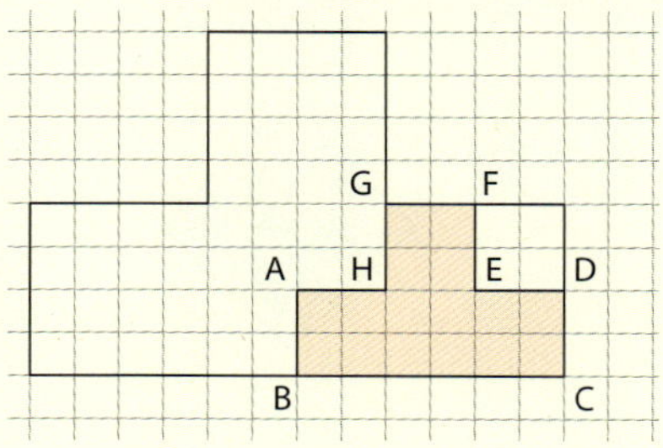

b) 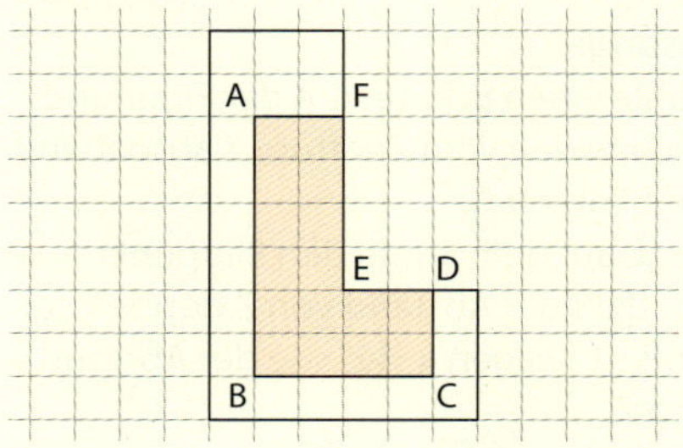

Tipp zu 4:
Zeichne durch zwei zugehörige Ecken eine Gerade. Wiederhole dies mit einem anderen Eckenpaar.

4. Das grüne Vieleck entsteht durch eine zentrische Streckung aus dem gelben Vieleck. Übertrage die Zeichnung in dein Heft. Bestimme das Zentrum der Streckung und den Streckfaktor.

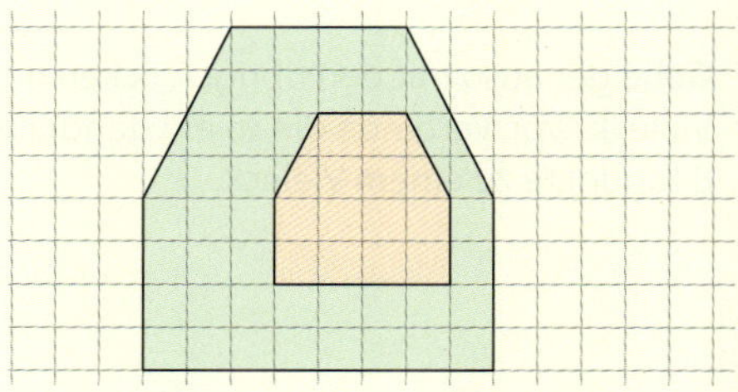

5. Übertrage die Zeichnung in dein Heft. Überprüfe, ob die ungefärbte Figur aus der gelben Figur durch eine zentrische Streckung hervorgeht. Falls ja, zeichne das Streckzentrum Z ein und bestimme den Streckfaktor k.

a) 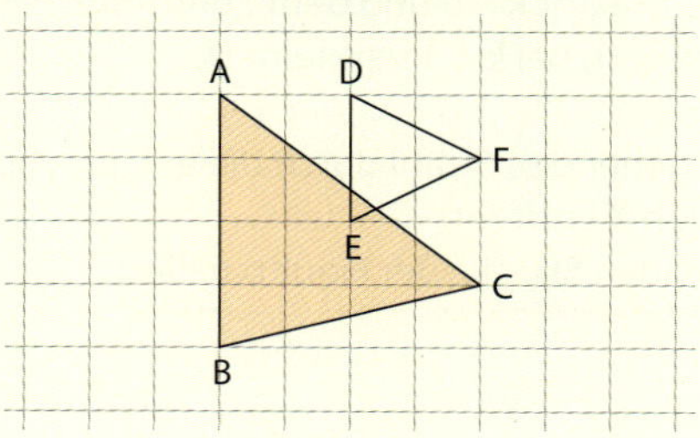

b) 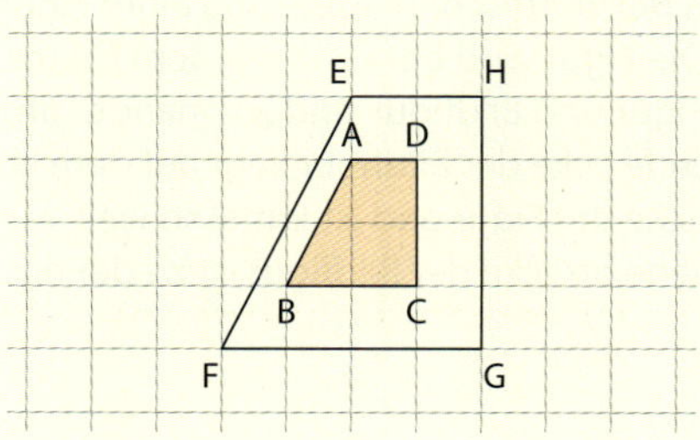

6. Konstruiere auf einem nicht karierten DIN-A4-Blatt mit Zirkel und Lineal ein Dreieck mit den Seitenlängen a = 4 cm, b = 5 cm und c = 6 cm. Führe eine zentrische Streckung mit dem Faktor k = 2 (mit dem Faktor k = 3) durch. Wähle zunächst ein geeignetes Streckzentrum aus. Benutze den Zirkel für die Verlängerungen der Strecken. Miss die Seitenlängen und Winkel des Bilddreiecks und vergleiche mit dem ursprünglichen Dreieck.

7. Mit einer Dynamischen Geometrie-Software kannst du einen Pantografen selbst erstellen.

a) Erstelle ein Dreieck ABC. Auf der Seite $\overline{AB}$ trägst du einen Punkt D ein.
b) Erstelle eine Gerade durch den Punkt D, die parallel zur Seite $\overline{BC}$ verläuft.
c) Bestimme den Schnittpunkt E der Parallelen mit der Seite $\overline{AC}$.
d) Konstruiere eine Gerade durch den Punkt E, die parallel zur Seite $\overline{AB}$ verläuft. Der Schnittpunkt mit der Seite $\overline{BC}$ ist F.
e) Der Pantograf ist nun einsatzbereit. Schalte die „Spur“ von Punkt C und E ein. Bewegst du den Punkt C, so kannst du Figuren zeichnen, die entsprechend verkleinert dargestellt werden.
f) Untersuche, wie du den Streckfaktor beeinflussen kannst.

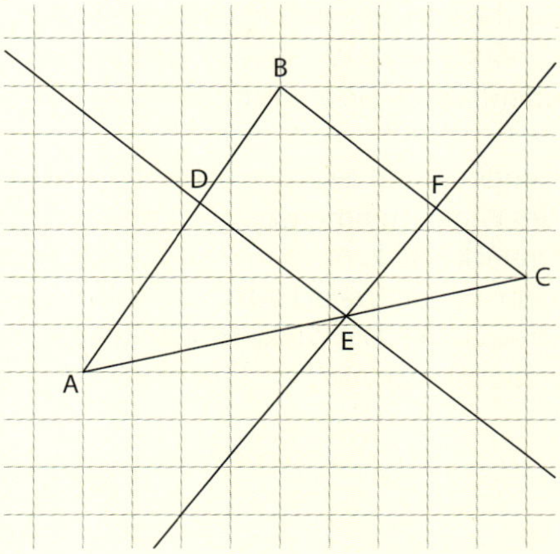

8. Der Streckfaktor k kann auch negativ sein. Bei der zentrischen Streckung mit dem Faktor k < 0 und dem Zentrum Z liegt der Bildpunkt A' zu einem Punkt A auch auf der Geraden ZA, aber auf der anderen Seite von Z. Für den Abstand von Z gilt $\overline{ZA'} = |k| \cdot \overline{ZA}$.

a) Erläutere, wie in Bild ① die zentrische Streckung des Dreiecks ABC durchgeführt wird.
b) Übertrage die Figuren ② und ③ in dein Heft und konstruiere die zentrische Streckung mit dem Streckfaktor k und dem Zentrum Z.

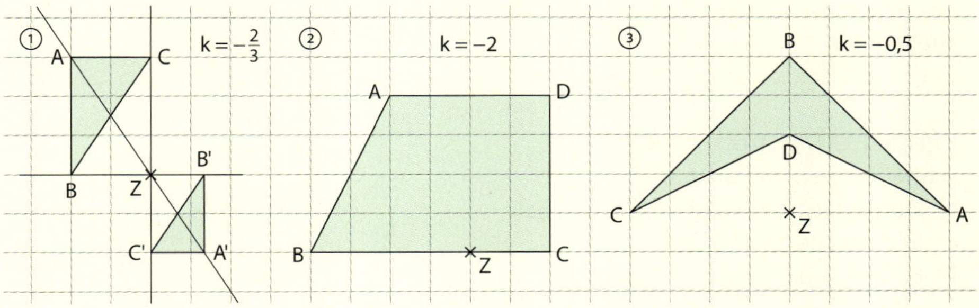

9. Erstellt ein Plakat zum Thema „Zentrische Streckung“. Unterscheidet dabei die Fälle k > 1, k = 1, 0 < k < 1, −1 < k < 0, k = −1, k < −1. Veranschaulicht die Aussagen durch Beispiele mit Zeichnungen.

10. Forschungsauftrag: Zentrische Streckungen lassen sich kombinieren.

a) Zeichne ein oder mehrere Vielecke und lege ein einziges Zentrum Z fest. Strecke diese Vielecke zuerst mit einem Streckfaktor $k_1 = 0{,}5$ und dann mit $k_2 = 2$ und demselben Zentrum Z. Probiere weitere Streckfaktoren aus und stelle eine Vermutung auf.
b) Lässt sich jede mehrfache Ausführung von zentrischen Streckungen mit demselben Zentrum, aber unterschiedlichen Streckfaktoren zu einer einzigen zentrischen Streckung zusammenfassen?

4.2 Ähnlichkeitssätze bei Dreiecken

■ Die beiden Dreiecke rechts stimmen in zwei Winkelgrößen überein. Prüfe durch Messen und Rechnen, ob sie ähnlich zueinander sind.
Zeichne selbst zwei Dreiecke, die in den Größen zweier Winkel übereinstimmen. Prüfe ebenfalls, ob sie ähnlich zueinander sind. ■

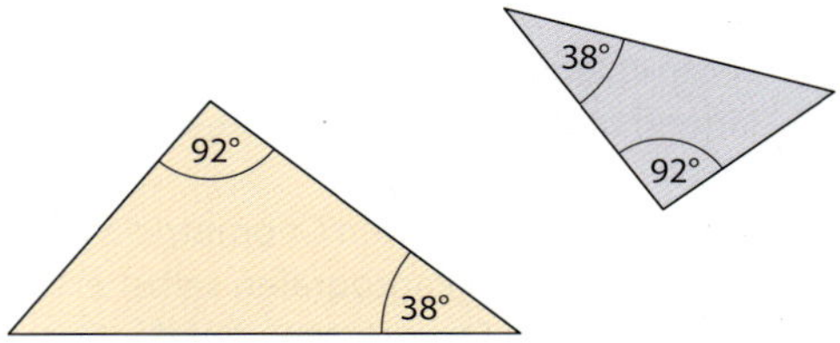

Gegeben sind zwei Dreiecke ABC und DEF, die in zwei Winkelgrößen übereinstimmen (wegen des Winkelsummensatzes stimmen sie dann auch in der dritten Winkelgröße überein). Das Dreieck ABC kann man maßstäblich mit dem Faktor $k = \frac{d}{a}$ vergrößern bzw. verkleinern, sodass beim neuen Dreieck AB'C' die Seite a' genauso lang wird wie die entsprechende Seite d beim Dreieck DEF. Die Winkelgrößen bleiben bei der Vergrößerung bzw. Verkleinerung erhalten, das neue Dreieck AB'C' ist ähnlich zum Dreieck ABC.

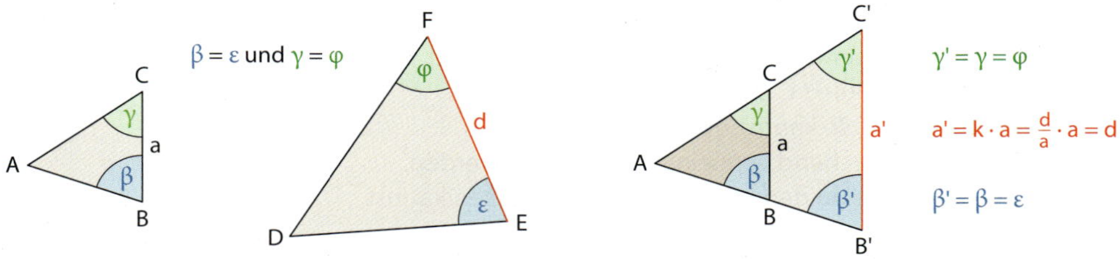

Nach dem Kongruenzsatz WSW sind die Dreiecke AB'C' und DEF kongruent. Da die Dreiecke ABC und AB'C' ähnlich zueinander sind, gilt dies auch für die Dreiecke ABC und DEF.

Wissen: Ähnlichkeitssatz ww
Stimmen zwei Dreiecke in den Größen zweier Winkel überein, so sind sie ähnlich zueinander.

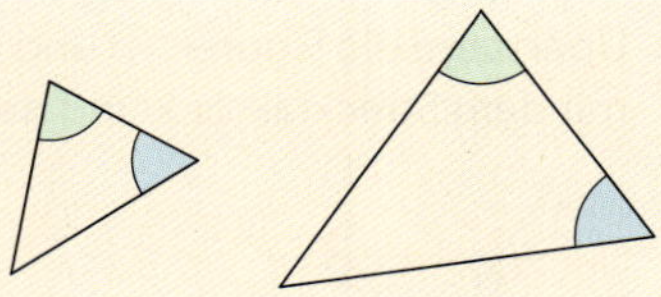

Beispiel 1: Die Strecken $\overline{AB}$ und $\overline{CD}$ schneiden sich im Punkt S.

a) Zeige, dass die Dreiecke ASC und BSD ähnlich zueinander sind.
b) Berechne die Länge der Strecke $\overline{AC}$.

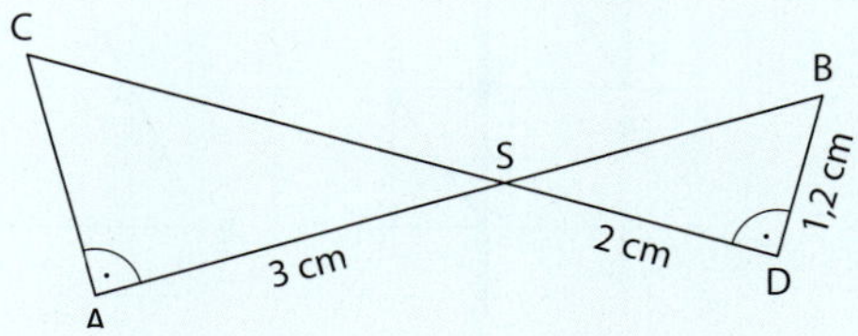

Lösung:

a) Die Dreiecke ASC und BSD haben je einen rechten Winkel. Außerdem sind die Winkel bei S gleich groß (Scheitelwinkel). Da die Dreiecke in zwei Winkelgrößen übereinstimmen, sind sie nach dem Ähnlichkeitssatz ähnlich zueinander.

Einander entsprechende Seiten sind:
$\overline{AC}$ und $\overline{DB}$ $\quad$ $\overline{SA}$ und $\overline{SD}$ $\quad$ $\overline{SC}$ und $\overline{SB}$

b) Nutze gleiche Längenverhältnisse bei ähnlichen Vielecken. Setze die Werte ein und stelle die Gleichung nach $\overline{AC}$ um.

$\frac{\overline{AC}}{\overline{DB}} = \frac{\overline{SA}}{\overline{SD}}$ $\quad$ $\frac{\overline{AC}}{1{,}2\,cm} = \frac{3\,cm}{2\,cm}$ $\quad | \cdot 1{,}2\,cm$

$\overline{AC} = \frac{3}{2} \cdot 1{,}2\,cm = 1{,}8\,cm$

Basisaufgaben

1. Prüfe, ob die Dreiecke ABC und DEF mit den gegebenen Winkelgrößen ähnlich zueinander sind. Gib in diesem Fall an, welche Seiten einander entsprechen und welche Seitenverhältnisse gleich sind.
   a) $\alpha = 62°$, $\beta = 44°$ und $\delta = 62°$, $\varphi = 74°$
   b) $\alpha = 114°$, $\beta = 35°$ und $\delta = 35°$, $\varepsilon = 114°$
   c) $\alpha = 47°$, $\beta = 98°$ und $\delta = 35°$, $\varepsilon = 47°$
   d) $\alpha = 31°$, $\gamma = 88°$ und $\varepsilon = 77°$, $\varphi = 31°$
   e) $\beta = 57°$, $\gamma = 90°$ und $\varepsilon = 72°$, $\varphi = 61°$

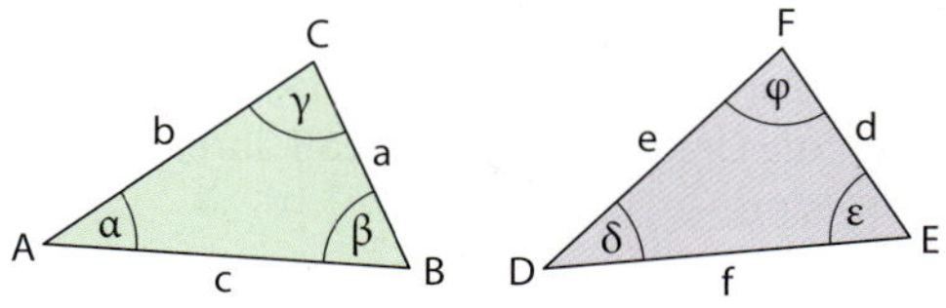

2. Stephan möchte die Seiten und Winkel der beiden Dreiecke messen, um zu prüfen, ob sie ähnlich zueinander sind. Adrian sagt: „Das ist nicht nötig. ich sehe sofort, dass sie ähnlich zueinander sind."
   Was meint Adrian?

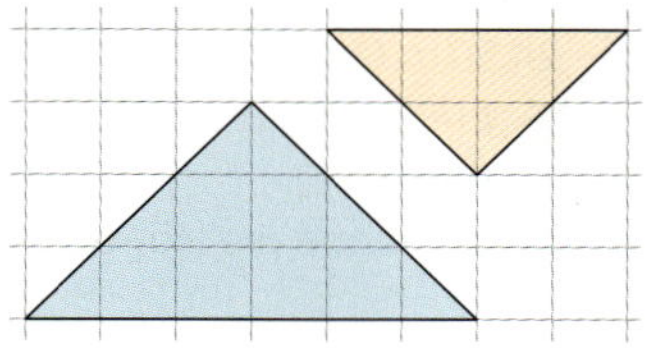

3. Finde in den Zeichnungen ähnliche Dreiecke. Begründe mit dem Ähnlichkeitssatz.

a) 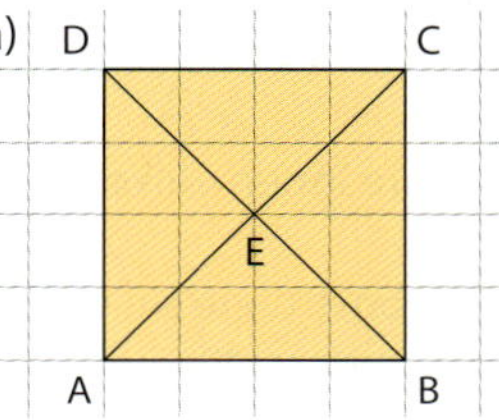

b) 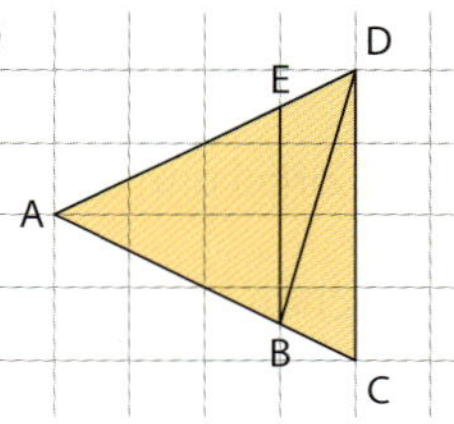

c) 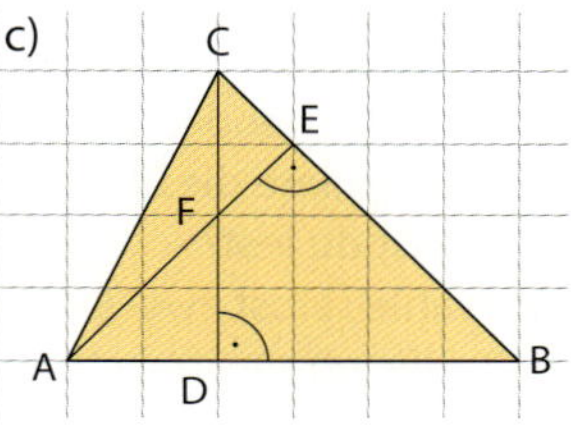

4. a) Zeige, dass die Dreiecke ABC und ADC ähnlich zueinander sind.
   b) Berechne die fehlenden Seitenlängen des Dreiecks ADC.

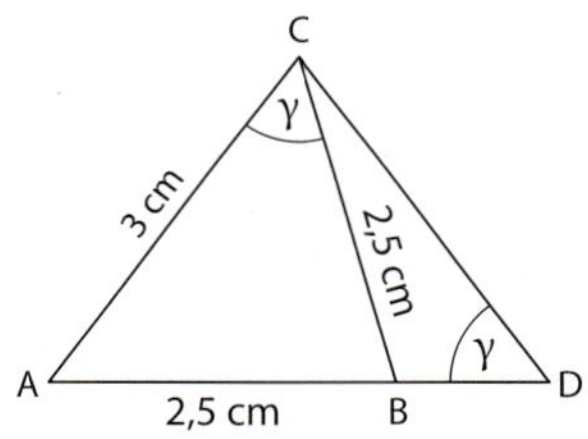

Weiterführende Aufgaben

5. Zeige, dass die Dreiecke ABC und DEF ähnlich zueinander sind, und bestimme die fehlenden Seitenlängen und Winkelgrößen.
   a) $\alpha = 46{,}9°$, $\beta = 82{,}4°$, a = 8,4 cm, b = 11,4 cm, c = 8,9 cm; $\delta = 82{,}4°$, $\varepsilon = 50{,}7°$, f = 6,3 cm
   b) $\alpha = 63{,}2°$, $\gamma = 84{,}6°$, a = 5,2 cm, b = 3,1 cm; $\varepsilon = 84{,}6°$, $\varphi = 32{,}2°$, e = 17,4 cm, f = 9,3 cm

Tipp zu 5:
Fertige im Heft jeweils eine Skizze wie in Aufgabe 1 an und markiere, welche Winkel und Seiten einander entsprechen.

6. In der nebenstehenden Figur sind AB und CD parallel.
   a) Zeige, dass die Dreiecke ABC und ACD ähnlich zueinander sind.
   b) Berechne die Seitenlängen von Dreieck ACD.

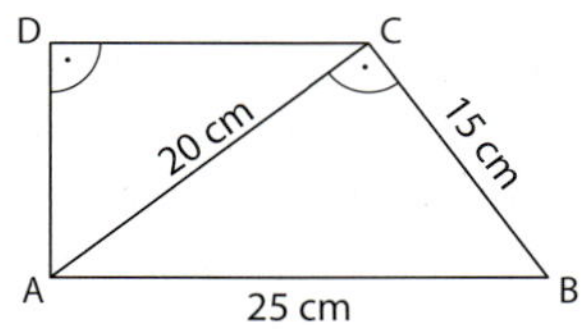

7. Prüfe, ob die Aussage stimmt und begründe. Ähnlich zueinander sind
   a) alle gleichseitigen Dreiecke,
   b) alle gleichschenkligen Dreiecke,
   c) alle rechtwinkligen Dreiecke,
   d) alle gleichschenklig-rechtwinkligen Dreiecke.

8. Stolperstelle: In der Figur mit den parallelen Geraden AB und CD sollen ähnliche Dreiecke gefunden werden. Stimmen die Aussagen von Nicole und Marina? Begründe.

a) Nicole meint: „Die Dreiecke ABS und CDS sind zueinander ähnlich. Das sieht man, wenn man Scheitelwinkel und Wechselwinkel betrachtet."

b) Marina erwidert: „Ebenso kann ich zeigen, dass die Dreiecke ASD und CSB ähnlich zueinander sind."

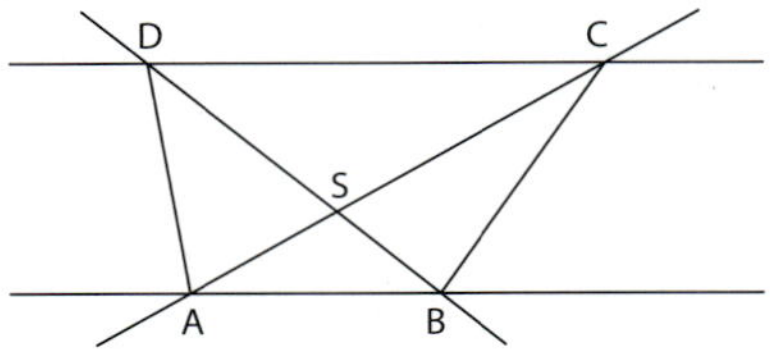

9. Ein 4,80 m hoher Laternenpfahl wirft einen 6,18 m langen Schatten. Der Schatten eines Baums ist 24,50 m lang.

a) Erkläre, warum es hier zwei ähnliche Dreiecke gibt.

b) Berechne die Höhe des Baums.

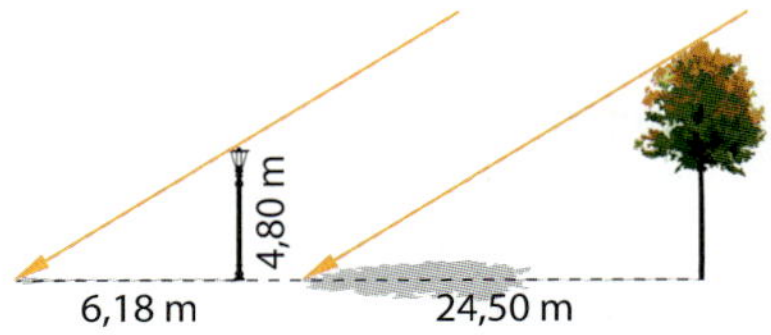

10. Ähnlichkeitssatz sss: Es gilt der Satz: Wenn zwei Dreiecke in allen drei Längenverhältnissen entsprechender Seiten übereinstimmen, so sind sie ähnlich zueinander.

a) Gegeben sind das Dreieck ABC mit a = 10,4 cm, b = 8,4 cm, c = 7,2 cm und das Dreieck A'B'C' mit a' = 7,8 cm, b' = 6,3 cm, c' = 5,4 cm. Zeige, dass die drei Längenverhältnisse entsprechender Seiten gleich sind.

b) Konstruiere die Dreiecke aus a) mit Zirkel und Lineal und miss ihre Innenwinkel. Was stellst du fest?

c) Wähle selbst zwei Dreiecke mit gleichen Längenverhältnissen, konstruiere sie und prüfe, ob sie ähnlich zueinander sind. Vergleicht die Ergebnisse in eurer Klasse.

11. Prüfe mit dem Ähnlichkeitssatz sss, ob die Dreiecke ABC und DEF ähnlich zueinander sind.

a) a = 6,9 cm, b = 2,7 cm, c = 5,4 cm   d = 9,2 cm, e = 3,6 cm, f = 7,2 cm

b) a = 18 cm, b = 12,3 cm, c = 9,9 cm   d = 3,3 cm, e = 6 cm, f = 4,1 cm

c) a = 16 cm, b = 20 cm, c = 12 cm   d = 12 cm, e = 15 cm, f = 8 cm

d) a = 25 cm, b = 15 cm, c = 15 cm   d = 1,8 m, e = 3 m, f = 1,8 m

12. Ist die Aussage richtig oder falsch? Begründe deine Entscheidung.

a) Sind zwei Dreiecke kongruent zueinander, dann sind sie auch ähnlich zueinander.

b) Sind zwei Dreiecke ähnlich zueinander, dann sind sie auch kongruent zueinander.

● **13.** Überprüfe, ob die Dreiecke ABC und DEF ähnlich zueinander sein können. Gib in diesem Fall eine Möglichkeit an, welche Winkel und Seiten einander entsprechen.

a) a = 3 cm, b = 5 cm, $\gamma = 45°$ d = 6 cm, e = 10 cm

b) a = 4 cm, b = 6 cm   d = 9 cm, e = 6 cm, $\varphi = 60°$

c) $\beta = 30°$, $\gamma = 80°$, $\alpha = 70°$ $\varepsilon = 30°$, f = 5 cm

d) $\alpha = 42°$, $\beta = 57°$, a = 3,4 cm, c = 5 cm $\varphi = 81°$, f = 10 cm, d = 7,5 cm

● **14. Ausblick:** Mithilfe des Ähnlichkeitssatzes ww kann man den **Kathetensatz** und den **Höhensatz** im rechtwinkligen Dreieck herleiten.

a) Zeige, dass die Dreiecke ABC und CDB ähnlich zueinander sind. Folgere hieraus: $a^2 = p \cdot c$.

b) Zeige, dass gilt: $b^2 = q \cdot c$.

c) Zeige, dass die Dreiecke ADC und CDB ähnlich zueinander sind. Folgere hieraus: $h^2 = p \cdot q$.

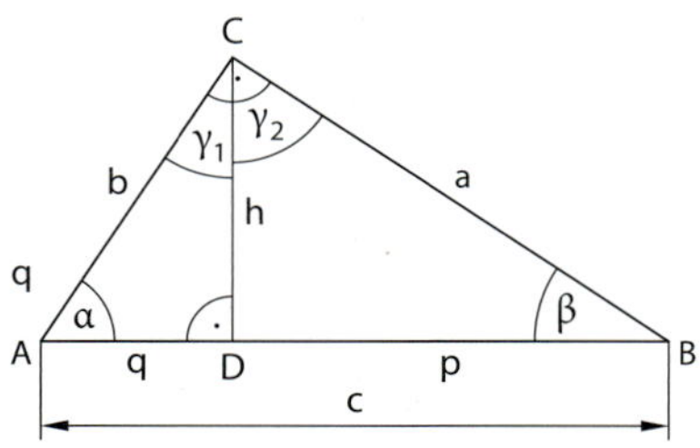

4.3 Anwenden der Ähnlichkeitssätze

■ Mit einem Messkeil kann man die Breite eines Spalts ermitteln. Der abgebildete Messkeil ist 10 cm lang und an der rechten Seite 1 cm dick. Wie breit ist der Spalt? Erkläre die Funktionsweise des Messkeils mithilfe von ähnlichen Dreiecken. ■

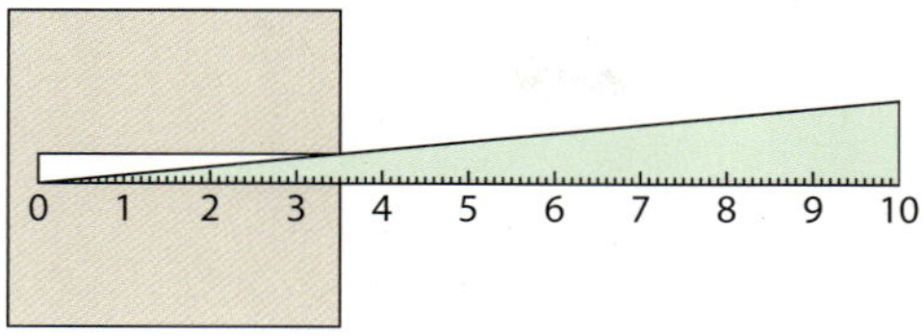

1. und 2. Strahlensatz

Werden zwei Strahlen mit einem gemeinsamen Anfangspunkt von zwei Geraden, die zueinander parallel sind, geschnitten, entsteht eine sogenannte **Strahlensatzfigur**.

Die Dreiecke SAB und SCD haben den Winkel α gemeinsam. Außerdem gilt $\beta = \gamma$, da es sich um Stufenwinkel an Parallelen handelt. Die Dreiecke stimmen in zwei Winkelgrößen überein und sind somit ähnlich.
Damit kann man Rückschlüsse über die Längenverhältnisse der Dreiecksseiten ziehen.
Es gilt: $\frac{\overline{SA}}{\overline{SC}} = \frac{\overline{SB}}{\overline{SD}} = \frac{\overline{AB}}{\overline{CD}}$

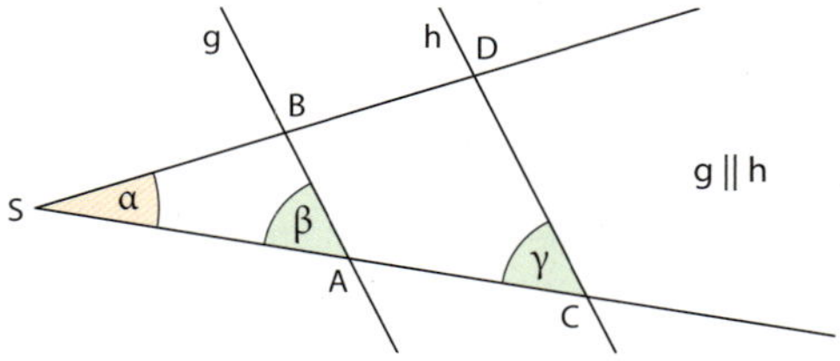

Wissen: Strahlensätze
Schneiden zwei Strahlen mit Ausgangspunkt S zwei parallele Geraden, so gilt:

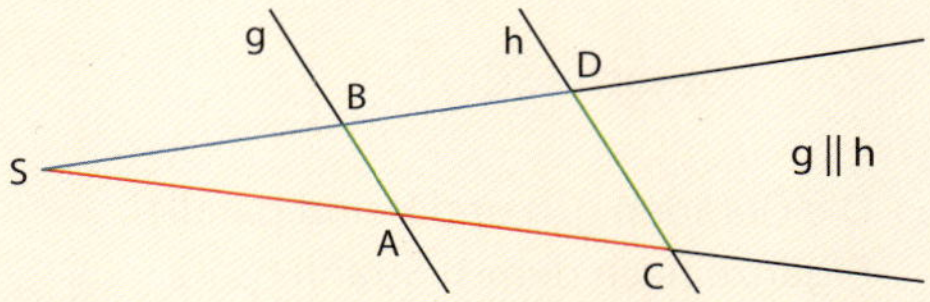

1. Strahlensatz: $\frac{\overline{SA}}{\overline{SC}} = \frac{\overline{SB}}{\overline{SD}}$
Das Längenverhältnis der von S ausgehenden Strecken auf einem Strahl ist gleich dem Längenverhältnis der entsprechenden Strecken auf dem anderen Strahl.

2. Strahlensatz: $\frac{\overline{AB}}{\overline{CD}} = \frac{\overline{SA}}{\overline{SC}}$ und $\frac{\overline{AB}}{\overline{CD}} = \frac{\overline{SB}}{\overline{SD}}$
Das Längenverhältnis von Strecken auf den Parallelen ist gleich dem Längenverhältnis der von S ausgehenden zugehörigen Strecken auf einem Strahl.

Hinweis:
Man kann die Strahlensätze so umformen, dass jeweils Zähler und Nenner vertauscht sind.
1. Strahlensatz: $\frac{\overline{SC}}{\overline{SA}} = \frac{\overline{SD}}{\overline{SB}}$
2. Strahlensatz:
$\frac{\overline{CD}}{\overline{AB}} = \frac{\overline{SC}}{\overline{SA}}$ und $\frac{\overline{CD}}{\overline{AB}} = \frac{\overline{SD}}{\overline{SB}}$

Beispiel 1: Längen mit dem 1. Strahlensatz berechnen
Berechne die Länge der Strecke $\overline{SC}$.

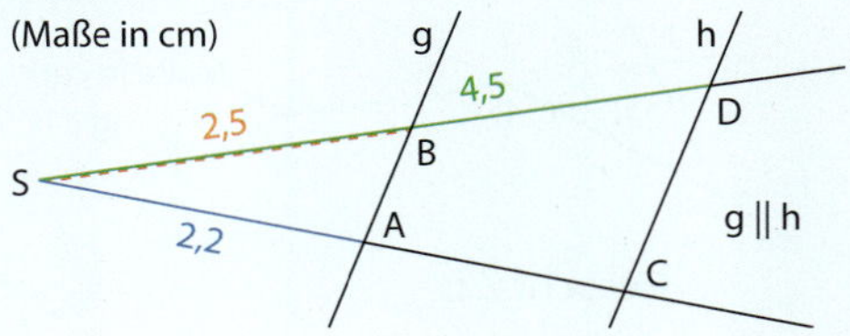

Lösung:
Von den drei gegebenen und der gesuchten Streckenlänge liegen auf beiden Strahlen jeweils zwei. Stelle den 1. Strahlensatz so auf, dass die gesuchte Länge im Zähler steht. Setze die Werte ein und stelle die Gleichung nach $\overline{SC}$ um.

1. Strahlensatz: $\frac{\overline{SC}}{\overline{SA}} = \frac{\overline{SD}}{\overline{SB}}$

$$\frac{\overline{SC}}{2{,}2\,\text{cm}} = \frac{4{,}5\,\text{cm}}{2{,}5\,\text{cm}} \quad | \cdot 2{,}2\,\text{cm}$$
$$\overline{SC} = \frac{4{,}5}{2{,}5} \cdot 2{,}2\,\text{cm} = 3{,}96\,\text{cm}$$

Beispiel 2: Längen mit dem 2. Strahlensatz berechnen

Berechne die Länge der Strecke $\overline{SB}$.

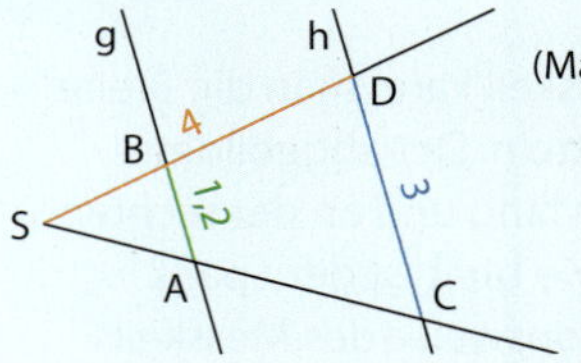

(Maße in cm)

g || h

Lösung:

Von den drei gegebenen und der gesuchten Streckenlänge liegen zwei auf einem Strahl und zwei auf den zugehörigen Parallelen. Stelle den 2. Strahlensatz auf. Setze die Werte ein und stelle die Gleichung nach $\overline{SB}$ um.

2. Strahlensatz: $\frac{\overline{SB}}{\overline{SD}} = \frac{\overline{AB}}{\overline{CD}}$

$\frac{\overline{SB}}{4\,\text{cm}} = \frac{1{,}2\,\text{cm}}{3\,\text{cm}} \quad | \cdot 4\,\text{cm}$

$\overline{SB} = \frac{1{,}2}{3} \cdot 4\,\text{cm} = 1{,}6\,\text{cm}$

Basisaufgaben

1. Berechne die gesuchten Streckenlängen. Verwende den 1. Strahlensatz.

a)

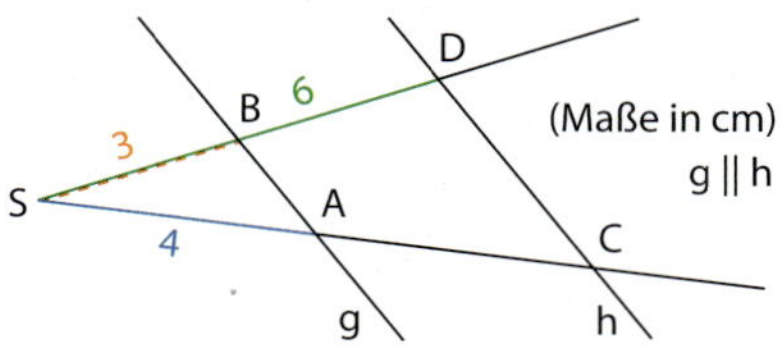

Gesucht: $\overline{SC}$

b)

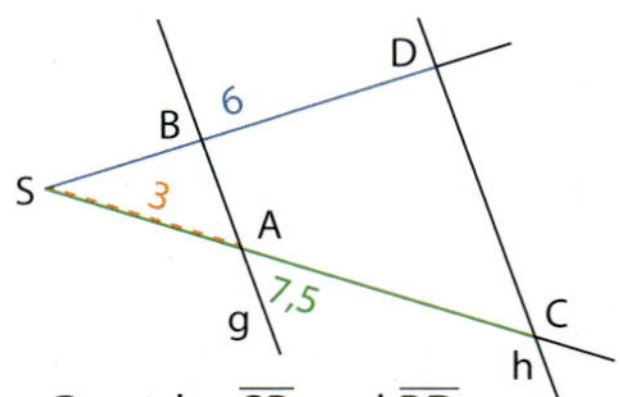

(Maße in cm)

g || h

Gesucht: $\overline{SB}$ und $\overline{BD}$

2. Die Geraden g, h und k sind parallel. Ergänze nach dem 1. Strahlensatz.

a) $\frac{\overline{AC}}{\overline{AB}} = \frac{\square}{\square}$ b) $\frac{\overline{AE}}{\overline{AG}} = \frac{\square}{\square}$

c) $\frac{\overline{AC}}{\square} = \frac{\square}{\overline{AE}}$ d) $\frac{\overline{AF}}{\square} = \frac{\overline{AC}}{\square}$

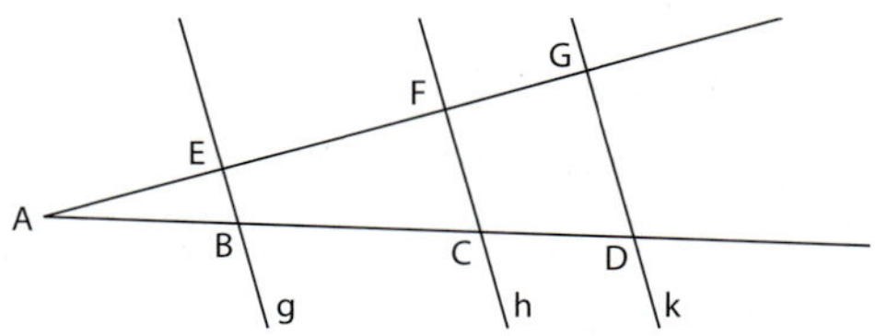

3. Berechne die gesuchten Streckenlängen. Verwende den 2. Strahlensatz.

a)

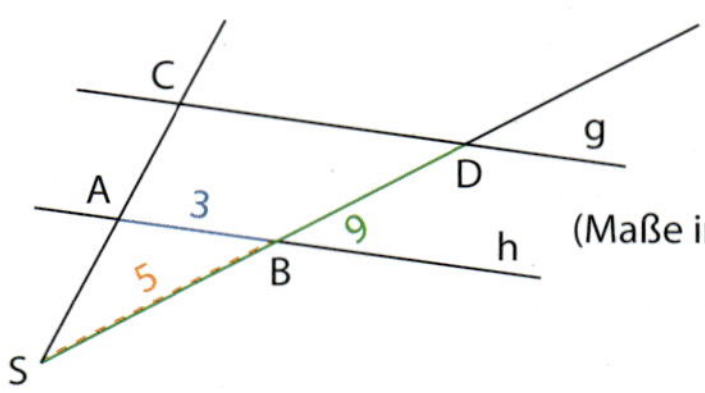

(Maße in cm)

g || h

Gesucht: $\overline{CD}$

b)

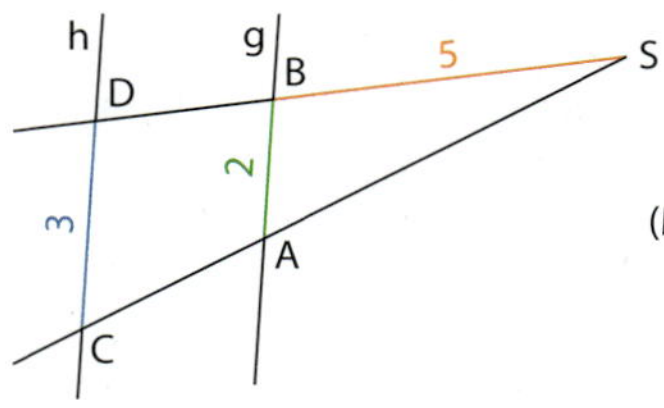

(Maße in cm)

g || h

Gesucht: $\overline{SD}$ und $\overline{BD}$

4. Die Geraden g und h sind parallel. Ergänze nach dem 2. Strahlensatz.

a) $\frac{\overline{BC}}{\overline{EF}} = \frac{\overline{AC}}{\square}$ b) $\frac{\overline{EG}}{\overline{BD}} = \frac{\overline{EA}}{\square} = \frac{\square}{\overline{DA}}$

c) $\frac{\overline{AG}}{\square} = \frac{\square}{\overline{BD}}$ d) $\frac{\overline{FG}}{\overline{CD}} = \frac{\overline{AF}}{\square} = \frac{\overline{EF}}{\square}$

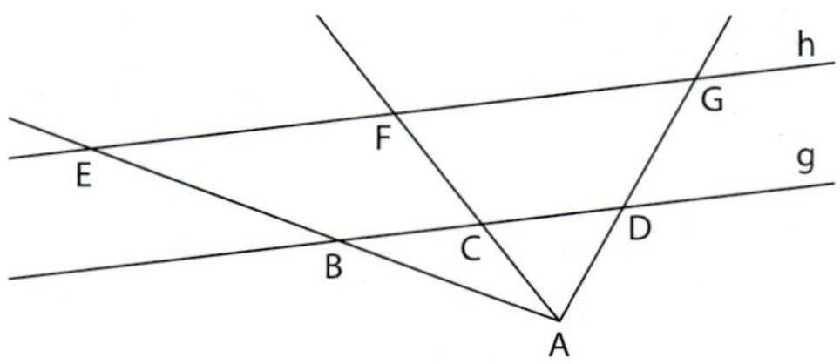

5. Begründe, dass die Gleichung gilt.

a) $\frac{\overline{AB}}{\overline{AC}} = \frac{\overline{AD}}{\overline{AE}}$ b) $\frac{\overline{AE}}{\overline{AC}} = \frac{\overline{AD}}{\overline{AB}}$ c) $\frac{\overline{DB}}{\overline{EC}} = \frac{\overline{AB}}{\overline{AC}}$

d) $\frac{\overline{BD}}{\overline{AB}} = \frac{\overline{CE}}{\overline{AC}}$ e) $\overline{AB} \cdot \overline{AE} = \overline{AD} \cdot \overline{AC}$

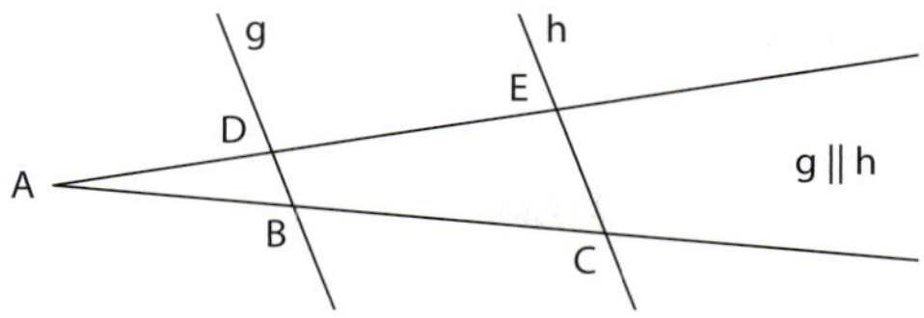

Strahlensätze bei sich schneidenden Geraden

Die Strahlensätze gelten auch dann, wenn es statt der Strahlen zwei Geraden gibt, die sich in einem Punkt schneiden, der zwischen den beiden Parallelen liegt.

Wissen: Strahlensätze bei sich schneidenden Geraden

Schneiden zwei Geraden mit Schnittpunkt S zwei parallele Geraden, so gilt:

1. Strahlensatz: $\frac{\overline{SA}}{\overline{SC}} = \frac{\overline{SB}}{\overline{SD}}$

2. Strahlensatz: $\frac{\overline{AB}}{\overline{CD}} = \frac{\overline{SA}}{\overline{SC}}$ und $\frac{\overline{AB}}{\overline{CD}} = \frac{\overline{SB}}{\overline{SD}}$

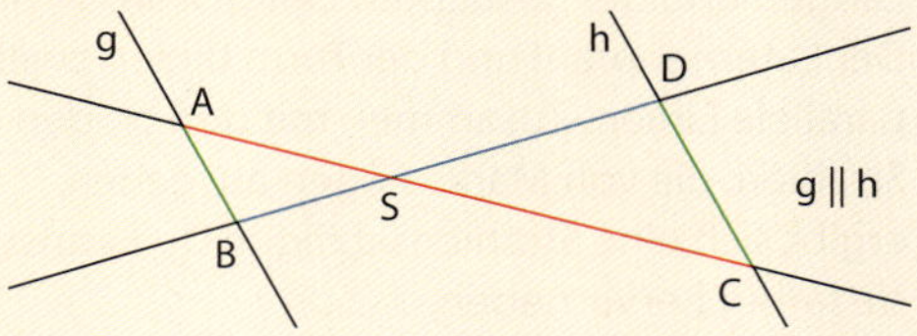

Hinweis:
Auch hier sind die Dreiecke SAB und SCD ähnlich.

Basisaufgaben

6. In der Figur ist LM || PQ.

a) Bestimme die Länge der Strecke $\overline{NP}$ mit dem 1. Strahlensatz, wenn gilt: $\overline{LN} = 4{,}2\,\text{cm}$, $\overline{NQ} = 2{,}8\,\text{cm}$, $\overline{MN} = 5{,}1\,\text{cm}$.

b) Bestimme die Länge der Strecke $\overline{LN}$ mit dem 1. Strahlensatz, wenn gilt: $\overline{NQ} = 5\,\text{cm}$, $\overline{NP} = 4\,\text{cm}$, $\overline{MN} = 2\,\text{cm}$.

c) Bestimme die Länge der Strecke $\overline{NP}$ mit dem 2. Strahlensatz, wenn gilt: $\overline{LM} = 50\,\text{mm}$, $\overline{PQ} = 35\,\text{mm}$, $\overline{MN} = 80\,\text{mm}$

d) Bestimme die Länge der Strecke $\overline{PQ}$ mit dem 2. Strahlensatz, wenn gilt: $\overline{LN} = 3{,}2\,\text{m}$, $\overline{NQ} = 5{,}6\,\text{m}$, $\overline{LM} = 2{,}4\,\text{m}$.

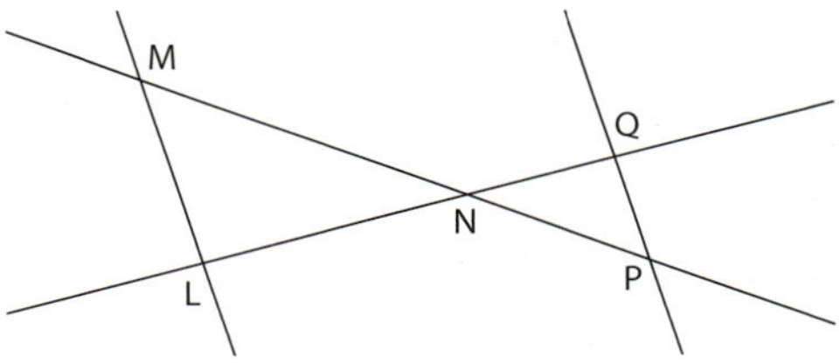

Tipp zu 6:
Übertrage die Figur in dein Heft und trage jeweils die gegebenen und die gesuchte Länge ein.

Hinweis zu 6:
Hier findest du die Maßzahlen der Lösungen.

7. Bestimme die mit x und y bezeichneten Streckenlängen (Maße in cm).

a)

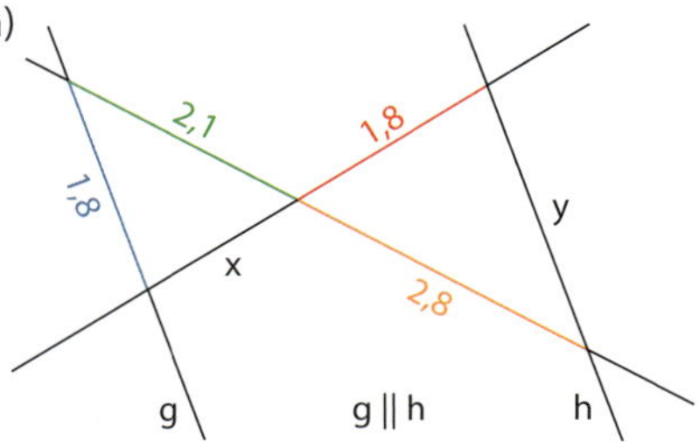

b)

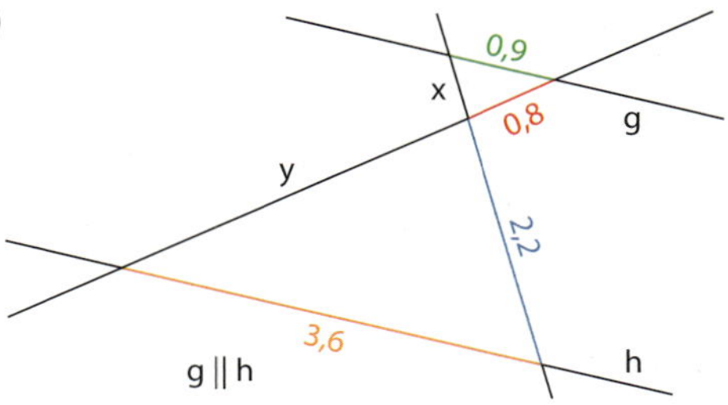

8. Die Geraden g, h und k sind parallel. Ergänze nach den Strahlensätzen.

a) $\frac{\overline{AE}}{\overline{AB}} = \frac{\overline{AD}}{\blacksquare}$ b) $\frac{\overline{AF}}{\overline{AC}} = \frac{\blacksquare}{\overline{AB}}$

c) $\frac{\overline{AB}}{\overline{AG}} = \frac{\overline{BC}}{\blacksquare}$ d) $\frac{\overline{AD}}{\blacksquare} = \frac{\overline{DE}}{\overline{BC}} = \frac{\blacksquare}{\overline{AB}}$

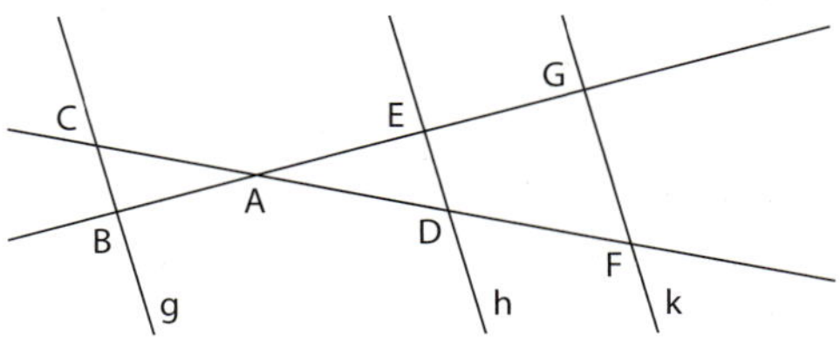

Anwenden der Strahlensätze

Beispiel 3: Mark steht auf waagerechtem Grund 2,7 m von einem 3,2 m hohen Laternenpfahl und 75 m vom Turm einer Burg entfernt. Er sieht die Spitzen von Laterne und Turm direkt hintereinander. Seine Augenhöhe beträgt 1,7 m. Bestimme die Höhe des Burgturms.

Lösung:

Fertige eine Skizze mit den gegebenen Längen und der gesuchten Länge x an.
Der Laternenpfahl und der Turm bilden zwei parallele Linien. Zusammen mit den beiden Strahlen, die von Marks Augen ausgehen, ergibt sich eine Strahlensatzfigur. Du kannst sie farbig hervorheben.

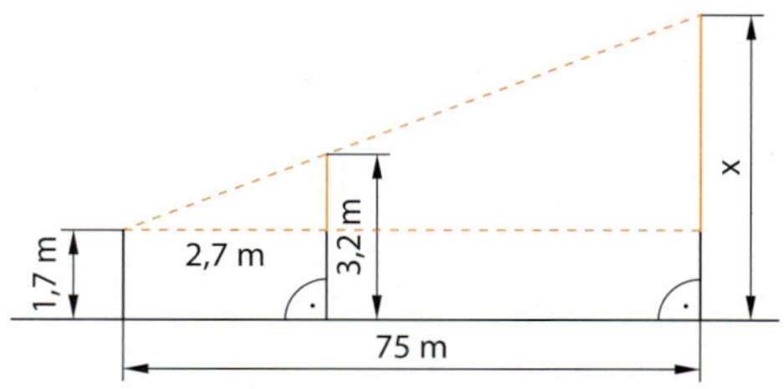

Mit dem 2. Strahlensatz erhältst du eine Gleichung, welche die gesuchte Länge x enthält.
Löse die Gleichung nach x auf.

$$\frac{x - 1{,}7\,\text{m}}{3{,}2\,\text{m} - 1{,}7\,\text{m}} = \frac{75\,\text{m}}{2{,}7\,\text{m}} \qquad | \cdot 1{,}5\,\text{m}$$

$$x - 1{,}7\,\text{m} = \frac{75}{2{,}7} \cdot 1{,}5\,\text{m} \qquad | + 1{,}7\,\text{m}$$

$$x = \frac{75}{2{,}7} \cdot 1{,}5\,\text{m} + 1{,}7\,\text{m} \approx 43{,}4\,\text{m}$$

Der Turm ist etwa 43,4 m hoch.

Basisaufgaben

9. Die Länge einer Ruderstrecke vom Westufer W zum Ostufer O soll bestimmt werden. Da eine direkte Messung nicht möglich ist, werden die Entfernungen $\overline{AW}$, $\overline{AB}$ und $\overline{BC}$ bestimmt.
Berechne die Länge der Ruderstrecke $\overline{WO}$, wenn gilt: $\overline{AW} = 500\,\text{m}$; $\overline{AB} = 10\,\text{m}$; $\overline{BC} = 30\,\text{m}$

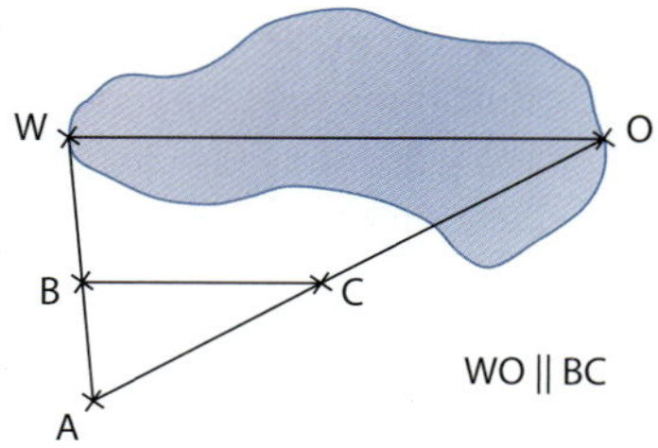

10. Bei diesem unter eine Dachschräge gebauten Regal ist der senkrechte Frontrahmen 1,40 Meter hoch und unten auf dem Boden 1,60 Meter von der Dachschräge entfernt. Die Regalbretter sind in einer Höhe von 40 cm, 70 cm und 100 cm angebracht.
Berechne die Länge der Regalbretter.

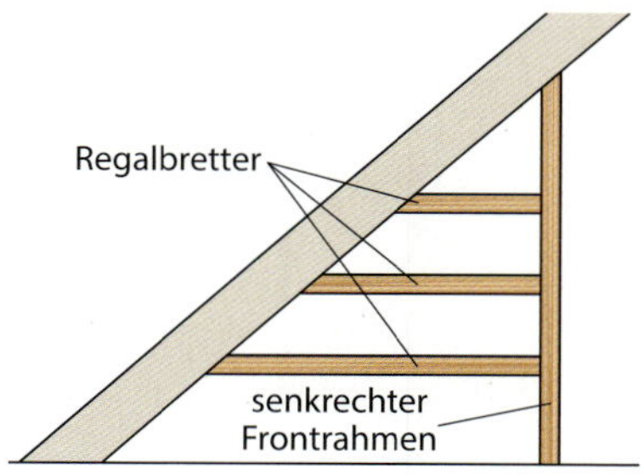

11. Eine 3 m hohe Wand wirft am Boden einen 7 m langen Schatten. Isabel stellt sich möglichst weit entfernt von der Wand hin, aber nur so weit, dass sie sich noch vollständig im Schatten der Wand befindet. Ihre Entfernung zur Wand ist 3,75 m.
Fertige eine Skizze an und berechne die Körpergröße von Isabel.

Weiterführende Aufgaben

12. Erweiterter 1. Strahlensatz: In der Strahlensatzfigur gilt: $\frac{\overline{SA}}{\overline{AC}} = \frac{\overline{SB}}{\overline{BD}}$

a) Erläutere, dass $\frac{\overline{SC}}{\overline{SA}} = \frac{\overline{SD}}{\overline{SB}}$ gilt. Leite daraus die obige Gleichung her. Setze $\overline{SC} = \overline{SA} + \overline{AC}$ und $\overline{SD} = \overline{SB} + \overline{BD}$.

b) Vervollständige den Satz im Heft: „Das Längenverhältnis zweier Strecken auf einem Strahl …"

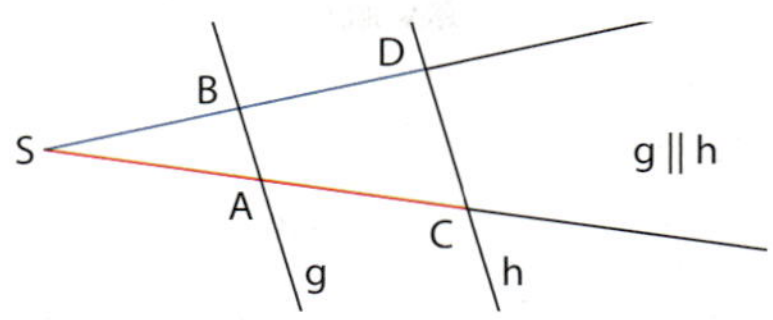

13. Berechne die fehlenden Streckenlängen.

a) a = 4 cm, b = 3 cm, c = 3,2 cm, f = 3,5 cm
b) b = 7,2 m, c = 5,2 m, d = 2,6 m, e = 11,4 m
c) b = c = d = f = 5 cm
d) a = 9 mm, b = 18 mm, c = 15 mm, e = 7 mm
e) a = 48 cm, c = 27 cm, e = 24 cm, f = 42 cm

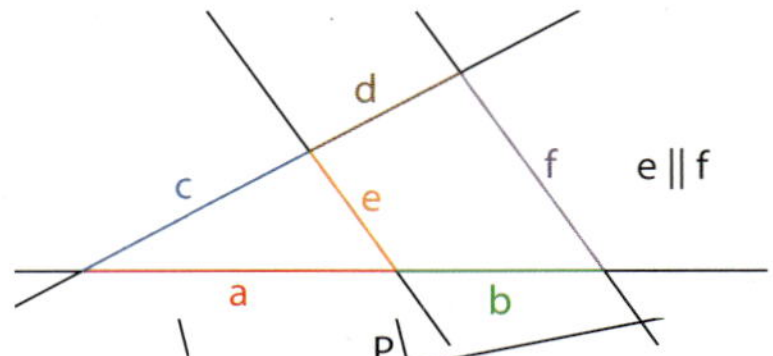

14. Stolperstelle: Prüfe, ob die Gleichungen, die Moritz aufgestellt hat, richtig sind. Falls nicht, korrigiere sie.

a) $\frac{\overline{SN}}{\overline{QS}} = \frac{\overline{NM}}{\overline{PQ}}$ b) $\frac{\overline{PQ}}{\overline{MN}} = \frac{\overline{SP}}{\overline{SN}}$ c) $\frac{\overline{MN}}{\overline{PQ}} = \frac{\overline{SM}}{\overline{MP}}$

d) $\frac{\overline{MP}}{\overline{SM}} = \frac{\overline{SQ}}{\overline{SN}}$ e) $\frac{\overline{SP}}{\overline{PQ}} = \frac{\overline{SM}}{\overline{MN}}$ f) $\frac{\overline{SQ}}{\overline{SM}} = \frac{\overline{SP}}{\overline{SN}}$

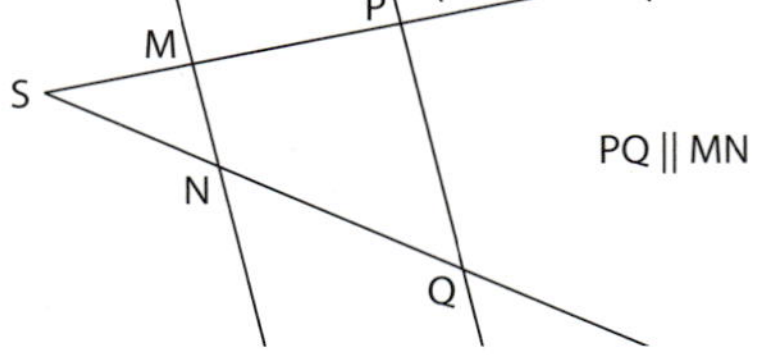

15. In der abgebildeten Figur werden drei Strahlen von zwei parallelen Geraden geschnitten.

a) Es entstehen insgesamt drei Strahlensatzfiguren. Gib jeweils für jede Strahlensatzfigur den 1. und den 2. Strahlensatz an.

b) Berechne die gesuchten Streckenlängen.
① f = 4 cm, g = 2 cm, h = 3 cm, gesucht: i
② j = 3 cm, j + k = 9 cm, p = 12 cm, gesucht: n
③ m = 1 cm, n = 4 cm, p = 6 cm, gesucht: l
④ h + n = 8 cm, p = 8 cm, f = 5 cm, g = 10 cm, gesucht: i
⑤ k = 3 cm, j = 2 cm, g = 1 cm, gesucht: f
⑥ f = 3 cm, k = 9 cm, m + l = 12 cm, p = 9 cm, n = 3 cm, gesucht: l, j, g

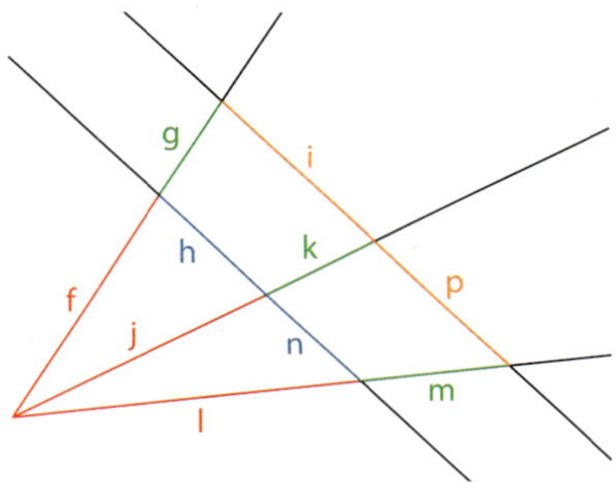

16. Martin trainiert die Jugendmannschaft des RC Sorpesee beim Rudern. Um zu bestimmen, wie schnell die Mannschaft startet, nutzt er zwei Pfähle, die am Ufer auf einer Parallelen zur Fahrtrichtung drei Meter auseinander stehen. Er selbst steht 4 m von jedem Pfahl und 800 m von der Anlegestelle entfernt. Martin hat dazu die Zeichnung rechts angefertigt.

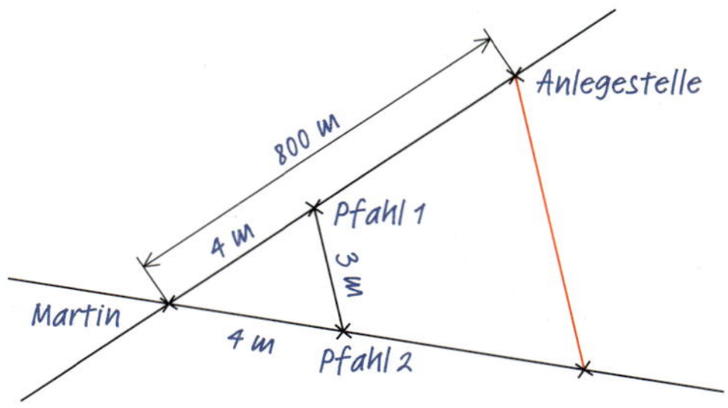

Befindet sich das Boot hinter dem ersten Pfahl, startet Martin die Zeitmessung. Gestoppt wird, wenn das Boot hinter dem zweiten Pfahl verschwindet.

a) Berechne die Länge der Strecke, die das Boot während der Zeitmessung zurücklegt.

b) Martin hat eine Zeit von 2:30 Minuten gemessen. Bestimme, wie schnell die Ruderer gefahren sind.

17. Mit einem Försterdreieck kannst du die Höhe eines Objekts, z. B. eines Baums, bestimmen. Das Dreieck ist rechtwinklig und gleichschenklig. Peilst du über die längere Dreiecksseite den Baum wie in der Zeichnung an, so erhältst du die Höhe h des Baums, indem du $h = a + d$ mit Augenhöhe a und Entfernung d berechnest.

a) Begründe, warum das Verfahren korrekt ist.

b) Gib eine Formel an für den Fall, dass das eingesetzte Dreieck nicht gleichschenklig ist.

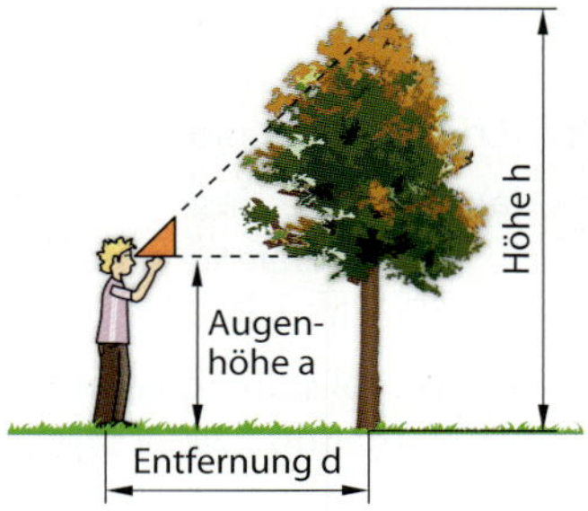

18. Die Lochkamera lässt Lichtstrahlen durch ein kleines Loch auf eine lichtempfindliche Fläche fallen. Aufgenommene Gegenstände werden also verkleinert dargestellt. (G: Gegenstandsgröße, g: Gegenstandsweite, B: Bildgröße, b: Bildweite)

a) Zeige, dass die Gleichung $\frac{G}{B} = \frac{g}{b}$ gilt.

b) Vervollständige die Tabelle.

g	G	b	B
10 m	1,80 m	10 cm	
	5 m	10 cm	2,5 cm
120 m		7,5 cm	2,5 cm
6,3 m	4,2 m		4 cm

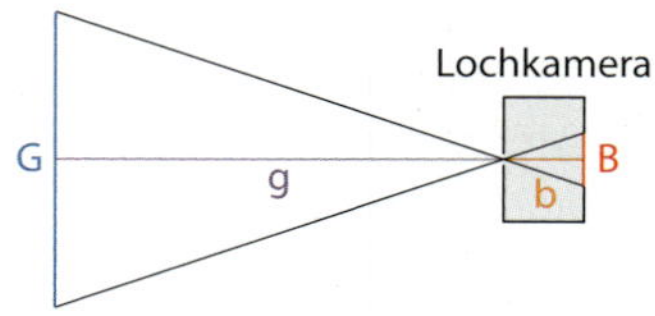

● **19.** Die Sonne hat einen Durchmesser von 1,4 Millionen Kilometern, der Mond nimmt sich mit 3476 km Durchmesser eher klein aus. Dennoch kann er bei einer totalen Sonnenfinsternis, wie am 20. März 2015 auf den Färöer-Inseln zu beobachten, die Sonne vollständig bedecken. Die Sonne war zu dieser Zeit 149 Millionen Kilometer von der Erde entfernt.
Bestimme, wie groß der Abstand der Erde zum Mond höchstens gewesen sein kann.

Tipp zu 20:
Verwende auch den Satz des Pythagoras.

● **20.** Ein gerader Kegel hat den Radius R, die Höhe H und die Mantellinie S. Davon wird ein kleinerer Kegel (Radius r, Höhe h, Mantellinie s) abgeschnitten. Bestimme die nicht angegebenen Größen.

a) $R = 15\,cm$; $H = 20\,cm$; $r = 3{,}75\,cm$

b) $R = 21\,cm$; $r = 6\,cm$; $s = 15{,}6\,cm$

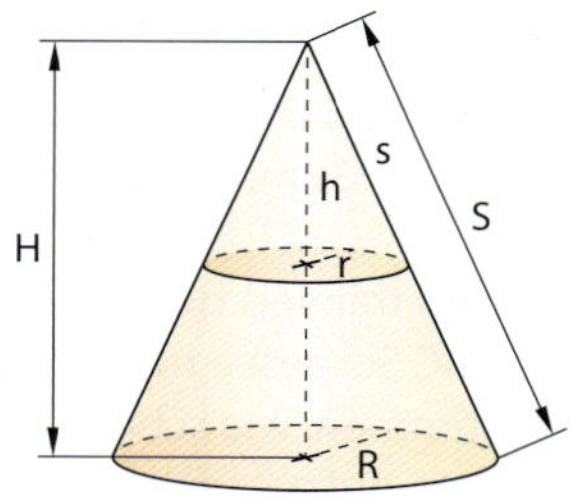

● **21. Ausblick:** Es gilt auch die Umkehrung des 1. Strahlensatzes: Gilt in der nebenstehenden Figur $\frac{\overline{SA}}{\overline{SC}} = \frac{\overline{SB}}{\overline{SD}}$, so sind die Geraden g und h parallel.

a) Prüfe, ob die Geraden g und h für die angegebenen Längen parallel sind.

① $\overline{SA} = 3{,}2\,m$; $\overline{SB} = 2{,}1\,m$; $\overline{SC} = 6{,}72\,m$; $\overline{SD} = 4{,}41\,m$

② $\overline{SA} = 4\,cm$; $\overline{SB} = 1{,}8\,cm$; $\overline{SC} = 7\,cm$; $\overline{SD} = 2{,}8\,cm$

b) Zeige mithilfe einer Zeichnung, dass die Umkehrung des 2. Strahlensatzes nicht gilt.

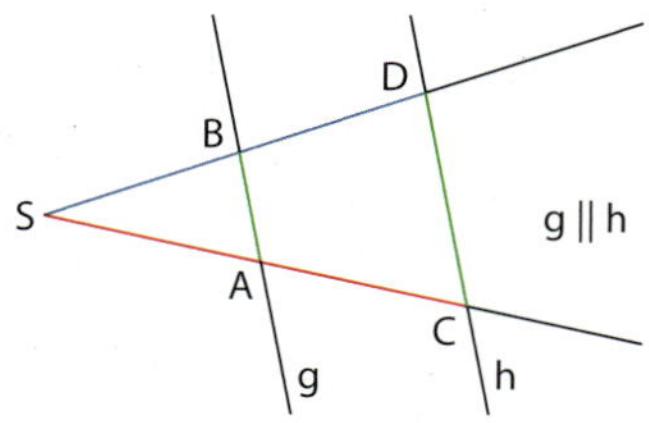

4.4 Vermischte Aufgaben

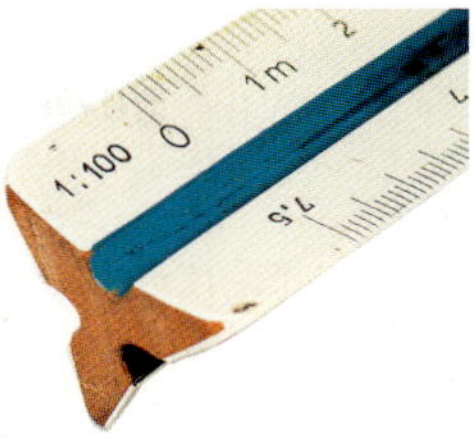

1. a) Erläutere an einem Beispiel, was es bedeutet, wenn an einer Zeichung steht: Maßstab 1 : 100

b) Vergleiche *Maßstab* und *Ähnlichkeit* an einem praktischen Beispiel.

c) Was bedeutet die Angabe 4 : 1? In welchem Zusammenhang könnte man solch eine Angabe finden?

d) Ein Grundstücksplan wurde im Maßstab 1 : 125 gezeichnet. Das Grundstück ist in Wirklichkeit 81,25 m lang und 20 Meter breit. Gib die Größe des Grundstücks auf dem Plan an.

2. Ordne die Begriffe „Kongruenz",„Verkleinerung" und „Vergrößerung" den folgenden Ähnlichkeitsfaktoren richtig zu:

$k = 1{,}5$	$k = \frac{2}{3}$	$k = 1$	$k = 3\frac{1}{2}$	$k = \frac{5}{2}$

3. Lichtmikroskope sind Geräte, die für das Auge oft nicht sichtbare Objekte sehr stark vergrößern. Sie werden häufig für biologische Untersuchungen eingesetzt und können Objekte in 1000-facher Vergrößerung wiedergeben.

a) Ein Cholera-Bakterium ist unter dem Mikroskop 3 mm lang und 1 mm breit. Es wurde im Maßstab 1250 : 1 vergrößert. Gib die Originalmaße des Bakteriums an.

b) Maike beobachtet unter dem Mikroskop regelmäßig, wie sich die Zellen einer Kultur teilen. Aus einer einzelnen Zelle haben sich innerhalb von zehn Minuten acht neue Zellen gebildet. Stark vergrößert (und vereinfacht) sehen sie so aus. Wie viele ähnliche Zellen erkennst du?

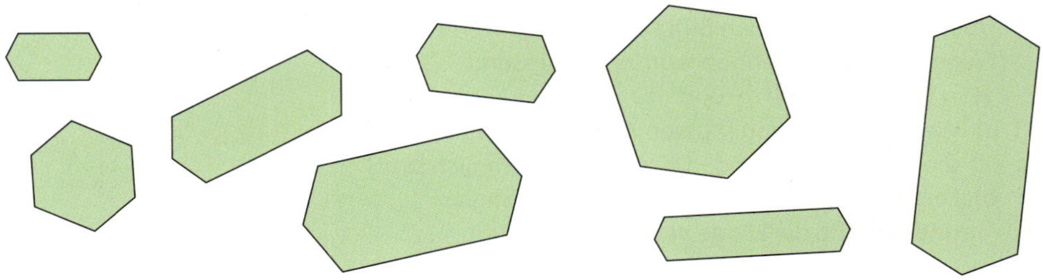

4. Gib den Ähnlichkeitsfaktor des rechten bezüglich des linken Dreiecks an.

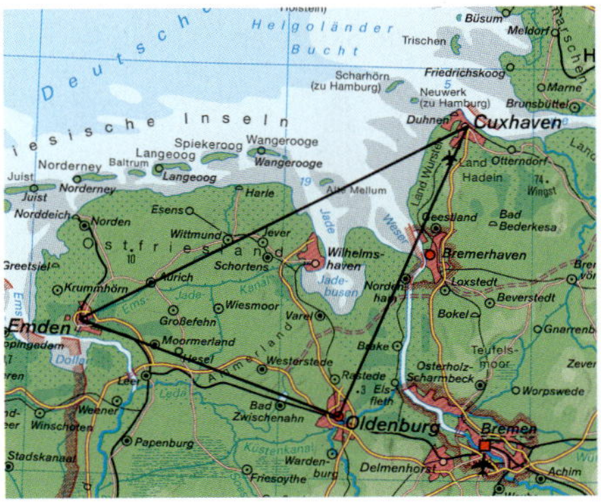

Maßstab 1: 1.200.000

Maßstab 1 : 3.000.000

5. Finde in den Zeichnungen ähnliche Figuren. Begründe mit dem Ähnlichkeitssatz.

a)
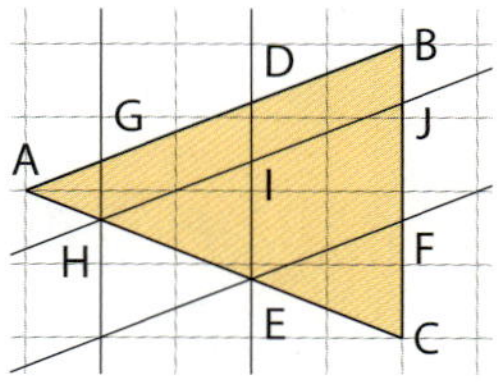

b)
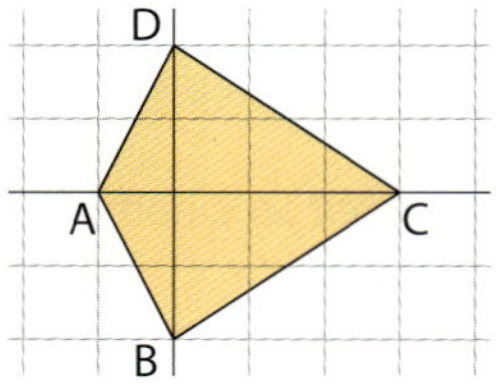

c)
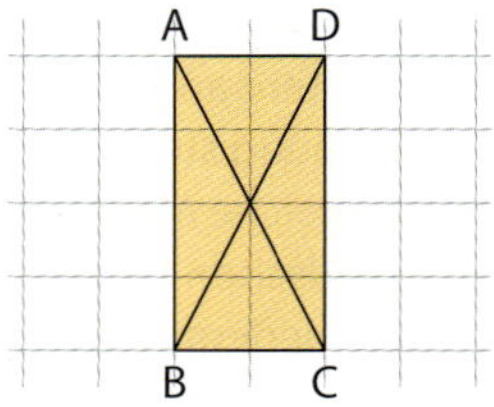

6. a) Zeichne ein beliebiges rechtwinkliges Dreieck ABC mit $\gamma = 90°$.
b) Fälle das Lot von C auf $\overline{AB}$. Bezeichne den Schnittpunkt mit $\overline{AB}$ mit D.
c) Zeige, dass die beiden Dreiecke ABC und ADC zueinander ähnlich sind.

7. Sonne, Mond, Erde und Erbse

Eine Erbse von 5 mm Durchmesser verdeckt gerade den 384 000 km entfernten Vollmond, wenn man sie 55 cm vom Auge entfernt hält. Berechne damit den Radius des Mondes.

Wie weit vom Auge entfernt müsste man eine Erbse mit 5 mm Durchmesser halten, wenn sie die 149 Mio. km entfernte Sonne mit einem Durchmesser von 1,4 Mio. km ganz verdecken soll?

Die Erde hat einen Durchmesser von ca. 12 800 km. Bestimme den Ähnlichkeitsfaktor zwischen Erde und Mond (3476 km Durchmesser) sowie zwischen Erde und Sonne (1,4 Mio. km Durchmesser). Welchen Maßstab müsstest du wählen, um die zentrische Streckung zwischen Erde und Sonne auf einem DIN-A4-Blatt darzustellen?

Eine Erbse hat einen Durchmesser von 5 mm. Erstelle ein Spaßfoto, auf dem die Erbse größer zu sein scheint als beispielsweise ein Fußball.

8. Über einen See soll eine Brücke $\overline{BC}$ gebaut werden. Folgende Streckenlängen wurden gemessen:
$\overline{PA} = 85\,m$, $\overline{PB} = 100\,m$ und $\overline{PD} = 210\,m$.
a) Welche Bedingung müssen $\overline{AB}$ und $\overline{CD}$ erfüllen, damit die Dreiecke PAB und PDC zueinander ähnlich sind?
b) Fertige eine maßstabsgerechte Zeichnung an und ermittle die Länge von $\overline{BC}$ zeichnerisch.

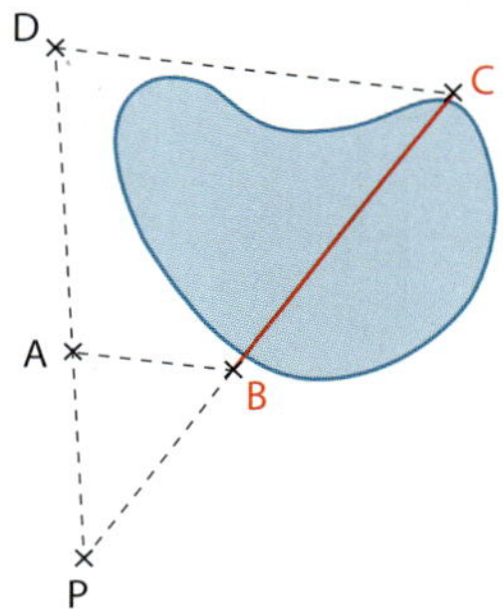

9. Um die Höhe des Kirchturms zu bestimmen, legt Peter einen Spiegel auf den Boden und entfernt sich so weit vom Spiegel, bis er die Kirchturmspitze im Spiegel sehen kann. Peters Mitschüler messen die Entfernungen und fertigen eine Skizze an.

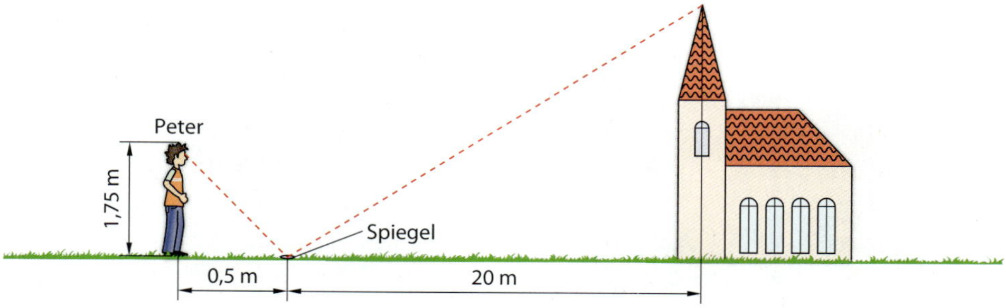

a) Berechne, wie hoch der Kirchturm ist.
b) Bestimme mit dieser Methode die Höhen anderer Objekte (z. B. Bäume).

10. In nebenstehender Abbildung ist Punkt P′ das Bild von Punkt P bei einer zentrischen Streckung mit Z als Streckungszentrum.
Bei der gleichen Streckung soll das Bild von Punkt Q konstruiert werden.
Beschreibe, wie du Q′ konstruieren würdest.

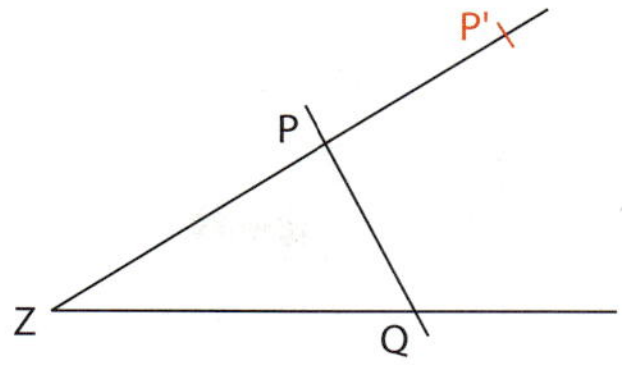

11. Bei folgender zentrischer Streckung ist etwas durcheinandergeraten:

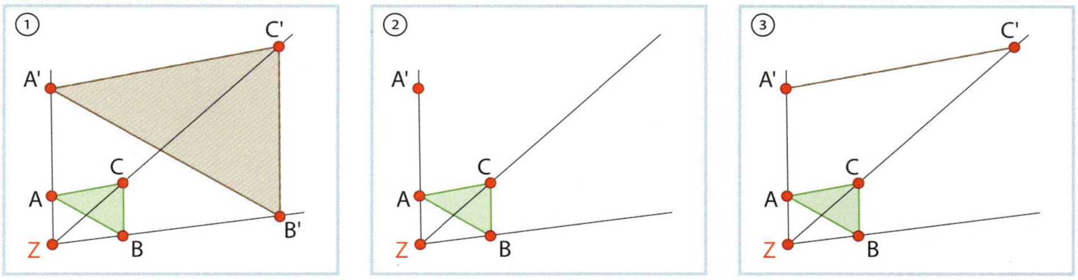

a) Bringe die Bilder in die richtige Reihenfolge.
b) Formuliere eine Konstruktionsbeschreibung.

12. Entscheide und begründe, bei welcher der folgenden Figuren alle auftretenden Dreiecke zueinander ähnlich sind und bei welcher nicht.

a)

b)

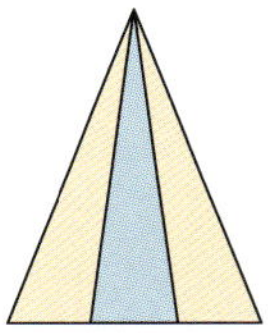

c)

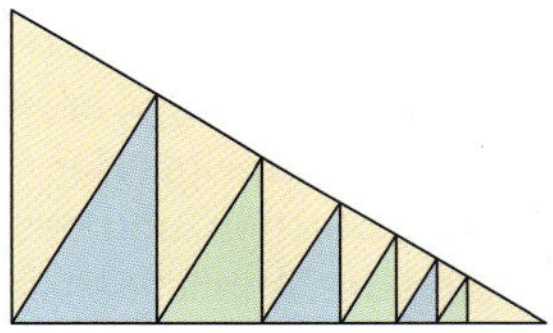

13. Für die beiden Vierecke gilt: $\alpha = 116°$, $\beta = 102°$, $\gamma_1 = 35°$, $\delta = 83°$ sowie $\alpha_1{}' = 62°$, $\alpha_2{}' = 54°$, $\gamma_1{}' = 35°$ und $\gamma_2{}' = 24°$. Zeige, dass beide Vierecke ähnlich sind.

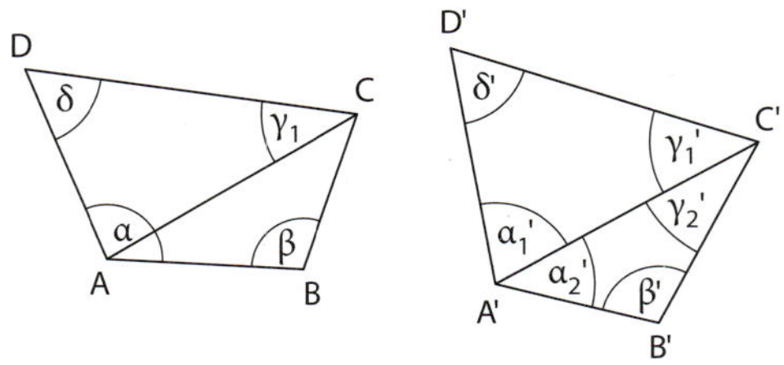

14. Miriam: „So einen Ähnlichkeitssatz könnte man doch auch für Vierecke formulieren: Stimmen zwei Vierecke in zwei Winkeln überein, so sind sie einander ähnlich.“ Willi: „Nein, sie müssen schon in drei Winkeln übereinstimmen.“ Beate: „Nein, sie müssen in drei Winkeln und im Verhältnis zweier benachbarter Seiten übereinstimmen.“ Was sagst du dazu?

15. Diese Figuren bilden Schritte auf dem Weg zum Sierpiński-Dreieck (nach dem polnischen Mathematiker Wacław Sierpiński, 1882–1969).
a) Beschreibe, was in jedem Schritt geschieht.
b) Das Verfahren wird theoretisch unendlich oft durchgeführt. Erkläre, warum die entstehende Figur als „selbstähnlich“ bezeichnet wird.

Lösungen ↗ S. 209

1. Begründe für die Vielecke 2 bis 5, warum sie ähnlich zu Vieleck 1 sind oder nicht.

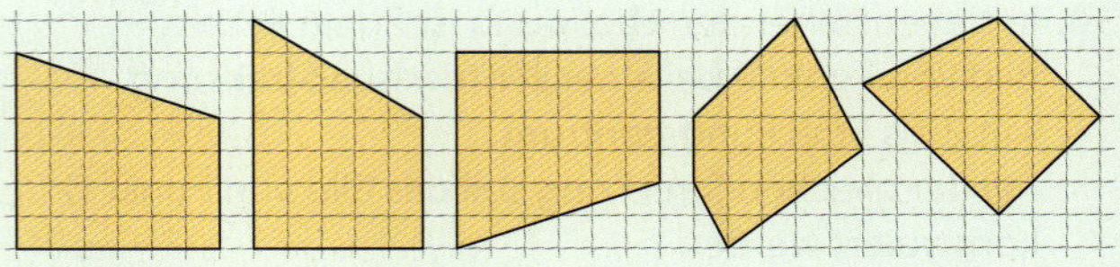

2. Bestimme den Ähnlichkeitsfaktor k und ergänze die begonnenen Figuren in deinem Heft jeweils zu ähnlichen Figuren.

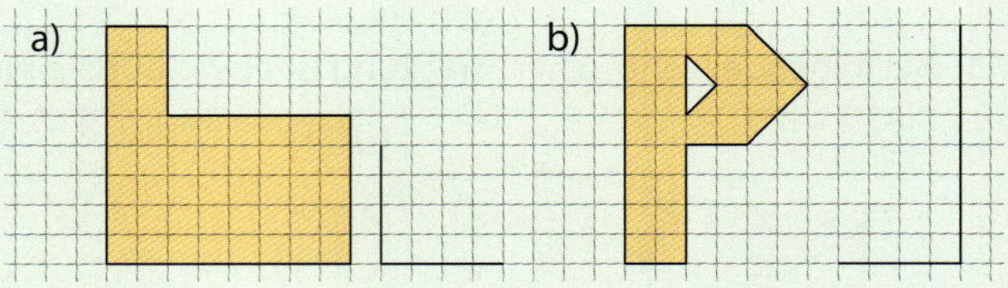

3. Eine moderne Digitalkamera macht Fotos in der Größe 230 mm × 345 mm. Im Fotogeschäft werden zur Nachbestellung der Bilder die üblichen Maße 9 × 13 cm, 10 × 15 cm und 13 × 18 cm angeboten.
a) Geben die angebotenen Maße das ganze Bild wieder?
b) Gib, wenn möglich, den Ähnlichkeitsfaktor an.

4. Übertrage die Zeichnung in dein Heft. Überprüfe jeweils, ob die Dreiecke ähnlich sind, gib ggf. an, welche Seiten einander entsprechen, und bestimme den Ähnlichkeitsfaktor.

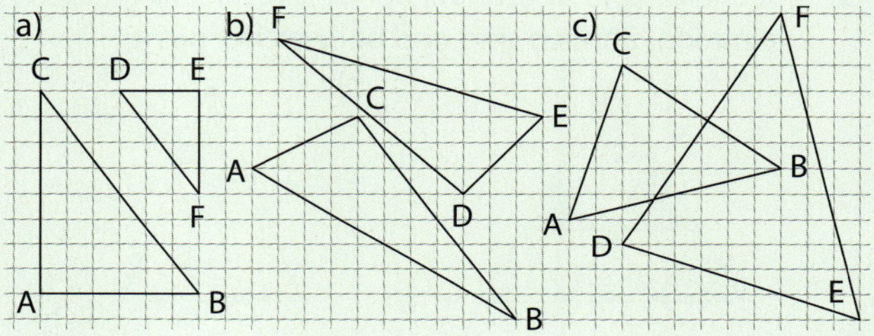

5. Überprüfe anhand der gegebenen Größen, ob die Dreiecke ABC und A'B'C' ähnlich sein können. Gib ggf. an, welche Seiten einander entsprechen, und bestimme den Ähnlichkeitsfaktor.
a) $a = 3$ cm, $b = 5$ cm, $a' = 4{,}5$, $b' = 7{,}5$ cm b) $\alpha = 65°$, $\beta = 42°$, $\beta' = 42°$, $\gamma' = 73°$
c) $\alpha = 30°$, $\beta = 52°$, $b = 4$ cm, $\gamma' = 30°$, $\alpha' = 98°$, $b' = 5$ cm, $c' = 6$ cm

6. Prüfe, ob folgende Aussage wahr ist. Begründe deine Aussage.
a) Zwei gleichseitige Dreiecke sind stets zueinander ähnlich.
b) Zwei gleichschenklig-rechtwinklige Dreiecke sind stets zueinander ähnlich.

7. Die Geraden g und h sind parallel. Bestimme die gesuchte Streckenlänge aus den angegebenen Streckenlängen mithilfe der Strahlensätze.

a)
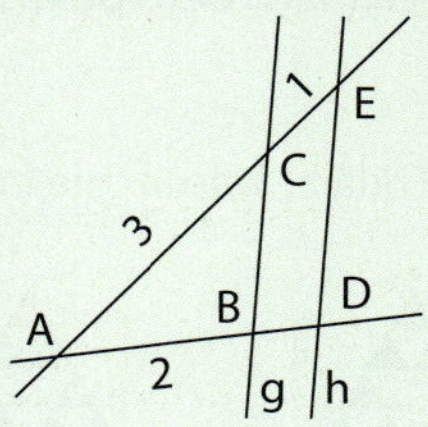

gesucht: $\overline{BD}$

b)
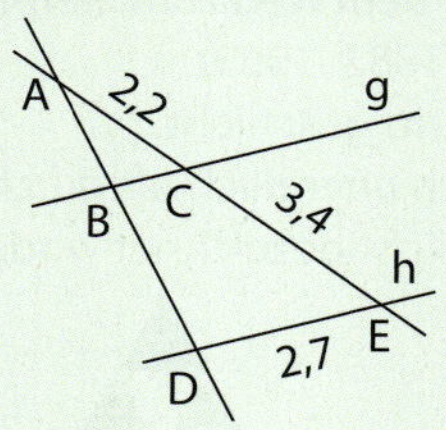

gesucht: $\overline{BC}$

c)
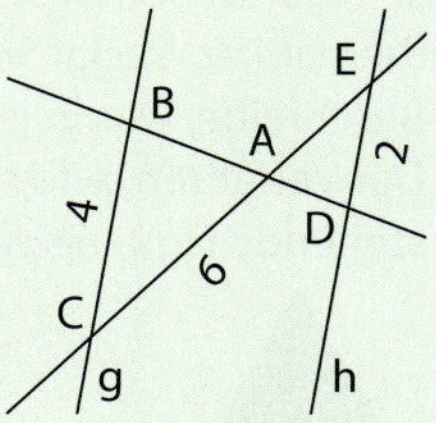

gesucht: $\overline{AE}$

Lösungen
↗ **S. 209**

8. Es soll die Breite eines Flusses vom Südufer S zum Nordufer N bestimmt werden. Da eine direkte Messung nicht möglich ist, wird am Südufer ein Dreieck ABC mit Pfählen markiert. Es werden die Seitenlängen $\overline{AC}$, $\overline{BC}$ und zusätzlich die Länge von $\overline{BS}$ gemessen. Berechne die Breite des Flusses.

a) $\overline{AC} = 1\,m$; $\overline{BC} = 1\,m$; $\overline{BS} = 4\,m$
b) $\overline{AC} = 11{,}2\,m$; $\overline{BC} = 5{,}7\,m$; $\overline{BS} = 13{,}4\,m$

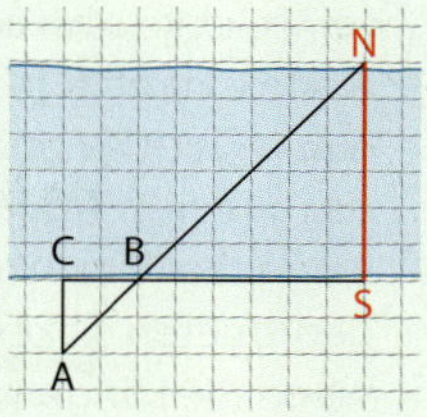

9. Die Klasse 9a experimentiert: Mit Holzlatten verschiedener Längen sollen die Höhen einiger Gebäude berechnet werden. Bestimme jeweils die gesuchte Gebäudehöhe aus den gegebenen Größen zeichnerisch. Wähle einen passenden Maßstab.

a) Länge Holzlatte: 45 cm; Länge Holzlattenschatten: 50 cm; Länge Gebäudeschatten: 7 m
b) Länge Holzlatte: 2,5 m; Länge Holzlattenschatten: 2 m; Länge Gebäudeschatten: 27 m

10. Der Eiffelturm in Paris ist 324 m hoch. Im Jahr 2014 stand in Sichtweite des „echten" Turms ein Modell. Eine Kamera wurde so (wie in der Abbildung) positioniert, dass auf dem Foto die Spitze des Modellturms und die Spitze des Eiffelturms genau übereinander lagen. Die Kamera stand etwa $a = 10\,m$ vom Lotfußpunkt des Modellturms entfernt auf der Erde. Die Entfernung vom Lotfußpunkt des Eiffelturms bis zu dem Lotfußpunkt des Modellturms betrug $b = 290\,m$. Ermittle die ungefähre Höhe des Modells.

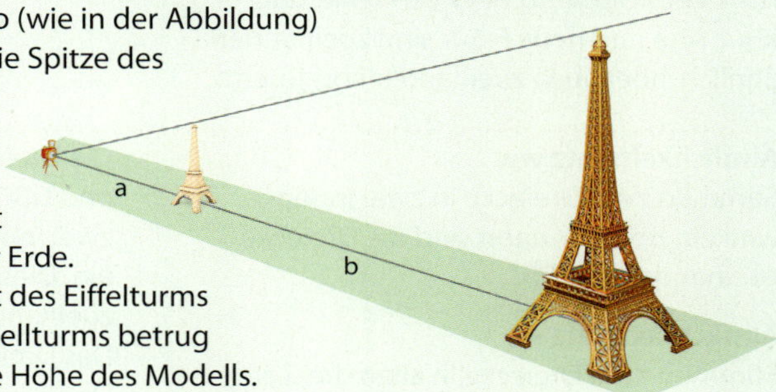

Wiederholungsaufgaben

1. Bestimme die Nullstelle der Funktion sowohl graphisch als auch rechnerisch.

a) $f(x) = -3x + 6$ b) $g(x) = \frac{1}{2}x - 4$

2. In einer Lostrommel liegen 150 Nieten, 40 Trostpreise und 10 Gewinne. Berechne die Wahrscheinlichkeit, dass man beim zufälligen Ziehen keine Niete zieht.

3. 100 ml Vanille-Eiscreme enthalten 220 kcal. Das kalorienreduzierte Eis desselben Herstellers enthält 90 kcal. Berechne, wie viel Prozent weniger Kalorien die zweite Eissorte enthält.

4. Entscheide, ob die Dreiecke rechtwinklig sind oder nicht.

a)
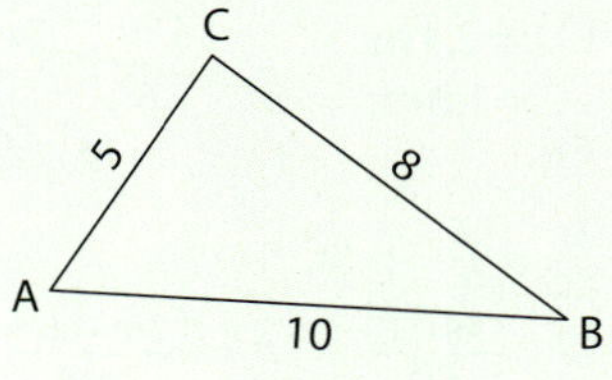

b)
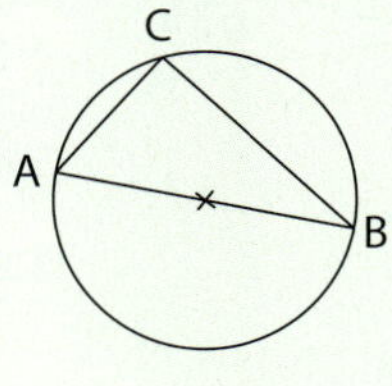

c)
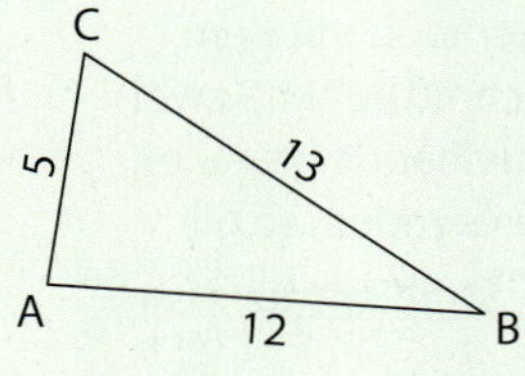

5. Berechne:

a) $20015{,}2016 \cdot 10^2$ b) $2015{,}2016 : 10^2$ c) $24{,}876 \cdot 10^4$ d) $24{,}876 : 10^4$

Ähnliche Vielecke

Zwei Vielecke sind ähnlich zueinander,
- wenn einander benachbarte Ecken der einen Figur einander benachbarten Ecken der anderen Figur zugeordnet werden,
- wenn die Winkel an jeweils einander zugeordneten Ecken gleich groß sind und
- wenn die Längenverhältnisse aller einander entsprechenden Seiten gleich sind.

$k = \frac{a'}{a} = \frac{b'}{b} = \frac{c'}{c} = \ldots$; k heißt **Ähnlichkeitsfaktor**.

Beim maßstäblichen Vergrößern oder Verkleinern einer Figur mit dem Faktor k $\left(k = \frac{\text{neue Streckenlänge}}{\text{alte Streckenlänge}}\right)$ entsteht eine dazu ähnliche Figur.

$k > 1$ Vergrößerung; $k < 1$ Verkleinerung

$k = 1$ Alte und neue Figur sind zueinander ähnlich, aber auch zueinander kongruent.

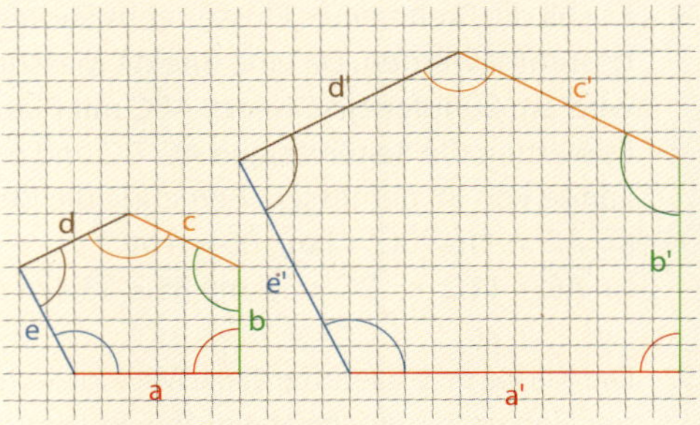

$k = \frac{a'}{a} \quad \frac{\text{6 Längeneinheiten}}{\text{3 Längeneinheiten}}$

$k = 2 \rightarrow k > 1$, also liegt eine Vergrößerung vor.

Ähnlichkeitssätze für Dreiecke

Ähnlichkeitssatz ww

Stimmen zwei Dreiecke in zwei Innenwinkeln überein, dann sind die Dreiecke zueinander ähnlich.

Ähnlichkeitssatz sss

Stimmen zwei Dreiecke in allen drei Längenverhältnissen entsprechender Seiten überein, so sind sie zueinander ähnlich.

Die Dreiecke ABC, ADC und DBC stimmen in zwei Innenwinkeln überein. Diese Dreiecke sind zueinander ähnlich.

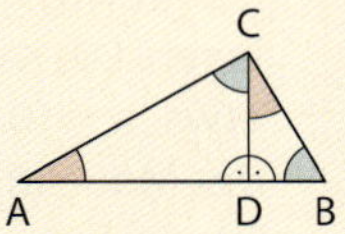

Das Dreieck EFG und das Dreieck XYZ sind zueinander ähnlich, da gilt:

$\frac{e}{x} = \frac{3\,m}{1{,}5\,m} = 2$ und $\frac{f}{y} = \frac{4\,m}{2\,m} = 2$

und $\frac{g}{z} = \frac{5\,m}{2{,}5\,m} = 2.$

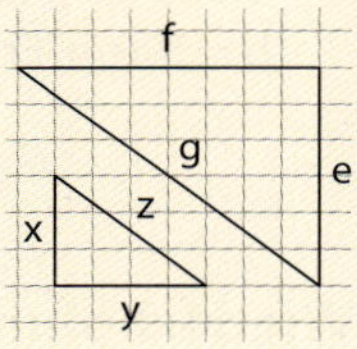

Strahlensätze

Strahlensätze

Schneiden zwei Strahlen mit dem gemeinsamen Anfangspunkt S zwei zueinander parallele Geraden, so gilt:

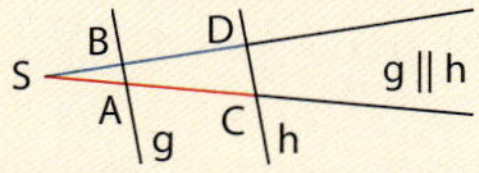

<u>1. Strahlensatz:</u> $\frac{\overline{SC}}{\overline{SA}} = \frac{\overline{SD}}{\overline{SB}}$

<u>2. Strahlensatz:</u> $\frac{\overline{AB}}{\overline{CD}} = \frac{\overline{SA}}{\overline{SC}}$ und $\frac{\overline{AB}}{\overline{CD}} = \frac{\overline{SB}}{\overline{SD}}$

Gegeben: $\overline{SA} = 2{,}8\,m$
$\overline{SD} = 4{,}0\,m$
$\overline{SB} = 2{,}5\,m$

Gesucht: $\overline{SC}$

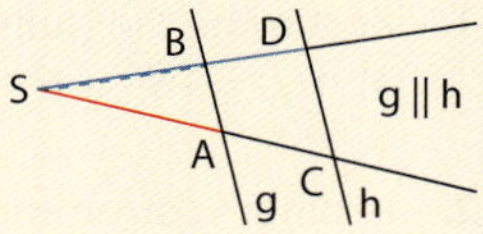

<u>Lösung:</u> $\frac{\overline{SC}}{\overline{SA}} = \frac{\overline{SD}}{\overline{SB}} \quad | \cdot \overline{SA}$

$\overline{SC} = \frac{\overline{SD} \cdot \overline{SA}}{\overline{SB}} \rightarrow \overline{SC} = \frac{4{,}0\,m \cdot 2{,}8\,m}{2{,}5\,m}$

$= 4{,}48\,m$

Schneiden zwei Geraden mit dem Schnittpunkt S zwei zueinander parallele Geraden, so gilt:

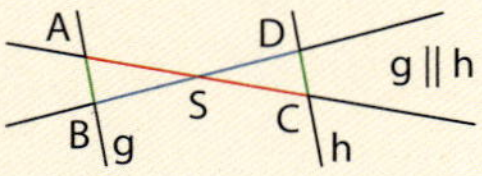

<u>1. Strahlensatz:</u> $\frac{\overline{SA}}{\overline{SC}} = \frac{\overline{SB}}{\overline{SD}}$

<u>2. Strahlensatz:</u> $\frac{\overline{AB}}{\overline{CD}} = \frac{\overline{SA}}{\overline{SC}}$ und $\frac{\overline{AB}}{\overline{CD}} = \frac{\overline{SB}}{\overline{SD}}$

Gegeben: $\overline{AB} = 1{,}2\,m$
$\overline{CD} = 2{,}4\,m$
$\overline{SC} = 1{,}8\,m$

Gesucht: $\overline{SA}$

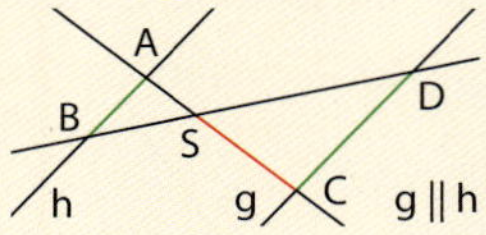

<u>Lösung:</u> $\frac{\overline{AB}}{\overline{CD}} = \frac{\overline{SA}}{\overline{SC}} \quad | \cdot \overline{SC}$

$\overline{SA} = \frac{\overline{AB} \cdot \overline{SC}}{\overline{CD}} \rightarrow \overline{SA} = \frac{1{,}2\,m \cdot 1{,}8\,m}{2{,}4\,m}$

$= 0{,}9\,m$

5. Trigonometrie

Auch in schwer zugänglichen Gebieten werden Landvermessungen durchgeführt. Dabei werden Dreiecksbeziehungen verwendet um fehlende Seitenlängen zu berechnen.

Nach diesem Kapitel kannst du …
- Winkelbeziehungen in rechtwinkligen Dreiecken erkennen und anwenden,
- fehlende Seitenlängen und Winkel in Dreiecken berechnen,
- den Sinus- und den Kosinussatz auch in Sachsituationen anwenden.

Dein Fundament

Lösungen ↗ S. 210

Winkel

1. Ordne nach Winkelarten: 100°; 75°; 200°; 91°; 25°; 180°; 2°; 345°; 90°

2. Gib alle fehlenden Innenwinkelgrößen im Dreieck ABC an.
   a) rechtwinkliges Dreieck ABC mit $\beta = 65°$
   b) Dreieck ABC mit $\gamma = 150°$ und $\alpha = 10°$
   c) Dreieck mit $\alpha = 80°$ und $\beta = 45°$
   d) gleichseitiges Dreieck ABC
   e) gleichschenkliges Dreieck ABC mit $a = b$ und $\gamma = 74°$

3. Schreibe auf, welche der dir bekannten Winkelarten kleiner als 120° (größer als 90°) sind.

Dreiecke zeichnen, konstruieren

4. Zeichne ein rechtwinkliges Dreieck ABC ($\alpha = 90°$) mit $b = 4\,cm$ und $c = 5\,cm$.

5. Konstruiere ein Dreieck ABC mit $c = 3\,cm$ und $\alpha = \beta = 30°$. Fertige zunächst eine Planfigur an.

6. Zeichne ein rechtwinkliges Dreieck ABC
   a) mit der Hypotenuse der Länge $b = 5\,cm$ und der Kathete der Länge $a = 2\,cm$;
   b) mit den Katheten der Längen $a = 2\,cm$ und $c = 2{,}5\,cm$.

Erinnere dich:
1 cm und 3 cm stehen im Verhältnis 1 : 3, von einer 4 cm langen Gesamtstrecke wären die Anteile $\frac{1}{4}$ und $\frac{3}{4}$.

7. Die Seiten a und c eines Dreiecks ABC (mit $\beta = 45°$) stehen im Verhältnis 1 : 2.
   Zeichne zwei verschiedene Dreiecke, die die angegebene Bedingung erfüllen.

Berechnungen an rechtwinkligen Dreiecken

8. Betrachte die rechtwinkligen Dreiecke.

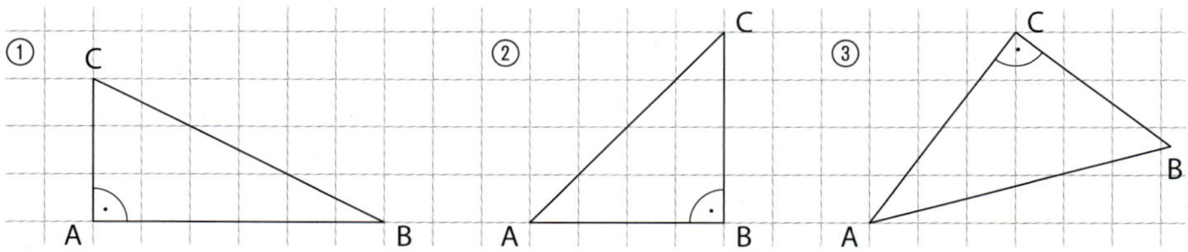

   a) Gib jeweils die Katheten und die Hypotenuse an.
   b) Für Dreieck ③ gilt nach dem Satz des Pythagoras $a^2 + b^2 = c^2$, da c hier die Länge der Hypotenuse ist. Gib auch für jedes der anderen Dreiecke eine Gleichung nach dem Satz des Pythagoras an.

9. Berechne von einem rechtwinkligen Dreieck ABC ($\gamma = 90°$) jeweils die dritte Seite.
   a) $a = 8\,dm$; $b = 15\,dm$ b) $a = 1{,}2\,m$; $c = 1{,}3\,m$ c) $b = 48\,mm$; $c = 60\,mm$

10. Übertrage die Tabelle in dein Heft und vervollständige sie, indem du die fehlenden Größenangaben für ein rechtwinkliges Dreieck ABC ($\gamma = 90°$) berechnest.

Lösungen ↗ S. 210

	a	b	c	Umfang u des Dreiecks ABC	Flächeninhalt A des Dreiecks ABC
a)	10 cm		26 cm		
b)	80 mm	15 cm			
c)	5 dm				$30\,dm^2$
d)		9 m	15 m		

11. Ermittle, welches der Dreiecke mit den Seitenlängen a, b und c rechtwinklig ist.
a) a = 29 cm; b = 21 cm; c = 20 cm
b) a = 3 cm; b = 4 cm; c = 6 cm
c) a = 48 cm; b = 60 cm; c = 36 cm
d) a = 34 cm; b = 30 cm; c = 17 cm

Gleichungen lösen

12. Löse folgende Gleichungen.
a) $\frac{x}{4} = 3$
b) $\frac{5}{x} = 15$
c) $1{,}2 = \frac{4}{x}$
d) $\frac{x}{3} = \frac{2}{5}$
e) $\frac{0{,}2}{x} = \frac{2}{3}$
f) $\frac{2}{9} = \frac{x}{3}$
g) $\frac{3}{5} = \frac{6}{x}$
h) $x^2 = 1{,}44$
i) $\frac{5}{x} - 3 = 17$
j) $x + 3 = \sqrt{4}$
k) $x^2 + 4 = 3$
l) $x^2 - 4^2 = 3^2$

13. Stelle folgende Gleichungen nach der in Klammern stehenden Variablen um.
a) $\frac{a}{b} = \frac{c}{d}$ (a)
b) $a^2 + b^2 = c^2$ (b^2)
c) $x^2 = y^2 - 2yz$ (z)
d) $b^2 = a^2 + c^2 - 2bd$ (d)
e) $x = \frac{yz}{2}$ (z)
f) $x^2 = \frac{a}{b}$ (b)
g) $a + 2a = \frac{a}{c}$ (c)
h) $2x + 4 = x + b$ (x)
i) $2v = \frac{v}{u} + 3v$ (u)

14. Eine Gleichung der Form $\frac{a}{x} = b$ habe die Lösung $x = 6$.
a) Gib an, wie groß b sein muss, wenn a = 10 ist.
b) Gib an, wie groß a sein muss, wenn b = 0,5 ist.

15. Forme die Gleichung $\frac{a}{b} = \frac{c}{d}$ nacheinander nach a, b, c, d um.

Erinnere dich:
Du kannst Gleichungen äquivalent umformen, z. B.
$\frac{y}{2} = x \quad | \cdot 2$
$y = 2 \cdot x$

Vermischtes

16. Betrachte das Verhältnis der gegebenen Zahlen. Welche Verhältnisse sind gleich?
a) 12 zu 3
b) 6 zu 9
c) 1,2 zu 0,4
d) 1 zu 0,5
e) $\frac{4}{5}$ zu $\frac{5}{6}$
f) 2 zu 1
g) 3 zu 1
h) 4 zu 1
i) 2 zu 3
j) 24 zu 25

17. a) $\frac{1}{2} \cdot \frac{3}{4} + \frac{5}{2} \cdot \frac{1}{4}$
b) $\frac{2}{5} \cdot \frac{5}{3} - \frac{1}{4} \cdot \frac{8}{5}$
c) $\frac{2}{6} \cdot \left(\frac{2}{3} - \frac{5}{7}\right)$
d) $\frac{5}{8} \cdot \left(\frac{6}{7} + \frac{4}{5}\right)$
e) $\frac{2}{3} \cdot \frac{8}{5} - \frac{1}{4} \cdot \frac{2}{3}$
f) $\frac{1}{9} \cdot \left(\frac{3}{7} \cdot \frac{8}{5} - \frac{2}{5}\right)$

5.1 Sinus und Kosinus

■ In vielen Aquaparks gibt es sogenannte Free-Fall-Rutschen, auf denen man ein Gefühl des freien Falls erleben und bis zu 80 km/h schnell werden kann.
Das steile Stück der rechts abgebildeten Rutsche ist 11,55 m lang und überbrückt eine Höhe von 10 m.
Wie viel Grad Neigung hat die Rutsche?
Ermittle die Lösung zeichnerisch. ■

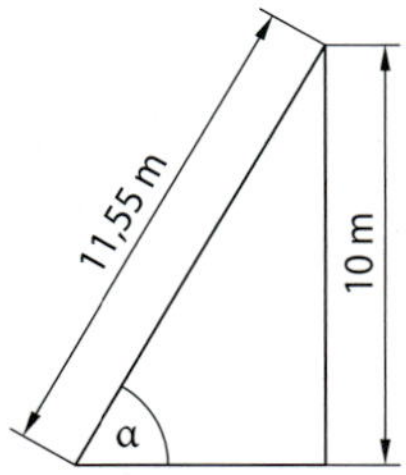

Die rechtwinkligen Dreiecke ABC und AB'C' mit dem gemeinsamen Winkel α bilden eine Strahlensatzfigur.

In ihr gilt für die Seitenverhältnisse: $\frac{a}{c} = \frac{a'}{c'}$ und $\frac{b}{c} = \frac{b'}{c'}$

Der Wert dieser Seitenverhältnisse hängt nur von α ab. Wird α größer bzw. kleiner, so werden auch die Seitenverhältnisse größer bzw. kleiner. Diese Seitenverhältnisse werden mit **Sinus** und **Kosinus** bezeichnet.
In einem rechtwinkligen Dreieck mit $\gamma = 90°$ gilt:

$\sin\alpha = \frac{a}{c}$ und $\cos\alpha = \frac{b}{c}$

Die Kathete in einem rechtwinkligen Dreieck, die dem Winkel α gegenüber liegt, heißt **Gegenkathete** von α. Die andere Kathete liegt am Winkel α und heißt deshalb **Ankathete** von α.

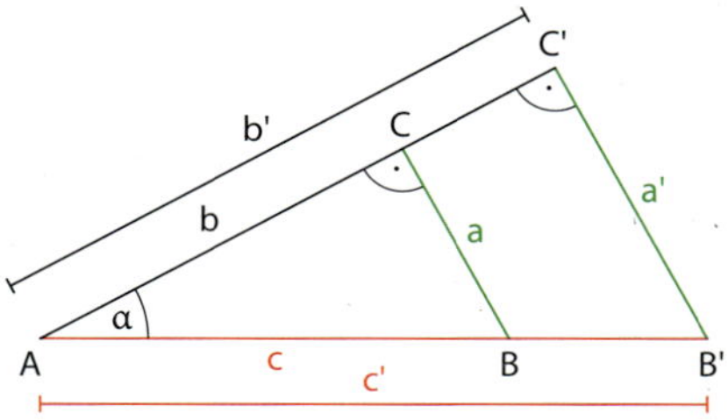

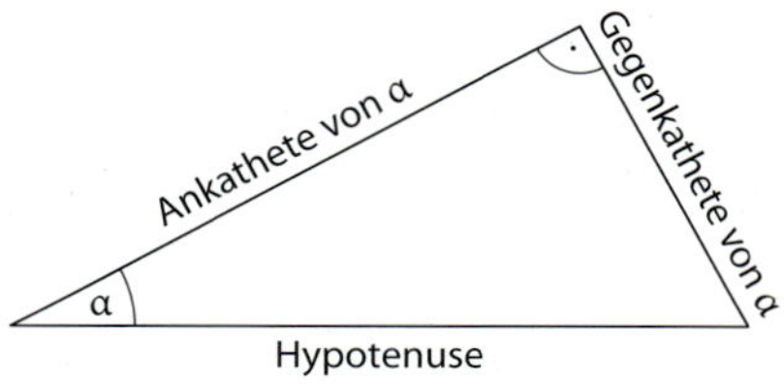

Wissen: Sinus und Kosinus im rechtwinkligen Dreieck
In rechtwinkligen Dreiecken ist $\mathbf{sin}\ \alpha = \frac{\text{Länge der Gegenkathete}}{\text{Länge der Hypotenuse}}$ und $\mathbf{cos}\ \alpha = \frac{\text{Länge der Ankathete}}{\text{Länge der Hypotenuse}}$

Sinus- und Kosinuswerte berechnen

Beispiel 1:
Bestimme den Sinus- und den Kosinuswert des Winkels 28° mithilfe des Dreiecks.

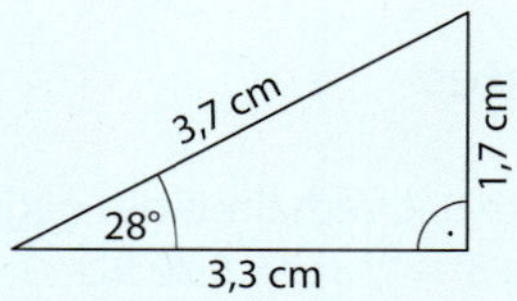

Lösung:

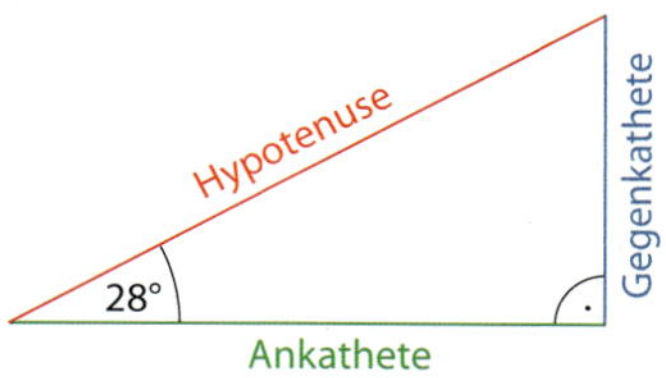

Länge der Hypotenuse: 3,7 cm
Länge der Gegenkathete: 1,7 cm
Länge der Ankathete: 3,3 cm

$\sin 28° = \frac{1{,}7\text{ cm}}{3{,}7\text{ cm}} \approx 0{,}46$

$\cos 28° = \frac{3{,}3\text{ cm}}{3{,}7\text{ cm}} \approx 0{,}89$

Basisaufgaben

1. a) Erkläre die Begriffe Gegenkathete, Ankathete und Hypotenuse bezogen auf den Winkel ε.
b) Stelle Gleichungen für $\sin\varepsilon$ und $\cos\varepsilon$ auf.

2. Vervollständige die Gleichungen für das jeweilige Dreieck mit den angegebenen Größen. Beachte, dass es auch 2 Lösungsmöglichkeiten geben kann.

a)

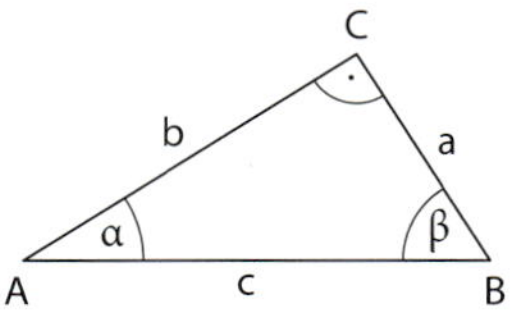

$\sin\alpha = \frac{\square}{\square}$

$\cos\alpha = \frac{\square}{\square}$

$\sin\beta = \frac{\square}{\square}$

$\cos\beta = \frac{\square}{\square}$

b)

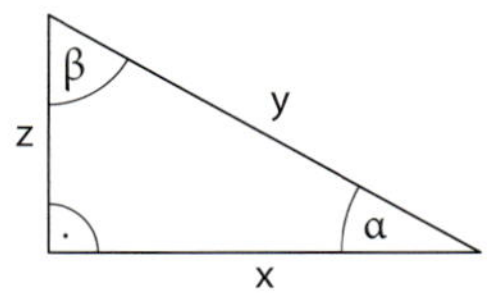

$\sin\beta = \frac{\square}{\square}$

$\sin\square = \frac{\square}{y}$

$\cos\square = \frac{z}{\square}$

$\cos\alpha = \frac{\square}{\square}$

c)

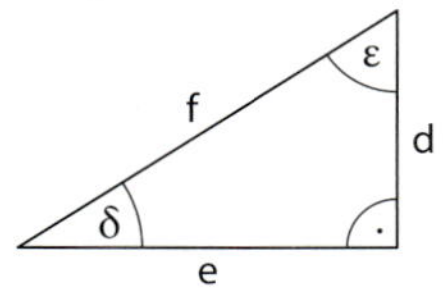

$\sin\square = \frac{e}{\square}$

$\cos\square = \frac{\square}{f}$

$\square = \frac{d}{f}$

3. Zeichne eine Hypotenuse mit der Länge 10 cm. Ergänze zu einem rechtwinkligen Dreieck mit dem Winkel α, miss die Seitenlängen und bestimme den Sinus und Kosinus von α.
a) $\alpha = 20°$ b) $\alpha = 40°$ c) $\alpha = 60°$

TR **4.** Sinus- und Kosinuswerte können mit der sin- bzw. cos-Taste des Taschenrechners ermittelt werden. Bestimme mit dem Taschenrechner:
a) $\sin 4°$, $\sin 15°$, $\sin 78°$, $\sin 87°$
b) $\cos 5°$, $\cos 22°$, $\cos 72°$, $\cos 86°$

Hinweis:
Achte darauf, dass du für den Winkel die passende Taschenrechnereinstellung im Set up-Menü eingestellt hast, hier: Angle/Deg.

TR **5.** a) Berechne mit dem Taschenrechner $\sin 30°$ und $\sin 40°$. Überprüfe, ob ein Zusammenhang zu $\sin(30° + 40°)$ besteht.
b) Verfahre ebenso mit dem $\cos 30°$ und $\cos 40°$ und vergleiche mit $\cos 70°$.
c) Berechne $\sin 60°$ und vergleiche diesen Wert mit $2 \cdot \sin 30°$.

TR **6.** Zeichne drei verschieden große rechtwinklige Dreiecke mit dem Winkel $\alpha = 30°$.
a) Miss in jedem Dreieck die Seitenlängen und berechne damit jeweils $\sin 30°$ und $\cos 30°$.
b) Berechne $\sin 30°$ und $\cos 30°$ mit dem Taschenrechner und vergleiche mit deinen Werten aus a). Wie erklärst du dir mögliche Abweichungen?

7. Zeichne ein rechtwinkliges Dreieck mit den Winkeln $\alpha = 40°$ und $\beta = 50°$. Ermittle mithilfe des Dreiecks $\cos\alpha$ und $\sin\beta$. Was stellst du fest? Erkläre deine Feststellung!

8. a) Zeichne ein gleichseitiges Dreieck sowie die Höhenlinie von C auf die Seite $\overline{AB}$. Beschrifte das Dreieck vollständig und ergänze fehlende Winkel. Berechne den Sinus von 30°.
b) Begründe, dass gilt: $\sin 30° = 0{,}5$.

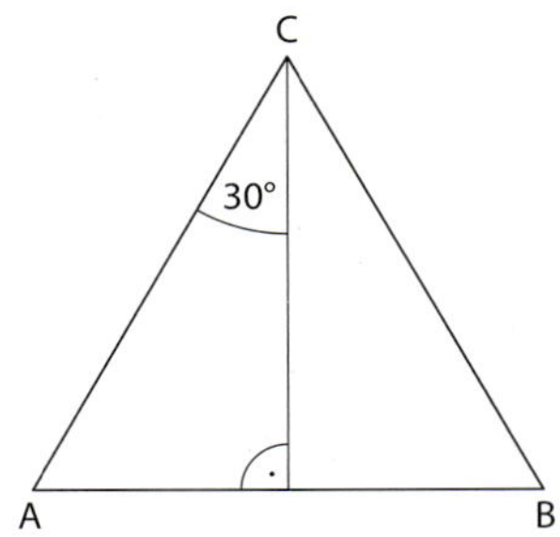

Winkel berechnen

Verschiedene Winkel haben unterschiedliche Sinuswerte. Umgekehrt gehören zu unterschiedlichen Sinuswerten verschiedene Winkel. Mit der Umkehrtaste $\sin^{-1}$ des Taschenrechners kann man zu jedem Sinuswert eines Winkels seine zugehörige Größe ermitteln. Gleiches gilt für den Kosinus.

Beispiel 2:
Ermittle die Größe von α mithilfe des Sinus.

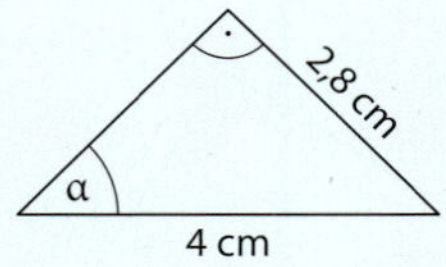

Lösung:
Setze die gegebenen Größen in die Formel für den Sinus ein. $\sin\alpha = \frac{2{,}8\,\text{cm}}{4\,\text{cm}} = 0{,}7$

Benutze die Umkehrtaste $\sin^{-1}$ des Taschenrechners. $\alpha = \sin^{-1}(0{,}7) \approx 44{,}43°$

Basisaufgaben

9. Berechne die Größe des angegebenen Winkels.

a)

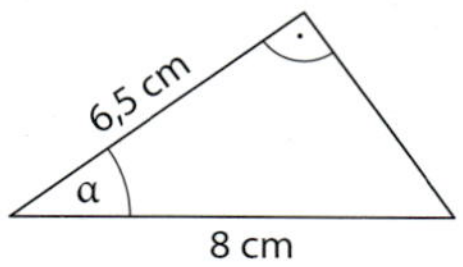

b)

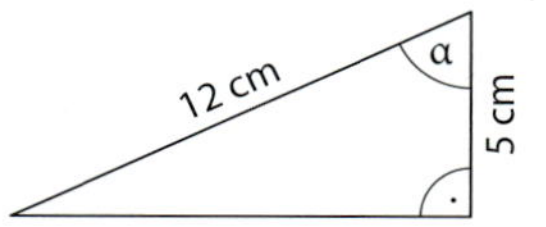

c)

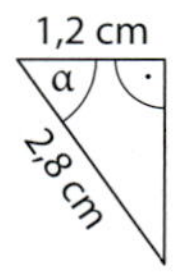

10. Ermittle die Größe des Winkels α im Dreieck ABC mit $\gamma = 90°$.
a) $c = 9\,\text{cm}$; $b = 6{,}5\,\text{cm}$ b) $c = 0{,}5\,\text{cm}$; $a = 0{,}3\,\text{cm}$ c) $c = 8{,}5\,\text{dm}$; $a = 17\,\text{cm}$

Seitenlängen eines rechtwinkligen Dreiecks berechnen

Beispiel 3:
Berechne die Seitenlänge a des Dreiecks ABC.

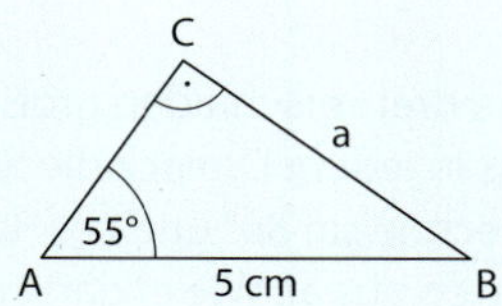

Lösung:
Der Winkel $\alpha = 55°$ und die Länge der Hypotenuse mit 5 cm sind gegeben. $\sin\alpha = \frac{a}{5\,\text{cm}}$
Bestimme mit dem Sinus die Gegenkathete a. Löse die Gleichung nach a auf und berechne a. $a = 5\,\text{cm} \cdot \sin 55° \approx 4{,}1\,\text{cm}$

Basisaufgaben

11. Berechne die angegebene Seitenlänge.

a)

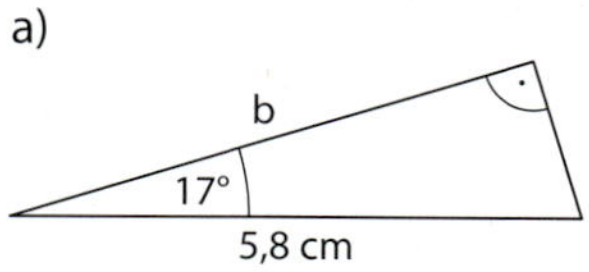

b)

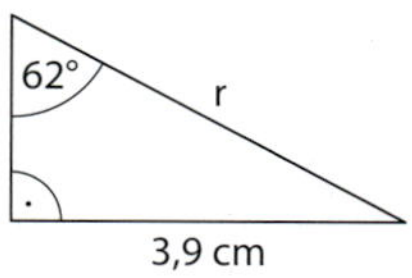

c)

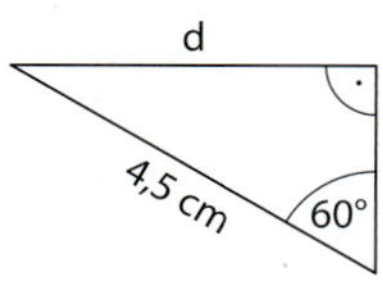

12. Berechne die farbig markierten Seitenlängen.

a)

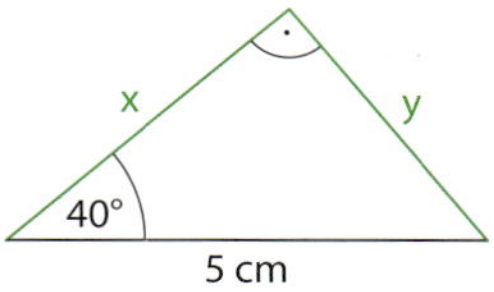

b)

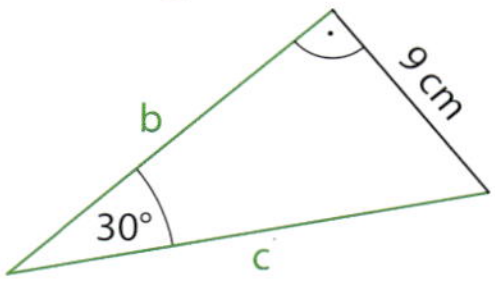

c)

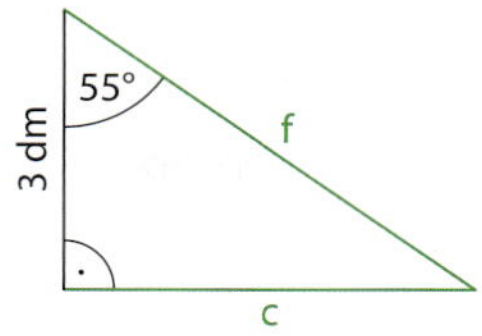

Hinweis zu 12:
Hier findest du die gerundeten Maßzahlen.

13. Eine 8 m lange Leiter soll so an einer Wand aufgestellt werden, dass sie höchstens einen Neigungswinkel von 80° hat, damit sie nicht umkippt.

a) Berechne die maximale Höhe, in die die Leiter reicht.

b) Berechne die Entfernung zwischen der Wand und dem Fußende der Leiter.

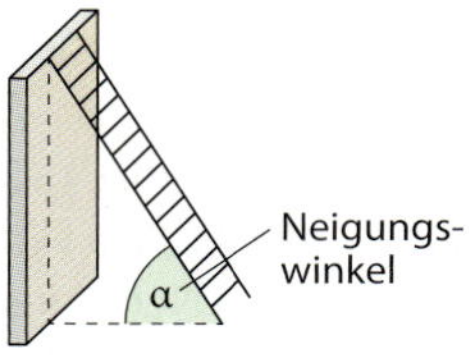

14. a) Eine 2 m lange Rampe für Rollstuhlfahrer hat einen Steigungswinkel von 14°. Welche Höhe bis zum Einstieg in das Auto kann damit überwunden werden?

b) Hinter dem Auto sind nur 1,85 m Platz zum Anlegen der 2 m langen Rampe. Wie groß ist dann der Steigungswinkel?

Weiterführende Aufgaben

15. Gegeben ist das Dreieck ABC.

a) Berechne die fehlenden Seitenlängen.

① $a = 4\,cm,\ \beta = 20°$

② $c = 7\,cm,\ \gamma = 35°$

③ $b = 2\,cm,\ \beta = 10°$

b) Berechne den Winkel β.

① $a = 7\,cm,\ b = 3\,cm$

② $a = 6\,cm,\ c = 2\,cm$

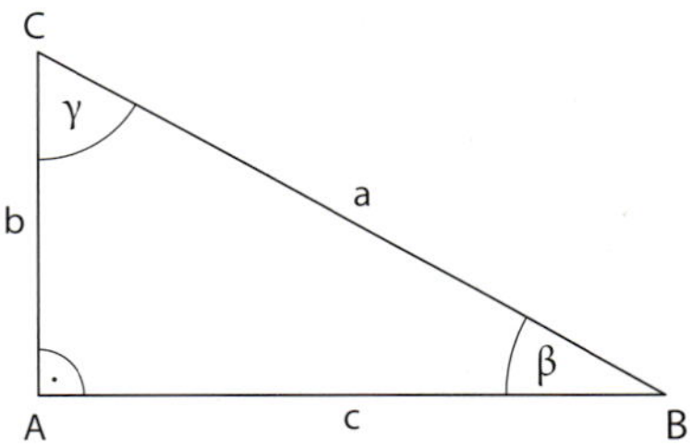

16. Berechne alle fehlenden Größen des Dreiecks ABC. Konstruiere ein Dreieck mit den gegebenen Größen und kontrolliere deine Lösungen mithilfe der Zeichnung.

a) $\alpha = 90°;\ a = 8\ cm;\ c = 5{,}2\,cm$

b) $\gamma = 90°;\ a = 2{,}8\,cm;\ c\ 4{,}1\ cm$

c) $\beta = 90°;\ \alpha = 20°;\ a = 3\,cm$

d) $\gamma = 90°;\ \beta = 41°;\ a = 4\,cm$

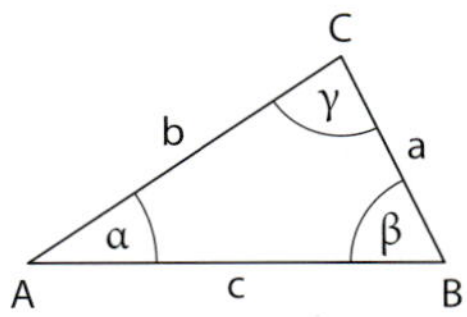

17. Stolperstelle: Prüfe und finde die Fehler. Berechne, wenn möglich, die zu ermittelnden Größen korrekt.

a)

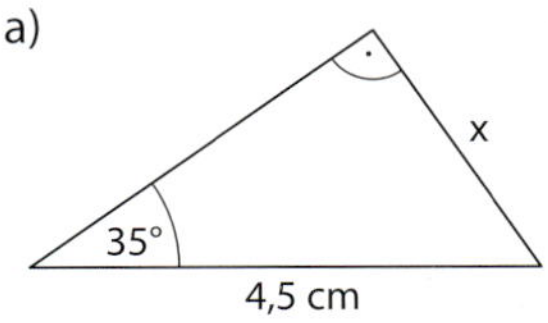

$\sin 35° = \frac{4{,}5\ cm}{x}$

$x = 4{,}5\ cm \cdot \sin 35°$

$x \approx 2{,}58\ cm$

b)

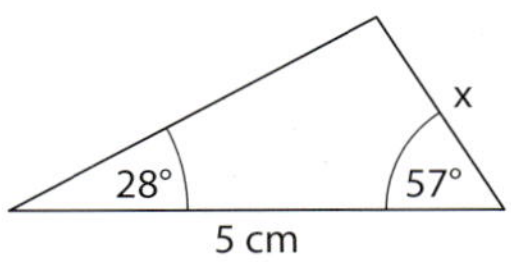

$\sin 28° = \frac{x}{5}$

$x = \sin 28° \cdot 5$

$x \approx 2{,}35\ cm$

c)

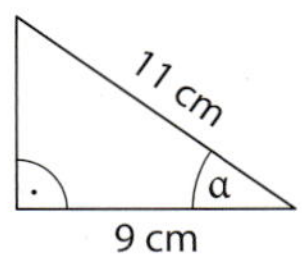

$\cos \alpha = \frac{9\ cm}{11\ cm}$

$\cos \alpha \approx 0{,}82$

$\alpha \approx 0{,}61°$

18. Eine Wildwasserbahn in einem Vergnügungspark hat drei Fließbänder für die Boote.

a) Das erste Fließband hat einen Neigungswinkel von 35° und überwindet dabei eine Höhe von 12,5 m. Wie lang ist das Fließband?

b) Das zweite Fließband hat einen Neigungswinkel von 25° und ist 40 m lang. Welche Höhe überwindet das Fließband?

c) Welchen Neigungswinkel hat das dritte Fließband, wenn es 20 m lang ist und dabei 8 m Höhenunterschied überwindet?

19. Ein Sendemast ist 150 m hoch.

a) Er soll in 125 m Höhe durch 160 m lange Stahlseile gesichert werden. Welchen Neigungswinkel schließen sie mit der Erdoberfläche ein?

b) Wie lang sind die Stahlseile, die mit der Erdoberfläche einen Winkel von 25° bilden und in einer Höhe von 60 m am Mast befestigt sind?

● **20. Trigonometrischer Pythagoras:**

a) Berechne $(\sin\alpha)^2 + (\cos\alpha)^2$ für die Werte 10°, 30°, 45° und 60°. Was fällt dir auf?

b) Begründe, warum für jeden spitzen Winkel α in einem rechtwinkligen Dreieck gilt: $(\sin\alpha)^2 + (\cos\alpha)^2 = 1$. Erkläre, warum diese Aussage als „Trigonometrischer Pythagoras" bezeichnet wird.

TR **21.** a) Zeichne wie in der Abbildung insgesamt drei rechtwinklige Dreiecke mit den Winkeln $\alpha_1 = 15°$, $\alpha_2 = 10°$ und $\alpha_3 = 5°$ in dein Heft. Ermittle mithilfe der Dreiecke die Werte sin 15°, sin 10° und sin 5°. Kontrolliere deine Ergebnisse mit dem Taschenrechner. Was fällt dir auf?

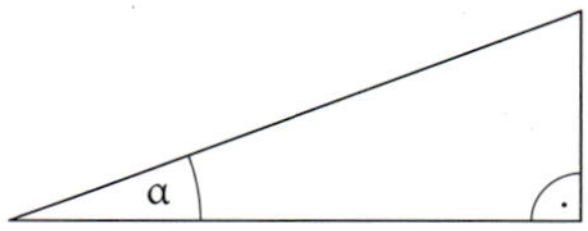

b) Überlege dir, welcher Sinuswert für den Sonderfall sin 0° sinnvoll ist.

c) Zeichne entsprechend drei rechtwinklige Dreiecke mit den Winkeln $\alpha_1 = 75°$, $\alpha_2 = 80°$ und $\alpha_3 = 85°$ in dein Heft. Folgere daraus einen sinnvollen Sinuswert für den Sonderfall sin 90°.

d) Begründe, warum der Sinus eines Winkels nicht kleiner als 0 und nicht größer als 1 werden kann.

22. Berechne, um wie viel Grad der Kirchturm geneigt ist .

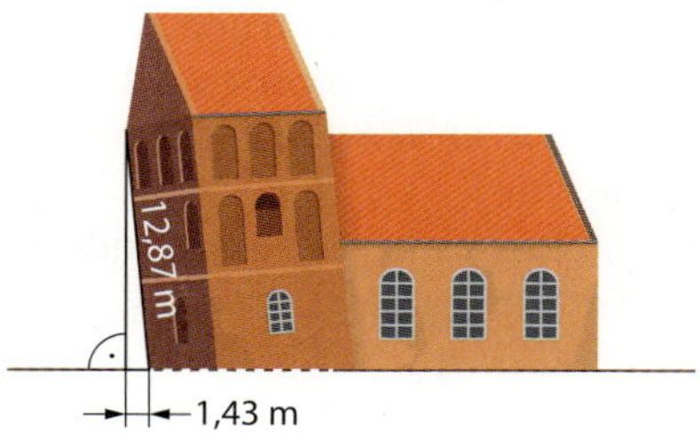

● **23.** Stellt die Zuordnung $\alpha \to \sin\alpha$ eine proportionale Zuordnung dar? Begründe deine Antwort.

● **24. Ausblick:** Ein Würfel hat eine Kantenlänge von 4 cm.

a) Berechne die Größe des Winkels α, der zwischen der Raumdiagonalen des Würfels und der Diagonalen einer Seitenfläche gebildet wird.

b) Berechne, in welchem Winkel β sich die beiden Raumdiagonalen schneiden.

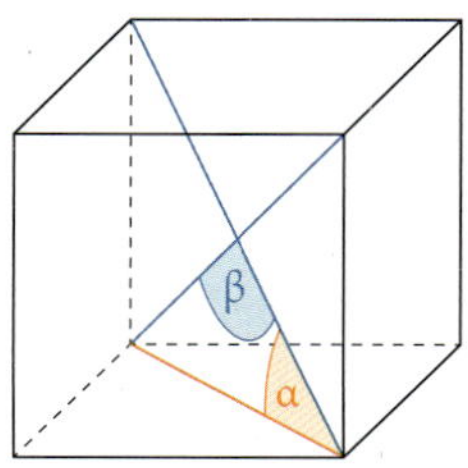

5.2 Tangens

■ Ein Passagierflugzeug hebt mit einem Steigungswinkel von 15° von der Startbahn ab. Wie viele Kilometer legt es über Land zurück, bis es die Reiseflughöhe von 10 km erreicht hat? Ermittle die Lösung zeichnerisch. ■

Die rechtwinkligen Dreiecke ABC und AB'C' mit dem gemeinsamen Winkel α bilden eine Strahlensatzfigur. In ihr gilt für die Seitenverhältnisse: $\frac{a}{b} = \frac{a'}{b'}$. Der Wert dieser Seitenverhältnisse hängt nur von α ab: Wird α größer bzw. kleiner, so werden auch die Seitenverhältnisse größer bzw. kleiner.

Diese Seitenverhältnisse werden mit **Tangens** bezeichnet. In einem rechtwinkligen Dreieck mit $\gamma = 90°$ gilt:

$\tan \alpha = \frac{a}{b}$

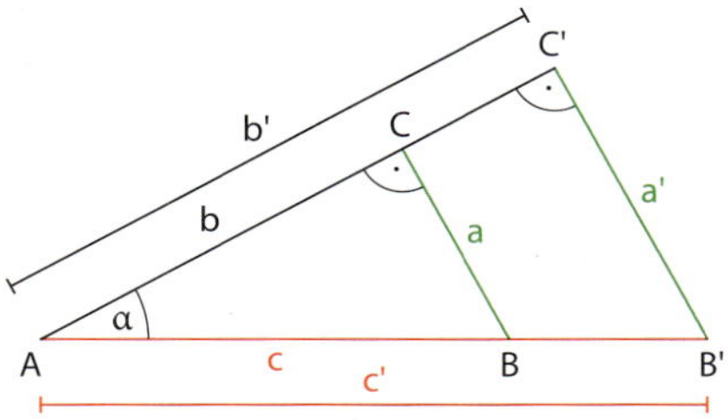

Wissen: Tangens im rechtwinkligen Dreieck
In einem rechtwinkligen Dreieck ist

$$\tan \alpha = \frac{\text{Länge der Gegenkathete}}{\text{Länge der Ankathete}}$$

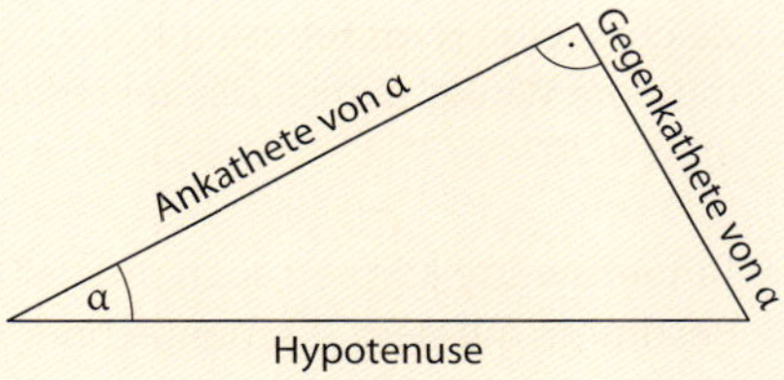

Beispiel 1:
Bestimme den Tangenswert des Winkels 50° mithilfe des Dreiecks.

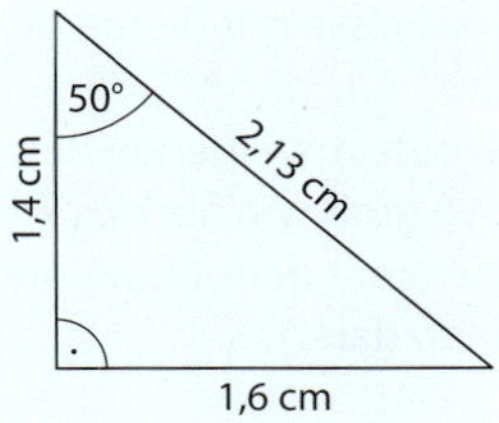

Lösung:
Ordne die gegebenen Werte den Seiten zu und berechne das Verhältnis des Tangens von 50°.

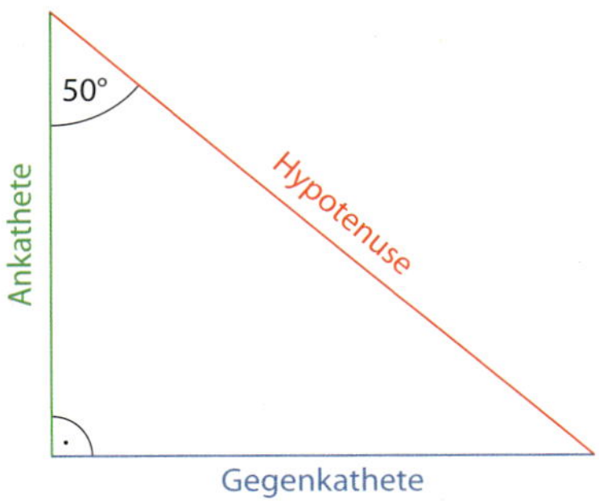

Länge der Gegenkathete: 1,6 cm
Länge der Ankathete: 1,4 cm

$\tan 50° = \frac{1{,}6\,\text{cm}}{1{,}4\,\text{cm}} \approx 1{,}14$

Hinweis:
Achte darauf, dass du für den Winkel die passende Taschenrechnereinstellung im Set up-Menü eingestellt hast, hier: Angle/Deg.

Basisaufgaben

1. Stelle Gleichungen für tan ε und tan δ auf.

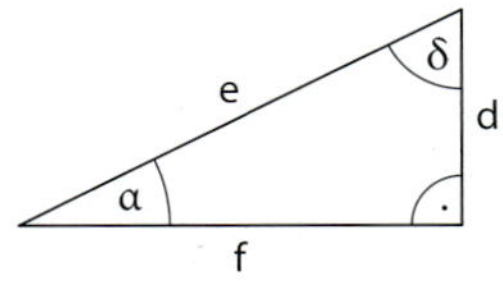

2. Berechne den Tangenswert des eingezeichneten Winkels

a)

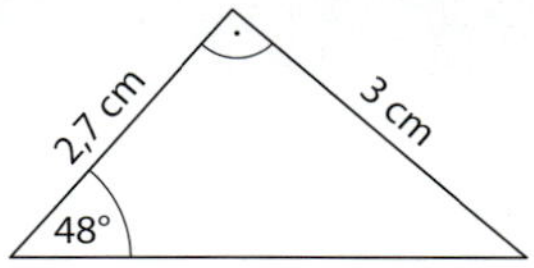

b)

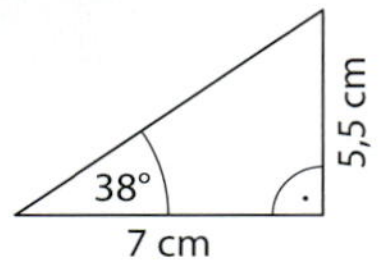

c)

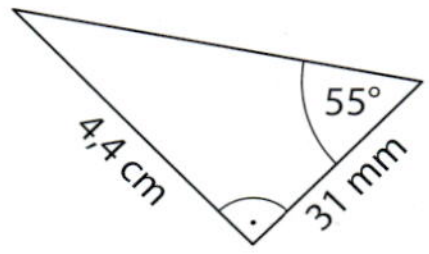

3. Vervollständige die Gleichungen für das jeweilige Dreieck mit den angegebenen Größen.

a)

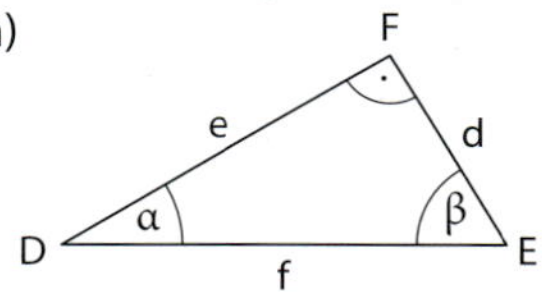

$\tan\beta = \frac{\square}{\square}$

$\tan\square = \frac{e}{\square}$

b)

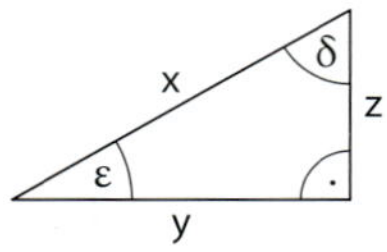

$\tan\square = \frac{z}{\square}$

$\tan\square = \frac{\square}{z}$

c)

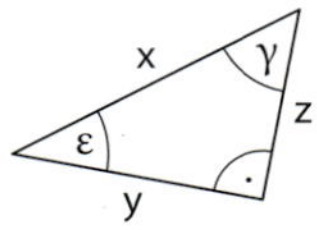

$\tan\gamma = \frac{\square}{\square}$

$\tan\square = \frac{\square}{y}$

4. Zeichne eine Hypotenuse mit der Länge 10 cm. Ergänze zu einem rechtwinkligen Dreieck mit dem Winkel α, miss die Seitenlängen und bestimme den Tangens von α.

a) $\alpha = 20°$ b) $\alpha = 40°$ c) $\alpha = 60°$

TR **5.** Tangenswerte können auch mit der tan-Taste des Taschenrechners ermittelt werden. Bestimme mit dem Taschenrechner tan 3°, tan 19°, tan 42° und tan 69°.

TR **6.** Ermittle die Tangenswerte von 20°, 40° und 60° mit dem Taschenrechner und vergleiche diese Ergebnisse mit denen der Aufgabe 4. Erkläre, was dir auffällt.

TR **7.** a) Überprüfe mit eigenen Beispielen, ob für einen Winkel $\frac{\alpha}{2}$ gilt, dass sein Tangenswert halb so groß wie der des Winkels α ist.

b) Probiere mit dem Taschenrechner aus, ob man statt $\tan\alpha + \tan\beta$ auch $\tan(\alpha + \beta)$ rechnen darf.

Seitenlängen und Winkel berechnen

Beispiel 2: Seitenlänge berechnen

Berechne die Seitenlänge a des Dreiecks ABC.

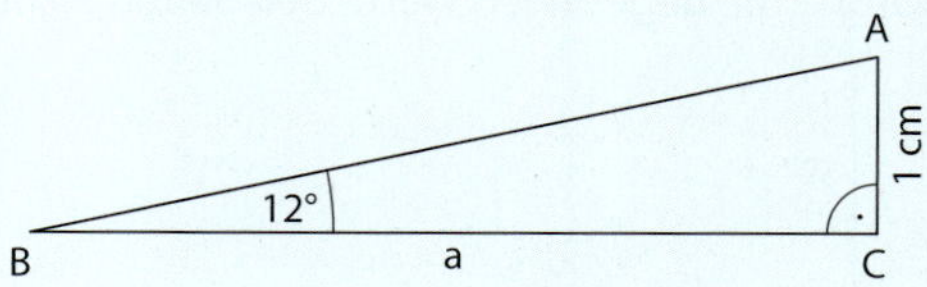

Lösung:

Der Winkel $\beta = 12°$ und die Länge der Gegenkathete von β mit 1 cm sind gegeben. Bestimme mit dem Tangens die Ankathete a.

$\tan 12° = \frac{1\,\text{cm}}{a}$

$a \cdot \tan 12° = 1\,\text{cm},$

Forme die Gleichung nach a um und berechne a.

$a = \frac{1\,\text{cm}}{\tan 12°} = 4{,}7\,\text{cm}$

Mit der Umkehrtaste $\tan^{-1}$ des Taschenrechners kann man zu jedem Tangenswert eines Winkels seine zugehörige Größe ermitteln.

Beispiel 3: Winkel berechnen
Ermittle die Größe von α mithilfe des Tangens.

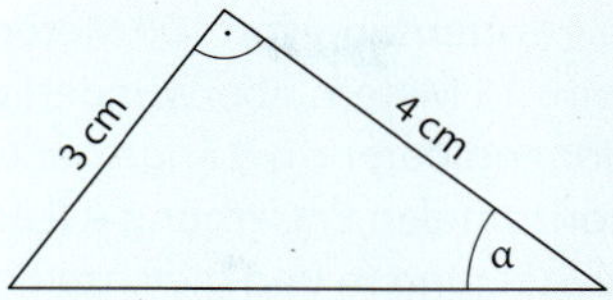

Lösung:

Setze die gegebenen Größen in die Formel für den Tangens ein. $\tan\alpha = \frac{3\,\text{cm}}{4\,\text{cm}} = \frac{3}{4} = 0{,}75$

Benutze die Umkehrtaste $\tan^{-1}$ des Taschenrechners. $\alpha = \tan^{-1}\left(\frac{3}{4}\right) \approx 36{,}87°$

Basisaufgaben

8. Berechne die angegebene Seitenlänge.

a)
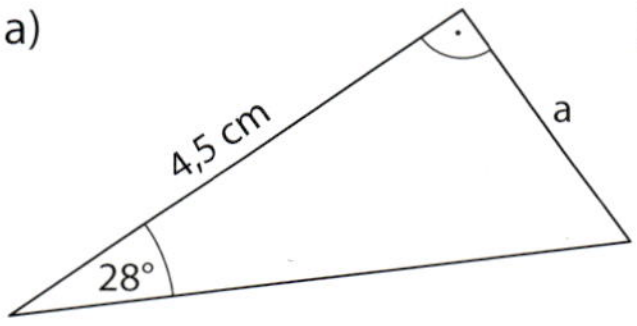

b)
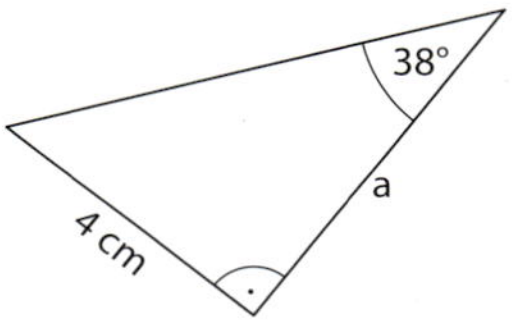

c)
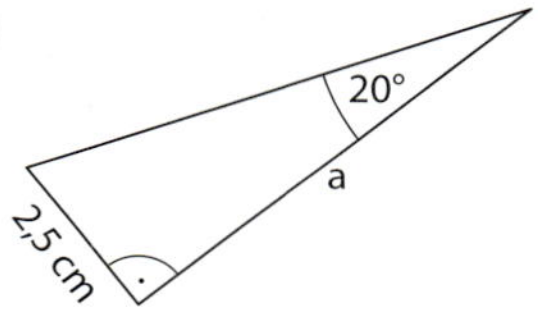

9. Berechne die farbig markierten Seitenlängen.

a)
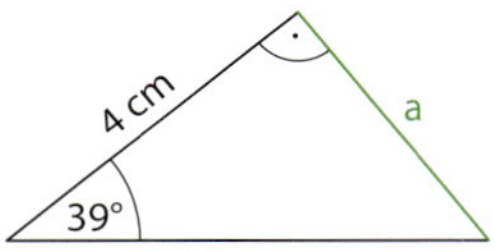

b)
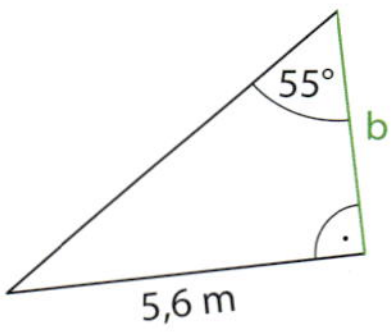

c)
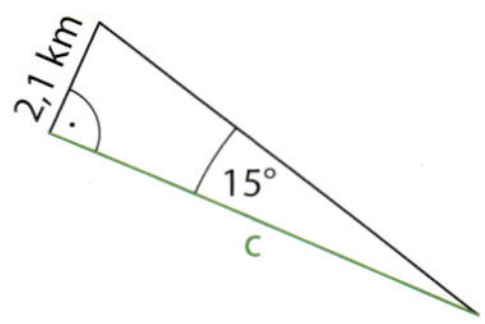

10. Ermittle die Größe von α mithilfe des Tangens.

a)
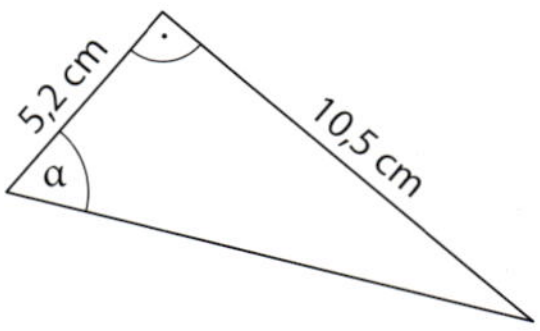

b)
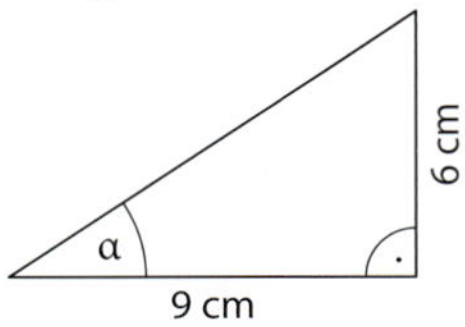

c)
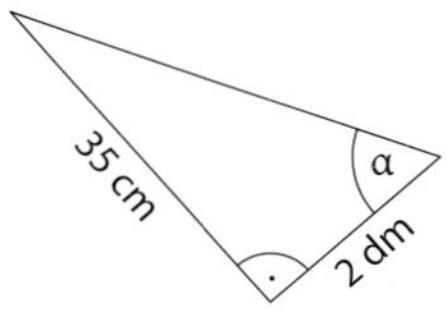

11. Berechne die farbig markierten Winkel.

a)
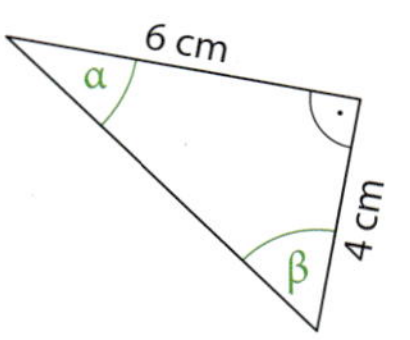

b)
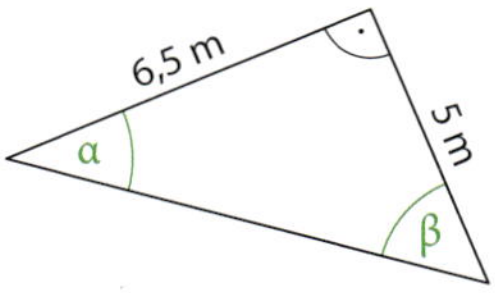

c)
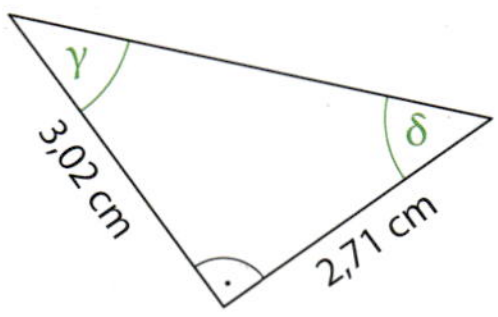

Hinweis zu 11:
Hier findest du die gerundeten Lösungen.

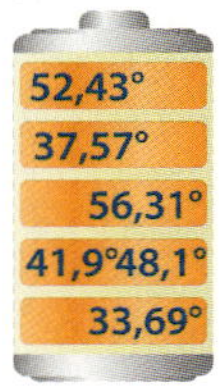

12. Berechne im Dreieck ABC mit $\gamma = 90°$ die fehlenden Seitenlängen bzw. Winkel.

a) $c = 6\,\text{cm};\ b = 2\,\text{cm}$
b) $a = 3\,\text{m};\ b = 40\,\text{dm}$
c) $c = 5\,\text{km};\ \beta = 15°$
d) $\alpha = 32°;\ \beta = 58°;\ a = 20{,}5\,\text{cm}$
e) $c = \frac{2}{3}\,\text{m};\ \alpha = 2{,}9°$
f) $c = 17\,\text{km};\ a = 8\,\text{km};\ b = 17\,\text{km}$

Tangens als Steigungsmaß

Eine Steigung von 15 % bedeutet, dass auf eine horizontale Entfernung von 100 Metern eine Höhendifferenz von 15 Metern überwunden wird. Der Quotient der Höhendifferenz h (Länge der Gegenkathete) und der horizontalen Entfernung e (Länge der Ankathete) ist die Steigung m und gleichzeitig der Tangens des Steigungswinkels α.

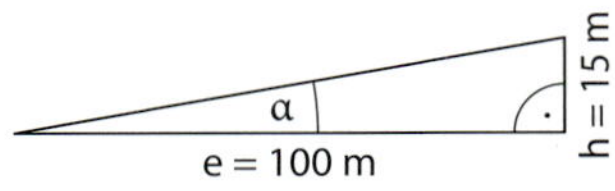

Wissen: Steigung, Tangens und Steigungswinkel

Anstieg m einer Strecke oder Geraden: $m = \frac{\text{Höhendifferenz h}}{\text{horizontale Entfernung e}}$

Steigungswinkel α einer Strecke oder Geraden: $\tan\alpha = \frac{\text{Höhendifferenz h}}{\text{horizontale Entfernung e}}$

Es gilt also **tan α = m.**

Beispiel 4: Winkel berechnen

Bestimme die Steigung in Prozent und ermittle den Steigungswinkel.

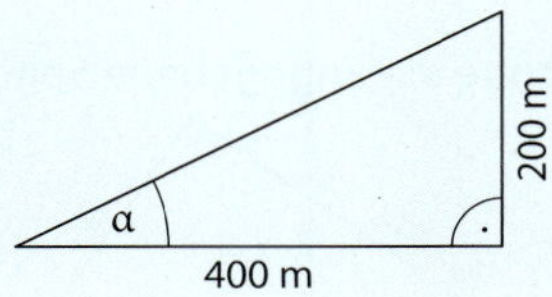

Lösung:

Bilde den Quotienten von Höhendifferenz und horizontaler Entfernung und wandle ihn in eine Prozentangabe um.

$m = \frac{200\,\text{m}}{400\,\text{m}} = \frac{50\,\text{m}}{100\,\text{m}} = 0{,}5 = 50\,\%$

Setze die gegebenen Größen in die Formel für den Tangens und berechne mit $\tan^{-1}$ den Winkel α.

$\tan\alpha = \frac{200\,\text{m}}{400\,\text{m}} = 0{,}5,\ \alpha = \tan^{-1}(0{,}5) \approx 26{,}6°$

Basisaufgaben

13. Ermittle zu den angegebenen Winkeln die Steigung in Prozent.

a) $\alpha = 35°$ b) $\beta = 70°$ c) $\gamma = 27{,}5°$

14. Berechne zu folgenden Steigungen den zugehörigen Steigungswinkel.

a) 50 % b) 100 % c) 65 %

15. a) Unter welchem Winkel α steigt die Eisenbahnstrecke vor der Brücke an?

b) Welche Steigung in Prozent gehört zum Winkel α?

c) Geringe Steigungen werden in Promille angegeben. Ermittle die zu α gehörige Steigung in Promille.

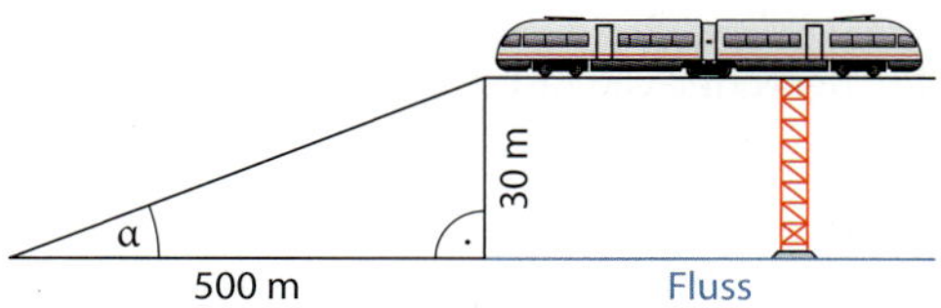

16. Eine Leiter steht 0,90 m vom Haus entfernt und erreicht an der Wand eine Höhe von 2 m.

a) Berechne die Länge der Leiter.

b) Unter welchem Winkel lehnt die Leiter an der Wand?

c) Wie viel Prozent Steigung entspricht das?

Weiterführende Aufgaben

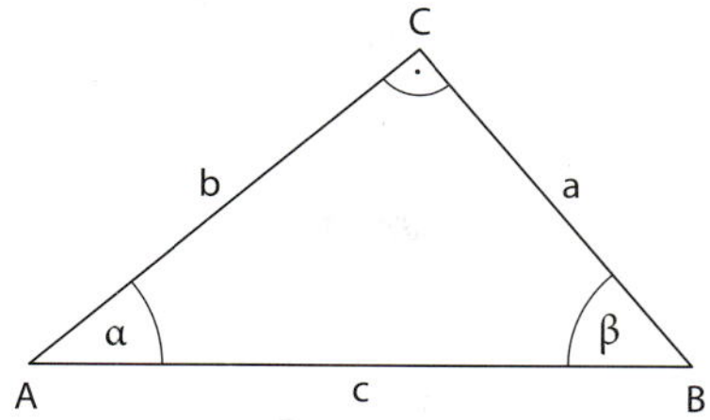

17. Gegeben ist das Dreieck ABC

a) Berechne die Seitenlängen der Katheten.

① $b = 3\,cm$; $\alpha = 10°$

② $a = 5\,cm$; $\alpha = 25°$

③ $a = 2{,}5\,cm$; $\beta = 35°$

b) Berechne die Winkel α und β.

① $a = 7\,cm$; $b = 10\,cm$

② $a = 12{,}5\,cm$; $b = 8\,cm$

18. Die Sonnenstrahlen treffen unter einem Winkel von 26° auf den Boden und werfen dort einen 12 m langen Schatten. Berechne die Höhe des Baumes.

19. Stolperstelle: Prüfe und finde die Fehler. Berechne wenn möglich die zu ermittelnden Größen korrekt.

a)

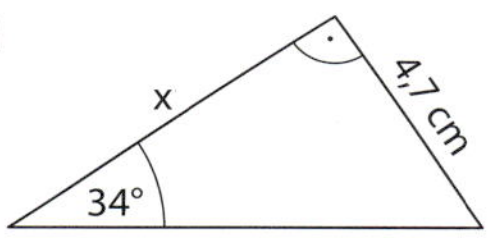

$\tan 34° = \frac{x}{4{,}7}$

$\tan 34° \cdot 4{,}7 = x$

$x \approx 3{,}17\ cm$

b)

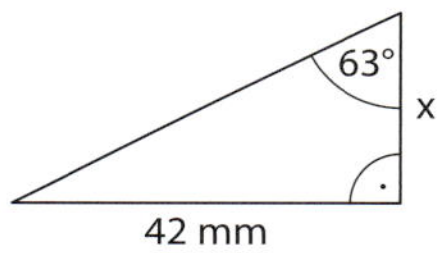

$\tan 63° = \frac{42}{x}$

$\frac{\tan 63°}{42} = x$

$x \approx 0{,}045\ mm$

c)

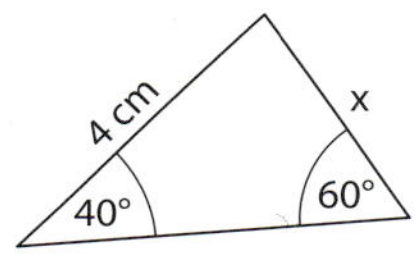

$\tan 40° = \frac{x}{4\ cm}$

$x = 4\ cm \cdot \tan 40°$

$x \approx 3{,}4\ cm$

20. Ein Kleinflugzeug befindet sich in 850 m Höhe und beginnt den Sinkflug zum am Boden gemessenen 15 km entfernten Ziel. Bestimme den Neigungswinkel α, unter dem das Flugzeug sein Ziel erreichen wird.

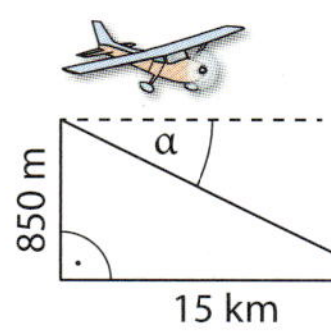

21. Der Schwierigkeitsgrad von Skipisten wird in den Alpen in aufsteigender Schwierigkeit durch die Farben Blau, Rot und Schwarz ausgedrückt. In der abgebildeten Tabelle ist das Gefälle von einigen der steilsten Pisten der Alpen in Prozent angegeben. Berechne den Neigungswinkel der Pisten in Grad.

Piste	Maximales Gefälle
„Manni Pranger" in Steinach am Brenner (Tirol)	102 %
Die „Streif" in Kitzbühel	85 %
Die „Harakiri" in Mayrhofen	78 %
Der „Lange Zug" in Lech-Zürs am Arlberg	142 %
„Gamsleiten 2" in Obertauern	100 %

22. Setze im Quotienten $\frac{\sin\alpha}{\cos\alpha}$ die Definitionen von $\sin\alpha$ und $\cos\alpha$ ein und vereinfache ihn. Welcher rechnerische Zusammenhang zwischen sin, cos und tan ergibt sich daraus?

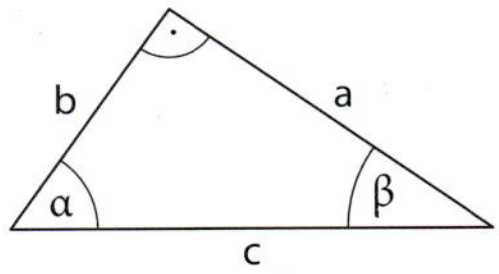

23. Eine Schülergruppe möchte mithilfe eines Winkelmessers die Höhe eines Turmes bestimmen.
Den Winkelmesser hält der Schüler Jan waagerecht und auf Augenhöhe. Die Winkelgröße, unter der er den Turm sieht, beträgt 25°. Der Abstand zwischen Boden und Augenhöhe von Jan beträgt 1,45 m.
Der Abstand bis zum Turm beträgt 155 m.

a) Fertige eine Skizze an.
b) Bestimme die Höhe des Turmes.

24. Der schiefe Turm von Pisa hat in einer Höhe von 55,8 m eine Auslenkung von 3,9 m. Um wie viel Grad ist der Turm geneigt?

25. Die Abbildung zeigt eine Gerade.
a) Stelle eine passende Gleichung auf.
b) Berechne den Steigungswinkel α und die Steigung in Prozent. Beachte dabei die unterschiedliche Einteilung der Koordinatenachsen.

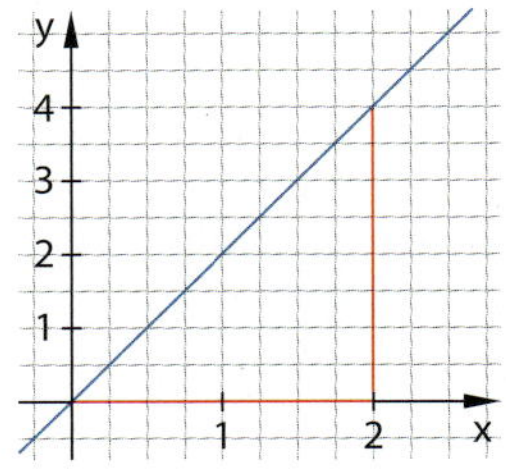

26. a) Zeichne eine Ursprungsgerade mit der Steigung $\frac{2}{3}$. Welcher Steigung in Prozent entspricht das? Berechne den zugehörigen Steigungswinkel.
b) Eine Ursprungsgerade hat einen Anstiegswinkel von 60°. Berechne die Steigung der Geraden und gib ihre Gleichung an.
c) Eine Ursprungsgerade hat die Gleichung $y = -3x$. Unter welchem Winkel fällt diese Gerade?

● **27.** a) Begründe, warum der Tangens eines Winkels größer als 1 sein kann.
b) Begründe, warum $\tan 45° = 1$ gilt.
c) Begründe, warum es sinnvoll ist, $\tan 0° = 0$ festzulegen.

28. Die maximale Steigfähigkeit eines Kraftfahrzeugs wird mit 85 % angegeben.
a) Welchen Steigungswinkel kann dieses Fahrzeug maximal überwinden?
b) Welchen Höhenunterschied kann dieses Fahrzeug überwinden, wenn ein Straßenabschnitt von 50 m Länge die Steigung von 85 % hat?

● **29.** Das Straßenschild für eine 15 %-ige Steigung ist aus mathematischer Sicht falsch dargestellt. Begründe!

● **30.** **Ausblick:** Von einem Berggipfel werden zwei gut erkennbare Gebäude unter den Tiefenwinkeln $\alpha = 59°$ und $\beta = 22°$ angepeilt. Die beiden Gebäude sind in der Luftlinie ca. 2250 m voneinander entfernt. Bestimme die Höhe des Berges, von dem gemessen wurde.

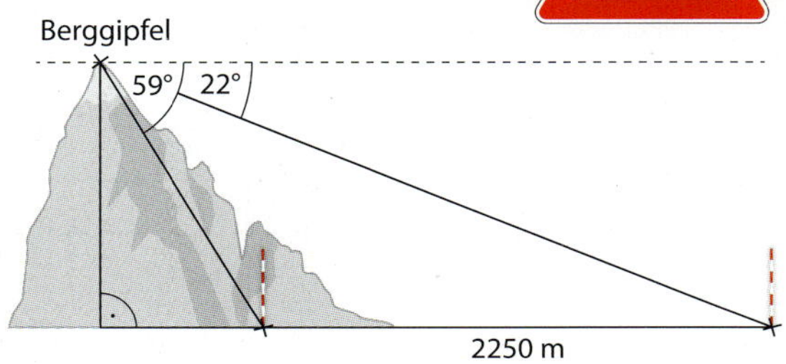

5.3 Berechnungen an rechtwinkligen Dreiecken

■ Die Standseilbahn Ascensor da Bica in der Altstadt von Lissabon schafft eine durchschnittliche Steigung von 18 %. Die gesamte Strecke, die sie fährt, ist 260 m lang. Wie groß ist der Anstiegswinkel? Welche Höhendifferenz überwindet sie dabei? Zeichne maßstabsgetreu, miss die Größen und rechne. ■

Die Seitenlängen und Winkel eines rechtwinkligen Dreiecks kann man mit dem Sinus, Kosinus oder Tangens berechnen. Manchmal ist es sinnvoll, auch zwei weitere bekannte Sätze zu verwenden:

Satz des Pythagoras: $a^2 + b^2 = c^2$ für $\gamma = 90°$

Winkelsummensatz: $\alpha + \beta + 90° = 180°$

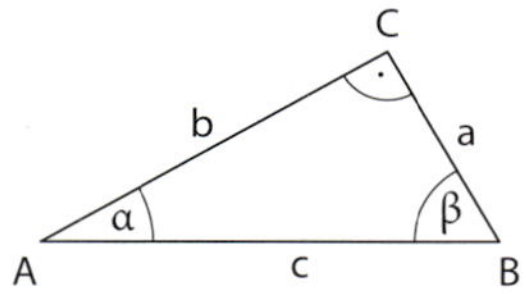

Beispiel 1: Berechne die fehlende Seitenlänge und fehlenden Winkel des Dreiecks.

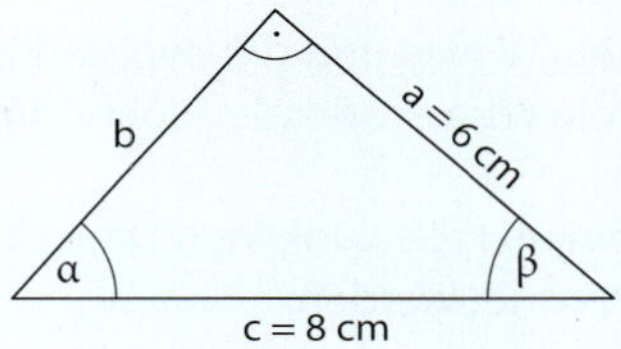

Lösung:
1. Möglichkeit: Nutze Sinus, Kosinus und Tangens.

	Man erhält	durch den Satz	Rechnung
1)	α	$\sin\alpha = \frac{a}{c}$	$\sin\alpha = \frac{6}{8}$ $\quad \alpha \approx 48{,}6°$
2)	β	$\cos\beta = \frac{a}{c}$	$\cos\beta = \frac{6}{8}$ $\quad \beta \approx 41{,}4°$
3)	b	$\tan\beta = \frac{b}{c}$	$b = c \cdot \tan\beta$ $\approx 6\,\text{cm} \cdot \tan 41{,}4° \approx 5{,}3\,\text{cm}$

2. Möglichkeit: Nutze zusätzlich den Satz des Pythagoras und den Innenwinkelsummensatz.

	Man erhält	durch den Satz	Rechnung
1)	b	$b^2 + c^2 = a^2$	$b = \sqrt{a^2 - c^2}$ $= \sqrt{8^2 - 6^2}\,\text{cm} \approx 5{,}3\,\text{cm}$
2)	α	$\sin\alpha = \frac{a}{c}$	$\sin\alpha = \frac{6}{8}$ $\quad \alpha \approx 48{,}6°$
3)	β	$\alpha + \beta + 900$ $= 180°$	$\beta = 180° - \alpha - 900$ $= 180° - 90° - 48{,}6° = 41{,}4°$

Hinweis:
Ein Winkel im Dreieck lässt sich am einfachsten mit dem Winkelsummensatz berechnen, wenn die beiden anderen Winkel bekannt sind.

Basisaufgaben

1. Berechne die fehlenden Seitenlängen und Winkelgrößen des Dreiecks.

a) 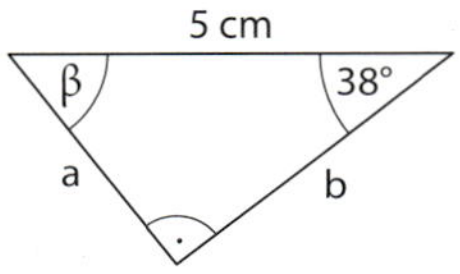

b) 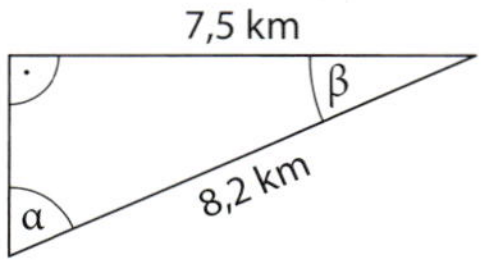

c) 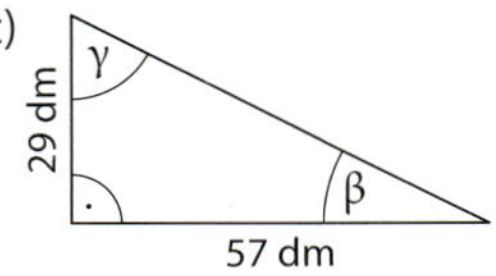

Hinweis zu 2:
Hier findest du die Lösungen.

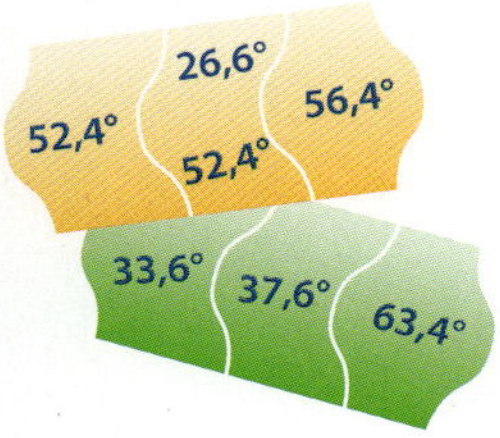

2. Berechne die farbig markierten Winkelgrößen. Begründe, wann du den Winkelsummensatz verwenden kannst.

a)
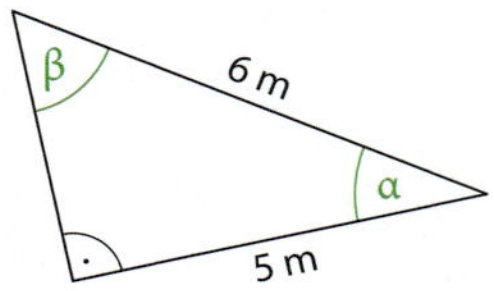

b)
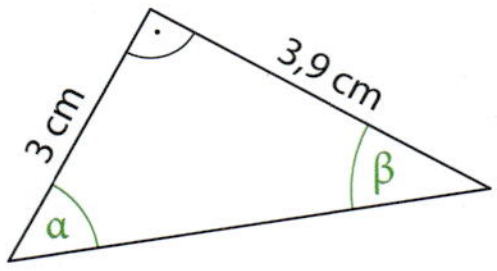

c)
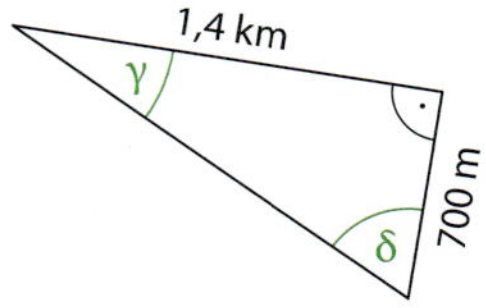

3. Vervollständige die Tabelle für ein Dreieck mit den üblichen Bezeichnungen.

	a	b	c	α	β	γ
a)	5 cm	12 cm				90°
b)			260 m	10,2°		90°
c)	6 dm				90°	25°
d)		5 m		90°	59°	

4. Beschreibe und vergleiche zwei unterschiedliche Vorgehensweisen zum Berechnen fehlender Seitenlängen und Winkel, wenn von einem rechtwinkligen Dreieck
a) drei Seitenlängen
b) ein Winkel und die Hypotenuse
c) ein Winkel und die zugehörige Ankathete gegeben sind.

5. In einem rechtwinkligen Dreieck mit $\gamma = 90°$ sollen die fehlenden Seitenlängen und Winkel berechnet werden.
a) Ordne den Aufgabenstellungen mögliche Rechenstrategien zu.
b) Überlege dir, welche Strategie du verwenden würdest und diskutiere deine Entscheidung mit deinem Nachbarn.

a) Gegeben: a; b; α
Gesucht: c; β

b) Gegeben: b; α; β
Gesucht: a; c

c) Gegeben: a; α
Gesucht: b; β

d) Gegeben: a; c
Gesucht: b; α

③ sin, cos

⑦ cos, Innenwinkelsumme

④ sin, Innenwinkelsumme

① tan, Innenwinkelsumme

② sin, Pythagoras

⑥ sin, tan

⑤ cos

Weiterführende Aufgaben

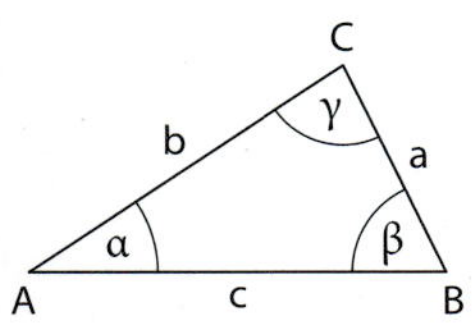

6. Berechne alle fehlenden Größen des Dreiecks ABC. Konstruiere ein Dreieck mit den gegebenen Größen und kontrolliere deine Lösungen mithilfe der Zeichnung.
a) $\alpha = 90°$; $a = 8$ cm; $c = 5{,}2$ cm
b) $\gamma = 90°$; $a = 2{,}8$ cm; c 4,1 cm
c) $\beta = 90°$; $\alpha = 20°$; $a = 3$ cm
d) $\gamma = 90°$; $\beta = 41°$; $a = 4$ cm

7. Stolperstelle: Finde die Fehler in den Rechnungen und gib das richtige Ergebnis an.

a)

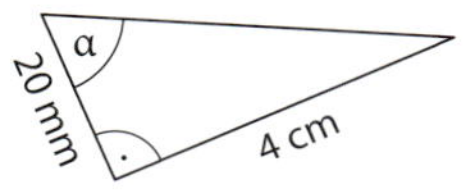

$\alpha = \tan^{-1}\frac{4}{20} \approx 11{,}31°$

b)

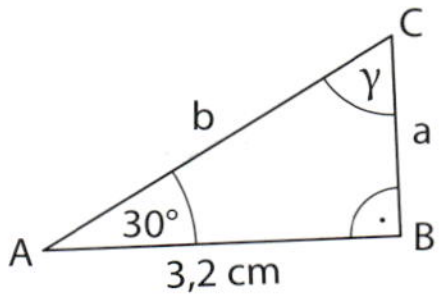

$\sin\alpha = \frac{a}{c}$ also

$\sin 30° = \frac{a}{3{,}2\text{ cm}} \quad | \cdot 3{,}2\text{ cm}$

$a = 3{,}2\text{ cm} \cdot \sin 30° = 1{,}6\text{ cm}$

c)

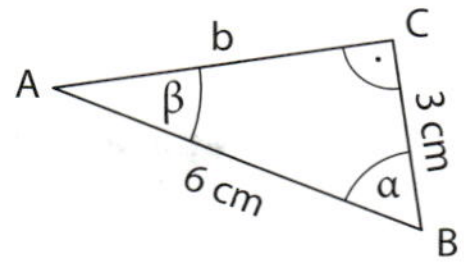

$\sin\alpha = \frac{a}{c} = \frac{3\text{ cm}}{6\text{ cm}} = 0{,}5$

$\alpha = 30°$

8. a) Gib jeweils zwei verschiedene Längenverhältnisse für den Sinus, Kosinus und Tangens von α und β an.

b) Der Giebel eines Daches hat eine Höhe von 4,3 m, die linke Dachseite ist 6 m breit und die rechte Dachseite ist 2 m breit.
Berechne die Neigungswinkel α und β der beiden Dachhälften und den Winkel γ im Dachgiebel.
Orientiere dich an Beispiel 1.

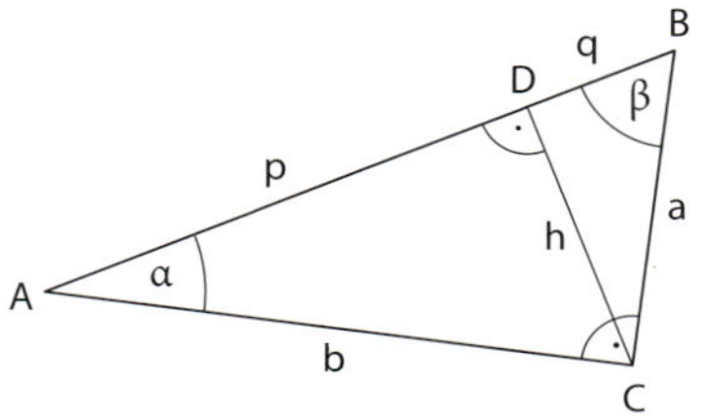

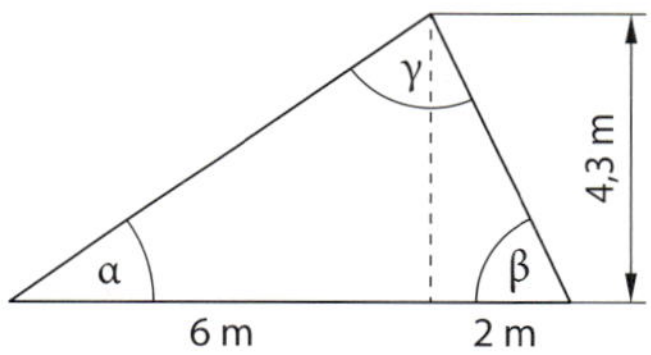

Tipp zu 8 a:
Nutze dafür jeweils unterschiedliche rechtwinklige Dreiecke.
Die Dreiecke ACB, ACD und CBD sind rechtwinklig.

9. Bei den folgenden Fahrzeugen ist die maximale Steigfähigkeit, also die größte Steigung, die das Fahrzeug noch erklimmen kann, angegeben. Berechne die zugehörige Neigung der Fahrbahn.

a) LKW: ca. 20 %
b) PKW mit Frontantrieb: ca. 35 %
c) PKW mit Allradantrieb: ca. 80 %
d) Planierraupe: ca. 100 %

10. Die Feuerwehr verwendet häufig Steckleitern. Bei einem Einsatz wird die Leiter direkt an eine Hauswand oder einen Baum gelehnt. Die Norm schreibt dabei einen Neigungswinkel von 65°–75° vor.

a) Fertige eine Skizze an.
b) Mit einer 2,70 m langen Leiter wird eine Arbeitshöhe von 2,10 m erreicht. Prüfe, ob der Neigungswinkel der Norm entspricht.
c) Eine 6,50 m lange Leiter wird vorschriftsmäßig an einen Baum gelehnt. Welche Arbeitshöhe kann mindestens und welche höchstens erreicht werden?
d) Eine Person muss aus 7 m Höhe gerettet werden. Wie lang muss die Leiter mindestens sein, damit die Feuerwehr die Person erreicht? Wie weit ist sie dann am Boden von der Hauswand entfernt?

● **11.** Die Basis eines gleichschenkligen Dreiecks ist 4 cm lang. Die Schenkel sind 6 cm lang. Berechne alle Winkelgrößen.

12. Die Dachneigung bezeichnet das Gefälle einer Dachfläche. Je nach Neigungswinkel bezeichnet man Dächer als Flachdach, flachgeneigtes Dach oder Steildach. In Bebauungsplänen wird neben der Dachform auch vorgeschrieben, welche Dachneigung ein Haus haben muss. Als Flachdach werden Dächer bezeichnet, die eine geringere Dachneigung als 25° aufweisen.

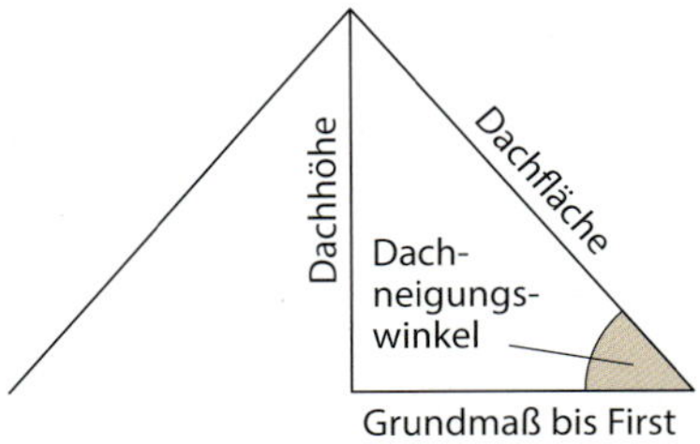

a) Bestimme die maximale Höhe, die ein Flachdach haben darf, das ein Grundmaß bis First (siehe Skizze) von 5,20 m aufweist.
b) Der Giebel eines Daches hat eine Breite von 10,60 m und eine Höhe von 3,80 m. Kann dieses Dach als Flachdach bezeichnet werden?
c) Familie Meier baut ein Haus, dessen Dachfläche 5,50 m lang ist. Der Neigungswinkel des Daches beträgt 30°. Beurteile, ob es sinnvoll ist, den Dachboden auszubauen.

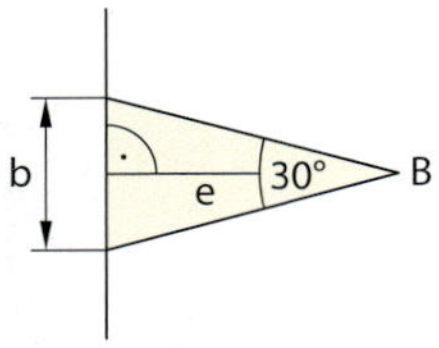

● 13. Paul projiziert mit einem Beamer (B) Bilder der Breite b an eine Wand. Der Beamer steht in einer Entfernung e vor der Wand und strahlt sein Licht in einem Winkel von 30° aus.

a) Wie breit ist das Bild, wenn der Beamer 4 m vor der Wand steht?
b) Wie weit müsste der Beamer für eine Bildbreite von 4m von der Wand entfernt stehen?

14. Berechne von jedem der beiden Trapeze jeweils den Umfang und den Flächeninhalt

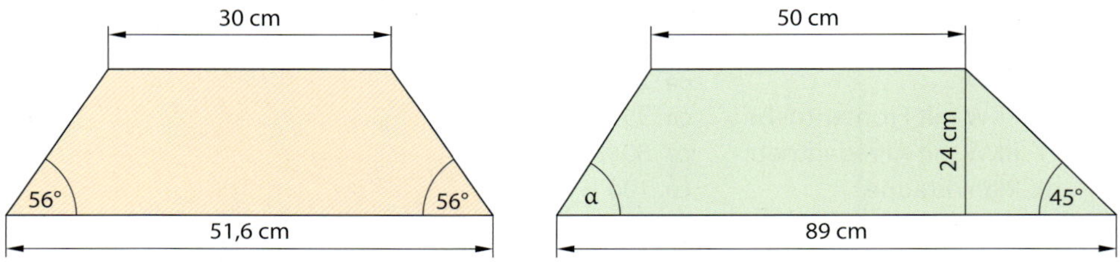

● 15. **Ausblick:** Die nebenstehende Abbildung zeigt einen Deich im Querschnitt.

a) Wie breit ist die Deichsohle?
b) Wie viele Kubikmeter Erde werden für einen geraden Deichabschnitt von 50 m Länge benötigt?
c) Wie viele Tonnen Erde werden benötigt, um diesen Deichabschnitt aufzuschütten? (Die Dichte von Füllerde beträgt circa 900 kg/m^3)
d) Ein LKW kann etwa 7,5 Tonnen transportieren.
Wie viele LKW-Ladungen benötigt man zum Aufschütten eines 200 m langen geraden Deichabschnittes?

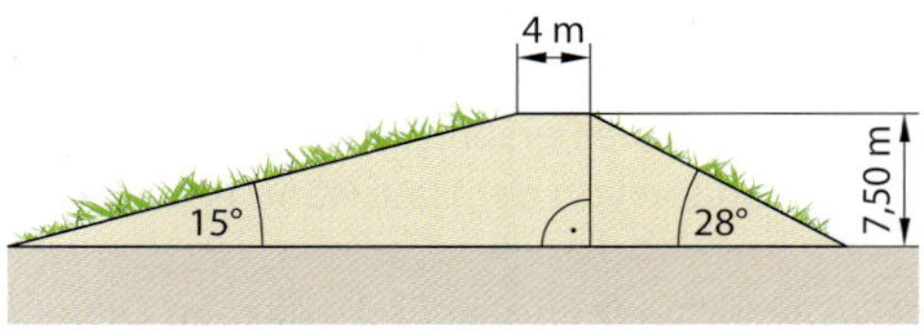

5.4 Sinussatz

■ In der Elbmündung fahren ein Containerschiff C und ein Lotsenboot L aufeinander zu. Sie bilden mit der Radarstation R ein Dreieck, in dem die Entfernung des Lotsenschiffs von der Radarstation und die eingezeichneten Winkel bekannt sind. Wie weit ist das Containerschiff vom Lotsenboot entfernt? Ermittle die Lösung mithilfe einer maßstabsgetreuen Zeichnung und begründe, warum eine rechnerische Lösung mit der Sinus-, Kosinus- oder Tangensdefinition nicht möglich ist. ■

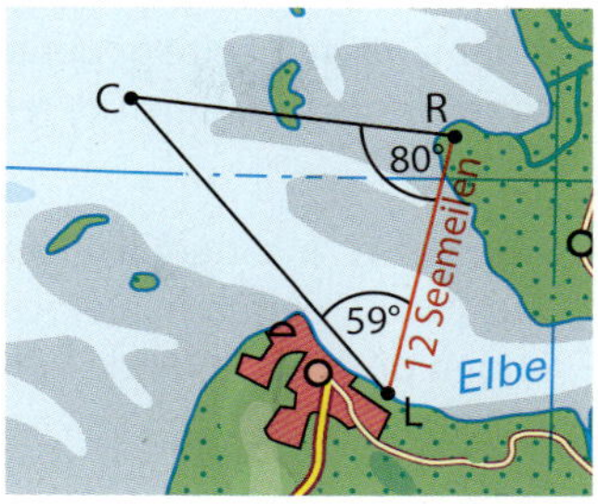

Mithilfe des Sinus können Seitenlängen und Winkelgrößen auch in beliebigen Dreiecken berechnet werden. Damit dies möglich ist, werden durch eine Höhe rechtwinklige Dreiecke erzeugt.

1. Fall: Im Dreieck ABC gilt $0° < \alpha < 90°$ und $0° < \beta < 90°$:
Das Dreieck wird durch die Höhenlinie h_c in zwei rechtwinklige Dreiecke unterteilt.

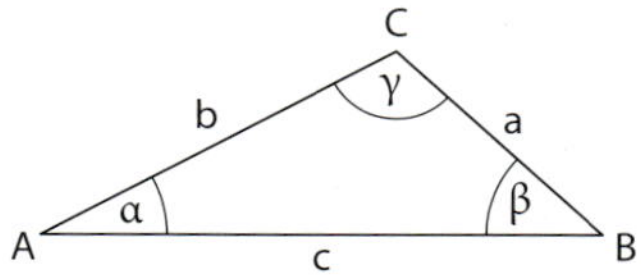

Für das Dreieck ADC gilt: $\sin\alpha = \frac{h_c}{b}$, daraus folgt: $h_c = b \sin\alpha$

Für das Dreieck DBC gilt: $\sin\beta = \frac{h_c}{a}$, daraus folgt: $h_c = a \sin\beta$

Durch Gleichsetzen ergibt sich: $b \sin\alpha = a \sin\beta$

Dividiert man durch b und $\sin\beta$, erhält man $\frac{\sin\alpha}{\sin\beta} = \frac{a}{b}$.

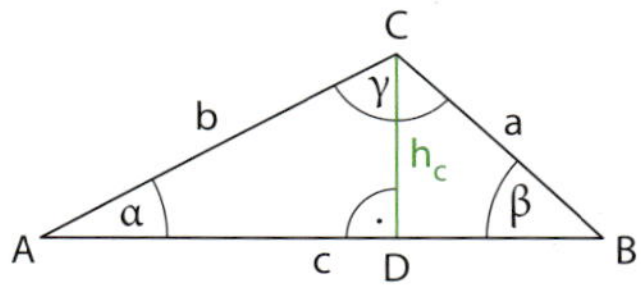

2. Fall: Im Dreieck ABC gilt $90° < \beta < 180°$.

Die Höhenlinie h_c liegt deshalb außerhalb des Dreiecks ABC.

Es entstehen zwei rechtwinklige Dreiecke ADC und BDC.

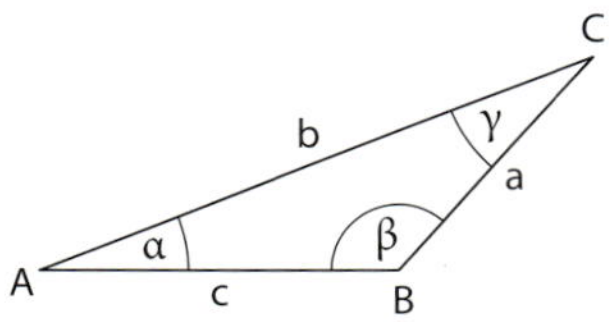

Für das Dreieck ADC gilt: $\sin\alpha = \frac{h_c}{b}$, daraus folgt: $h_c = b \sin\alpha$

Für das Dreieck BDC gilt: $\sin\delta = \frac{h_c}{a}$, daraus folgt: $h_c = a \sin\delta$

Für den Nebenwinkel δ von β gilt: $\delta = 180° - \beta$.
Also gilt: $h_c = a \sin(180° - \beta)$

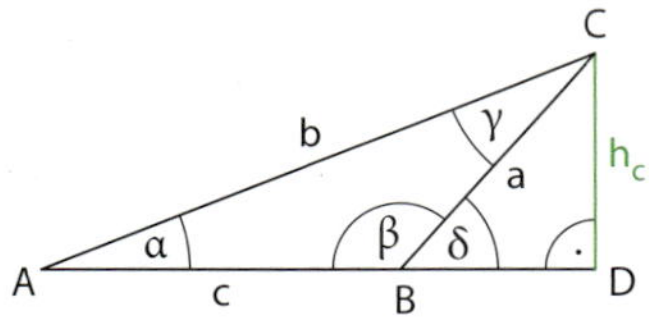

Durch Gleichsetzen erhält man: $b \sin\alpha = a \sin(180° - \beta)$
Dividiert man durch b und $\sin(180° - \beta)$, erhält man
$\frac{\sin\alpha}{\sin(180 - \beta)} = \frac{a}{b}$.

Für Winkel β, die zwischen 90° und 180° liegen, gilt:
$\sin(180° - \beta) = \sin\beta$.

Somit gilt auch in diesem Fall $\frac{\sin\alpha}{\sin\beta} = \frac{a}{b}$

Diese Herleitung lässt sich auf die die anderen Winkel übertragen.

Hinweis:
Im Streifzug auf den Seiten 154/155 erfährst du mehr über den Sinus bei Winkeln $90° < \alpha < 180°$.

Wissen: Sinussatz

In beliebigen spitzwinkligen und stumpfwinkligen Dreiecken gilt:

$\frac{a}{b} = \frac{\sin\alpha}{\sin\beta}$ $\quad \frac{a}{c} = \frac{\sin\alpha}{\sin\gamma}$ $\quad \frac{b}{c} = \frac{\sin\beta}{\sin\gamma}$

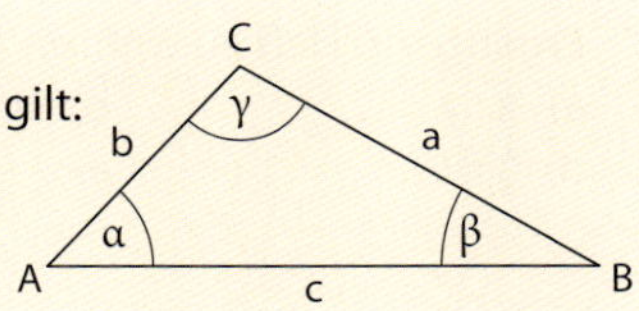

Seitenlängen und Winkel berechnen

Dreiecke, bei denen eine Seitenlänge und zwei Winkel oder zwei Seitenlängen und der Winkel, der der längeren Seite gegenüberliegt, gegeben sind, lassen sich nach den Kongruenzsätzen eindeutig konstruieren. Die fehlenden Größen kann man mit dem Sinussatz berechnen.

Beispiel 1: In einem Dreieck sind $\alpha = 30°$, $b = 4\,cm$ und $\gamma = 80°$ gegeben. Berechne die fehlenden Seitenlängen und die fehlende Winkelgröße.

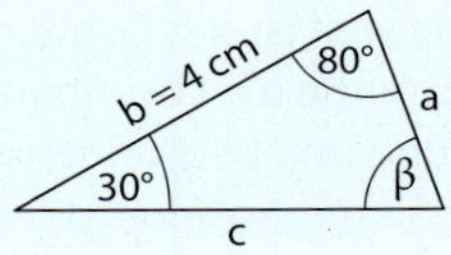

Lösung:

1. Schritt	β	$\alpha + \beta + \gamma = 180°$	$\beta = 180° - \alpha - \gamma = 70°$
2. Schritt	a	$\frac{a}{b} = \frac{\sin\alpha}{\sin\beta}$	$a = \frac{\sin\alpha}{\sin\beta} \cdot b = \frac{\sin 30°}{\sin 70°} \cdot 4\,cm \approx 2{,}13\,cm$
3. Schritt	c	$\frac{c}{b} = \frac{\sin\gamma}{\sin\beta}$	$c = \frac{\sin\gamma}{\sin\beta} \cdot b = \frac{\sin 80°}{\sin 70°} \cdot 4\,cm \approx 4{,}19\,cm$

Der Rechenplan basiert auf dem Kongruenzsatz WSW.

Beispiel 2: In einem Dreieck sind $c = 4{,}8$ cm, $b = 3{,}2$ cm und $\gamma = 85°$ gegeben. Berechne die fehlende Seitenlängen und die fehlenden Winkelgrößen.

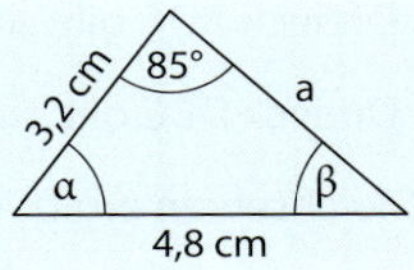

Lösung:

1. Schritt	β	$\frac{\sin\beta}{\sin\gamma} = \frac{b}{c}$	$\sin\beta = \frac{b}{c} \cdot \sin\gamma = \frac{3{,}2\,cm}{4{,}8\,cm} \cdot \sin 85° \approx 0{,}664$, $\beta \approx \sin^{-1}(0{,}664) \approx 41{,}6°$
2. Schritt	α	$\alpha + \beta + \gamma = 180°$	$\alpha = 180° - \beta - \gamma \approx 53{,}4°$
3. Schritt	a	$\frac{a}{c} = \frac{\sin\alpha}{\sin\gamma}$	$a = \frac{\sin\alpha}{\sin\gamma} \cdot c = \frac{\sin 53{,}4°}{\sin 85°} \cdot 4{,}8\,cm \approx 3{,}87\,cm$

Der Rechenplan basiert auf dem Kongruenzsatz SsW: Der gegebene Winkel liegt der größeren Seite der beiden gegebenen Seiten gegenüber.

Basisaufgaben

1. Im Dreieck ABC sind zwei Winkel und eine Seitenlänge gegeben. Berechne die fehlenden Seitenlängen und die fehlende Winkelgröße.
   a) $\alpha = 30°$, $b = 4\,cm$ und $\gamma = 80°$
   b) $\beta = 9°$, $a = 12\,cm$ und $\gamma = 85°$
   c) $\alpha = 125°$, $c = 5\,cm$ und $\beta = 35°$
   d) $\gamma = 150°$, $\alpha = 15°$ und $c = 4\,cm$

2. Im Dreieck ABC sind zwei Seitenlängen und ein Winkel gegeben. Berechne die fehlende Seitenlänge und die fehlenden Winkelgrößen.
   a) $c = 4{,}8\,cm$; $b = 3{,}2\,cm$; $\gamma = 85°$
   b) $a = 4{,}8\,cm$; $b = 3{,}2\,cm$; $\alpha = 37°$
   c) $a = 5{,}1\,cm$; $c = 2{,}7\,cm$; $\alpha = 93°$
   d) $b = 10\,cm$; $c = 9{,}5\,cm$; $\beta = 99°$

3. Ergänze im Heft zu wahren Aussagen. Verwende den Sinussatz.
   a) $x : y = \ldots$
   b) $\sin\gamma : \sin\beta = \ldots$
   c) $\sin\gamma : x = \ldots$
   d) $\frac{x}{z} = \ldots$
   e) $\frac{z}{\sin\beta} = \ldots$
   f) $y \cdot \sin\gamma = \ldots$

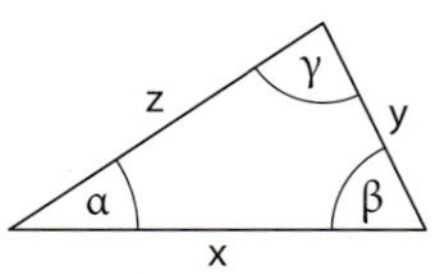

4. Im Dreieck sind β, γ und c gegeben. Vervollständige den Rechenplan im Heft und berechne die fehlenden Größen. Übertrage auch die Planfigur.

1. Schritt		$\alpha + \beta + \gamma = 180°$	
2. Schritt	b		
3. Schritt			$= \frac{\sin 45°}{\sin 65°} \cdot 4{,}2\,\text{cm}$

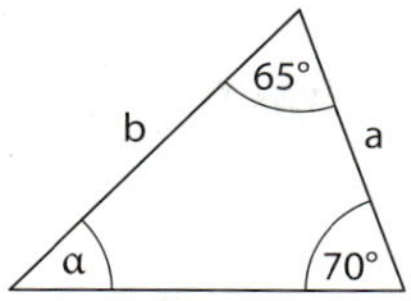

Der Rechenplan basiert auf dem Kongruenzsatz ....

5. Berechne die fehlenden Seitenlängen und Winkelgrößen der Dreiecke.

a)
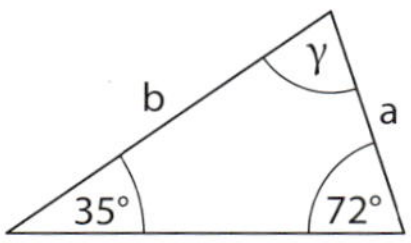

b)
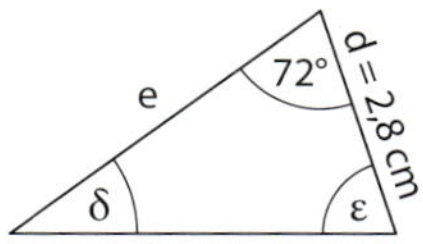

c)
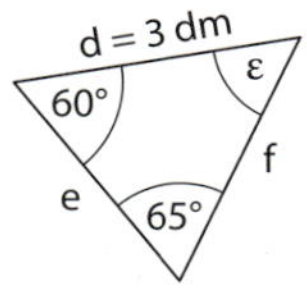

d)
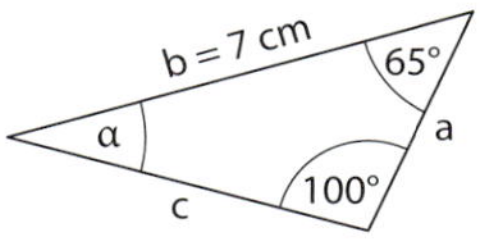

e)
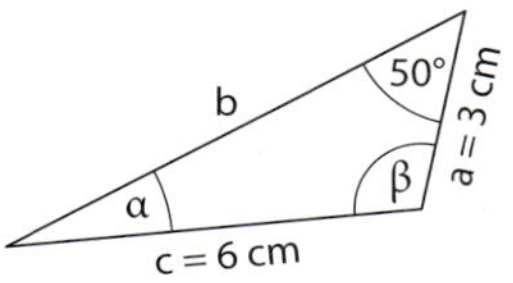

f)
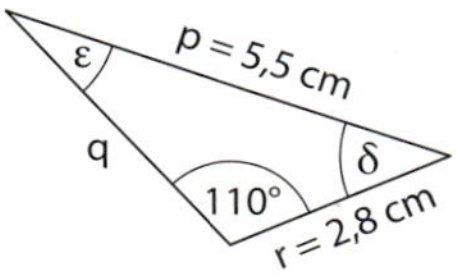

Hinweis zu 5:
Hier findest du die gerundeten Maßzahlen der Seitenlängen

6. Berechne die fehlenden Seitenlängen und Winkelgrößen des Dreiecks ABC.

a) $a = 24{,}5\,\text{cm}$; $b = 259\,\text{mm}$; $\beta = 72{,}4°$
b) $b = 17{,}2\,\text{cm}$; $\alpha = 43{,}4°$; $\gamma = 66{,}8°$
c) $a = 70\,\text{mm}$; $b = 0{,}58\,\text{dm}$; $\alpha = 43{,}7°$
d) $c = 145\,\text{km}$; $\alpha = 20{,}2°$; $\beta = 74{,}5°$

TR **7.** Ermittle mit deinem Taschenrechner:

a) sin 135°
b) sin 90,5°
c) sin 150°
d) sin 179°
e) sin 179,4°
f) sin 179,9°

TR **8.** Welche Winkel zwischen 0° und 90° haben die gleichen Sinuswerte wie die Winkel aus Aufgabe 7? Überprüfe deine Lösungen mit dem Taschenrechner durch Vergleich.

Weiterführende Aufgaben

9. Bestimme wenn möglich zwei Winkel für α zwischen 0° und 180°, die folgende Sinuswerte haben:

a) $\sin\alpha = 0$
b) $\sin\alpha = 1$
c) $\sin\alpha = 0{,}5$
d) $\sin\alpha = 0{,}25$
e) $\sin\alpha = 1{,}2$
f) $\sin\alpha = 0{,}9$
g) $\sin\alpha = \frac{1}{2}\sqrt{2}$
h) $\sin\alpha = \frac{1}{2}\sqrt{3}$

10. Berechne die fehlenden Größen des Dreiecks ABC. Erstelle zunächst eine Planfigur.

a) $a = 4\,\text{cm}$; $\alpha = 60°$; $\beta = 101°$
b) $a = 7{,}5\,\text{m}$; $b = 95\,\text{cm}$; $\alpha = 45°$
c) $a = 0{,}82\,\text{km}$; $c = 250\,\text{m}$; $\alpha = 99°$
d) $b = 0{,}38\,\text{dm}$; $\alpha = 13{,}6°$; $\gamma = 56°$

GS **11.** In einem Koordinatensystem ist ein Dreieck ABC durch die Punkte A(3|2) und B(10|2) sowie die beiden Innenwinkel $\alpha = 64°$ und $\beta = 39°$ festgelegt.

a) Berechne die Seitenlängen c, a und b sowie den fehlenden Winkel γ.
b) Überprüfe die Ergebnisse mit einer dynamischen Geometriesoftware und ermittle damit die Koordinaten vom Punkt C.

12. Konstruiere die folgenden Dreiecke aus den gegebenen Größen im Heft und ermittle die fehlenden Größen durch Messung. Berechne anschließend die fehlenden Größen mit dem Sinussatz und vergleiche die Ergebnisse.

a) $a = 6\,\text{cm}$, $\alpha = 60°$, $\beta = 50°$
b) $\beta = 30°$, $a = 2{,}9\,\text{cm}$, $b = 3{,}1\,\text{cm}$
c) $c = 6\,\text{cm}$, $b = 5\,\text{cm}$, $\gamma = 38°$

13. Stolperstelle: Bei der Berechnung einer fehlenden Größe ist ein Fehler aufgetreten. Finde den Fehler. Berechne anschließend die gesuchte Größe richtig.

a)

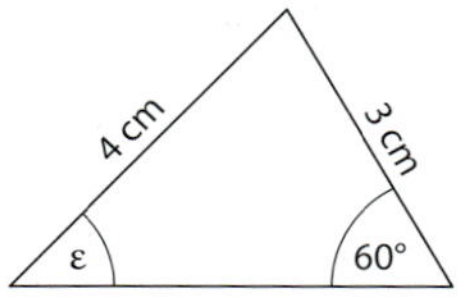

$\frac{\sin \varepsilon}{4\,\text{cm}} = \frac{\sin 60°}{3\,\text{cm}}$

$\sin \varepsilon = \frac{4}{3} \cdot \sin 60°$

$\sin \varepsilon \approx 1{,}15$

Das Dreieck ist nicht konstruierbar.

b)

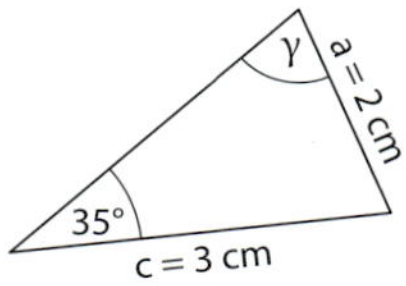

$\frac{\sin \alpha}{\sin \gamma} = \frac{a}{c}$

$\sin \gamma = \frac{2\,\text{cm}}{3\,\text{cm}} \cdot \frac{1}{\sin 35°}$

$\sin \gamma \approx 1{,}16$

Das Dreieck ist nicht konstruierbar.

14. Berechne die fehlenden Größen in dem unten abgebildeten Dreieck mithilfe der Ergänzung zu einem rechtwinkligen Dreieck. Kontrolliere dein Ergebnis, indem du die Größen mithilfe des Sinussatzes noch einmal bestimmst.

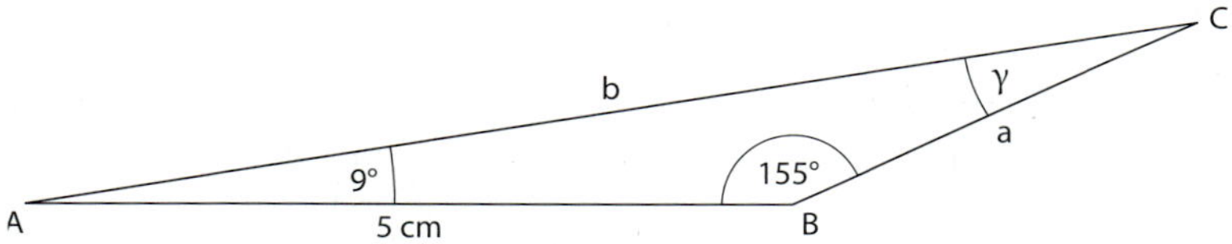

15. Von einem Dreieck sind $a = 5{,}4\,\text{cm}$, $b = 4{,}3\,\text{cm}$ und $\beta = 49°$ bekannt.

a) Berechne die fehlende Seitenlänge und die fehlenden Winkel mit dem Sinussatz.
b) Konstruiere zwei Dreiecke mit den gegebenen Größen mit Zirkel und Lineal. Begründe mithilfe eines Kongruenzsatzes, dass es zwei Lösungsdreiecke gibt.
c) Ermittle auch die zweite Lösung rechnerisch mit dem Sinussatz.

16. Versuche mit dem Sinussatz die fehlenden Größen eines Dreiecks ABC aus den gegebenen Größen $a = 6\,\text{cm}$, $b = 2{,}5\,\text{cm}$ und $\beta = 35°$ zu berechnen. Was fällt dir auf?

17. Notiere die Gleichungen des Sinussatzes für den Sonderfall, dass $\gamma = 90°$ ist.

18. Von der Plattform eines 30 m hohen Aussichtsturmes erscheinen zwei Punkte A und B einer geradlinig auf den Turm zulaufenden Straße unter Winkeln von 50° und 60°. Berechne $\overline{AB}$ unter Berücksichtigung einer Augenhöhe von 1,50 m des Beobachters.

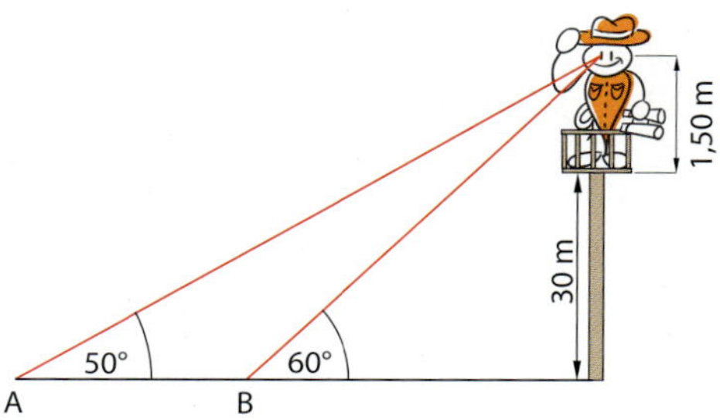

19. Um die Höhe h eines Berges zu ermitteln, wird eine horizontale Standlinie $\overline{AB}$ festgelegt. Von B aus wird der Höhenwinkel δ gemessen, unter dem der Gipfel S des Berges erscheint. In der Ebene werden die Winkel α und β wie dargestellt gemessen.

a) Berechne h für $\overline{AB} = 1315\,\text{m}$;
$\alpha = 59{,}5°$; $\beta = 37{,}1°$ und $\delta = 43{,}3°$.

b) Überprüfe die Lösung zeichnerisch.

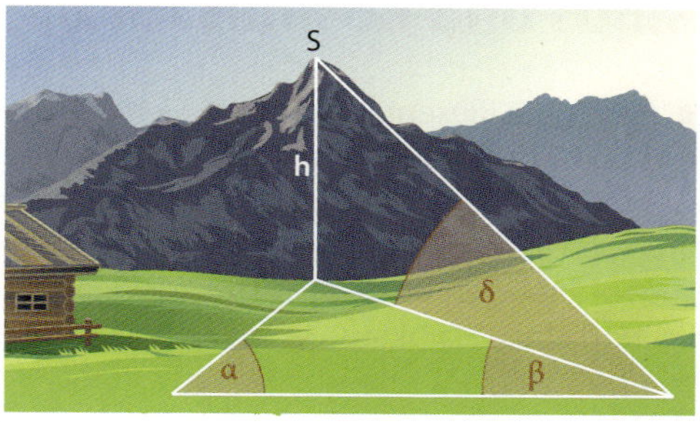

20. Flächeninhalt eines Dreiecks

In einem Dreieck, in dem zwei Seitenlängen und der eingeschlossene Winkel gegeben sind, kann man mithilfe des Sinus des eingeschlossenen Winkels den Flächeninhalt des Dreiecks berechnen: $\mathbf{A = \frac{1}{2} \cdot a \cdot c \cdot \sin\beta}$.

a) Beweise die Formel.

b) Stelle je eine Formel auf, mit der man den Flächeninhalt des Dreiecks ABC berechnen kann, wenn der Winkel α bzw. wenn der Winkel γ gegeben ist.

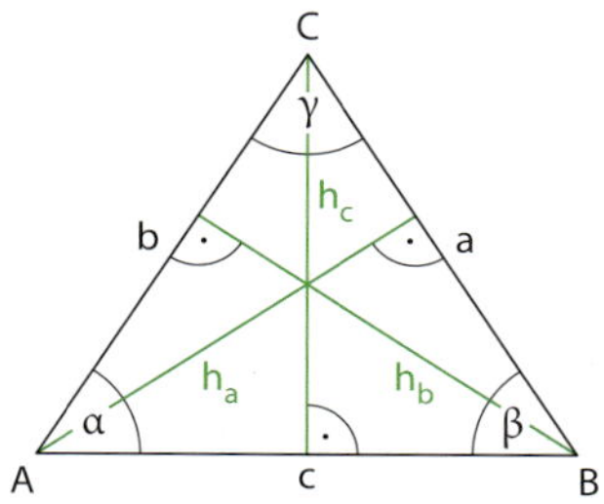

21. Berechne die fehlenden Größen des Dreiecks.

	a	b	c	α	β	γ	A
a)		8,5 cm	3,1 cm		111°		
b)	9 cm	9 cm	12 cm				40,25 cm²

22. Ein Wiesenstück soll eingezäunt werden. In der Skizze findest du alle gegebenen Größen. Wie viele Meter Zaun sind dazu nötig?

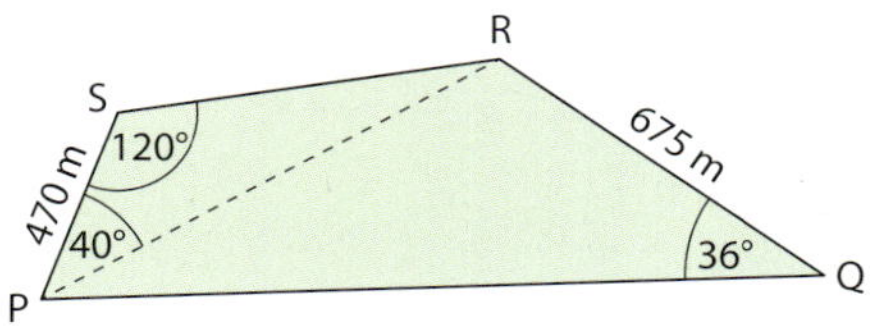

23. Berechne die Größe des Wiesenstücks von Aufgabe 22 in Quadratmetern (m²) und Hektar (ha).

24. Ausblick: Ein Flugzeug fliegt in einer konstanten Höhe mit einer Geschwindigkeit von 240 km/h.
Der Pilot peilt zu den angegebenen Zeiten einen Sendemast an.

a) Wie weit ist das Flugzeug in den Punkten P und Q vom Sendemast entfernt?

b) In welcher Höhe überfliegt das Flugzeug den Sendemast?

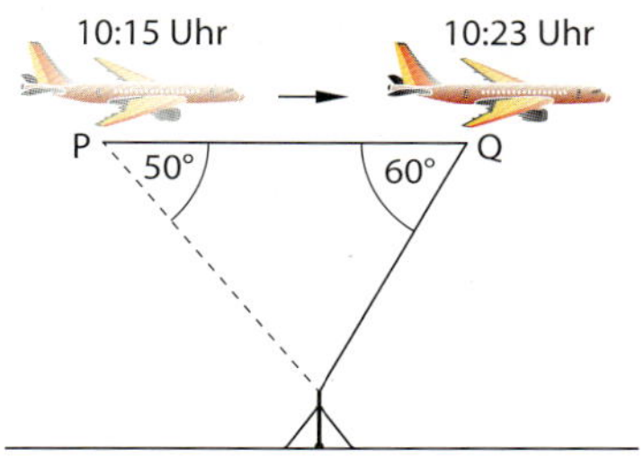

Sinus und Kosinus für beliebige Winkel

■ Bei einem Riesenrad bewegen sich die Gondeln auf einer Kreisbahn. Die Höhe h einer Gondel hängt von der Größe des Winkels α ab. Prüfe, ob jeder Höhe eindeutig genau ein Winkel zugeordnet werden kann. Nutze zur Veranschaulichung einen Halbkreis. ■

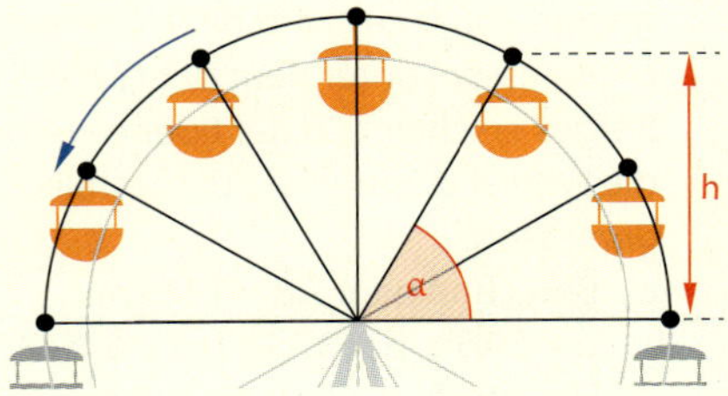

Hinweis:
Eine Drehung entgegen dem Uhrzeigersinn hat in der Mathematik eine positive Drehrichtung. LE steht für Längeneinheit.

In ein Koordinatensystem wird ein Viertelkreis um den Ursprung mit dem Radius r = 1 LE eingezeichnet. Der Punkt P bewegt sich in positiver Drehrichtung auf der Kreislinie. Jedem Winkel α zwischen 0° und 90° kann ein Punkt P $(x_P|y_P)$ auf der Kreislinie zugeordnet werden. Der Punkt bildet mit dem Koordinatenursprung und dem Punkt $(x_P|0)$ ein rechtwinkliges Dreieck mit dem Kreisradius r = 1 als Hypotenuse. Für $0° < \alpha < 90°$ gilt daher $\sin\alpha = \frac{y_P}{1} = y_P$ und $\cos\alpha = \frac{x_P}{1} = x_P$. Diese Vorstellung lässt sich auch auf einen ganzen Kreis übertragen.

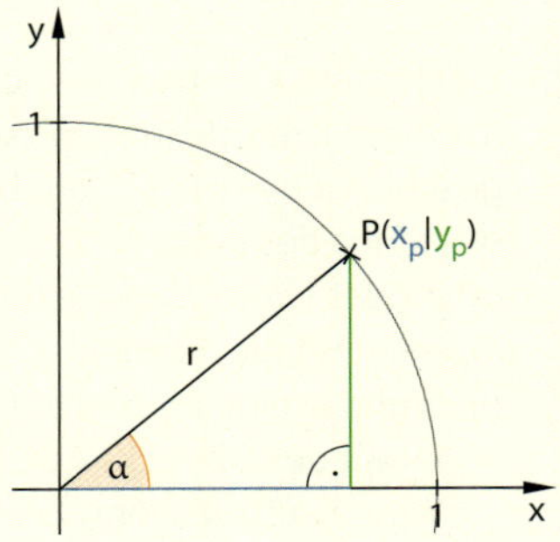

Hinweis:
Ein Einheitskreis ist ein Kreis im Koordinatensystem mit Radius 1 und Mittelpunkt im Ursprung.

Wissen: Sinus und Kosinus am Einheitskreis
Jedem Winkel $0° < \alpha < 360°$ kann eindeutig ein Punkt $P(x_P|y_P)$ auf dem Einheitskreis zugeordnet werden. Es gilt: $\sin\alpha = y_P$ **und** $\cos\alpha = x_P$.

Beispiel 1: Zeichne die Winkel in einen Einheitskreis und ordne ihnen einen Punkt auf der Kreisbahn zu. Zeichne den Sinus- und den Kosinuswert als Strecke ein.

a) $\alpha = 130°$ b) $\alpha = 210°$ c) $\alpha = 320°$

Lösung:

a) $90° < \alpha < 180°$
P liegt im 2. Quadranten

b) $180° < \alpha < 270°$
P liegt im 3. Quadranten

c) $270° < \alpha < 360°$
P liegt im 4. Quadranten

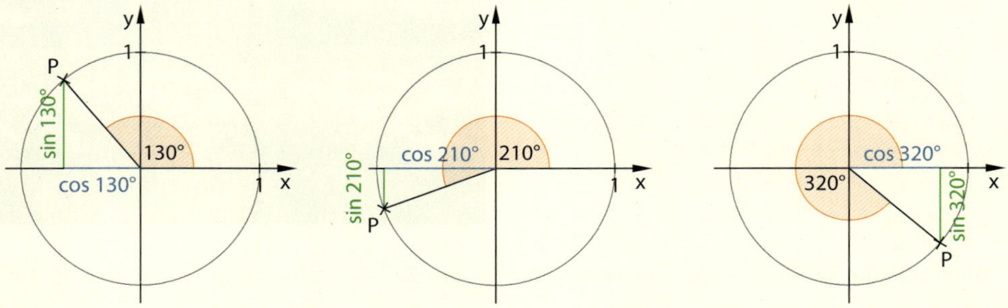

Aufgaben

Hinweis zu 2.:
Verwende einen geeigneten Maßstab (z. B. 5 cm ≙ 1 LE). Vergiss nicht, gemessene Werte entsprechend zu dividieren (im Beispiel durch 5).

1. Zeichne den Winkel $\alpha = 160°$ ($\alpha = 240°$; $\alpha = 290°$) in einen Einheitskreis und ordne ihnen einen Punkt auf der Kreislinie zu. Zeichne den Sinus- und den Kosinuswert als Strecke ein.

2. Ermittle mithilfe einer Zeichnung näherungsweise den Sinus- und Kosinuswert der Winkel. Überprüfe deine Ergebnisse mit einem Taschenrechner.
a) $\alpha = 65°, \beta = 120°$ b) $\alpha = 230°, \beta = 340°$ c) $\alpha = 65°, \beta = 115°$

Quadrantenbeziehungen

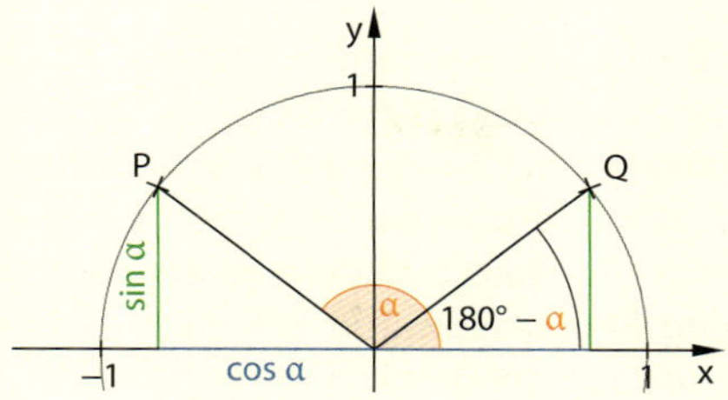

Einem stumpfen Winkel α wird der Punkt P(cos α | sin α) im zweiten Quadranten zugeordnet. Der Punkt Q zum Winkel 180° − α befindet sich dann im ersten Quadranten. Der Punkt P hat die gleiche y-Koordinate wie Q, da beide auf einer Höhe liegen. Also gilt: **sin (180° − α) = sin α.**
Der Punkt Q hat die x-Koordinate von P mit einem negativen Vorzeichen, da er auf dem negativen Teil der x-Achse liegt. Also gilt: **cos (180° − α) = − cos α.**

Wissen: Quadrantenbeziehungen
Für jeden Winkel 90° < α < 180° gilt: **sin(180° − α) = sin α** und **cos (180° − α) = −cos α.**

Beispiel 2: Bestimme die Sinus- und Kosinuswerte der Winkel α = 60° und β = 120°

Lösung:

Berechne die Werte für α = 60° mit dem Taschenrechner. Es gilt α = 180° − β. Also kannst du für die Berechnung zu β die Quadrantenbeziehungen nutzen	sin 60° ≈ 0,866; cos 60° = 0,5 180° − 120° = 60°, also ist sin 120° = sin 60° ≈ 0,866 cos 120° = −cos 60° = −0,5

Aufgaben

3. Bestimme die Sinus- und Kosinuswerte der Winkel. Verwende die Quadrantenbeziehungen.
a) α = 30°; β = 150° b) α = 115°; β = 65° c) α = 89,2° β = 90,8°

4. Finde einen Winkel β, für den sin β = sin α und cos β = −cos α gilt.
a) α = 25° b) α = 117° c α = 136,25°

5. Dem Winkel α = 90° wird der Punkt P(0 | 1) auf dem Einheitskreis zugeordnet.
a) Bestimme sin α und cos α.
b) Ordne dem Winkel α = 180° (α = 270°, α = 360°) einen Punkt auf dem Einheitskreis zu. Bestimme sin α und cos α.

6. Forschungsauftrag: Die Abbildung zeigt den Winkel α = 30° im Einheitskreis. Der Sinus- und Kosinuswert ist als Strecke eingezeichnet.

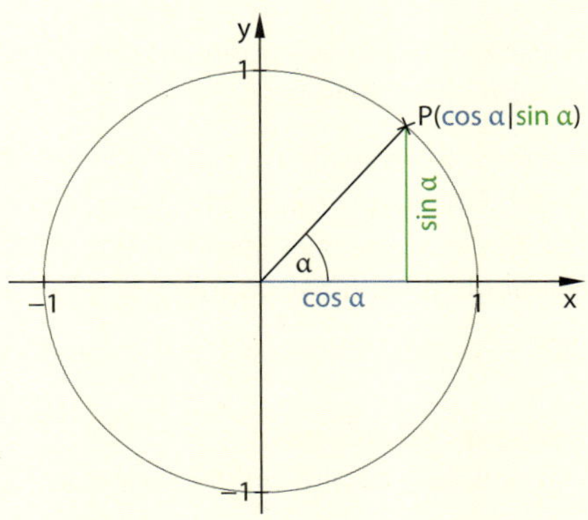

a) Übertrage die Zeichnung in dein Heft.
b) Trage den Winkel β zwischen 90° und 180° ein, für den sin β = sin α gilt. Markiere sin β und cos β.
c) Trage weitere Winkel γ und δ zwischen 180° und 360° ein, für die cos γ = cos α und cos δ = cos β gilt. Vergleiche die Sinuswerte. Was fällt dir auf?
d) Entscheide, welche der Aussagen für beliebige Winkel α wahr sind. Begründe deine Entscheidung.
① sin α = sin (180°+ α) ② cos α = cos (180° + α)
③ sin α = −sin (180°+ α) ④ cos α = −cos (180° + α)

5.5 Kosinussatz

■ Die Länge einer schwer zugänglichen Flussinsel soll bestimmt werden. Dazu werden vom Ufer aus die beiden Endpunkte P und Q angepeilt und die Entfernungen dorthin sowie der eingeschlossene Winkel gemessen. Ermittle die Länge der Strecke mithilfe einer maßstabsgetreuen Zeichnung. Begründe, warum eine rechnerische Lösung mit dem Sinussatz nicht möglich ist. ■

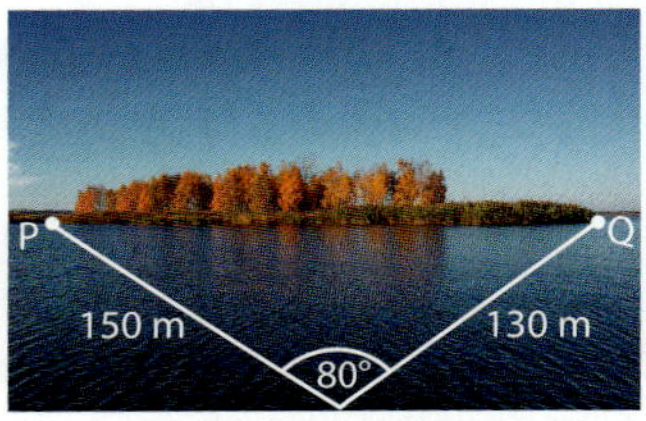

Mithilfe des Kosinus können Seitenlängen und Winkelgrößen in beliebigen Dreiecken berechnet werden. Dazu werden durch eine Höhe rechtwinklige Dreiecke erzeugt.

1. Fall: Im Dreieck ABC gilt $0° < \alpha < 90°$ und $0° < \beta < 90°$:
Das Dreieck wird durch die Höhenlinie h_C in zwei rechtwinklige Dreiecke unterteilt.

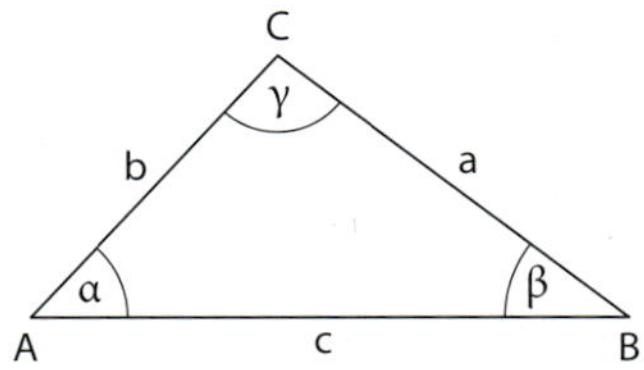

Im Dreieck BCD gilt der Satz des Pythagoras: $a^2 = h_c^2 + (c - k)^2$
Durch Ausmultiplizieren ergibt sich: $a^2 = h_c^2 + c^2 - 2ck + k^2$

Im Dreieck ADC gilt der Satz des Pythagoras: $b^2 = h_c^2 + k^2$
Einsetzen in die Gleichung aus dem Dreieck BCD:
$a^2 = b^2 + c^2 - 2ck$
Außerdem gilt: $\cos\alpha = \frac{k}{b}$

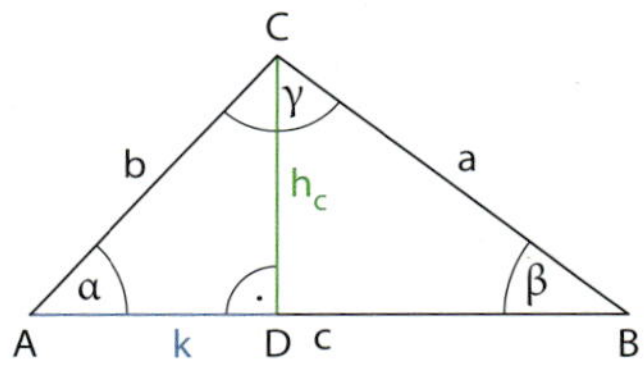

Daraus folgt für die Strecke k: $k = b \cdot \cos\alpha$
Einsetzen in die Gleichung aus dem Dreieck BCD ergibt:
$a^2 = b^2 + c^2 - 2c \cdot b\cos\alpha$

2. Fall: Im Dreieck ABC gilt $90° < \gamma < 180°$.
Die Höhenlinie h_C liegt außerhalb des Dreiecks ABC.
Im Dreieck DBC gilt der Satz des Pythagoras:
$a^2 = h_c^2 + (k + c)^2$
Durch Ausmultiplizieren ergibt sich: $a^2 = h_c^2 + k^2 + 2kc + c^2$

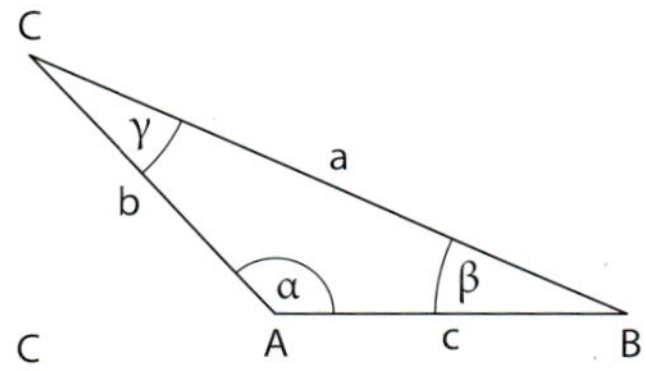

Im Dreieck DAC gilt der Satz des Pythagoras: $b^2 = h_c^2 + k^2$
Einsetzen in die Gleichung aus dem Dreieck DBC:
$a^2 = b^2 + c^2 + 2kc$
Außerdem gilt: $\cos\delta = \frac{k}{b}$. daraus folgt: $k = a\cos\delta$
Einsetzen in die Gleichung aus dem Dreieck DBC ergibt:
$a^2 = b^2 + c^2 + 2bc \cdot \cos\delta$

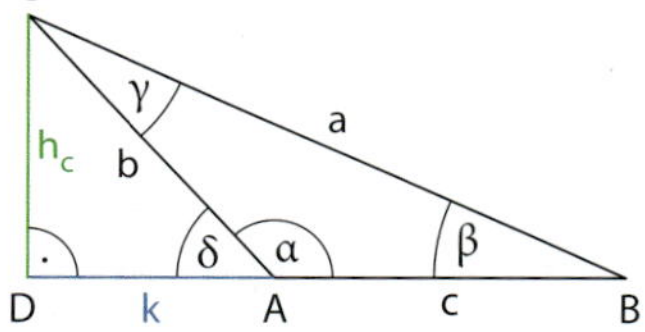

Hinweis:
Im Streifzug auf den Seiten 154/155 erfährst du mehr über den Kosinus bei Winkeln $90° < \alpha < 180°$.

Für den Nebenwinkel δ von α gilt: $\delta = 180° - \alpha$
Durch Einsetzen ergibt sich: $c^2 = a^2 + b^2 + 2ab \cdot \cos(180° - \gamma\alpha)$
Für Winkel α, die zwischen 900 und 1800 liegen, gilt: $\cos(180° - \alpha) = -\cos\alpha$.
Somit gilt auch für stumpfwinklige Dreiecke $a^2 = b^2 + c^2 - 2bc \cdot \cos\alpha$.

Diese Herleitung lässt sich auf die anderen Winkel übertragen.

Wissen: Kosinussatz
In beliebigen spitzwinkligen und stumpfwinkligen Dreiecken gilt:
$a^2 = b^2 + c^2 - 2bc \cdot \cos\alpha$
$b^2 = a^2 + c^2 - 2ac \cdot \cos\beta$
$c^2 = a^2 + b^2 - 2ab \cdot \cos\gamma$

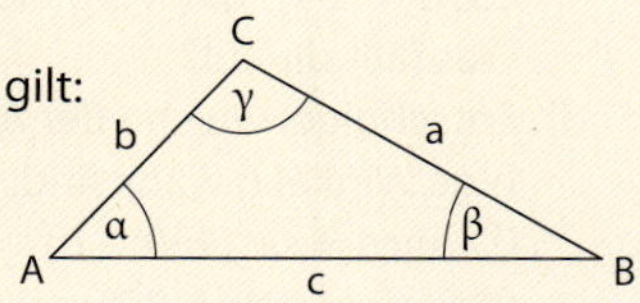

Seitenlängen und Winkel berechnen

Dreiecke, bei denen zwei Seitenlängen und die Größe des eingeschlossenen Winkels oder drei Seitenlängen gegeben sind, lassen sich nach den Kongruenzsätzen eindeutig konstruieren. Die fehlenden Größen kann man mit dem Kosinussatz berechnen.

Beispiel 1: In einem Dreieck ABC sind b = 7 cm, $\alpha = 30°$, und c = 5 cm gegeben. Berechne die fehlenden Seitenlängen und die fehlende Winkelgrößen.

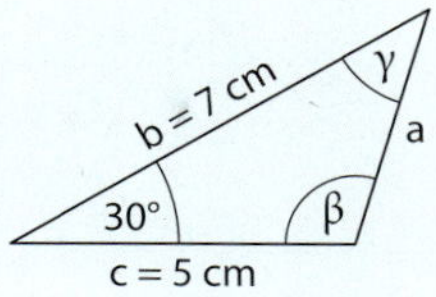

Lösung:

1. Schritt	a	$a^2 = b^2 + c^2 - 2bc \cdot \cos\alpha$	$a \approx 3{,}66\,\text{cm}$
2. Schritt	γ	$c^2 = a^2 + b^2 - 2ab \cdot \cos\gamma$	$\cos\gamma = \frac{a^2 + b^2 - c^2}{2ab} \approx 0{,}730$, $\gamma \approx 43{,}1°$
3. Schritt	β	$\alpha + \beta + \gamma = 180°$	$\beta = 180° - \alpha - \gamma$ $\beta \approx 106{,}9°$

Der Rechenplan basiert auf dem Kongruenzsatz SWS.

Beispiel 2: In einem Dreieck ABC sind a = 3 cm, b = 6 cm und c = 4 cm gegeben. Berechne die fehlenden Winkelgrößen.

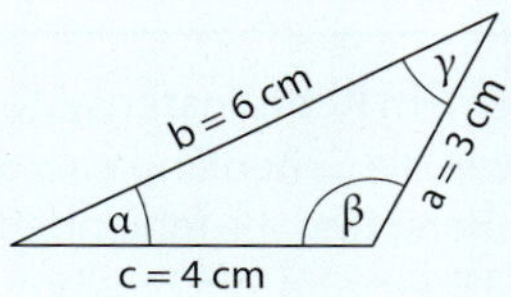

Lösung:

1. Schritt	β	$b^2 = a^2 + c^2 - 2ac \cdot \cos\beta$	$\cos\beta = \frac{a^2 + c^2 - b^2}{2ac} \approx -0{,}458$, $\beta \approx 117{,}3°$
2. Schritt	α	$a^2 = b^2 + c^2 - 2bc \cdot \cos\alpha$	$\cos\alpha = \frac{b^2 + c^2 - a^2}{2bc}$ $\alpha \approx 26{,}4°$
3. Schritt	γ	$\alpha + \beta + \gamma = 180°$	$\gamma = 180° - \alpha - \beta$ $\gamma \approx 36{,}3°$

Der Rechenplan basiert auf dem Kongruenzsatz SSS.

Basisaufgaben

1. In einem Dreieck sind zwei Seitenlängen und ein Winkel gegeben. Berechne die fehlende Seitenlänge und die fehlenden Winkel.

a) a = 8,4 cm; $\beta = 40°$; c = 6,5 cm
b) a = 5 cm; $\gamma = 110°$; b = 7,8 cm
c) b = 5,5 cm; c = 2,7 cm; $\alpha = 29°$
d) a = 3,2 cm; b = 2,4 cm; $\gamma = 66°$

Hinweis zu 1:
Hier findest du die gerundeten Maßzahlen der Seitenlängen.

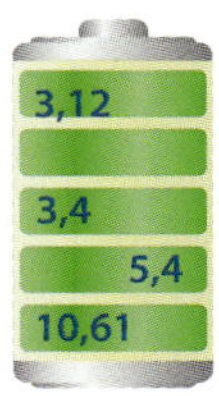

2. In einem Dreieck sind drei Seitenlängen gegeben. Berechne die fehlenden Winkel.

a) a = 2 cm; b = 2,5 cm; c = 3 cm
b) a = 6,8 cm; b = 4 cm; c = 5 cm
c) a = 1,2 cm; b = 5 cm; c = 5,2 cm
d) a = 6,5 cm; b = 4,9 cm; c = 10,6 cm

3. In einem Dreieck sind b, c und α gegeben. Vervollständige den Rechenplan im Heft und berechne die fehlenden Größen. Übertrage auch die Planfigur.

1. Schritt		Kosinussatz	
2. Schritt	γ		$\cos\gamma =$
3. Schritt		$\alpha + \beta + \gamma = 180°$	

Der Rechenplan basiert auf dem Kongruenzsatz ....

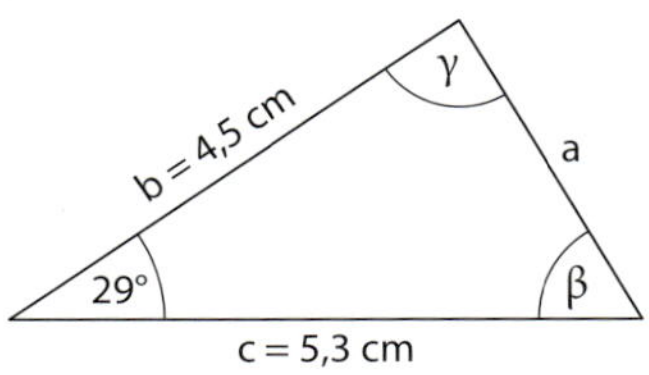

4. Ergänze im Heft zu wahren Aussagen mithilfe des Kosinussatzes.

a) $y^2 = \dots$ b) $\dots = x^2 + y^2 - 2xy\dots$

c) $\dots = y^2 \dots - 2z \dots$ d) $\cos\alpha = \dots$

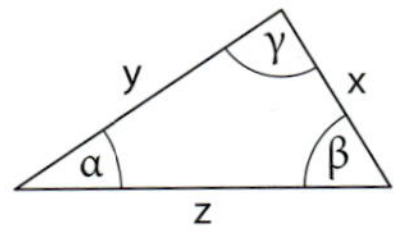

5. Berechne die fehlenden Seitenlängen und Winkelgrößen der Dreiecke.

a)
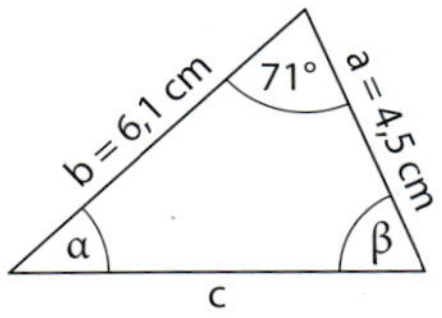

b)
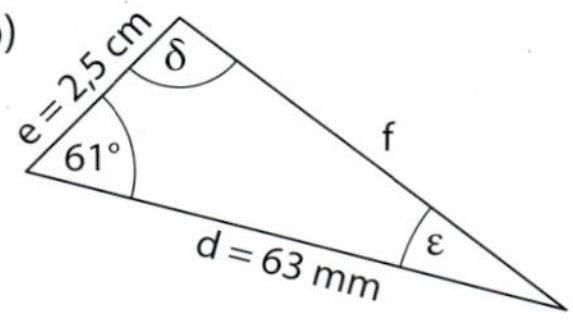

c)
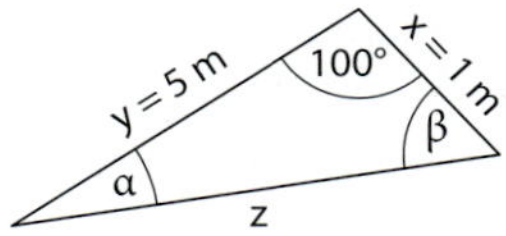

d)
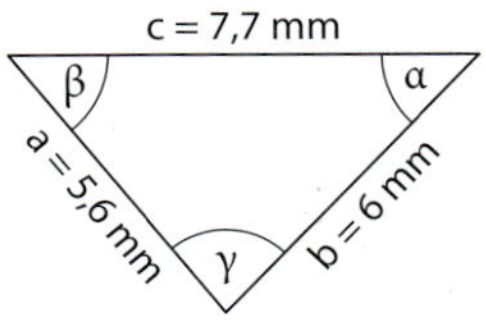

c)
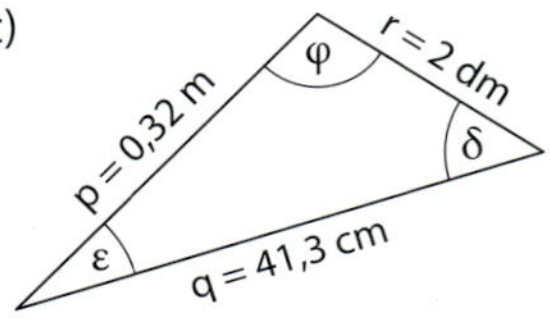

e)
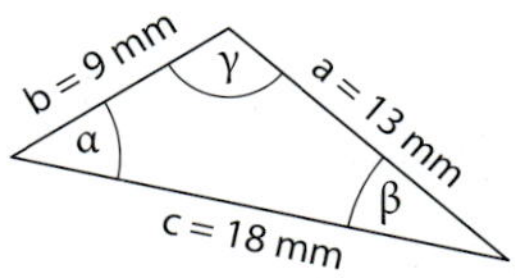

Weiterführende Aufgaben

6. In einem Koordinatensystem ist ein Dreieck ABC durch die Punkte A(0|−1) und C(0|6) sowie die Seitenlänge a = 9,2 cm und den Winkel γ = 50° festgelegt.

a) Berechne die fehlenden Größen c, α und β.

DGS b) Überprüfe die Ergebnisse mit einer dynamischen Geometriesoftware und ermittle damit die Koordinaten vom Punkt B.

7. **Stolperstelle:** Bei der Berechnung der markierten Größen sind Fehler aufgetreten. Finde, erkläre und korrigiere sie.

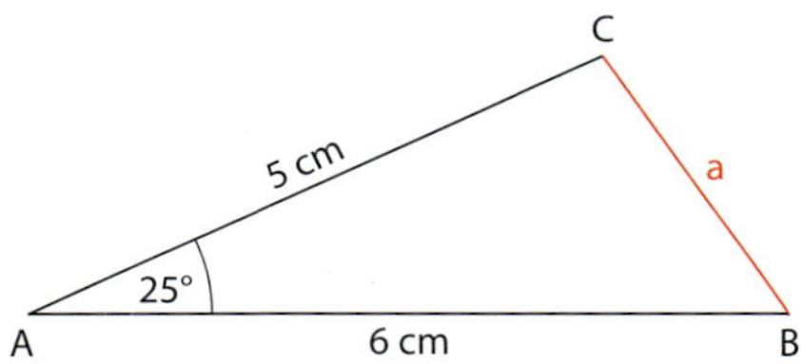

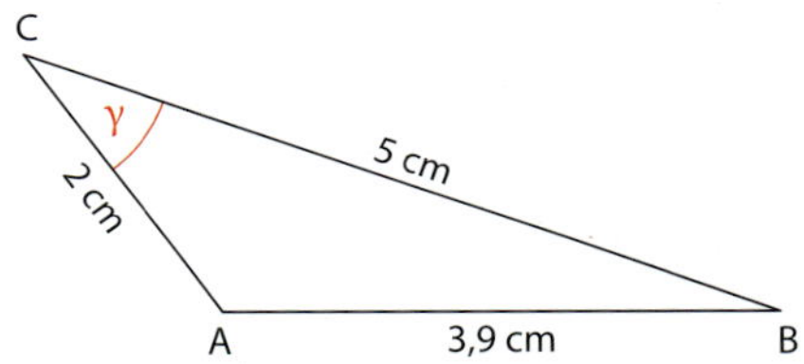

a) $a^2 = b^2 + c^2 - 2bc \cdot \cos\alpha$
$a^2 = 25\,cm^2 + 36\,cm^2 - 2 \cdot 5\,cm \cdot 6\,cm \cdot \cos 25°$
$a \approx 6{,}62\,cm$

b) $c^2 = a^2 + b^2 - 2ab \cdot \cos\gamma$
$\cos\gamma = (2\,cm)^2 + (5\,cm)^2 - 2 \cdot 2\,cm \cdot 5\,cm - (3{,}9\,cm)^2 = 0{,}79$
also ist $\gamma = \cos^{-1}(0{,}79) \approx 37{,}8°$

8. Berechne die fehlenden Größen des Dreiecks. Erstelle zunächst eine Planfigur.

a) a = 5 cm; β = 60°; c = 7 cm b) a = 7,5 m; b = 7,7 cm; γ = 45°

c) b = 0,65 cm; c = 0,44 cm; α = 45° d) b = 0,38 dm; γ = 103,6°; a = 5 cm

9. Notiere den Kosinussatz für den Sonderfall, dass im Dreieck ABC der Winkel γ = 90° beträgt.

10. Es gibt vier Kongruenzsätze, wonach ein Dreieck eindeutig konstruierbar und deshalb auch berechenbar ist, wenn man drei Stücke kennt. Auf den grünen Karten sind drei Größen eines Dreieckes vorgegeben. Ordne den passenden Kongruenzsatz zu.
Bei der Berechnung der fehlenden Größen wird im ersten Schritt der Sinus- oder der Kosinussatz benötigt. Entscheide, welcher der Sätze angewendet werden muss. Begründe, warum der andere Satz nicht benutzt werden kann.

Hinweis zu 10.:

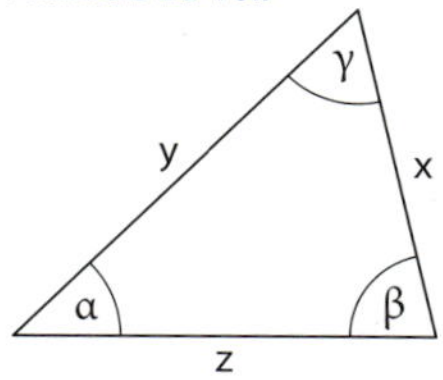

- Kongruenzsatz SSS
- Kongruenzsatz SsW
- Kongruenzsatz WSW
- Kongruenzsatz SWS

- $a = 7\,cm$; $\beta = 24°$; $\gamma = 73°$
- $a = 8{,}4\,cm$; $\alpha = 67°$; $c = 5{,}3\,cm$
- $a = 7{,}3\,cm$; $\beta = 92°$; $c = 6{,}5\,cm$
- $a = 3\,cm$; $b = 4\,cm$; $c = 5\,cm$
- $b = 6{,}9\,cm$; $\gamma = 69{,}12°$; $c = 8{,}3\,cm$
- $b = 4{,}8\,cm$; $\alpha = 54°$; $c = 6{,}3\,cm$

11. Übertrage die Tabelle in dein Heft und fülle sie aus. Konstruiere dann das Dreieck in einem geeigneten Maßstab und miss die Seitenlängen und Winkelgrößen. Vergleiche deine Messwerte mit den Werten in der Tabelle.

Δ ABC	a	b	c	α	β	γ
a)	0,5 m		1,46 m		75°	
b)	4,0 m				43°	55°
c)	44,8 cm			60°	40°	
d)	12,0 cm	8,5 cm				54,5°

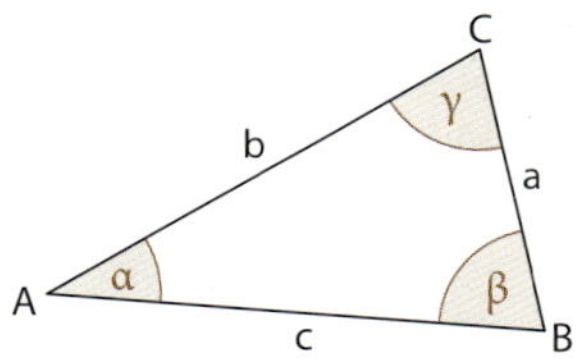

12. Zwei Wohngebiete A und B sollen von einer Verteilerstation C mit Strom versorgt werden.
a) Berechne, wie weit A und B auseinanderliegen.
b) Berechne die Winkelgrößen ∢ CBA und ∢ BAC.

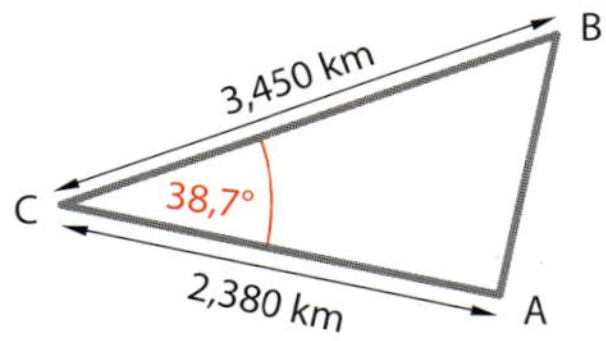

13. Überprüfe mithilfe einer Konstruktion Leons Rechnung. An welcher Stelle steckt ein Fehler?
Im Dreieck ABC sind $a = 4\,cm$, $\gamma = 35°$ und $b = 7{,}5\,cm$ gegeben. Berechne die fehlende Seitenlänge und die fehlenden Winkelgrößen.

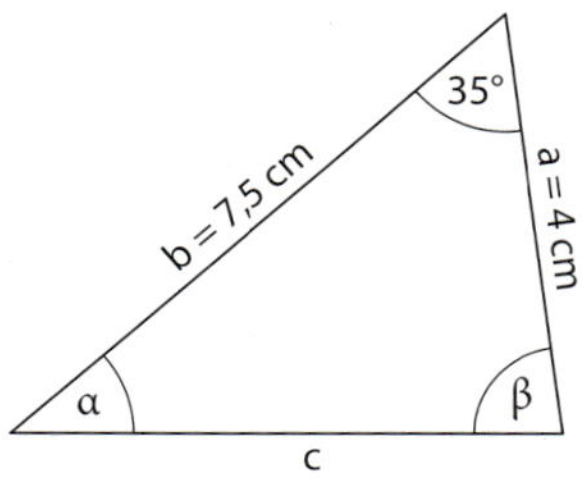

Leon:

1. Schritt	c	$c^2 = a^2 + b^2 - 2ab \cdot \cos\gamma$	$c \approx 4{,}81\,cm$
2. Schritt	β	$\frac{\sin\beta}{\sin\gamma} = \frac{b}{c}$	$\sin\beta \approx \frac{7{,}5\,cm}{4{,}81\,cm} \cdot \sin 35°$ $\beta \approx 63{,}4°$
3. Schritt	α	$\alpha + \beta + \gamma = 180°$	$\alpha \approx 180° - 63{,}4° - 35° = 81{,}6°$

14. Ermittle die fehlenden Größen eines Dreiecks ABC und seinen Flächeninhalt, indem du im ersten Schritt mit dem Kosinussatz beginnst und im zweiten Lösungsschritt mit dem Sinussatz fortfährst.

a) $a = 3{,}2\,\text{cm}$; $b = 2{,}9\,\text{cm}$; $c = 3{,}7\,\text{cm}$ b) $b = 5{,}3\,\text{cm}$; $\alpha = 38°$; $c = 9{,}9\,\text{cm}$

Hinweis zu 15.:

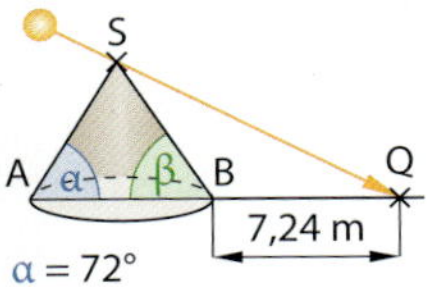

$\alpha = 72°$
$\beta = 58°$

15. Der Schatten eines Sandhaufens, der die Form eines schiefen Kegels hat, trifft 7,24 m entfernt vom Punkt B der Kreislinie im Punkt Q auf die Erdoberfläche. Die Mantellinien des Kegels sind um 72° bzw. 58° gegen die Erdoberfläche geneigt. Die Grundfläche des Kegels hat einen Durchmesser von 3,20 m.

a) Berechne die Länge der Strecke $\overline{BS}$.
b) Wie lang ist die Verbindungslinie vom Auftreffpunkt Q des Schattens zur Spitze S des Sandhaufens?
c) Berechne die Höhe des Sandbergs.

Hinweis zu 16.:

$1\ \text{Knoten} = 1\ \frac{\text{Seemeile}}{\text{h}} = 1{,}852\ \frac{\text{km}}{\text{h}}$

● **16.** Zwei U-Boote verlassen bei gleichem Tiefgang einen Hafen. Das erste U-Boot fährt mit 20 Knoten auf Nordwest-Kurs, das zweite U-Boot mit 18 Knoten in Richtung Süd-Südwest.

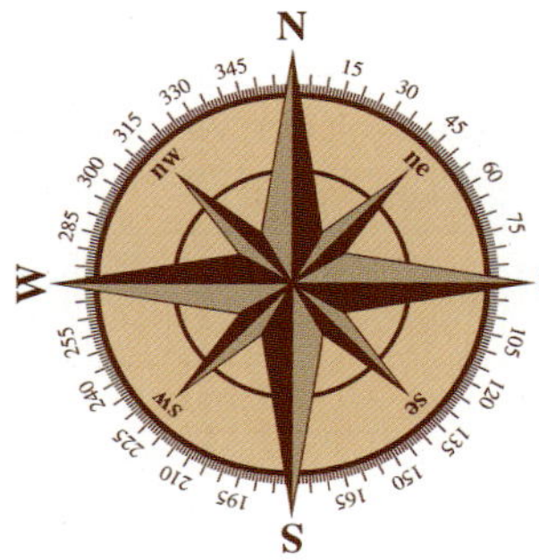

a) Fertige eine Planfigur an.
b) Berechne, wie weit beide U-Boote nach einer Stunde voneinander entfernt sind, wenn sie gleichzeitig den Hafen verlassen.
c) Gib an, welchen Winkel eine Echolotung vom U-Boot 1 zum U-Boot 2 nach einer Stunde mit der Nordrichtung ausweist.

Hinweis zu 17.:

$\alpha = 30°$
$\beta = 42{,}50°$

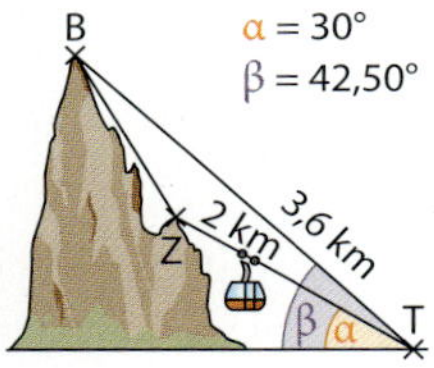

17. Um von der Talstation T mit einer Seilbahn zur Bergstation B zu gelangen, wird diese in der Zwischenstation Z umgelenkt, d. h. ihr Anstiegswinkel ändert sich. Die Strecke bis zur Mittelstation ist 2 km lang und hat einen Anstiegswinkel von 30°. Um die Länge des zweiten Abschnitts zu bestimmen, wird die die Bergstation B unter einem Winkel von 42,5° angepeilt. Die Messung ergibt einen Abstand von 3,6 km zwischen Tal- und Bergstation. Die Talstation liegt in 852 m über Normal Null.

a) Berechne, wie weit die Bergstation Luftlinie von der Zwischenstation entfernt ist.
b) Wie groß ist der Winkel, um den die Seilbahn in der Zwischenstation umgelenkt werden muss?
c) Berechne die Höhen der Bergstation und der Zwischenstation über NN (Normal Null).
d) Die Bergbahn bewegt sich durchschnittlich mit 22 km/h. Wie viele Minuten dauert die gesamte Fahrt von der Tal- bis zur Bergstation?
e) Eine Gondel kann pro Fahrt etwa 45 Personen befördern. Es sind zwei Gondeln gleichzeitig unterwegs. Eine befindet sich auf der Bergfahrt und die andere auf der Talfahrt. Wie viele Personen können in einer Stunde auf den Berg befördert werden, wenn an der Tal- und an der Bergstation pro Fahrt ein Aufenthalt von 5 Minuten zum Ein- und Aussteigen eingerechnet werden müssen?

18. Um vom Ort A zum Ort B zu gelangen, musste bisher ein Umweg über den Ort P genommen werden. Daher wird eine neue Straße geplant, die geradlinig vom Ort A zum Ort B durch ein Waldgebiet führt. Ort A und Ort P sind 25 km und Ort B und Ort P 45 km voneinander entfernt sind. Die alten Verbindungsstraßen schließen einen Winkel von 43° ein. Berechne die Länge der neuen Straße. Begründe, warum diese Aufgabe nicht mithilfe des Sinussatzes gelöst werden kann.

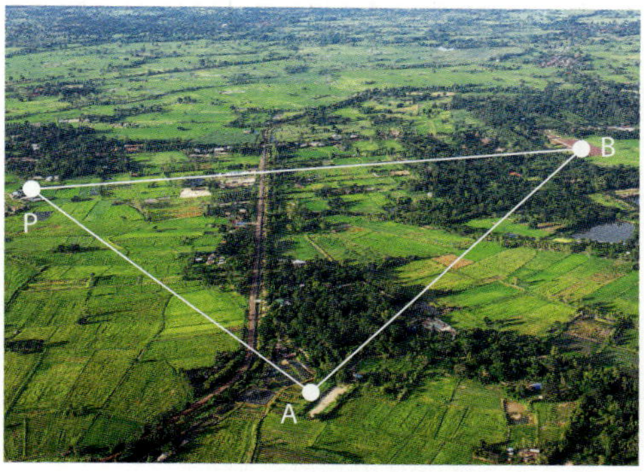

19. Zwischen den Orten P und R sowie P und Q sollen zwei neue Verbindungsstraßen direkt an einem See vorbei gebaut werden. Die Entfernungen zwischen den Orte sind bekannt:
Von P zu Q sind es 3,2 km, von P zu R 2,5 km und von R zu Q 2,1 km. Unter welchem Winkel müssen sich die beiden neuen Straßen in P schneiden?

20. Ausblick: Vervollständige die Tabellen mit dem GTR. Runde auf die zweite Nachkommastelle.

$0° \le \alpha \le 90°$	0°	10°	20°	30°	…	160°	170°	180°
$\sin\alpha$		0,174						
$\cos\alpha$		0,99						

$180° \le \alpha \le 360°$	180°	200°	220°	240°	…	320°	340°	360°
$\sin\alpha$			−0,65					
$\cos\alpha$							0,94	

Hinweis:
Für Winkel $90° \le \alpha \le 180°$ gilt:
$\sin\alpha = \sin(180° - \alpha)$
$\cos\alpha = -\cos(180° - \alpha)$

Übertrage die Werte aus den Tabellen in das folgende Koordinatensystem und markiere dabei die entstehenden Punkte der Sinus- und Kosinuswerte in unterschiedlichen Farben. Notiere, was dir alles auffällt.

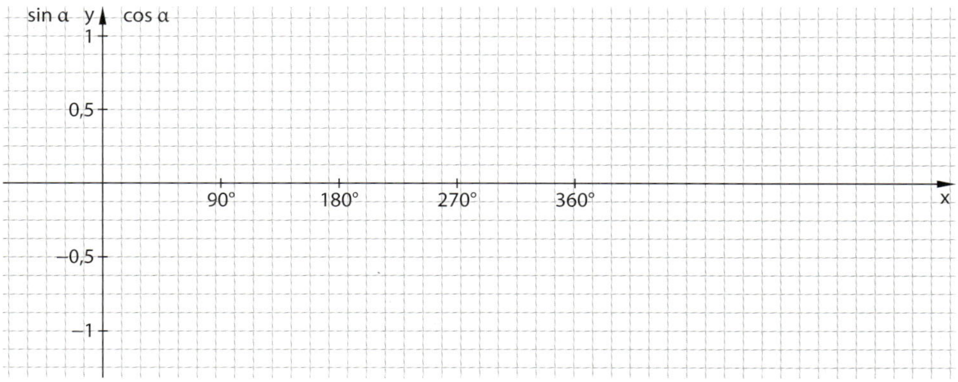

5.6 Vermischte Aufgaben

1. a) In einem Dreieck gilt: $\alpha = 90°$, $b = 5\,cm$, $\gamma = 40°$. Berechne die Seitenlängen a und c.
b) Für ein Dreieck gilt $a = 7\,cm$, $b = 10\,cm$, $\alpha = 41°$. Kann $\beta = 90°$ sein? Begründe.

2. Ein rechtwinkliges Dreieck hat eine Hypotenuse c, die viermal so lang wie die Kathete b ist.
a) Konstruiere ein solches Dreieck.
b) Begründe, warum das Dreieck so nicht eindeutig konstruierbar ist.
c) Berechne die Innenwinkelgrößen des Dreiecks.

3. Im offenen Gelände können Winkel oft einfacher und genauer gemessen werden als große Entfernungen. Um die Höhe eines Windrads zu bestimmen, wird der Fußpunkt C von den Punkten A und B aus angepeilt. Anschließend wird die Strecke $\overline{AB}$ gemessen und die Spitze des Windrades von einem der Punkte angepeilt.
Berechne die Höhe des Windrads für
a) $\alpha = 71°$, $\beta = 49°$, $\varphi = 65°$ und $\overline{AB} = 35\,m$.
b) $\overline{AC} = 31{,}98\,m$; $\alpha = 63°$; $\varphi = 76{,}3°$ und $\overline{AB} = 5{,}2\,m$.

4. a) Nora löst die Gleichung $\sin(\alpha) = 0{,}4$ durch die abgebildete Taschenrechnereingabe. Gibt es weitere Lösungen?
b) Bestimme ohne Taschenrechner alle Winkel α zwischen 0° und 180°, für die gilt: $\sin\alpha = 0{,}5$ ($\cos\alpha = 0{,}5$).
c) Bestimme mit einem Taschenrechner alle Winkel α zwischen 0° und 360°, für die gilt: $\sin\alpha = 0{,}7$ ($\cos\alpha = 0{,}7$).

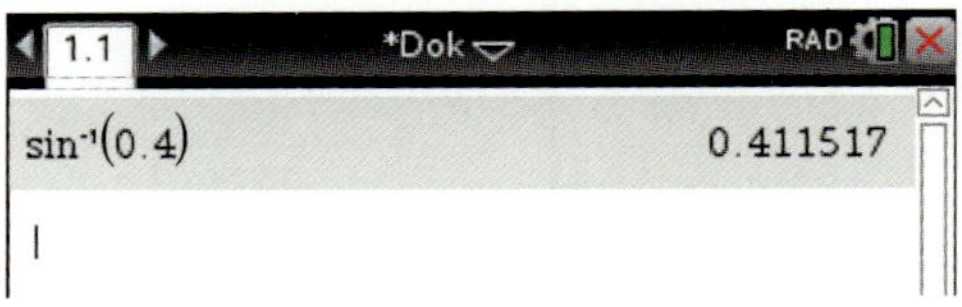

5. Wahr oder falsch? Begründe deine Antwort.

a) $\sin\alpha = \sin(-\alpha)$
b) $\sin\alpha = -\sin\alpha$
c) $\sin\alpha = -\sin(-\alpha)$
d) $\cos\alpha = \cos(-\alpha)$
e) $\cos\alpha = -\cos\alpha$
f) $\cos\alpha = -\cos(-\alpha)$

6. In einem Quader bilden die eingezeichneten Flächendiagonalen ein Dreieck. Berechne die drei Innenwinkel dieses Dreiecks, wenn für die Kantenlängen gilt:
a) $a = 6\,cm$; $b = 5\,cm$ und $c = 4\,cm$.
b) $a = 4\,cm$; $b = 2a$ und $c = \frac{1}{4}b$.
c) $a = b = c$.
d) $a = c$ und $b = 4c$.

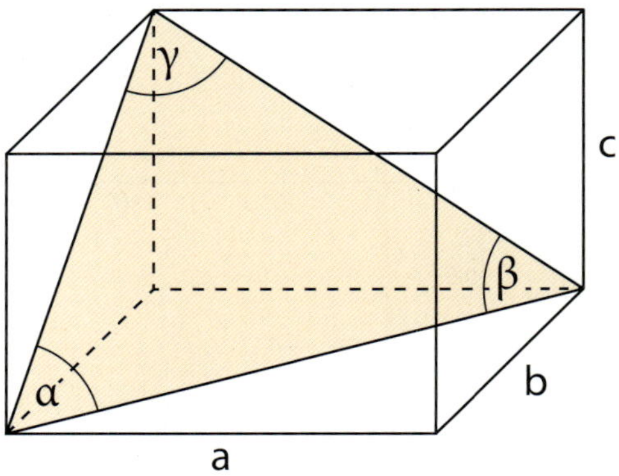

7. Zur Positionsbestimmung eines Schiffes wurden zwei Winkelgrößen durch Peilung ermittelt. Die Größe des dritten Winkels und der Abstand des Leuchtturms zum Hafen wurden einer Karte entnommen. Berechne, wie weit das Schiff bei der Peilung vom Hafen entfernt war.

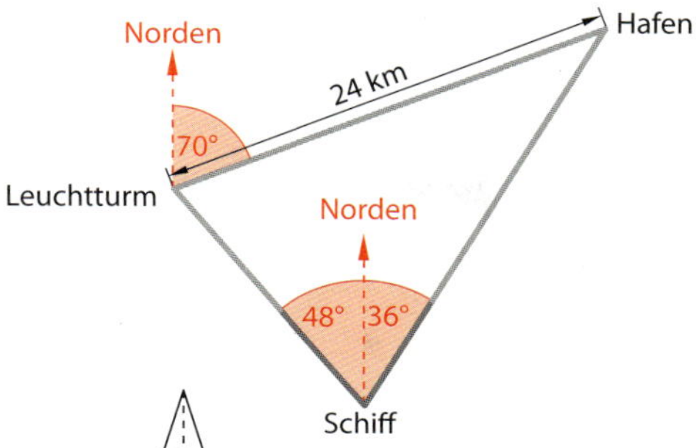

8. a) Berechne den Umfang und den Flächeninhalt des gleichschenkligen Dreiecks ABC mit $\gamma = 55°$ und $h_a = 8\,cm$.

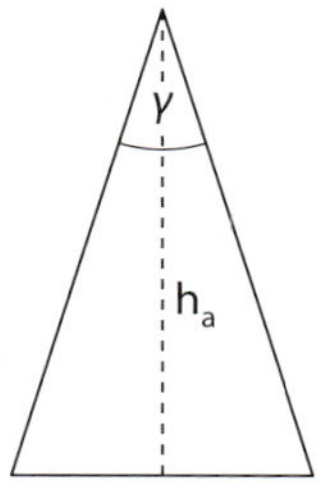

b) Berechne den Winkel γ, wenn du weißt, dass a_1 doppelt so lang ist wie a_2.

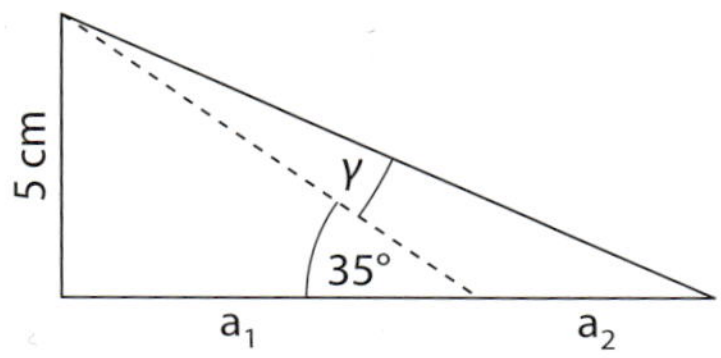

9. Die Seilbahn Koblenz, auch Rheinseilbahn genannt, ist eine Luftseilbahn über den Rhein in Koblenz. Sie wurde als Attraktion zur Bundesgartenschau 2011 erbaut und hat mit einer Förderkapazität von 7600 Personen pro Stunde die weltweit größte Leistungsfähigkeit. Die Seilbahn überwindet in einer Gesamtlänge von 890 Metern eine Höhendifferenz von 112 Metern.

Wie groß ist der durchschnittliche Steigungswinkel der Rheinseilbahn?

Die Rheinseilbahn bewegt sich mit einer Geschwindigkeit von 20 km/h. Wie lange benötigt sie für den gesamten Weg?

Mit einer Seillänge von 34,4 km überwand die 1926 eingestellte Materialseilbahn in Argentinien den größten Höhenunterschied der Welt. Ihr durchschnittlicher Steigungswinkel beträgt 6°. Wie viel Mal länger – im Vergleich zur Rheinseilbahn – sind die horizontale Entfernung der Seilbahn Chilecito-La Mejicana sowie die von ihr überwundene Höhendifferenz?

Bereits zur Bundesgartenschau 1957 wurde über den Rhein bei Köln eine Seilbahn errichtet. Besucher können sich unter anderem über folgende technische Daten auf der Internetseite der Seilbahn informieren:

- Die Kölner Seilbahn verkehrt von März bis November. Es handelt sich um eine Gondelbahn oder genauer um eine Zweiseilumlaufbahn. Die 41 Kabinen für 4 Personen können bis zu 1600 Personen pro Stunde befördern.
- Die Stützen sind linksrheinisch 36,4 Meter, rechtsrheinisch 50,3 Meter hoch.
- Fahrstrecke: 935 Meter
- Fahrzeit: 6 Minuten
- Jährliche Besucherzahl (2012): 525.400 Besucher

Formuliere anhand der gegebenen Daten drei mathematische Fragestellungen zur Seilbahn und fertige eine Lösung an.

Lösungen
↗ S. 210

1. Berechne folgende Werte: sin 37°, cos 37°, tan 37°, sin 53°, cos 53°, tan 53°

2. Vervollständige die Gleichungen für das jeweilige Dreieck mit den angegebenen Größen. Beachte, dass es auch 2 Lösungsmöglichkeiten geben kann.

a)

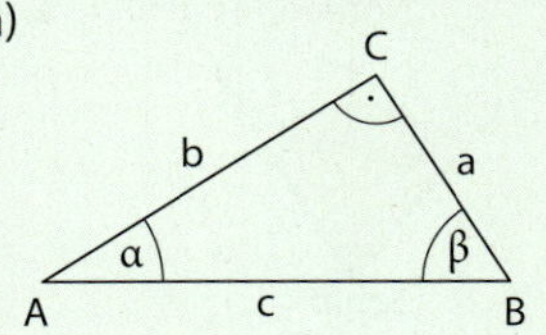

$\sin\alpha = \frac{\square}{\square}$

$\cos\alpha = \frac{\square}{\square}$

$\tan\beta = \frac{\square}{\square}$

$\cos\beta = \frac{\square}{\square}$

b)

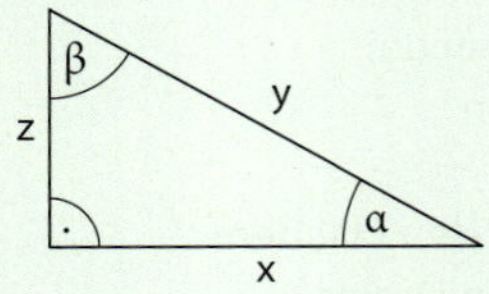

$\sin\alpha = \frac{\square}{\square}$

$\sin \square = \frac{\square}{y}$

$\tan \square = \frac{x}{\square}$

$\cos\beta = \frac{\square}{\square}$

c)

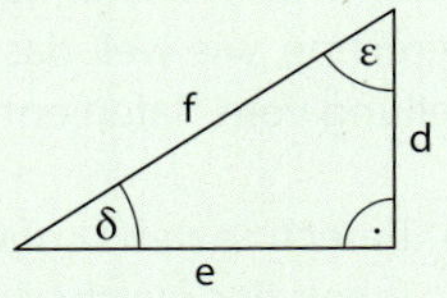

$\sin \square = \frac{d}{\square}$

$\cos \square = \frac{\square}{f}$

$\square = \frac{d}{e}$

3. Gegeben ist das Dreieck ABC mit $\beta = 90°$.

a) Berechne die fehlenden Seitenlängen.

① $b = 6\,cm$; $\alpha = 30°$ ② $c = 4\,cm$; $\gamma = 42°$ ③ $a = 5{,}5\,cm$; $\alpha = 21°$

b) Berechne den Winkel α.

① $a = 4\,cm$; $b = 7\,cm$ ② $b = 3\,cm$; $c = 2\,cm$ ③ $a = 7{,}7\,cm$; $b = 15{,}1\,cm$

4. Gegeben ist das Dreieck ABC mit $\gamma = 90°$.

a) Berechne die Seitenlängen der Katheten.

① $b = 1\,cm$; $\alpha = 35°$ ② $a = 4{,}5\,cm$; $\beta = 42°$ ③ $a = 5{,}1\,cm$; $\alpha = 23°$

b) Berechne den Winkel α und β.

① $c = 10\,cm$; $b = 6\,cm$ ② $c = 8{,}5\,cm$; $b = 3{,}5\,cm$ ③ $c = 17{,}3\,cm$; $b = 12{,}9\,cm$

5. Berechne in den Dreiecken die fehlenden Seitenlängen und Winkel durch eine Zerlegung in rechtwinklige Dreiecke.

a)

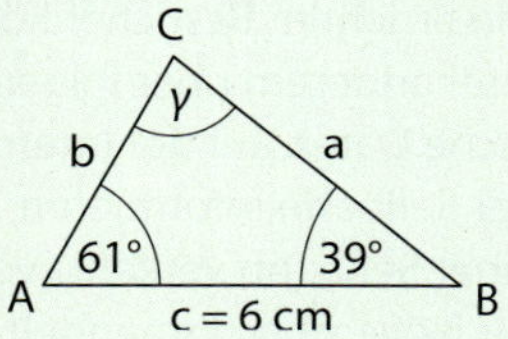

b)

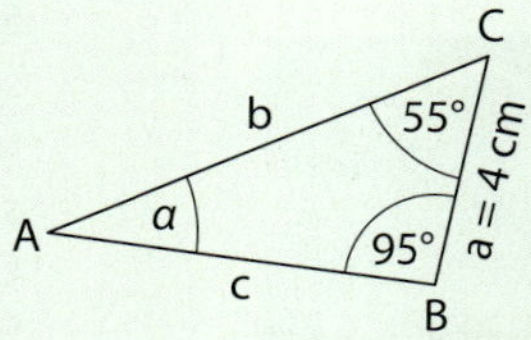

c)

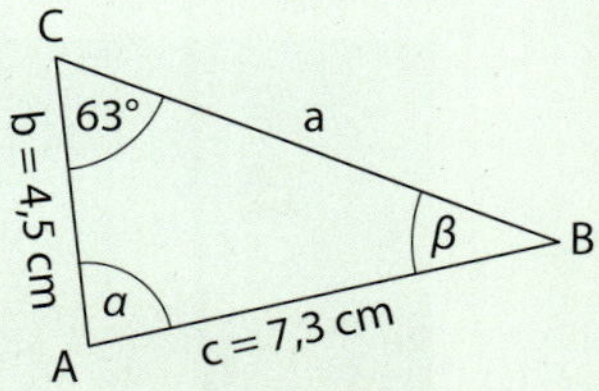

6. Berechne in den Dreiecken die fehlenden Seitenlängen und Winkel durch eine Ergänzung zu einem rechtwinkligen Dreieck.

a)

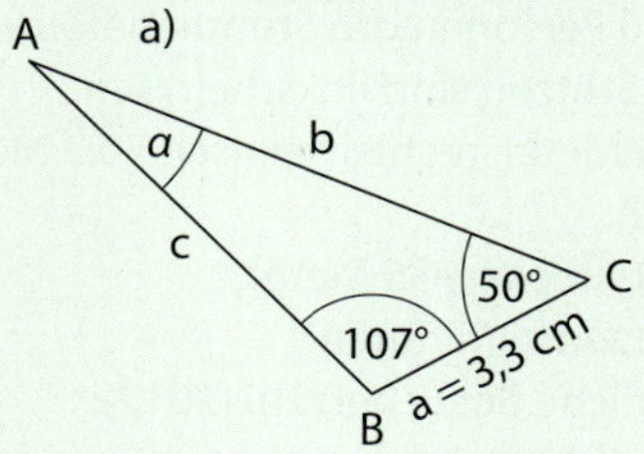

b)

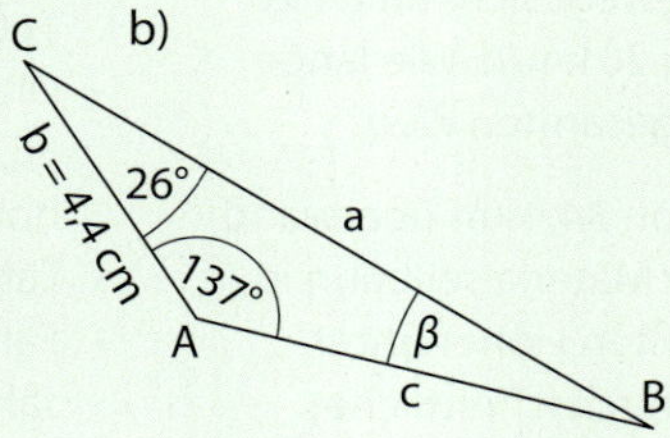

c)

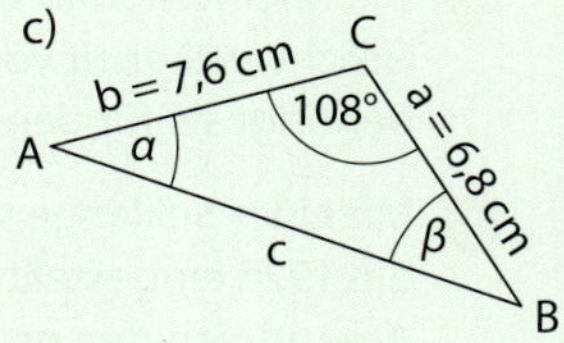

Lösungen
↗ S. 211

7. Für ΔABC gilt: $a = 12\,m$; $b = 5\,m$; $c = 13\,m$

a) Konstruiere das Dreieck ABC maßstäblich und ermittle die Größen aller Innenwinkel durch Messen.

b) Prüfe deine Ergebnisse rechnerisch. Begründe dein Vorgehen.

8. Der Schatten eines 1,80 m großen Snowboarders hat eine Länge von 2,70 m.

a) Berechne, in welchem Winkel die Sonnenstrahlen auf die Ebene treffen.

b) Berechne die Höhe eines Seilbahnmastes, wenn dieser zum gleichen Zeitpunkt einen 15 m langen Schatten wirft.

9. Ergänze im Heft zu einer wahren Aussage. Gib an, ob du den Sinussatz oder den Kosinussatz verwendet hast.

a) $b^2 = \dots$

b) $\frac{\sin\alpha}{\sin\gamma} = \dots$

c) $\frac{b}{a} = \dots$

d) $\dots = \dots + c^2 - 2a \dots$

e) $\dots = \dots b\cos\gamma$

f) $c \cdot \sin\beta = \dots$

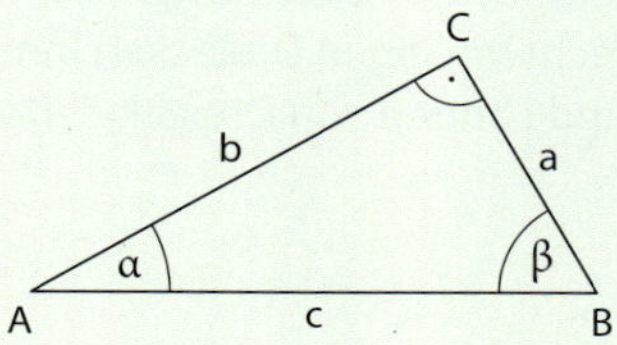

10. Berechne die fehlenden Seitenlängen und Winkelgrößen des Dreiecks.

a)

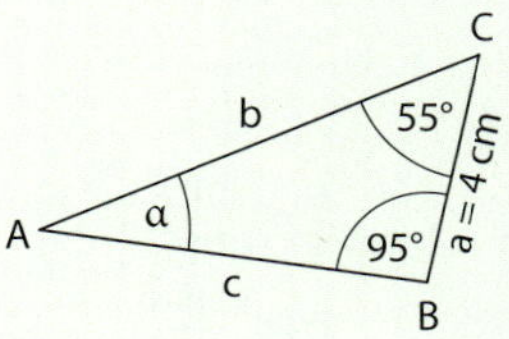

b)

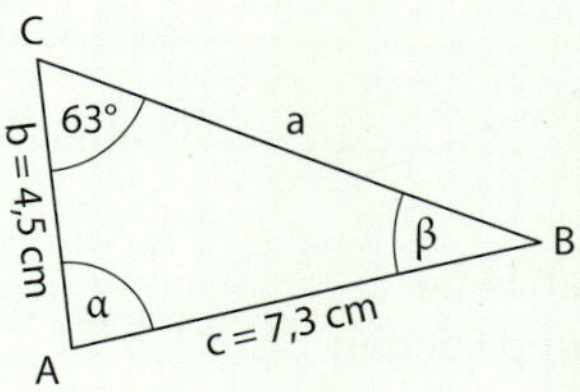

c)

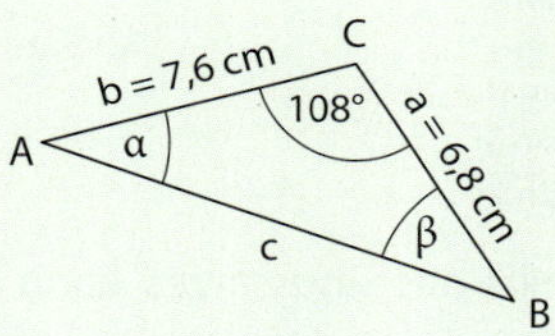

Wiederholungsaufgaben

1. Ordne den Graphen rechts ihre Funktionsgleichung zu.

a) $f(x) = (x-3)^2 + 1$

b) $g(x) = (x+3)^2 + 1$

c) $h(x) = (x-3)^2 - 1$

d) $i(x) = (x+3)^2 - 1$

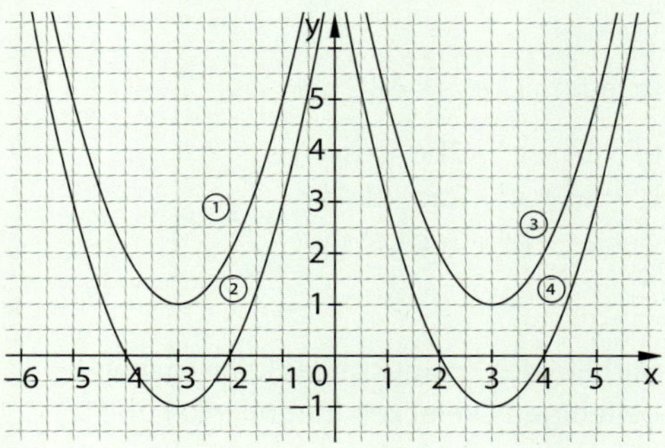

2. Wähle die Ziffer z in der Zahl 274z0 so,

a) dass 274z0 durch 3 teilbar ist

b) dass 274z0 durch 25 teilbar ist.

Zusammenfassung

Sinus, Kosinus und Tangens

Rechtwinkliges Dreieck ABC mit $\beta = 90°$

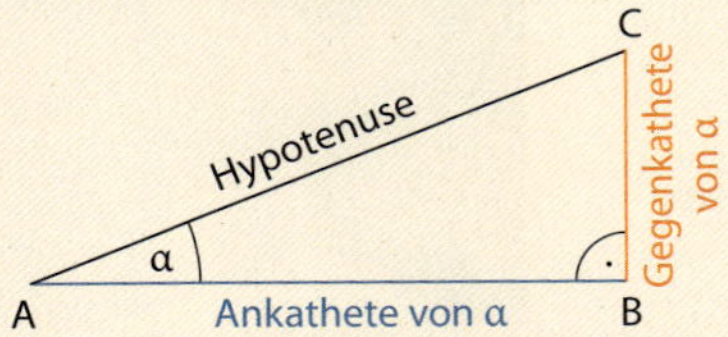

Für die Seitenverhältnisse im Dreieck ABC gilt:

$$\sin\alpha = \frac{\text{Länge der Gegenkathete von }\alpha}{\text{Länge der Hypotenuse}}$$

$$\cos\alpha = \frac{\text{Länge der Ankathete von }\alpha}{\text{Länge der Hypotenuse}}$$

$$\tan\alpha = \frac{\text{Länge der Gegenkathete von }\alpha}{\text{Länge der Ankathete von }\alpha}$$

Mithilfe der Gleichungen kann man in rechtwinkligen Dreiecken Innenwinkel und Längen von Dreiecksseiten berechnen.

Gegeben: Dreieck ABC ($\beta = 90°$) mit $\alpha = 30°$ und $a = 5\,\text{cm}$

Gesucht: b und γ

Lösung:

$\sin\alpha = \frac{a}{b} \quad |\cdot b$

$b \cdot \sin\alpha = a \quad |: \sin\alpha$

$b = \frac{a}{\sin\alpha}$

$b = \frac{5\,\text{cm}}{\sin 30°}$

$b = \frac{5\,\text{cm}}{0{,}5} = 10\,\text{cm}$

$\cos\gamma = \frac{a}{b}$

$\cos\gamma = \frac{5\,\text{cm}}{10\,\text{cm}}$

$\cos\gamma = 0{,}5$

$\gamma = 60°$

Gegeben: Dreieck ABC ($\beta = 90°$) mit $a = 60\,\text{cm}$ und $c = 40\,\text{cm}$

Gesucht: α und b

Lösung:

$\tan\alpha = \frac{a}{c}$

$\tan\alpha = \frac{60\,\text{cm}}{40\,\text{cm}}$

$\tan\alpha = 1{,}5$

$\alpha \approx 56°$

$\cos\alpha = \frac{c}{b} \quad |\cdot b$

$b \cdot \cos\alpha = c \quad |: \cos\alpha$

$b = \frac{c}{\cos\alpha}$

$b = \frac{40\,\text{cm}}{\cos 56°}$

$b \approx 72\,\text{cm}$

Sinussatz

In jedem Dreieck ABC gilt:

$\frac{a}{b} = \frac{\sin\alpha}{\sin\beta}$

$\frac{a}{c} = \frac{\sin\alpha}{\sin\gamma}$

$\frac{b}{c} = \frac{\sin\beta}{\sin\gamma}$

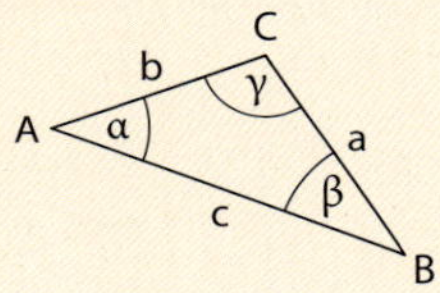

Mithilfe des Sinussatzes kann man in beliebigen Dreiecken Innenwinkel und Längen von Dreiecksseiten berechnen.

Gegeben: Dreieck ABC mit $a = 6\,\text{cm}$, $c = 9\,\text{cm}$ und $\gamma = 104°$

Gesucht: α; β; b

Lösung:

$\frac{\sin\alpha}{\sin\gamma} = \frac{a}{c} \quad |\cdot \sin\gamma$

$\sin\alpha = \frac{a \cdot \sin\gamma}{c}$

$\sin\alpha = \frac{6\,\text{cm} \cdot \sin 104°}{9\,\text{cm}}$

$\alpha \approx 40°$

$\beta = 180° - \alpha - \gamma \approx 36°$

$\frac{b}{c} = \frac{\sin\beta}{\sin\gamma} \quad |\cdot c$

$b = \frac{c \cdot \sin\beta}{\sin\gamma}$

$b = \frac{9\,\text{cm} \cdot \sin 36°}{\sin 104°}$

$b \approx 5{,}5\,\text{cm}$

Kosinussatz

In jedem Dreieck ABC gilt:

$a^2 = b^2 + c^2 - 2bc \cdot \cos\alpha$

$b^2 = a^2 + c^2 - 2ac \cdot \cos\beta$

$c^2 = a^2 + b^2 - 2ab \cdot \cos\gamma$

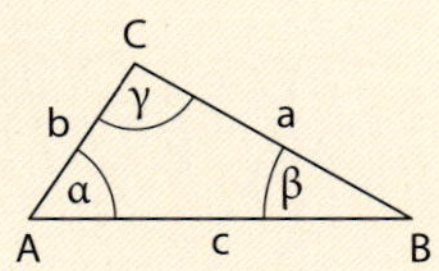

Mithilfe des Kosinussatzes kann man in beliebigen Dreiecken Innenwinkel und Längen von Dreiecksseiten berechnen.

Gegeben: Dreieck ABC mit $a = 5\,\text{cm}$, $b = 3\,\text{cm}$ und $c = 6\,\text{cm}$

Gesucht: γ

Lösung:

$c^2 = a^2 + b^2 - 2ab \cdot \cos\gamma \quad |-a^2 - b^2$

$c^2 - a^2 - b^2 = -2ab \cdot \cos\gamma \quad |:(-2ab)$

$\cos\gamma = \frac{c^2 - a^2 - b^2}{-2ab}$

$\cos\gamma = \frac{(6\text{cm})^2 - (5\,\text{cm})^2 - (3\,\text{cm})^2}{-2 \cdot 5\,\text{cm} \cdot 3\,\text{cm}}$

$\gamma \approx 93{,}8°$

6. Vierfeldertafeln

Marktforscher analysieren das Kaufverhalten von Menschen. Mithilfe einer Vierfeldertafel kann man zum Beispiel auswerten, ob ein Produkt A oder B eher Frauen oder eher Männer kaufen.

Nach diesem Kapitel kannst du …
- absolute und relative Häufigkeiten in einer Vierfeldertafel darstellen,
- Wahrscheinlichkeiten bei Vierfeldertafeln berechnen,
- Baumdiagramme mithilfe von Vierfeldertafeln umkehren.

Lösungen ↗ S. 211

Mit Brüchen rechnen

1. Berechne.

a) $\frac{5}{7} \cdot \frac{5}{7}$ b) $\frac{5}{9} + \frac{2}{9}$ c) $\frac{3}{4} + \frac{2}{3}$ d) $\frac{2}{3} \cdot \frac{3}{4}$ e) $\frac{3}{5} + \frac{9}{15}$

f) $\frac{4}{7} \cdot \frac{14}{13}$ g) $\frac{2}{5} + \frac{2}{5} \cdot \frac{1}{2}$ h) $\left(\frac{2}{5} + \frac{2}{5}\right) \cdot \frac{1}{2}$ i) $\frac{3}{4} \cdot \frac{4}{5} + \frac{3}{5} \cdot \frac{1}{4}$ j) $\frac{5}{6} : \frac{5}{12}$

2. Übrprüfe. Korrigiere, falls erforderlich.

a) $\frac{5}{7} + \frac{1}{7} = \frac{6}{14}$ b) $\frac{2}{5} + \frac{2}{5} = \frac{4}{5}$ c) $\frac{5}{6} \cdot \frac{3}{5} = \frac{1}{2}$ d) $\frac{1}{2} + \frac{1}{2} \cdot \frac{2}{5} = \frac{2}{5}$ e) $\frac{3}{4} : \frac{2}{5} = 1\frac{7}{8}$

3. Übertrage in dein Heft und setze anstelle von ■ das passende Zeichen <, > oder = ein.

a) $\frac{3}{4}$ ■ $\frac{3}{4} \cdot \frac{1}{2}$ b) $\frac{3}{4}$ ■ $\frac{3}{4} : \frac{1}{2}$ c) $\frac{4}{7} : \frac{1}{2}$ ■ $\frac{4}{7} \cdot 2$ d) $\frac{3}{5} + \frac{1}{5}$ ■ $\frac{3}{5} - \frac{2}{10}$ e) $\frac{2}{5} : \frac{3}{7}$ ■ $\frac{2}{5} \cdot \frac{3}{7}$

4. Berechne.

a) $\frac{1}{3}$ von 12 b) $\frac{2}{5}$ von 35 c) $\frac{1}{2}$ von $\frac{1}{4}$ d) $\frac{3}{8}$ von $\frac{5}{12}$ e) $\frac{3}{4}$ von $\frac{12}{13}$

Mit Prozenten rechnen

5. Berechne.

a) 10 % von 600 Schülern b) 30 % von 120 Möglichkeiten
c) 43 % von 1000 Schrauben d) 0,7 % von 1 000 000 Flaschen

6. Berechne den Prozentsatz.

a) 15 € von 60 € b) 24 t von 120 t c) 2 € von 200 € d) 48 von 1200
e) 1 min von 1 h f) 380 m von 2 km g) 120 € von 100 € h) 288 ct von 72 €

7. 80 % der Schülerinnen und Schüler der Klassen 9 der Schiller-Schule treiben regelmäßig Sport. Davon trainieren 25 % regelmäßig Fußball. Wie viel Prozent der Schülerinnen und Schüler der neunten Klassen nehmen regelmäßig am Fußballtraining teil?

8. Bei einer Schraubenproduktion liegt der Ausschuss bei etwa 0,5 %. Durch eine automatische Gütekontrolle werden 90 % der fehlerhaften Schrauben erkannt und aussortiert. Alle anderen Schrauben gehen in den Versand. Gib an, wie viele defekte Schrauben bei einer Produktion von 100 000 Schrauben in den Versand gehen.

9. In der Klasse 9a beträgt der Anteil der Jungen 60 %. Außerdem gehen 10 Mädchen in die 9a. Berechne, wie viele Jungen in die 9a gehen.

10. 60 % der Schülerinnen und Schüler der Klasse 9b sind Mädchen. Von den Mädchen spielen 50 % ein Instrument. Von den Jungen der Klasse spielen 25 % ein Instrument.

a) Gib an, wie viel Prozent der Schülerinnen und Schüler der Klasse 9b ein Instrument spielen.
b) In die Klasse 9b gehen 30 Schülerinnen und Schüler. Ermittle, wie viele Jungen und wie viele Mädchen dieser Klasse ein Instrument spielen.

Wahrscheinlichkeiten bestimmen

Lösungen
↗ S. 211

11. Ein regelmäßiger Oktaeder (siehe Randspalte) enthält die Zahlen von 1 bis 8 auf seinen Seitenflächen. Ermittle die Wahrscheinlichkeit für das Würfeln

a) einer 8,
b) einer geraden Zahl,
c) einer Zahl, die kleiner als 9 ist,
d) einer durch 3 teilbaren Zahl,
e) einer durch 2^4 teilbaren Zahl,
f) einer Primzahl.

Gib jeweils alle Zahlen an, die zu dem Ereignis gehören.

12. Zeichne ein Glücksrad mit den Farben blau, grün und rot so, dass die Wahrscheinlichkeit für rot $\frac{1}{6}$, für grün $\frac{1}{3}$ und für gelb $\frac{1}{2}$ beträgt.

13. Zwei Tennisspieler vereinbaren, dass das Match beendet wird, wenn ein Spieler 2 Sätze gewonnen hat. Spieler A gewinnt jeden Satz mit einer Wahrscheinlichkeit von 60 %, Spieler B mit einer Wahrscheinlichkeit von 40 %.

a) Zeichne ein Baumdiagramm und trage die Wahrscheinlichkeiten ein.
b) Berechne die Wahrscheinlichkeit, dass Spieler A (Spieler B) das Match gewinnt.

14. Oskar würfelt mit einem regelmäßigen Oktaeder (siehe Randspalte) zweimal. Berechne die Wahrscheinlichkeit für folgende Würfelergebnisse:

a) im ersten Wurf eine 6 und im zweiten Wurf eine 6,
b) im ersten Wurf eine 6 und im zweiten Wurf eine Primzahl.

15. In einer Schale liegen drei mit Buchstaben beschriftete Kugeln: eine mit T, eine mit U und eine mit M. Berechne die Wahrscheinlichkeit, dass man ohne hinzusehen

a) beim zweimaligen Ziehen (mit Zurücklegen) zweimal ein M zieht,
b) beim zweimaligen Ziehen (ohne Zurücklegen) unabhängig von der Reihenfolge eine Kugel mit M und eine Kugel mit U zieht,
c) beim dreimaligen Ziehen (mit Zurücklegen) die Kugeln mit den Buchstaben M, U, T in dieser Reihenfolge zieht.

Vermischtes

16. Mia hat sich für ihr Fahrrad ein dreistelliges Zahlenschloss gekauft. Jede der drei Ziffern kann auf 0, 1, 2, …, 9 eingestellt werden. Gib an, wie viele Möglichkeiten es gibt, einen Code für das Schloss festzulegen.

17. Von vier Münzen ist eine manipuliert und zeigt beim Werfen immer wieder mit dem Wappen nach oben. Katja wählt nun zufällig eine von den vier Münzen aus. Gib an, wie groß die Wahrscheinlichkeit ist, dass Katja die manipulierte Münze ausgewählt hat.

18. Ole hat 20 Socken. Davon sind 15 % schwarz und haben ein Loch. Von allen Socken sind 60 % schwarz. Berechne bei den schwarzen Socken den Anteil der Socken mit Loch und gib ihn in Prozent an.

19. Stelle die Gleichung $a = \frac{b \cdot c}{d}$ nach jeder der Variablen b, c und d um.

Abgedreht!

■ Auf der Rückseite deines Buches findest du ein Glücksrad: Der äußere Ring enthält vier Bereiche mit den Zahlen 1 bis 4. Du benötigst einen Bleistift und ein wenig Übung, um es zu benutzen. Platziere den Bleistift auf dem Feld und drehe ihn um die Mitte. Es zählt die Zahl, auf die seine Spitze danach zeigt. Liegt der Bleistift nach dem Drehen außerhalb des Spielfeldes, muss nochmals gedreht werden.

Bestimme die Wahrscheinlichkeit, die Zahl 4 zu treffen, zuerst rechnerisch und dann experimentell. ■

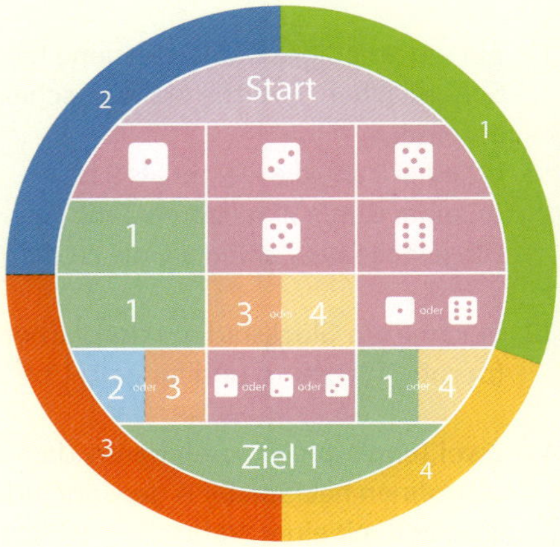

Erinnere dich:
Wird ein Experiment häufig durchgeführt, kann man auf die Wahrscheinlichkeit eines Ereignisses schließen.

Die Spielfelder findet ihr auf der Rückseite eures Buches. Sie bestehen aus einem äußeren Ring und dem eigentlichen Spielfeld in der Mitte. Der Ring dient als Glücksrad.

Wissen: Abgedreht!

Spielmaterial: Bleistift und Würfel, einige Münzen oder Spielsteine
Bis zu vier Mitspieler pro Gruppe und zwei Spielfelder
Zu Beginn sind alle Spielsteine auf dem Startfeld.

Der erste Spieler platziert seinen Spielstein sichtbar für die anderen auf der Linie zwischen Start und der ersten Spielzeile so, dass er damit einen Tipp abgibt. In der ersten Zeile kann er auf die Augenzahlen 1, 3 oder 5 setzen. Anschließend wird das Spielgerät, hier der Würfel, einmal benutzt. Trifft man die getippte Augenzahl, darf die Spielfigur ganz auf das Feld gesetzt werden. Ansonsten gibt der nächste Spieler seinen Tipp ab und würfelt.

Hinweis:
Man muss üben, den Bleistift in der Mitte um die eigene Achse wie einen Uhrzeiger zu drehen und damit den äußeren Ring als Glücksrad zu benutzen.

In der nächsten Runde kann wieder auf alle drei Felder der folgenden Zeile getippt werden. Nicht alle Spielfelder beziehen sich auf Würfelergebnisse: Um die Zahlen 1, 2, 3 oder 4 zu treffen, nutzt ihr das zweite Buch als Glücksrad. Platziert den Bleistift auf dem Feld und dreht ihn um die Mitte. Liegt der Bleistift anschließend außerhalb des Spielfeldes, wird nochmals gedreht. Sonst zählt die Zahl, auf die die Bleistiftspitze zeigt.

Die Spieler ziehen Zeile für Zeile nach unten. Bei Feldern mit mehreren Würfeln oder Zahlen setzt man automatisch auf alle diese Ergebnisse. Gewonnen hat, wer zuerst das Ziel erreicht.

Beispiel 1: Spielsteine setzen

Tippe zu Beginn, dass die Drei gewürfelt wird. Ziehe weiter, wenn die Drei tatsächlich gefallen ist. Tippe dann, dass die Sechs gewürfelt wird.

Lösung:

Der Spielstein wird auf die Linie zwischen Start und dem Würfelergebnis Drei gesetzt.

Ist die Drei tatsächlich gefallen, darf der Spielstein in die nächste Zeile auf die Drei gesetzt werden.

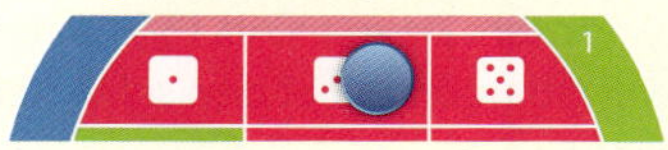

Der Spielstein wird auf die Linie vor das Würfelergebnis Sechs gesetzt.

Aufgabe 1:
Beende das Spiel, indem zunächst die Sechs gewürfelt wird, dann nacheinander auf 1, 1 oder 4 und schließlich auf 1 getippt wird.

Beispiel 2: Chancen beurteilen
Auf welches Feld sollte der Spieler hier als nächstes setzen? Bestimme die Wahrscheinlichkeit der Ereignisse in der nächsten Zeile.

Lösung:

Die Felder 2 und 3 beim Glücksrad bilden zusammen genau einen Halbkreis, deswegen ist die Wahrscheinlichkeit $\frac{1}{2}$.	$P(2 \text{ oder } 3) = 0{,}5$
Das gleiche gilt für 1 oder 4.	$P(1 \text{ oder } 4) = 0{,}5$
Beim Würfel gibt es sechs Einzelereignisse. Drei davon sind angegeben, deswegen beträgt die Wahrscheinlichkeit $\frac{3}{6} = \frac{1}{2}$	P(Augenzahl 1 oder 2 oder 3) = 0,5
Der Spieler hat bei keinem der Felder einen Vorteil.	Alle drei Felder sind gleich wahrscheinlich.

Aufgabe 2: Auf welches Feld sollte der Spieler hier als nächstes setzen? Bestimme die Wahrscheinlichkeit der Ereignisse in der nächsten Zeile.

a)

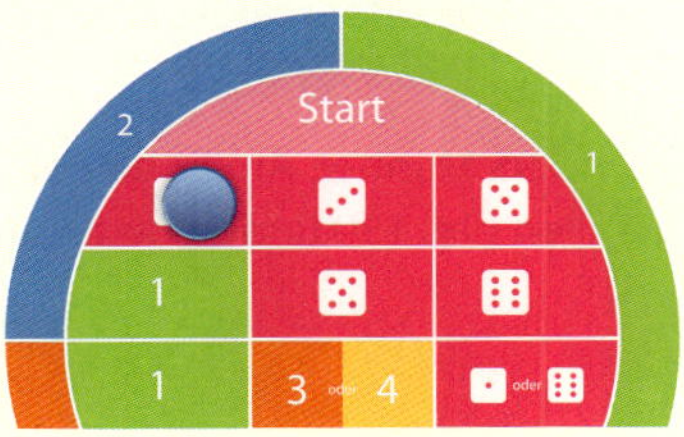

b)

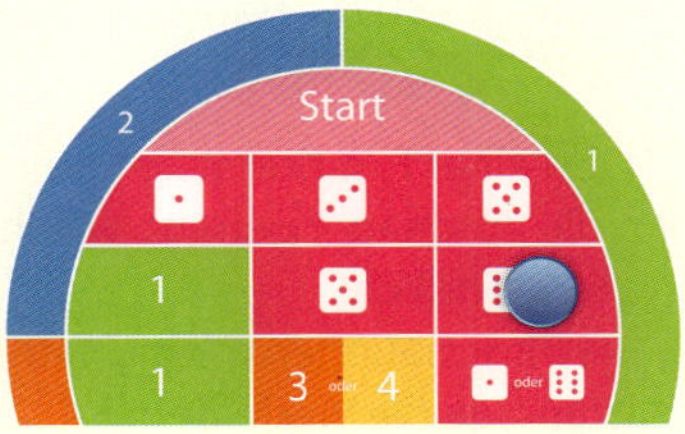

Aufgaben

3. Spielvariante Turnier
Habt ihr das Spiel 1- oder 2-mal gespielt, könnt ihr zur Turniervariante übergehen. Nun spielen alle Gruppen gegeneinander und die Mitglieder einer Gruppe gemeinsam als ein Team. Ziel ist es, einen möglichst guten Weg vom Start zum Ziel zu finden. Für die gesamte Klasse wird in jeder Runde einmal gewürfelt und einmal gedreht.

4. a) Skizziert auf einem Blatt das Spielfeld. Schreibt dort andere mögliche Ereignisse hinein.
b) Tauscht das eigene Spielfeld mit einer anderen Gruppe und spielt damit.
c) Notiert eure Beobachtungen.

5. Forschungsauftrag: Erfindet euer eigenes Abgedreht-Spiel mit eigenen Zufallsgeräten.

Hinweis zu 5:
Eine Kopiervorlage mit leeren Feldern gibt es im Serviceband.

6.1 Vierfeldertafeln

■ Für eine Studie zur Verbreitung ausländischer Euro-Münzen in Deutschland haben einige Personen ihre Münzen nach Herkunft sortiert und gezählt. Trage die Zahlen aus dem Bild übersichtlich in eine Tabelle ein. Ist die Vermischung bei 2-Euro-Münzen weiter fortgeschritten als bei anderen Münzen? ■

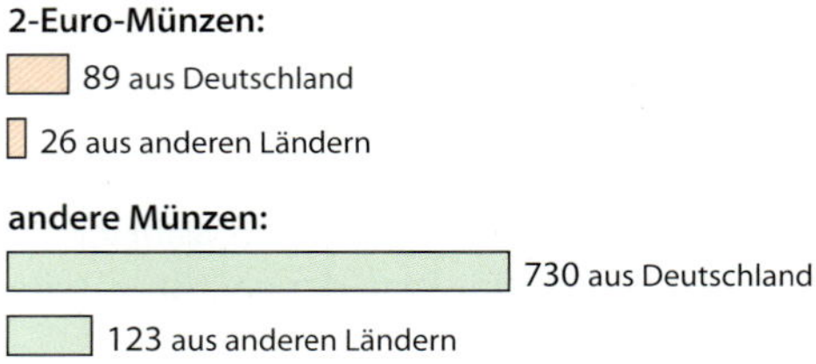

Vierfeldertafeln mit absoluten Häufigkeiten

In einer Klasse betrachtet man die **Merkmale** „Wahlfach Latein" oder „anderes Wahlfach" und „Mädchen" oder „Junge". Es haben 6 Jungen Latein, 11 Jungen kein Latein, 5 Mädchen Latein, 7 Mädchen kein Latein. Diese Anzahlen stehen in der **Vierfeldertafel** in der Mitte. In der rechten Spalte und der unteren Zeile stehen jeweils die Summen.

Vierfeldertafel:

	Latein		gesamt
	ja	nein	
Jungen	6	11	17
Mädchen	5	7	12
gesamt	11	18	29

Anzahl Jungen; Anzahl Mädchen; Anzahl Latein; Anzahl kein Latein; Gesamtzahl Klasse

Wissen: Vierfeldertafel
Betrachtet man bei einer Datenerhebung **zwei Merkmale**, für die es jeweils **zwei Möglichkeiten** gibt, lassen sich die Häufigkeiten übersichtlich in einer **Vierfeldertafel** darstellen

Beispiel 1: Zu einer Filmpremiere kommen 115 Frauen und 95 Männer. Am Ende der Premiere werden die Zuschauer gefragt, wie ihnen der Film gefallen hat. 150 finden den Film gut, davon sind 60 männlich.

a) Trage die Informationen in eine Vierfeldertafel ein.
b) Vervollständige die Vierfeldertafel.
c) Berechne, wie viel Prozent der Frauen (der Männer) den Film gut finden.

Lösung:

a) Trage rechts die Gesamtzahl der Frauen (115) und der Männer (95) ein. Trage unten die Anzahl aller Zuschauer ein, die den Film gut finden (150). Die Anzahl 60 betrifft beide Merkmale (Männer; „finden Film gut"). Trage sie in das entsprechende Feld in der Mitte ein.

	finden Film gut	finden Film nicht gut	gesamt
Frauen			115
Männer	60		95
gesamt	150		

b) Sind in einer Zeile oder Spalte zwei Werte vorhanden, kannst du durch Addition oder Subtraktion den dritten Wert bestimmen. Vervollständige so nach und nach die Vierfeldertafel.

150 – 60 = 90

	finden Film gut	finden Film nicht gut	gesamt
Frauen	90	25	115
Männer	60	35	95
gesamt	150	60	210

c) Aus der Vierfeldertafel kannst du ablesen: 90 von 115 Frauen und 60 von 95 Männern finden den Film gut. Berechne jeweils den prozentualen Anteil.

$\frac{90}{115} \approx 78{,}3\,\%$ der Frauen finden den Film gut.

$\frac{60}{95} \approx 63{,}2\,\%$ der Männer finden den Film gut.

Basisaufgaben

1. Bei einer Umfrage gaben 426 Befragte mit Abitur und 619 Befragte ohne Abitur an, dass sie eine Tageszeitung abonniert haben. Unter denen ohne Abonnement waren 360 mit und 854 ohne Abitur. Trage die Daten in eine Vierfeldertafel ein und vervollständige sie.

2. Vervollständige die Vierfeldertafel im Heft.

a)

	Vegetarier		gesamt
	ja	nein	
männlich	26		528
weiblich	46		
gesamt			841

b)

	Links-händer	Rechts-händer	ge-samt
männlich		584	
weiblich	43		
gesamt	107	1022	

Hinweis zu 2:
Hier findest du die Einträge der Vierfeldertafeln.

3. Aus der Vierfeldertafel ist ersichtlich, wie viele Mädchen und Jungen aus einem Schuljahrgang einem Sportverein angehören bzw. keinem angehören.
   a) Vervollständige die Vierfeldertafel.
   b) Berechne den Anteil
      ① der Jungen im ganzen Jahrgang,
      ② der Mädchen an denen, die einem Sportverein angehören,
      ③ der Mädchen, die im Sportverein sind, an allen Mädchen,
      ④ der Mädchen, die im Sportverein sind, am ganzen Jahrgang.

	Sportverein		gesamt
	ja	nein	
Mädchen	24	31	
Jungen	38	20	
gesamt			

4. Von 650 Schülerinnen und Schülern eines Gymnasiums gaben 596 an, ein Smartphone zu besitzen. Von den 360 Mädchen hatten nur 20 kein Smartphone.
   a) Erstelle zu den Daten eine Vierfeldertafel und vervollständige sie.
   b) Bestimme für die Jungen und für die Mädchen dieses Gymnasiums den Prozentsatz der Smartphonebesitzer.

5. Betrachte die natürlichen Zahlen von 1 bis 50. Fertige eine Vierfeldertafel mit den Anzahlen der Zahlen an, unterteilt nach den Merkmalen
   a) „durch 6 teilbar" oder „nicht durch 6 teilbar" und „durch 8 teilbar" oder „nicht durch 8 teilbar",
   b) „Primzahl" oder „nicht Primzahl" und „Endziffer 7" oder „andere Endziffer".

6. Im Jahr 2014 verließen in Niedersachsen insgesamt 26 745 Schüler, darunter rund 55,1 % Mädchen, die Schule mit dem Abitur. Dies waren rund 32,0 % aller Schüler, die die Schule verließen. Unter allen Schülern war der Anteil der Jungen und Mädchen gleich.
   a) Erstelle eine Vierfeldertafel mit absoluten Häufigkeiten zu den Merkmalen Geschlecht und Abitur.
   b) Ermittle, welcher Anteil der die Schule verlassenden Jungen Abitur machte.

Vierfeldertafeln mit relativen Häufigkeiten

Beispiel 2: Die Vierfeldertafel zeigt die Anzahl der erwerbstätigen Frauen und Männer einer Stadt mit 5000 Einwohnern.

a) Erstelle eine Vierfeldertafel mit relativen Häufigkeiten.

b) Gib den Anteil der nicht erwerbstätigen Frauen an der Stadtbevölkerung an.

c) Berechne mit der Vierfeldertafel aus a) den Anteil der Männer unter allen Erwerbstätigen.

	erwerbs-tätig	nicht erwerbstätig	gesamt
Frauen	1410	1130	2540
Männer	1790	670	2460
gesamt	3200	1800	5000

Lösung:

a) Dividiere in jedem Feld die absolute Häufigkeit durch die Gesamtzahl 5000.

In der rechten Spalte und unteren Zeile stehen die Summen wie bei der Vierfeldertafel mit absoluten Häufigkeiten.

	erwerbs-tätig	nicht erwerbstätig	gesamt
Frauen	28,2 %	22,6 %	50,8 %
Männer	35,8 %	13,4 %	49,2 %
gesamt	64 %	36 %	100 %

$\frac{3200}{5000} = 0{,}64 = 64\,\%$ $\frac{670}{5000} = 0{,}134 = 13{,}4\,\%$

b) Du kannst den Wert direkt aus einem inneren Feld der Vierfeldertafel ablesen. Der Anteil ist 22,6 %.

c) Gesucht ist der Anteil der (erwerbstätigen) Männer (35,8 % von allen) an den Erwerbstätigen (64 % von allen). Bilde den Quotienten wie bei den absoluten Häufigkeiten.

$\frac{35{,}8\,\%}{64\,\%} \approx 0{,}559 = 55{,}9\,\%$ der Erwerbstätigen sind männlich.

Zum Vergleich Rechnung mit absoluten Häufigkeiten: $\frac{1790}{3200} \approx 0{,}559 = 55{,}9\,\%$

Wissen: Vierfeldertafel mit relativen Häufigkeiten
Werden alle Werte einer Vierfeldertafel mit absoluten Häufigkeiten durch den Gesamtwert (rechts unten) dividiert, entsteht eine Vierfeldertafel mit relativen Häufigkeiten. Bei ihr steht rechts unten immer 1 oder 100 %.

Basisaufgaben

7. Eine Umfrage ergab: 62 Personen sprechen Englisch und Spanisch, 80 Personen nur Englisch, 13 Personen nur Spanisch und 45 Personen keine der beiden Sprachen. Erstelle eine Vierfeldertafel mit absoluten und daraus eine mit relativen Häufigkeiten.

8. Im Jahr 2014 waren in Niedersachsen 66 930 Lehrkräfte an Schulen beschäftigt, darunter 46 814 Lehrerinnen. Betrachtet man nur die Grundschulen, so waren dort 17 776 weibliche und 2279 männliche Lehrkräfte. Erstelle eine Vierfeldertafel mit relativen Häufigkeiten.

9. Vervollständige die Vierfeldertafel mit relativen Häufigkeiten im Heft.

a)

	treiben Sport		gesamt
	ja	nein	
Jugendl.		12,8 %	
Erwachs.	37,4 %		
gesamt	54,9 %		100 %

b)

	lesen Bücher		gesamt
	ja	nein	
Jugendl.	0,09		0,12
Erwachs.	0,64		
gesamt			

10. Bei einer Reisegruppe erkranken 50 % der Teilnehmer an einer Grippe. 23 % der Teilnehmer sind nicht geimpft und bleiben trotzdem gesund. Der Anteil der geimpften Personen liegt in der Reisegruppe bei 30 %.
   a) Stelle eine Vierfeldertafel mit relativen Häufigkeiten auf.
   b) Berechne bei den geimpften (nicht geimpften) Personen den Anteil derer, die an der Grippe erkranken.

Weiterführende Aufgaben

11. Erstelle zum Artikel eine Vierfeldertafel mit absoluten und eine mit relativen Häufigkeiten. Was fällt dir auf? Diskutiere dein Ergebnis mit deinen Mitschülern.

Der Traum vom Eigenheim

Mehr als ein Viertel der deutschen Haushalte lebt den Traum vom Eigenheim: Nach einem Bericht des Statistische Bundesamtes wohnten Anfang 2013 28 % der rund 40 Millionen Haushalte in Deutschland in einem eigenen Einfamilienhaus.

Dabei zeigte sich ein deutlicher Unterschied zwischen den alten und den neuen Bundesländern. Im früheren Bundesgebiet lebten 30 % in Einfamilienhäusern. Unter den rund 9 Millionen Haushalten in Berlin und den neuen Bundesländern lag der Anteil bei 23 %.

12. Unter den Männern, die 49,1 % der Bevölkerung bilden, leiden 9 % an einer Rot-Grün-Sehschwäche. Unter den Frauen sind es nur 0,8 %.
   a) Erstelle eine Vierfeldertafel mit relativen Häufigkeiten.
   b) Berechne, welcher Anteil unter den Personen mit Rot-Grün-Sehschwäche männlich ist.

Erinnere dich:
9 % von 49,1 %
$= 0{,}09 \cdot 0{,}491$
$= 4{,}419\,\%$

13. **Stolperstelle:** Bei einer Untersuchung sind 50 % der Teilnehmer Raucher. Von den Rauchern leiden 40 % an chronischer Bronchitis, bei den Nichtrauchern sind es nur 6 %. Martha hat dazu die Vierfeldertafel rechts aufgestellt. Was hat sie falsch gemacht? Korrigiere.

	Raucher	Nichtraucher	gesamt
Bronchitis	40 %	6 %	46 %
keine Br.	10 %	44 %	54 %
gesamt	50 %	50 %	100 %

14. In der Wochenzeitschrift „Die Zeit" war die Grafik rechts abgebildet.
   a) Paula soll hieraus eine Vierfeldertafel entwickeln. Erkläre, warum dies so nicht möglich ist.
   b) In dem Artikel steht, dass in einer bestimmten Region der USA der Anteil der asiatischstämmigen Einwohner an der Gesamtbevölkerung 36 % beträgt. Erstelle mit dieser Zusatzinformation eine Vierfeldertafel.
   c) Formuliere eine Überschrift für einen Artikel zu dieser Grafik.

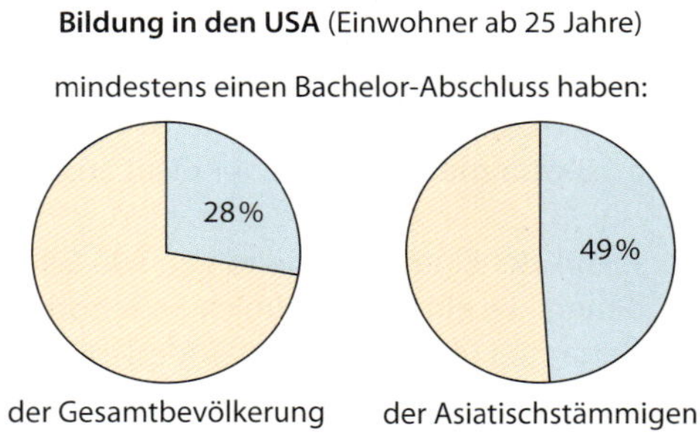

15. Immer mehr Beschäftigte in Deutschland arbeiten in Teilzeit.

a) Erstelle mithilfe der Grafik eine Vierfeldertafel mit absoluten Häufigkeiten, die die Merkmale Geschlecht und Vollzeit/Teilzeit enthält. Als vollbeschäftigt gilt nur, wer 36 Stunden und mehr arbeitet.

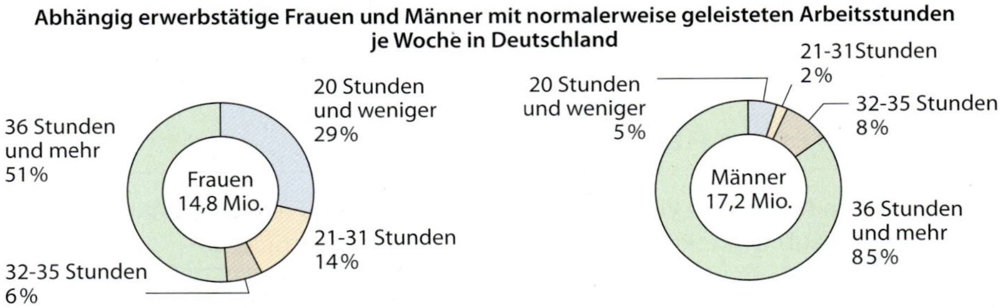

b) Formuliere mithilfe der Vierfeldertafel Aussagen, die für einen Zeitungsartikel genutzt werden können.

● **16.** Für eine Studie wurden 200 Personen auf ihre Intelligenz untersucht und nach ihrem Musikgeschmack (Pop oder Klassik) befragt.
113 Personen waren auffallend intelligent (d. h. sie überschritten einen bestimmten Intelligenzquotienten).
159 Personen gaben an, dass sie Pop bevorzugen, von ihnen waren 86 auffallend intelligent.

a) Stelle die Daten in einer Vierfeldertafel dar.

b) Gibt es einen Zusammenhang zwischen der Intelligenz einer Person und seinem Musikgeschmack? Wofür sprechen die Zahlen in der Vierfeldertafel?

c) Recherchiert im Internet, ob es einen Zusammenhang gibt. Diskutiert über das Thema in der Klasse.

Hinweis zu 17:
Russland, Türkei, Armenien, Aserbeidschan, Georgien und Zypern sind Mitglieder der Europäischen Olympischen Komitees. Sie werden hier zu Europa gerechnet.

17. **Sechsfeldertafel:** Bei den Olympischen Sommerspielen 2012 in London wurden 302 Gold-, 304 Silber- und 356 Bronzemedaillen vergeben.
Davon gingen 467 Medaillen nach Europa, darunter 137 Gold- und 154 Silbermedaillen.

a) Stelle den Sachverhalt in einer „Sechsfeldertafel" mit absoluten Häufigkeiten dar.

b) Bestimme, bei welcher der drei Arten von Medaillen der größte Anteil nach Europa ging.

c) Bestimme, wie viel Prozent der Medaillen, die nicht nach Europa gingen, Goldmedaillen waren.

● **18.** Unter 100 000 E-Mails sind ca. 85 000 Spammails.
Ein kostenloser Spamfilter sortiert 97 % der Spammails, aber auch 0,5 % aller anderen Mails in den Spamordner.

a) Bestimme den Anteil der Mails, die im Spamordner landen.

b) Bestimme den Anteil der aussortierten Mails, die kein Spam sind.

c) Bestimme den Anteil der nicht aussortierten Mails, die Spam sind.

● **19.** **Ausblick:** Eine Schule wird von 900 Schülern besucht, darunter sind 40 % Mädchen. Unter denen, die eine der zahlreich angebotenen Musik-AGs besuchen, sind 60 % Mädchen. Unter den übrigen sind 30 % Mädchen.

a) Setze die unbekannte Zahl aller Teilnehmer an Musik-AGs gleich x. Erstelle dann eine Vierfeldertafel mit absoluten Häufigkeiten, die Terme mit x enthält.

b) Bestimme damit die Zahl der Teilnehmer und Nicht-Teilnehmer an Musik-AGs.

6.2 Vierfeldertafeln und Wahrscheinlichkeit

■ Bei einer klinischen Studie wurde ein zufällig ausgewählter Teil einer Gruppe Patienten, die an derselben Krankheit litten, mit einem neuen Medikament therapiert. Die anderen wurden konventionell behandelt. Welche Therapie hat vermutlich die größeren Heilungschancen? ■

	Therapie		gesamt
	neu	alt	
geheilt	31	74	
nicht geheilt	16	46	
gesamt			

Greift man aus einer Gesamtheit eine bestimmte Person oder einen bestimmten Gegenstand zufällig heraus, dann kann man von einem Laplace-Experiment ausgehen, denn jede Person bzw. jeder Gegenstand besitzt die gleiche Wahrscheinlichkeit ausgewählt zu werden. Daher kann man die Wahrscheinlichkeit, dass ein bestimmtes Merkmal auftritt, leicht mit einer Vierfeldertafel berechnen.

Beispiel 1: Die Vierfeldertafel zeigt, wie viele Jungen und Mädchen einer Klasse ein Instrument spielen. Ein Mitglied der Klasse wird zufällig ausgewählt.
Berechne die Wahrscheinlichkeit,
a) dass es sich um ein Mädchen handelt,
b) dass es sich um einen Jungen handelt, der ein Instrument spielt,
c) dass der Betreffende ein Instrument spielt, wenn man schon weiß, dass es ein Junge ist.

	Musikinstrument		gesamt
	ja	nein	
Jungen	4	9	13
Mädchen	8	7	15
gesamt	12	16	28

Lösung:
Bei der zufälligen Auswahl einer Person handelt es sich um ein Laplace-Experiment.

a) Teile die Anzahl der Mädchen (15) durch die Gesamtzahl der Personen (28).
E: Ein Mädchen wird ausgewählt.
$P(E) = \frac{15}{28} \approx 0{,}536 = 53{,}6\,\%$

b) Teile die Anzahl der Jungen, die ein Instrument spielen (4), durch die Gesamtzahl der Personen (28).
E: Ein Junge, der ein Instrument spielt, wird ausgewählt.
$P(E) = \frac{4}{28} = \frac{1}{7} \approx 14{,}3\,\%$

c) Hier beträgt die Gesamtzahl 13 statt 28, da nur noch die Jungen in Frage kommen. Von ihnen spielen 4 ein Instrument. Teile also 4 durch 13.
E: Von den Jungen wird einer ausgewählt, der ein Instrument spielt.
$P(E) = \frac{4}{13} \approx 30{,}8\,\%$

Erinnere dich:
Bei einem Laplace-Experiment erhält man die Wahrscheinlichkeit eines Ereignisses, indem man die Anzahl der Ergebnisse, die zu dem Ereignis gehören, durch die Anzahl aller möglichen Ergebnisse dividiert.

Basisaufgaben

1. In der Vierfeldertafel ist angegeben, wie viele Jungen und Mädchen in der Klasse 9c eine Brille tragen. Eine Person aus der Klasse wird zufällig ausgewählt.
Berechne die Wahrscheinlichkeit,
a) dass es ein Mädchen ist,
b) dass es ein Junge ist, der ein Brille trägt,
c) dass es ein Junge ist, wenn man schon erfahren hat, dass die Person eine Brille trägt,
d) dass die Person eine Brille trägt, wenn man schon erfahren hat, dass es ein Mädchen ist.

	tragen eine Brille	tragen keine Brille	gesamt
Jungen	3	8	11
Mädchen	5	12	17
gesamt	8	20	28

Hinweis zu 2:
Drei der Zahlen sind gerundete Wahrscheinlichkeiten.

2. In einem großen Korb liegen 37 grüne und 25 rote Äpfel, außerdem 42 grüne und neun rote Birnen. Weitere Früchte enthält er nicht. Mark greift zufällig eine Frucht heraus. Berechne mithilfe einer Vielfeldertafel die Wahrscheinlichkeit,

a) dass Mark eine Birne nimmt,
b) dass Mark einen grünen Apfel nimmt,
c) dass Mark einen Apfel erhält, wenn er nach einer roten Frucht gegriffen hat.

3. **Wahrscheinlichkeit und Vierfeldertafel mit relativen Häufigkeiten:** Am Lessing-Gymnasium unterrichten 28 männliche und 34 weibliche Lehrkräfte. Von den Lehrerinnen unterrichten sechs Mathematik, bei den männlichen Lehrern sind es acht.

a) Stelle eine Vierfeldertafel mit absoluten Häufigkeiten auf.
b) Berechne die Wahrscheinlichkeit, dass eine zufällig ausgewählte Lehrkraft
① ein Mann ist, ② keine Mathematik unterrichtet, ③ eine Mathematiklehrerin ist.
c) Stelle eine Vierfeldertafel mit relativen Häufigkeiten auf. Vergleiche mit den Werten aus b). Was fällt dir auf?

4. Bei einer Wahl liegt die Wahlbeteiligung bei 78,5 %. 11,3 % der Wahlberechtigten sind unter 25 Jahre alt. 70,7 % aller Wahlberechtigten sind mindestens 25 Jahre alt und nehmen an der Wahl teil.

a) Stelle dazu eine Vierfeldertafel mit relativen Häufigkeiten auf.
b) Ein Wahlberechtigter wird zufällig herausgegriffen. Bestimme die Wahrscheinlichkeit,
① dass dieser gewählt hat und unter 25 Jahre alt ist,
② dass dieser unter 25 Jahre alt ist, wenn man weiß, dass er gewählt hat.

Hinweis zu 4b ②:
Bestimme unter denen, die gewählt haben, den Anteil der unter 25-Jährigen.

Weiterführende Aufgaben

5. Bei zwei Umfragen wurde der Zusammenhang zwischen der allgemeinen Zufriedenheit von Personen und dem Besitz eines Haustiers untersucht. Berechne für jede der Umfragen die Wahrscheinlichkeit für das angegebene Ereignis.

a) Eine zufällig ausgewählte Person ist zufrieden und hat ein Haustier.
b) Eine zufällig ausgewählte zufriedene Person hat ein Haustier.
c) Eine zufällig ausgewählte Person mit Haustier ist zufrieden.

Anzahlen der 1. Umfrage:

	zufrieden	unzufrieden
Haustier	99	21
kein Haustier	141	39

Prozentuale Anteile der 2. Umfrage:

	zufrieden	unzufrieden
Haustier	34 %	6 %
kein Haustier	46 %	14 %

6. Zwei 9. Klassen planen einen Ausflug. Alle Schüler wurden gefragt, ob sie lieber eine Wanderung oder einen Museumsbesuch machen möchten. Die Ergebnisse stehen in der Vierfeldertafel rechts. Dort kann man beispielsweise erkennen: Die Wahrscheinlichkeit, dass ein zufällig aus der 9a ausgewählter Schüler wandern möchte, beträgt $\frac{18}{29}$.
Notiere entsprechend ein Ereignis, das zur angegebenen Wahrscheinlichkeit gehört.

	9a	9b	gesamt
Wandern	18	14	32
Museum	11	13	24
gesamt	29	27	56

a) $\frac{13}{27}$ b) $\frac{29}{56}$ c) $\frac{11}{56}$ d) $\frac{11}{24}$ e) $\frac{7}{16}$ f) $\frac{3}{7}$

7. Stolperstelle: Von den 66 Gästen einer Party sind 18 mit dem Bus gekommen. 32 Gäste sind männlich. 10 weibliche Gäste haben den Bus benutzt. Gesucht ist die Wahrscheinlichkeit, dass ein zufällig ausgewählter männlicher Gast mit dem Bus gekommen ist. Carlo rechnet: „18 sind mit dem Bus gekommen, 32 sind männlich. Die Wahrscheinlichkeit ist also $\frac{18}{32} \approx 56\,\%$." Überprüfe die Aussage mit einer Vierfeldertafel.

8. Bei einer Studie mit 856 Testpersonen haben 281 Personen regelmäßig eine neue Mundspülung genommen. Von diesen sind 18 im vergangenen Jahr an Karies erkrankt. Bei den Personen, die die Mundspülung nicht verwendet haben, sind 46 erkrankt.

a) Berechne mithilfe einer Vierfeldertafel bei der einen wie der anderen Testgruppe die Wahrscheinlichkeit, dass ein zufällig ausgewählter Teilnehmer an Karies erkrankt ist.

b) Der Hersteller des Mundwassers behauptet: „Mit unserem Produkt senken Sie Ihr Kariesrisiko um 20 %." Untersuche, ob die Behauptung durch die Studie belegt wird. Wie mag dieses Ergebnis zustande gekommen sein?

9. Bei einer Volksbefragung wird über den Bau einer Straße abgestimmt. Vor einem der Wahllokale wird eine Stichprobe von 400 Personen nach ihrem Wahlverhalten gefragt. Von den 240 Autobesitzern stimmten 144 für Bau der Straße. Von den anderen Personen ohne Auto waren es 48.

a) Berechne mithilfe einer Vierfeldertafel die Wahrscheinlichkeit, dass eine von den 400 Personen zufällig ausgewählte Person
① für den Bau der Straße gestimmt hat,
② für den Bau der Straße gestimmt hat, wenn die Person ein Auto besitzt,
③ für den Bau der Straße gestimmt hat, wenn die Person kein Auto besitzt.

b) Das Abstimmungsergebnis in der ganzen Stadt war wie folgt: 53 % für und 47 % gegen den Bau der Straße. Nenne mögliche Gründe für die Abweichung vom Ergebnis der Stichprobe.

● **10.** Ein Marktforschungsinstitut hat in Deutschland 500 Personen gefragt, ob sie täglich Nachrichten schauen. Die Vierfeldertafel zeigt das Ergebnis.

	schauen täglich Nachrichten		gesamt
	ja	nein	
Männer		100	230
Frauen		140	
gesamt			500

a) Vervollständige die Vierfeldertafel.

b) Prüfe, ob die folgenden Aussagen in Bezug auf die Befragten richtig sind.
① Es schauen gleich viele Männer und Frauen Nachrichten.
② Ein Mann schaut mit größerer Wahrscheinlichkeit Nachrichten als eine Frau.
③ Schaut jemand keine Nachrichten, ist es mit größerer Wahrscheinlichkeit ein Mann.

c) Bei welchen der Aussagen in b) könnte sich die Beurteilung ändern, wenn sie sich auf alle Männer und Frauen in Deutschland beziehen? Was vermutest du? Begründe.

● **11. Ausblick:** Ein demoskopisches Institut befragt eine Stichprobe der Bevölkerung nach der bevorzugten Partei (A oder B). Berechne anhand der Tabelle die Wahrscheinlichkeit, dass eine zufällig aus der Stichprobe ausgewählte Person

	bis 40 Jahre		über 40 Jahre	
	Männer	Frauen	Männer	Frauen
Partei A	152	121	185	163
Partei B	127	147	131	156

a) ein Mann ist,
b) eine Frau ist und Partei B bevorzugt,
c) über 40 Jahre alt ist, wenn es ein Mann ist, der Partei A bevorzugt,
d) ein Mann ist und Partei A bevorzugt, wenn die Person über 40 Jahre alt ist,
e) Partei A bevorzugt, wenn die Person eine Frau ist.

6.3 Vierfeldertafeln und Baumdiagramme

■ Paul und Philipp sprechen über die letzten Spielergebnisse. „Zwei Drittel der Heimspiele haben wir gewonnen", sagt Paul. „Nein", entgegnet Philipp, „zwei Drittel der gewonnenen Spiele waren Heimspiele." Was stimmt? ■

Spielstatistik:

	gewonnen	verloren
Heimspiele	8	6
Auswärtsspiele	4	10

Baumdiagramm zur Vierfeldertafel aufstellen

Daten zu Objekten mit zwei Merkmalen lassen sich auch mit Baumdiagrammen übersichtlich darstellen. Im Unterschied zu Vierfeldertafeln legt man eine Rangordnung der Merkmale fest, da zunächst nach dem einen und dann nach dem anderen Merkmal verzweigt wird.

Beispiel 1: Ein Automobilhersteller bezieht die Scheinwerferlampen von zwei Zulieferfirmen. Zuweilen sind die Lampen defekt, wie aus der Vierfeldertafel hervorgeht. Eine Lampe wird zufällig ausgewählt.

	defekt		gesamt
	ja	**nein**	
Firma A	0,7 %	39,3 %	40 %
Firma B	2,2 %	57,8 %	60 %
gesamt	2,9 %	97,1 %	100 %

a) Zeichne ein Baumdiagramm mit Wahrscheinlichkeiten, in dem zuerst nach der Firmenherkunft und dann nach dem Zustand der Lampe verzweigt wird.

b) Entscheide, bei welcher Firma die Gefahr größer ist, dass eine von ihr stammende Scheinwerferlampe defekt ist.

Lösung:

Da es sich bei der zufälligen Auswahl der Lampe um ein Laplace-Experiment handelt, geben die relativen Häufigkeiten in der Vierfeldertafel gleichzeitig die entsprechenden Wahrscheinlichkeiten an.

a) Die Wahrscheinlichkeiten für die 1. Stufe des Baumdiagramms (40 % = 0,4 und 60 % = 0,6) erhältst du aus den äußeren Feldern der Vierfeldertafel.
Für die Wahrscheinlichkeiten der 2. Stufe kannst du für jede Firma den Anteil der defekten (nicht defekten) Lampen mit einer Division berechnen.

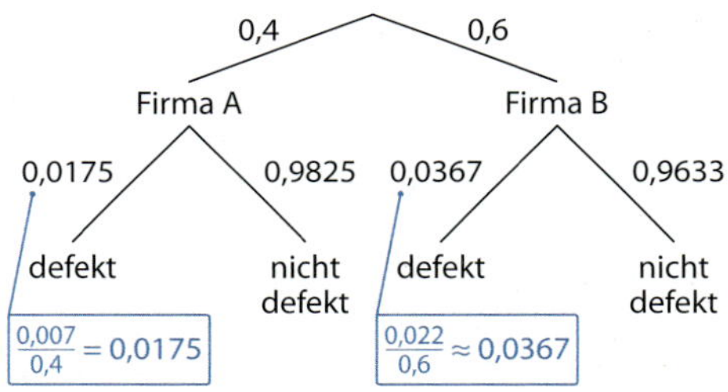

b) Du kannst die Wahrscheinlichkeiten aus der 2. Stufe des Baumdiagramms ablesen.

Die Wahrscheinlichkeit für eine defekte Lampe ist bei Firma B (3,67 %) größer als bei Firma A (1,75 %).

Wissen: Baumdiagramm zur Vierfeldertafel aufstellen

Ist eine Vierfeldertafel mit relativen Häufigkeiten gegeben, so lässt sich daraus wie folgt ein Baumdiagramm aufstellen.

	Möglichkeit 1	Möglichkeit 2	gesamt
Möglichkeit A	a_1	a_2	a
Möglichkeit B	b_1	b_2	b
gesamt	c_1	c_2	1

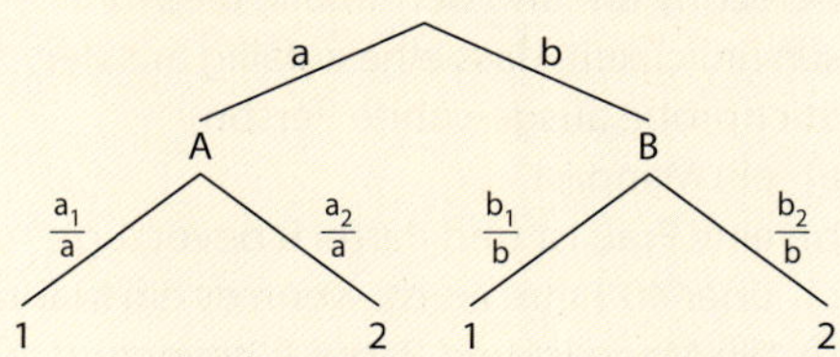

Basisaufgaben

1. Ein Hersteller von Obstkonserven bezieht seine Birnen von zwei Plantagen. Wie aus der Vierfeldertafel hervorgeht, müssen einige der Birnen wegen Qualitätsmängeln aussortiert werden.

	mit Mängeln	ohne Mängel
Plantage A	8,3 %	46,7 %
Plantage B	5,1 %	39,9 %

   a) Vervollständige die Vierfeldertafel im Heft, indem du die Summen ergänzt.
   b) Eine Birne wird zufällig ausgewählt. Zeichne ein Baumdiagramm mit Wahrscheinlichkeiten, das zunächst nach Herkunft der Birne und dann nach Qualität verzweigt.
   c) Zeichne ein Baumdiagramm mit Wahrscheinlichkeiten, das zunächst nach Qualität und dann nach Herkunft der Birne verzweigt.
   d) Stelle fest, bei welcher Plantage die Mängel häufiger vorkommen.

2. Bei einem Experiment wurden 2000 Eier gekocht. Von ihnen wurden 800 vorher angestochen. Bei den angestochenen Eiern sind 88 dennoch geplatzt, bei den übrigen sind es 132.
   a) Erstelle eine Vierfeldertafel mit relativen Häufigkeiten.
   b) Zeichne ein Baumdiagramm, in dem zunächst nach „angestochen" oder „nicht angestochen" verzweigt wird.
   c) Entscheide, ob sich das Anstechen von Eiern vor dem Kochen lohnt.

Vierfeldertafel zum Baumdiagramm aufstellen

Beispiel 2: In einer 9. Klasse sind 60 % der Schüler Mädchen. 60 % der Mädchen und 30 % der Jungen haben mindestens ein Haustier.
a) Ein Kind wird zufällig ausgewählt. Erstelle ein Baumdiagramm mit Wahrscheinlichkeiten.
b) Erstelle zu dem Baumdiagramm eine Vierfeldertafel mit relativen Häufigkeiten.
c) Bestimme die Wahrscheinlichkeit, dass ein zufällig ausgewähltes Kind ein Haustier hat.

Lösung:

a) Unterscheide in der 1. Stufe nach „Junge" oder „Mädchen" und in der 2. Stufe nach „Haustier" oder „kein Haustier". Nur diese Reihenfolge passt zu den gegebenen Anteilen.
Trage die Anteile als Wahrscheinlichkeiten im Baumdiagramm ein und vervollständige es.

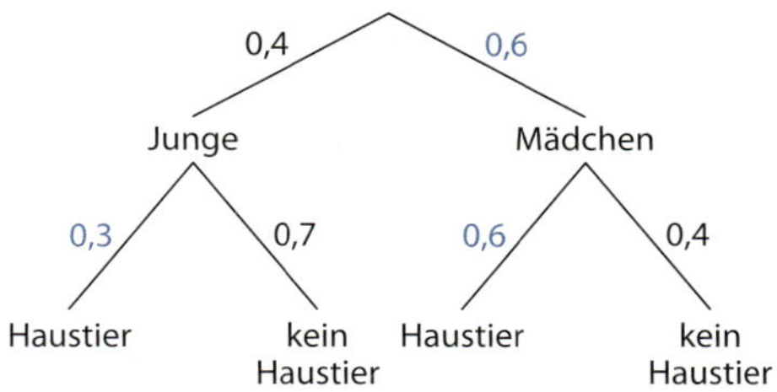

b) Berechne die Wahrscheinlichkeiten für die zusammensetzten Ergebnisse mit der Pfadmultiplikationsregel.
Da ein Kind zufällig ausgewählt wird, entsprechen die Wahrscheinlichkeiten den relativen Häufigkeiten.
Trage die vier berechneten Werte in die inneren Felder der Vierfeldertafel ein.
Vervollständige dann die Vierfeldertafel.

P(Junge; Haustier) = 0,4 · 0,3 = 0,12
P((Junge; kein Haustier) = 0,4 · 0,7 = 0,28
P(Mädchen; Haustier) = 0,6 · 0,6 = 0,36
P(Mädchen; kein Haustier) = 0,6 · 0,4 = 0,24

	Haustier		gesamt
	ja	nein	
Junge	0,12	0,28	0,4
Mädchen	0,36	0,24	0,6
gesamt	0,48	0,52	1

c) Lies den gesuchten Wert in der unteren Zeile der Vierfeldertafel ab.

Die Wahrscheinlichkeit, dass ein zufällig ausgewähltes Kind ein Haustier hat, ist 48 %.

Hinweis zu c):
Die Wahrscheinlichkeit kann man auch aus dem Baumdiagramm mit den Pfadregeln berechnen:
P(Haustier) = 0,4 · 0,3 + 0,6 · 0,6 = 0,48

Wissen: Vierfeldertafel zum Baumdiagramm aufstellen
Ist ein Baumdiagramm gegeben, so lässt sich daraus wie folgt eine Vierfeldertafel mit relativen Häufigkeiten aufstellen.

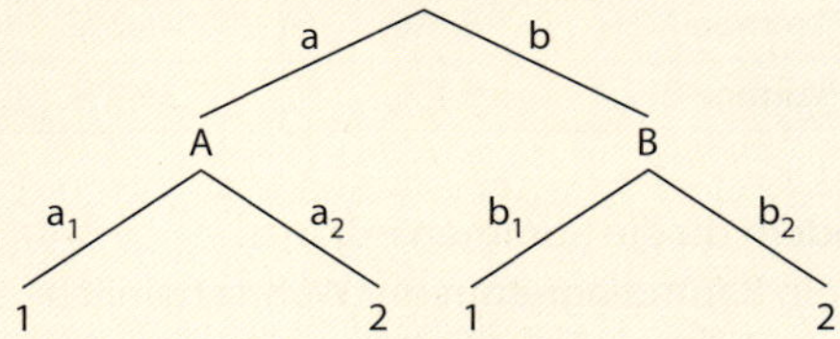

	Möglichkeit 1	Möglichkeit 2	gesamt
Möglichkeit A	$a \cdot a_1$	$a \cdot a_2$	a
Möglichkeit B	$b \cdot b_1$	$b \cdot b_2$	b
gesamt	$a \cdot a_1 + b \cdot b_1$	$a \cdot a_2 + b \cdot b_2$	1

Basisaufgaben

3. Die Teilnehmer an einer theoretischen Führerscheinprüfung stammen alle von einer der Fahrschulen A und B. Die Fahrschulen bereiten die Kandidaten offenbar unterschiedlich gut vor, denn die Durchfallquoten sind verschieden. Die Wahrscheinlichkeiten im Baumdiagramm gelten für einen zufällig ausgewählten Prüfling.

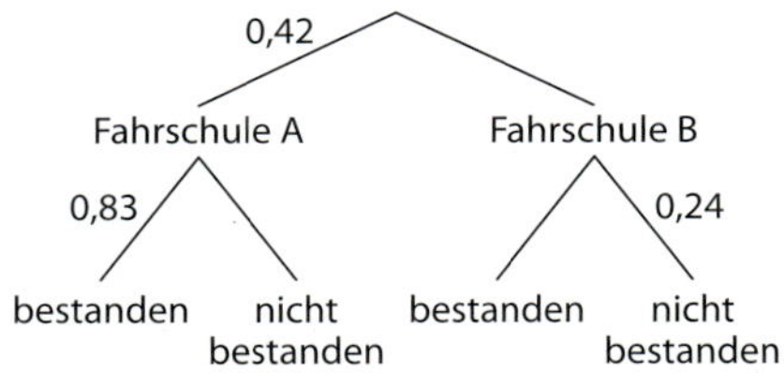

a) Ergänze im Heft die fehlenden Wahrscheinlichkeiten des Baumdiagramms.
b) Erstelle eine Vierfeldertafel mit relativen Häufigkeiten.
c) Gib die Wahrscheinlichkeit an, dass ein zufällig ausgewählter Kandidat die Prüfung nicht bestanden hat.

4. Eine Autovermietung bezieht 70 % ihrer Neufahrzeuge von der Firma ELP und 30 % von der Firma Sino. Insgesamt sind es 200 Neuwagen. Bei Autos der Firma ELP gibt es während der Garantiezeit nur zu 10 % Beanstandungen, bei Autos der Firma Sino zu 15 %.

a) Ein Neuwagen wird zufällig ausgewählt. Erstelle ein Baumdiagramm mit Wahrscheinlichkeiten.
b) Erstelle eine Vierfeldertafel mit relativen und eine mit absoluten Häufigkeiten.
c) Bestimme die Wahrscheinlichkeit, dass es bei einem zufällig ausgewählten Neuwagen in der Garantiezeit Beanstandungen gibt.

Baumdiagramme umkehren

Ist ein Baumdiagramm gegeben, so lässt sich daraus ein **umgekehrtes Baumdiagramm** mit umgekehrter Verzweigung aufstellen. Dies ist für bestimmte Fragestellungen hilfreich und liefert manchmal überraschende Ergebnisse.

Beispiel 3: 0,1 % der Bevölkerung sind HIV-infiziert. Mit einem HIV-Test kann man feststellen, ob eine Person betroffen ist. Allerdings unterlaufen dem Test zuweilen Fehler: Bei Infizierten zeigt er mit der Wahrscheinlichkeit von 0,1 % ein „negatives" Ergebnis an (d. h. nicht infiziert), mit derselben Wahrscheinlichkeit zeigt er bei Nicht-Infizierten an, dass sie infiziert seien („positives" Ergebnis). Bei einem Getesteten lautet das Ergebnis „positiv".
a) Stelle die angegebenen Werte in einem Baumdiagramm und in einer Vierfeldertafel dar.
b) Erstelle ein umgekehrtes Baumdiagramm, das zuerst nach dem Testergebnis verzweigt.
c) Lies aus dem umgekehrten Baumdiagramm die Wahrscheinlichkeit ab, dass eine Person mit positivem Testegebnis tatsächlich HIV-infiziert ist. Beurteile das Ergebnis.

Lösung:

a) Verzweige das Baumdiagramm zuerst nach „infiziert" oder „nicht infiziert" und dann nach „Test positiv" oder „Test negativ". Trage die gegebenen Werte ein und vervollständige das Baumdiagramm.

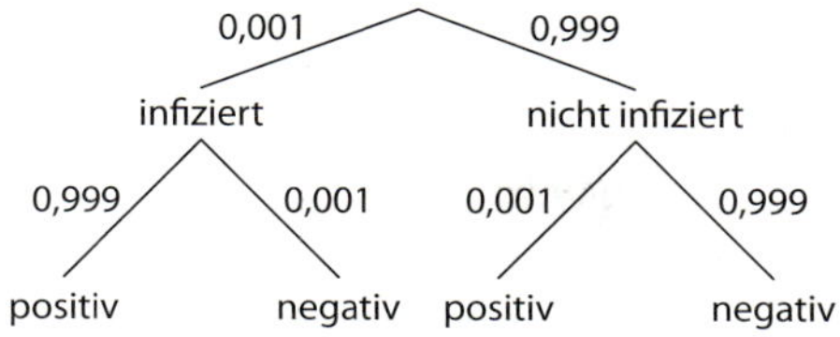

Berechne die Werte in den inneren Feldern der Vierfeldertafel mit der Pfadmultiplikationsregel.
Zum Beispiel für „infiziert" und „Test positiv":
$0{,}001 \cdot 0{,}999 = 0{,}000999$

	HIV-infiziert		gesamt
	ja	nein	
Test positiv	0,000999	0,000999	0,001998
Test negativ	0,000001	0,998001	0,998002
gesamt	0,001	0,999	1

b) Die Wahrscheinlichkeiten für „Test positiv" (≈ 0,002) und „Test negativ" (≈ 0,998) liest du in der Vierfeldertafel rechts ab.
Für die Wahrscheinlichkeiten der 2. Stufe teilst du jeweils den Wert des inneren Feldes durch den Wert des Feldes rechts.

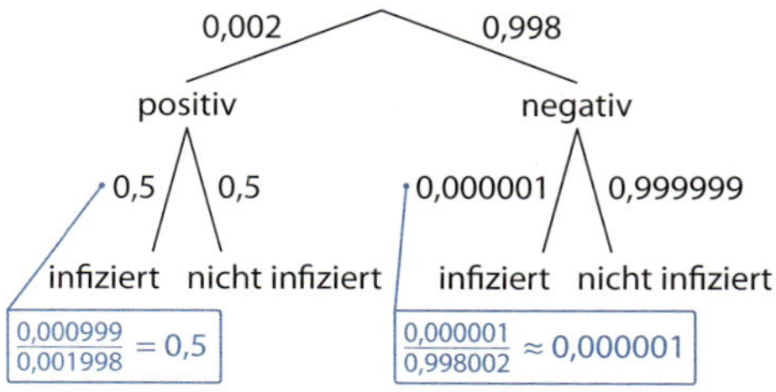

c) Lies die Wahrscheinlichkeit am Zweig ab, der von „positiv" zu „infiziert" führt. Das Ergebnis überrascht, da der Test sehr selten das falsche Ergebnis zeigt.

Die Wahrscheinlichkeit, dass eine Person mit positivem Testergebnis HIV-infiziert ist, ist $0{,}5 = 50\,\%$.

Hinweis zu c):
In Aufgabe 5 wird das überraschende Ergebnis veranschaulicht.

Basisaufgaben

5. Gehe in Beispiel 3 davon aus, dass 1 000 000 Personen den HIV-Test durchführen.

a) Berechne die Anzahl der infizierten und nicht-infizierten Personen und die Zahl derer von den jeweiligen Gruppen, deren Testergebnis positiv ist.

b) Erkläre, warum genauso viele Infizierte wie Nicht-Infizierte ein postives Testergebnis haben, obwohl der Test bei beiden Gruppen fast immer das richtige Ergebnis zeigt.

c) Führe die Berechnung von a) unter der Voraussetzung durch, dass 1 % der Bevölkerung infiziert ist. Bestimme hierfür die Wahrscheinlichkeit, dass ein positiv Getesteter tatsächlich infiziert ist. Vergleiche.

6. Mia befürchtet, dass sie sich in Afrika mit einer tropischen Krankheit angesteckt hat ,und macht einen Test. Dieser zeigt beim Vorliegen der Krankheit in 98 % der Fälle die Krankheit an, er ist aber auch zu 4 % positiv, wenn die Person nicht erkrankt ist. Aus Erfahrung weiß man, dass 0,1 % der Getesteten die Krankheit haben. Mia erhält ein positives Testergebnis.

a) Schätze die Wahrscheinlichkeit, dass Mia tatsächlich krank ist.

b) Erstelle ein Baumdiagramm, das zuerst nach „krank" oder „nicht krank" verzweigt.

c) Erstelle zu dem Baumdiagramm eine Vierfeldertafel und das umgekehrte Baumdiagramm.

d) Bestimme die Wahrscheinlichkeit, dass Mia die Krankheit tatsächlich hat. Vergleiche mit deiner Schätzung.

e) Gehe davon aus, dass 100 000 Personen den Test machen. Erstelle eine Viefeldertafel mit absoluten Häufigkeiten. Erläutere anhand der absoluten Werte das Ergebnis von d).

7. Um interne Diebstähle zu verhindern, überlegt eine Supermarktkette, alle Mitarbeiter mit einem Lügendetektor zu befragen. Der Lügendedektor erkennt 90 % der Diebe und auch 90 % der ehrlichen Mitarbeiter richtig, jeweils zu 10 % zeigt er ein falsches Ergebnis an. Alle, die der Detektor als Dieb einordnet, sollen entlassen werden. Der Anteil der Diebe liegt erfahrungsgemäß bei 3 %.
   a) Erstelle ein Baumdiagramm und dazu das umgekehrte Baumdigramm.
   b) Bestimme, wie viel Prozent der Belegschaft entlassen werden.
   c) Gib die Wahrscheinlichkeit an, entlassen zu werden, obwohl man ehrlich ist.
   d) Bestimme, welcher Anteil der Entlassenen tatsächlich Diebe sind.

Weiterführende Aufgaben

8. Eine Umfrage in der Klasse 9c ergab, dass 8 von 13 Jungen und 7 von 16 Mädchen mehrmals pro Woche Fastfood essen.
   a) Stelle den Sachverhalt in einem Baumdiagramm dar.
   b) Erstelle eine Vierfeldertafel mit absoluten und relativen Häufigkeiten.
   c) Formuliere zu diesem Umfrageergebnis eine passende Schlagzeile.

9. 2000 Teilnehmer eines Festivals mussten sich einem Drogentest unterziehen. Das Ergebnis siehst du in der Vierfeldertafel. Ein Teilnehmer wird zufällig ausgewählt.
   a) Erstelle ein Baumdiagramm, das zunächst nach „Drogen" oder „keine Drogen", sowie eins, das zunächst nach „Test positiv" oder „Test negativ" verzweigt.
   b) Bestimme die Wahrscheinlichkeit, dass ein Festivalteilnehmer, der keine Drogen genommen hat, ein positives Testergebnis erhält.
   c) Bestimme die Wahrscheinlichkeit, dass ein Festivalteilnehmer, dessen Test positiv ausgefallen ist, in Wirklichkeit keine Drogen genommen hat.

	Drogen genommen	
	ja	**nein**
Test positiv	57	39
Test negativ	3	1901

10. DNA-Tests zur Überführung von Tätern gelten als sehr sicher. Zu Fehlern kann es bei der Entnahme der Proben und bei der anschließenden Testanalyse kommen. Im Diagramm ist ein mögliches Ergebnis dargestellt, „Test positiv" bedeutet dabei, dass eine Übereinstimmung der DNA der getesteten Person mit der am Tatort gefundenen DNA erkannt wurde.

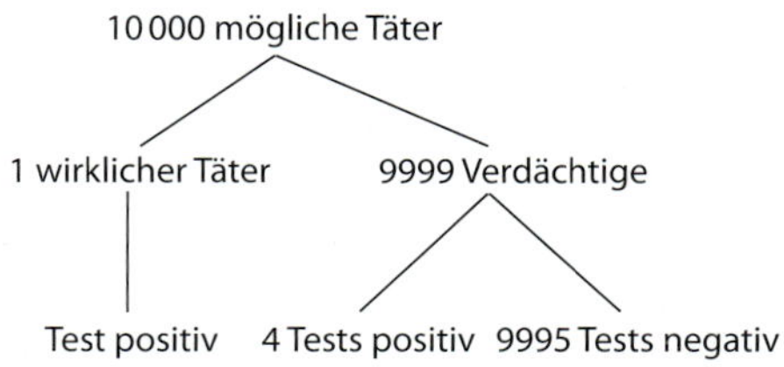

   a) Berechne bei den zu Unrecht Verdächtigten den Anteil derer mit positivem Testergebnis.
   b) Erläutere, warum das Diagramm den Fall nicht enthält, dass der wirkliche Täter negativ getestet wird.
   c) Erstelle eine Vierfeldertafel mit relativen Häufigkeiten.
   d) Jemand aus dem Kreis der möglichen Täter wird positiv getestet. Bestimme die Wahrscheinlichkeit, dass er tatsächlich der Täter ist.

11. Stolperstelle:

a) 2014 sind in Deutschland 30 500 Motorradfahrer und 78 300 Fahrradfahrer verunglückt. „Fahrradfahren ist mehr also doppelt so gefährlich wie Motorradfahren!" steht als Schlagzeile in der Zeitung. Was sagst du dazu?

b) In einem Polizeibericht über Diebstähle durch Jugendliche steht, dass jeder dritte Diebstahl von einem Mädchen begangen wird. Larissa sagt erstaunt: Das bedeutet ja, dass ein Drittel der Mädchen klaut." Hat Larissa recht? Begründe.

12. Bei Gepäckkontrollen werden gezielt Koffer geöffnet. Dadurch wird transportierte Schmuggelware mit 80 % Sicherheit entdeckt. Einer von 250 Koffern enthält Schmuggelware. Ein Koffer wird mit 16,9 % fälschlicherweise geöffnet.

a) Mit welcher Wahrscheinlichkeit enthält ein geöffneter Koffer Schmuggelware.

b) Wie viele von 1 000 000 Koffern werden fälschlicherweise geöffnet.

13. Max Meyer hat einen neuen Falschgeldscanner entwickelt. Die bisherigen Modelle erkennen gefälschte Scheine mit einer Sicherheit von 98 %. Andererseits werden aber auch 10 % der echten Scheine als gefälscht eingestuft. Der neue Scanner erkennt zwar nur mit einer Sicherheit von 96 % die wirklich gefälschten Scheine, dafür werden aber auch nur 4 % der echten Scheine als gefälscht eingestuft. Aus Erfahrung weiß man, dass sich unter 1000 Geldscheinen im Mittel drei gefälschte befinden.

a) Erstelle für die alten Scanner ein Baumdiagramm.

b) Vervollständige die Vierfeldertafel für die alten Scanner im Heft.

	Fälschung angezeigt	Fälschung nicht angezeigt	gesamt
Schein gefälscht			
Schein echt			
gesamt			100 000

c) Berechne die Wahrscheinlichkeit für den alten Scanner, dass ein Schein wirklich gefälscht ist, wenn der Scanner dies anzeigt.

d) Erstelle die Vierfeldertafel für den neuen Scanner und ermittle, wie viel Prozent der Scheine fehlerhaft eingestuft werden.

e) Mit welchem Werbeslogan könnte Max Meyer für den neuen Scanner werben? Erläutere deine Überlegungen hierzu.

14. Ausblick: Das Baumdiagramm ① soll umgekehrt werden. Bestimme Terme für die Zweigwahrscheinlichkeiten c, d, c_A, c_B, d_A, d_B des umgekehrten Baumdiagramms ②.

Hinweis zu 14: Verwende die Vierfeldertafel aus dem Wissenskasten „Vierfeldertafel zum Baumdiagramm aufstellen".

①

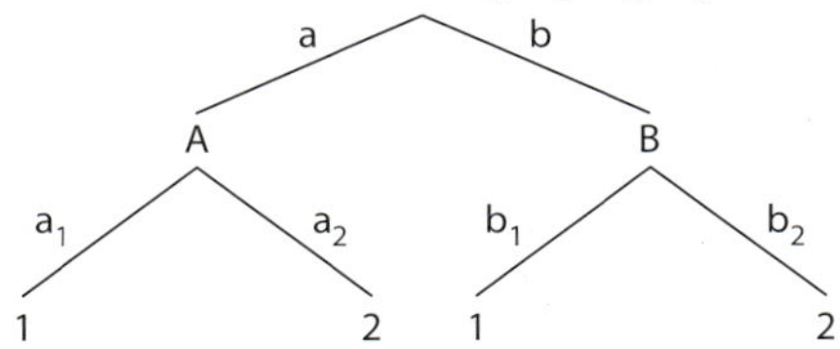

②

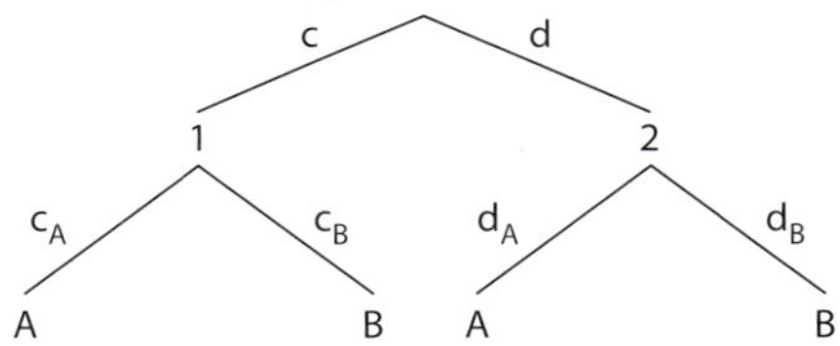

6.4 Vermischte Aufgaben

1. Das Statistische Bundesamt hat die in Deutschland lebende Bevölkerung nach ihrem Schulabschluss befragt. Von den Befragten hatten 19,5 % einen Migrationshintergrund. 14,1 % der Personen mit Migrationshintergrund gaben an, keinen Schulabschluss zu besitzen. Bei den Deutschen ohne Migrationshintergrund waren dies nur 1,8 %.
   a) Erstelle anhand der angegebenen Daten eine Vierfeldertafel mit relativen Häufigkeiten.
   b) Bestimme die Wahrscheinlichkeit, dass eine zufällig ausgewählte Person
      ① keinen Schulabschluss hat,
      ② einen Schulabschluss hat, wenn bekannt ist, dass sie einen Migrationshintergrund hat,
      ③ keinen Migrationshintergrund hat, wenn bekannt ist, dass sie einen Schulabschluss hat.
   c) Erstelle eine Grafik, anhand derer der Anteil der Personen ohne Schulabschluss an der Gesamtheit der beiden Bevölkerungsgruppen (Personen ohne Migrationshintergrund, Personen mit Migrationshintergrund) verglichen werden kann.

2. Herr Paul fährt in 70 % der Fälle mit dem Auto zur Arbeit, in 30 % der Fälle mit öffentlichen Verkehrsmitteln. Wenn er Auto fährt, kommt er mit 95 %iger Wahrscheinlichkeit pünktlich. Nutzt er die öffentlichen Verkehrsmittel, ist er nur in 85 % der Fälle pünktlich.

   - Erstelle aufgrund der Daten ein Baumdiagramm und eine Vierfeldertafel.
   - Berechne die Wahrscheinlichkeit, dass Herr Paul pünktlich zur Arbeit kommt.

   - Aufgrund einer Sanierung des Hauptbahnhofes muss mit einer größeren Zeitverzögerung gerechnet werden. Bestimme die Wahrscheinlichkeit, bei der Nutzung öffentlicher Verkehrsmittel unpünktlich zu sein, wenn bekannt ist, dass Herr Paul es insgesamt immerhin noch in 86 % aller Fälle rechtzeitig zur Arbeit schafft.
   - Da Herr Paul sehr umweltbewusst ist, möchte er in Zukunft häufiger auf öffentliche Verkehrsmittel umsteigen. Gleichzeitig möchte er jedoch nicht häufiger als in 10 % der Fälle zu spät zur Arbeit kommen. Wie häufig dürfte Herr Paul noch mit dem Auto fahren?
   - Heute ist Herr Paul zu spät zur Arbeit gekommen. Bestimme die Wahrscheinlichkeit, dass Herr Paul Auto gefahren ist.

3. Schwangerschaftstests sind nicht zu 100 % sicher. Anhand verschiedener Testreihen konnte für einen Test festgestellt werden, dass er zu 95 % ein positives Ergebnis zeigt, wenn eine Frau tatsächlich schwanger ist. Liegt keine Schwangerschaft vor, zeigt er zu 98 % ein negatives Ergebnis an. Erfahrungsgemäß sind etwa 30 % aller Frauen, die einen Test machen, tatsächlich schwanger.
   a) Mit welcher Wahrscheinlichkeit ist eine Frau tatsächlich schwanger, wenn das Testergebnis positiv ist?
   b) Mit welcher Wahrscheinlichkeit ist eine Frau schwanger, wenn das Testergebnis negativ ist?
   c) Erläutere die Bedeutung der verschiedenen Wahrscheinlichkeiten. Betrachte Frauen in unterschiedlichen Situationen.

4. Das Endergebnis der Bundestagwahl 2013 war ein Triumph für Bundeskanzlerin Angela Merkel: 41,5 Prozent der Deutschen wählten CDU und CSU. 25,7 Prozent stimmten für die SPD ab. Von den Frauen stimmten 44 Prozent für CDU und CSU. Ähnlich sah es bei den Männern aus, 39 Prozent stimmten für die Union und 26 Prozent für die SPD.
Beurteile anhand dieser Informationen die folgenden Aussagen.
A: Die meisten Frauen sind Fans von Angela Merkels Union.
B: Die Frauen haben den Sieg von Angela Merkels Union bewirkt.
C: Ausgehend von einem Frauenanteil von 50 % bei den Wählern kann man behaupten, dass mehr Frauen als Männer Frau Merkels Union gewählt haben.
D: Unter den Frauen ist die Begeisterung für die SPD deutlich größer als bei den Männern.

5. Die Alarmanlage eines Autos gibt bei einem Einbruch mit einer Wahrscheinlichkeit von 99 % Alarm. Allerdings kann es in einer Nacht auch mit einer Wahrscheinlichkeit von 0,2 % zu Fehlalarm kommen. Von 10 000 abgestellten Autos wird im Mittel pro Nacht eines aufgebrochen.
a) Erstelle für eine Zahl von 1 000 000 Autos eine Vierfeldertafel.
b) Berechne die Wahrscheinlichkeit, dass bei einem bestimmten Auto ein Alarm ertönt.
c) Berechne die Wahrscheinlichkeit, dass wirklich eingebrochen wurde, wenn der Alarm ertönt.

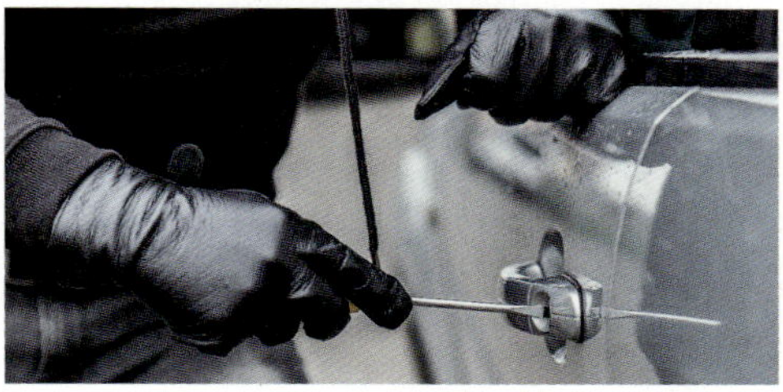

6. Alkoholeinfluss war 2011 bei ca. 5 % der Unfälle mit Personenschaden eine der Ursachen. Man schätzt, dass etwa 1 % aller Fahrten unter erhöhtem Alkoholpegel stattfinden. Außerdem kann man davon ausgehen, dass bei ca. 0,001 % aller Fahrten ein Unfall passiert.
a) Untersuche, in welchem Verhältnis die Wahrscheinlichkeiten stehen, mit bzw. ohne Alkohol in einen Unfall verwickelt zu sein. Betrachte 20 000 000 Fahrten und erstelle die zugehörige Vierfeldertafel.
b) Untersuche, in welchem Verhältnis die Wahrscheinlichkeiten stehen, mit bzw. ohne Alkohol keinen Unfall zu haben. Vergleiche das Ergebnis mit demjenigen aus Aufgabenteil a).

7. Bei der digitalen Datenübertragung können Fehler auftreten. Eine im Binärcode gesendete 0 kann zur 1 werden und umgekehrt. Nehmen wir an, dass gleich viele Nullen und Einsen gesendet werden und dass eine 0 mit einer Wahrscheinlichkeit von 2 % zu einer 1 und eine 1 mit einer Wahrscheinlichkeit von 3 % zu einer 0 wird.
a) Zeichne das zugehörige Baumdiagramm.
b) Bestimme die Wahrscheinlichkeit, eine 0 zu empfangen.
c) Wenn eine 1 empfangen wird, wie groß ist dann die Wahrscheinlichkeit, dass eine 1 gesendet wurde?
d) Wenn eine 0 gesendet wird, wie groß ist dann die Wahrscheinlichkeit, dass eine 0 empfangen wird?

8. Nenne Vor- und Nachteile der Darstellung von Daten in Vierfeldertafeln oder Baumdiagrammen. Welche Darstellung gefällt dir besser? Begründe deine Meinung.

Prüfe dein neues Fundament

Lösungen ↗ S. 212

1. Vervollständige die Vierfeldertafeln im Heft.

a)

	mit Bus zur Schule		gesamt
	ja	nein	
Mädchen	6		14
Jungen		9	
gesamt			27

b)

	für neues Gesetz		gesamt
	ja	nein	
Partei A		20,8 %	
Partei B	9,7 %		
gesamt		84,0 %	100 %

2. Zu einer Fernsehserie wurden 123 unter 30-jährige und 177 über 30-jährige Zuschauer befragt. 216 von ihnen gefiel die Serie, darunter 85 der unter 30-Jährigen.
a) Erstelle eine Vierfeldertafel mit absoluten und eine mit relativen Häufigkeiten.
b) Berechne, welcher Anteil der unter 30-Jährigen (der über 30-Jährigen) die Serie gut fand.

3. Eine Schülerzeitung hat 74 Schülerinnen und 58 Schüler gefragt, ob sie ein Handy in die Schule mitnehmen. 65 Schülerinnen und 50 Schüler bejahten dies. Daraufhin titelte die Zeitung „Mädchen nehmen öfter ein Handy mit in die Schule als Jungen."

a) Erstelle aus den Daten eine Vierfeldertafel und vervollständige sie.
b) Beurteile die Überschrift des Artikels. Gib selbst eine angemessene Überschrift an.

4. Im Jahr 2013 wurden in Deutschland 291 050 Verkehrsunfälle mit einem Personenschaden registriert, 12 % davon unter Alkoholeinfluss. 76 % der Unfälle ohne Alkoholeinfluss ereigneten sich tagsüber, 72 % der Unfälle unter Alkoholeinfluss nachts.
a) Erstelle hierzu eine Vierfeldertafel mit relativen Häufigkeiten.
b) Ermittle den prozentualen Anteil der Unfälle, die sich nachts unter Alkoholeinfluss ereigneten, an der Gesamtzahl der Verkehrsunfälle mit Personenschaden.
c) Berechne, wie viele der Verkehrsunfälle sich nachts ereigneten.

5. Eine Urne enthält 100 Kugeln. 70 dieser Kugeln bestehen aus Plastik und 30 aus Holz. Von den Plastikkugeln sind 25 rot und 45 grün. Von den Holzkugeln sind 10 rot und 20 grün. Aus der Urne wird zufällig eine Kugel gezogen.
Berechne mithilfe einer Vierfeldertafel die Wahrscheinlichkeit,
a) dass es eine grüne Plastikkugel ist,
b) dass es eine rote Kugel ist,
c) dass es eine Holzkugel ist, wenn man schon weiß, dass sie rot ist.

6. Die Tabelle gibt an, wie viele Jungen und Mädchen einer Schulklasse Karten spielen bzw. nicht Karten spielen.

	spielt Karten	
	ja	nein
Jungen	8	7
Mädchen	4	9

a) Ergänze im Heft die Vierfeldertafel um die Summen.
b) Berechne jeweils die Wahrscheinlichkeit für das Ereignis.
① Ein zufällig ausgewähltes Mitglied der Klasse ist ein Mädchen.
② Ein zufällig ausgewähltes Mitglied der Klasse ist ein Junge und spielt Karten.
③ Ein zufällig ausgewählter Junge aus der Klasse spielt Karten.
④ Ein zufällig ausgewähltes Karten spielendes Mitglied der Klasse ist ein Junge.

Lösungen ↗ S. 213

7. Ein Gymnasium hat 800 Schülerinnen und Schüler. 40 % sind Jungen. 70 % der Mädchen und 80 % der Jungen essen im Durchschnitt jeden Tag in der Schulmensa. Eine Person der Schülerschaft wird zufällig ausgewählt.

a) Erstelle ein Baumdiagramm mit Wahrscheinlichkeiten.

b) Erstelle zu dem Baumdiagramm eine Vierfeldertafel mit relativen Häufigkeiten.

c) Bestimme die Wahrscheinlichkeit, dass die ausgewählte Person ein Mädchen ist, welches nicht täglich in der Mensa isst.

d) Berechne, wie viele Schülerinnen und Schüler täglich in der Mensa essen.

8. Die Firma „Elolux" stellt Energiesparlampen her. In der Endkontrolle werden 5 von 100 Lampen aussortiert, obwohl sie eigentlich funktionieren. Hingegen werden 2 von 100 Lampen nicht aussortiert, obwohl sie fehlerhaft sind. 97 % der hergestellten Lampen sind fehlerfrei.

a) Erstelle hierzu ein Baumdiagramm und das umgekehrte Baumdiagramm mit Wahrscheinlichkeiten

b) Gib die Wahrscheinlichkeit an, dass eine nicht aussortierte Lampe einwandfrei ist.

c) Gib die Wahrscheinlichkeit an, dass eine aussortierte Lampe fehlerhaft ist.

9. Ein Arzt setzt zur Diagnose einer bestimmten Krankheit einen Test ein, der in 94 % der Fälle negativ ausfällt, wenn ein Patient gesund ist. Falls ein Patient tatsächlich erkrankt ist, fällt das Verfahren in 96 % aller Fälle positiv aus. Aus statistischen Erhebungen ist bekannt, dass im Durchschnitt von 145 Patienten einer unter der Krankheit leidet.

a) Berechne die Wahrscheinlichkeit, dass ein Patient tatsächlich erkrankt ist, wenn das Diagnoseverfahren zu einem positiven Befund geführt hat.

b) Berechne die Wahrscheinlichkeit, dass ein Patient erkrankt ist, obwohl das Diagnoseverfahren zu einem negativen Befund geführt hat.

Wiederholungsaufgaben

1. Berechne.

a) 14 % von 200 € b) 150 % von 30 kg c) 40 % von 2 h

2. Berechne ohne Taschenrechner.

a) $-25 \cdot (-38 - 2)$ b) $-25 - (-38 - 2)$ c) $(-25 - 38) \cdot (-2)$

3. Berechne für ein Dreieck ABC mit $\gamma = 90°$ jeweils die nicht angegebene Größe. Runde auf Zehntel.

	a	b	c
a)	4 cm	7 cm	
b)		10 cm	12 cm
c)	3 m		9 m

4. a) Multipliziere $3a^2b \cdot (4ab - 2ab^2)$ aus. b) Klammere den Faktor x^2 bei $12x^2 - 5x^3$ aus.

5. Johannes hat ein Modellauto im Maßstab 1 : 25. Er misst, dass es 13,6 cm lang ist. Bestimme die Länge des Originals.

Zusammenfassung

Vierfeldertafeln mit absoluten Häufigkeiten

Betrachtet man bei einer Datenerhebung **zwei Merkmale M_1 und M_2**, für die es jeweils zwei **Möglichkeiten** (M_1: A oder B; M_2: 1 oder 2) gibt, lassen sich die **absoluten Häufigkeiten** übersichtlich in einer **Vierfeldertafel** oder in einem Baumdiagramm darstellen.

Von 35 Mädchen und 45 Jungen antworteten auf die Frage, ob sie gern Krimis sehen, 10 Mädchen mit „NEIN" und 36 Jungen mit „JA".

Siehst du gern Krimis?

Vierfeldertafel mit absoluten Häufigkeiten

		M_2		
		1	2	Summe
M_1	A	a_1	a_2	n_A
	B	b_1	b_2	n_B
	Summe	n_1	n_2	n

Vierfeldertafel mit absoluten Häufigkeiten

		mag Krimis		
		Ja	Nein	Summe
Geschlecht	J	36	9	45
	M	25	10	35
	Summe	61	19	80

Baumdiagramm mit absoluten Häufigkeiten

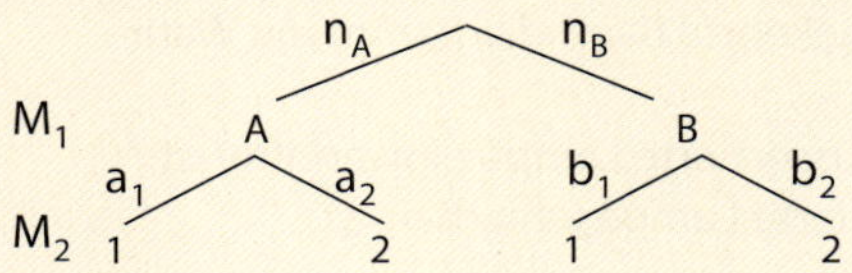

Baumdiagramm mit absoluten Häufigkeiten

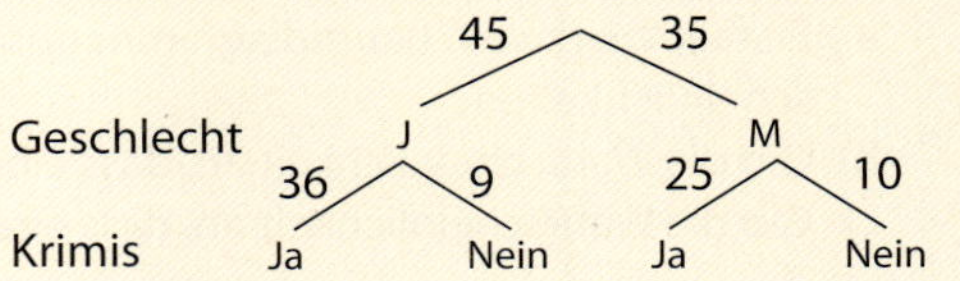

Vierfeldertafeln mit relativen Häufigkeiten

Werden die vier Felder (a_1, a_2, b_1, b_2) einer Vierfeldertafel mit absoluten Häufigkeiten durch den Gesamtwert n dividiert, entsteht eine Vierfeldertafel mit relativen Häufigkeiten.

Siehst du gern Krimis?

Vierfeldertafel mit relativen Häufigkeiten

		M_2		
		1	2	Summe
M_1	A	$\frac{a_1}{n}$	$\frac{a_2}{n}$	$\frac{a_1 + a_2}{n} = a$
	B	$\frac{b_1}{n}$	$\frac{b_2}{n}$	$\frac{b_1 + b_2}{n} = b$
	Summe	$a_1 + b_1$	$a_2 + b_2$	1

Die Summe ist stets 1

Vierfeldertafel mit relativen Häufigkeiten

		mag Krimis		
		Ja	Nein	Summe
Geschlecht	J	0,45	0,11	0,56
	M	0,31	0,13	0,44
	Summe	0,76	0,24	1

Vierfeldertafeln und Wahrscheinlichkeit

Ist eine Vierfeldertafel mit relativen Häufigkeiten gegeben, so lässt sich bei einem Laplace-Experiment die **Wahrscheinlichkeit** des Auftretens eines bestimmten Merkmals berechnen und in einem **Baumdiagramm** darstellen.

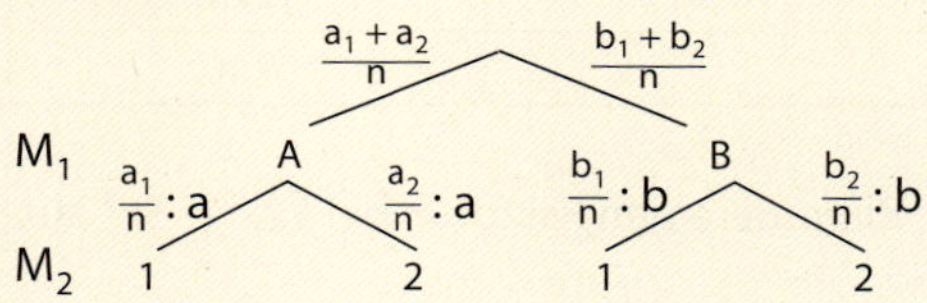

Siehst du gern Krimis?

Baumdiagramm mit Wahrscheinlichkeiten

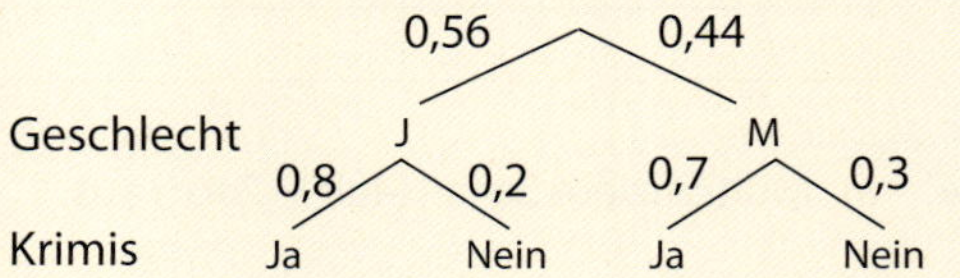

7. Komplexe Aufgaben

Die folgenden Aufgaben verbinden Kapitel dieses Buches und methodische Kompetenzen.

1. Zugunglück

Bei einem schweren Eisenbahnunglück am 24.07.2013 sind im Nordwesten Spaniens rund 80 Fahrgäste eines Schnellzuges ums Leben gekommen. Außerdem wurden knapp 200 Reisende verletzt. Der Zug war an einer Stelle, an der die Gleise in einer relativ engen Kurve verlaufen, entgleist und umgestürzt. Der Lokführer gestand nach Angaben von Ermittlern ein, viel zu schnell gefahren zu sein. Der Zug sei mit rund 190 Kilometern in der Stunde unterwegs gewesen, obwohl in der Unglückskurve höchstens Tempo 80 zulässig gewesen sei, bestätigte er den Ermittlern.

Erinnere dich:
Statt Masse wird umgangssprachlich meist der Begriff Gewicht verwendet.

Hinweis zu 1:
Für Vergleiche empfiehlt es sich, Verhältnisse statt absoluter Werte zu verwenden.

Eine Kurve ist ein Kreisbogen mit Radius r. Auf ein Fahrzeug, dessen Masse m beträgt, muss eine Kraft F wirken, damit es die Kurve durchfahren kann. Bei einem Zug muss sie durch den Kontakt der Schienen mit den Rädern aufgebracht werden. Sie ist abhängig von der Geschwindigkeit.

a) Für diese Kraft gilt $F(v) = \frac{m}{r} \cdot v^2$. Untersuche, wievielmal größer die Kraft bei einer Geschwindigkeit von 190 km/h verglichen mit der Kraft bei 80 km/h ist, wenn Masse und Radius übereinstimmen: Gib das Verhältnis der beiden Kräfte F(190) und F(80) an.
b) Um die Kurve mit 190 km/h durchfahren zu können, müsste diese einen entsprechend größeren Radius haben: Verwende dein Ergebnis aus a). Erstelle eine Zeichnung der Schienen von zwei 90°-Kurven im selben Maßstab, die für eine Höchstgeschwindigkeit von 80 km/h bzw. von 190 km/h geeignet wären.
c) Für diesen Zug kann man die Kraft mit $f(x) = a \cdot x^2$ berechnen. Erläutere anhand geeigneter Graphen den Einfluss des Parameters a auf den Verlauf des Graphen, und deute das Ergebnis in diesem Zusammenhang.

2. Parabel als Multiplikationsmaschine

Mithilfe einer Normalparabel kannst du zeichnerisch das Produkt zweier Zahlen a und b bestimmen. Hierzu verbindest du die Punkte A und B auf der Parabel, die an der Stelle a bzw. b liegen, und prüfst, wo die Verbindungsgerade die y-Achse schneidet. Der y-Achsenabschnitt ist dann das Ergebnis der Multiplikation von a und b, allerdings mit anderem Vorzeichen, also $(-a \cdot b)$. Haben beide Zahlen dasselbe Vorzeichen, so kann man einen Faktor in negativer Richtung auftragen.

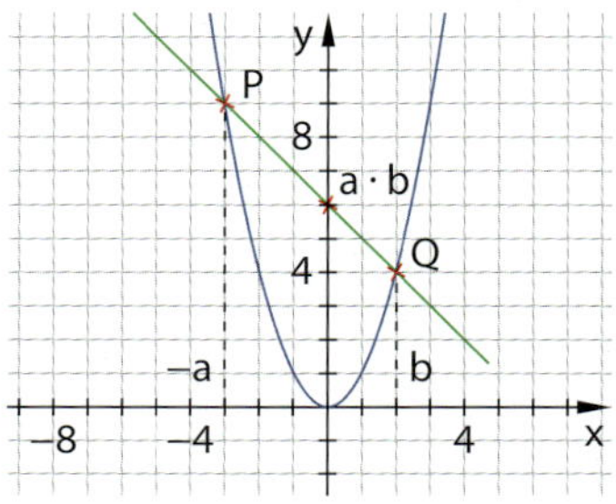

Hinweis zu 2 c:
Die Geradengleichung bestimmst du am einfachsten mit der Zweipunkteform.

a) Überprüfe die Aussage zeichnerisch anhand der Werte a = 3 und b = 2 auf beide Arten.
b) Bestimme mithilfe einer Normalparabel den Wert des angegebenen Produktes.
① $(-4) \cdot 2$; ② $4 \cdot (-2)$; ③ $(-4) \cdot (-2)$; ④ $3 \cdot 3$ ⑤ $(-3) \cdot (-3)$
c) Stelle allgemein die Geradengleichung für die Gerade durch zwei Punkte A und B auf. Zeige damit, dass der y-Achsenabschnitt immer $(-a \cdot b)$ beträgt.

3. Gleichung einer Tangente an die Parabel mit $y = a \cdot x^2$

a) Experimentiere mithilfe einer dynamischen Geometrie-Software, die Tangenten an einen Graphen zeichnen kann. Zeichne damit zuerst das Bild der Parabel $y = \frac{1}{3} \cdot x^2$ und einen Punkt P auf der Parabel. Konstruiere die Tangente an die Parabel im Punkt P. Verschiebe P auf der Parabel und beobachte, wie sich die Tangente verändert.

b) Lass die Koordinaten des Punktes P und den Ordinatenabschnitt der Tangente anzeigen. Welchen Zusammenhang kann man feststellen? Verändere den Streckfaktor der Parabel. Bleibt der Zusammenhang erhalten?

c) Zeichne jetzt das Bild der Parabel $y = \frac{1}{2} \cdot x^2$ und darauf einen Punkt P in ein Koordinatensystem. Konstruiere dann nach der folgenden Anleitung die Tangente t an die Parabel im Punkt P: Zeichne durch P eine Senkrechte zur y-Achse und bezeichne den Schnittpunkt der Geraden und der y-Achse als S. Spiegele S am Koordinatenursprung, bezeichne den Bildpunkt mit P'. Zeichne eine Gerade t durch P' und P. Wähle weitere Punkte auf der Parabel und konstruiere dazu jeweils in derselben Art eine Gerade. Erläutere mithilfe einer Rechnung: Der Punkt B (3|4,5) liegt auf der Parabel mit $y = \frac{1}{2} \cdot x^2$. Die konstruierte Gerade hat die Gleichung $y = \frac{9}{3} \cdot x - 4{,}5$. Diese Gerade hat mit der Parabel einen einzigen Schnittpunkt (B), also ist sie die Tangente an die Parabel in B.

d) Bestätige das Ergebnis durch die Wahl eines weiteren Punktes auf der Parabel.

e) Gilt die Behauptung allgemein für jeden beliebigen Punkt auf der Parabel?

CAS

Hinweis zu 3 a und b:
Eine geeignete Software bieten GTR- oder CAS-Rechner wie TI-Nspire oder Casio.

Hinweis zu 3 b:
Im kartesischen Koordinatensystem wird die x-Achse auch Abszissenachse und die y-Achse auch Ordinatenachse genannt.

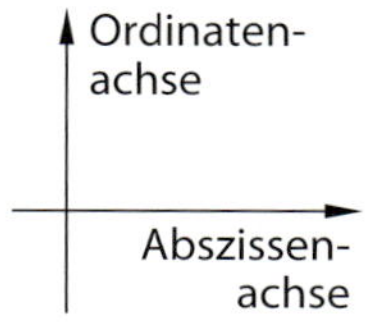

4. Gleichung einer Tangente an einen Kreis

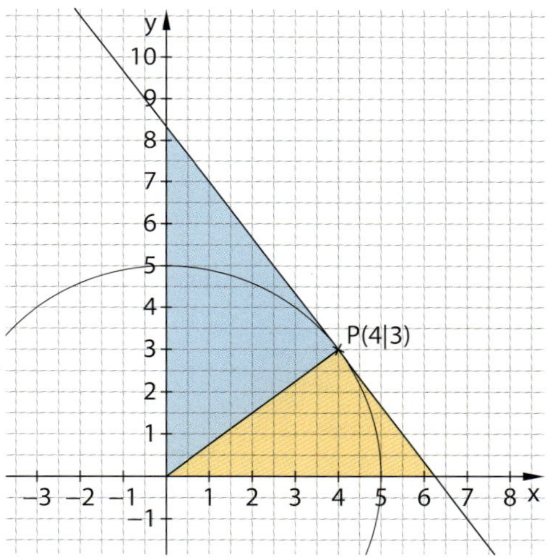

a) Zeichne in einem Koordinatensystem einen Kreis um den Ursprung mit dem Radius r = 5 cm.
Trage auf der Kreislinie den Punkt P (4|3) ein.
Begründe durch eine Rechnung, dass der Punkt P exakt auf dem Kreis liegt.

b) Eine Tangente an einen Kreis verläuft immer orthogonal zum Radius. Konstruiere im Punkt P die Tangente an den Kreis. Bezeichne die Schnittstellen dieser Tangente mit den beiden Koordinatenachsen als s_x und s_y.

c) Das entstandene rechtwinklige Dreieck wird durch den Radius in zwei rechtwinklige Teildreiecke zerlegt. Zeichne die Höhen in den beiden Dreiecken ein. Berechne mithilfe des Kathetensatzes jeweils die Länge der Hypotenuse.

d) Erläutere: Die Gleichung dieser Tangente ist $y = -\frac{4}{3} \cdot x + \frac{25}{3}$, umgeformt: $4x + 3y = 25$.

e) Verallgemeinere das Vorgehen für einen beliebigen Kreis mit Radius r und einem Kreispunkt P (a|b). Prüfe, dass für die Kreistangente im Punkt P die Gleichung $a \cdot x + b \cdot y = r^2$ gilt.

f) Verwende eine dynamische Geometrie-Software, um die Tangentenformel $y = -\frac{a}{b} \cdot x + \frac{r^2}{b}$ bzw. $a \cdot x + b \cdot y = r^2$ für einen Kreispunkt P (a|b) experimentell zu bestätigen.

DGS

Hinweis zu 4 b:
Für die Lösungen gilt: Die Zähler sind 24, die Nenner 4 bzw. 3.

5. Pythagoras in der Ebene und im Raum

In einem Koordinatensystem sind die Punkte A(2|3), B(8|7) und M(5|5) gegeben.

a) Begründe rechnerisch, dass es einen Kreis um M gibt, der durch A und B verläuft.

b) Begründe ohne zu zeichnen, dass es nur zwei Werte für den Winkel ∢ ACB geben kann, wenn C auf der Kreislinie liegt.

c) Gib die Koordinaten zweier Punkte D und E an, für die der Winkel ∢ DCE ebenfalls nur zwei Werte annehmen kann.

d) Man nennt ein rechtwinkliges Dreieck, dessen Seiten ganzzahlig sind, **pythagoreisch.** Zeige, dass für ein rechtwinkliges Dreieck mit Hypotenuse c auch $a^2 = (c + b)(c - b)$ gilt, und bestimme mit dieser Beziehung sieben Möglichkeiten für ein pythagoreisches Dreieck. Untersuche, welche Dreiecke ähnlich sind.

e) Quader mit ganzzahligen Kantenlängen a, b, c und ganzzahliger Raumdiagonale d nennt man pythagoreisch. Leite eine Formel her, mit der man solche Quader finden kann, und nenne fünf Beispiele.

6. Beweise in der Geometrie

In der Formelsammlung findet man für ein beliebiges ebenes Dreieck den Sinussatz: $\frac{a}{\sin\alpha} = \frac{b}{\sin\beta} = \frac{c}{\sin\gamma} = 2\,r$, wobei r der Radius des Umkreises ist und der Winkel α der Seite a gegenüber liegt, ebenso β der Seite b und γ der Seite c.

Hinweis zu 6 b:
Verwende für den Beweis zunächst die Teildreiecke MPC und MBP. Zeige dann, dass die beiden Winkel bei M tatsächlich jeweils so groß sind wie der Winkel α bei A.

a) Beweise die Beziehung für ein rechtwinkliges Dreieck mit $\gamma = 90°$.

b) Beweise nun für ein beliebiges Dreieck: $\frac{a}{\sin\alpha} = 2\,r$. Orientiere dich an der Abbildung rechts.

c) Der Satz des Thales ist ein Spezialfall der hier gezeichneten Situation. Begründe dies.

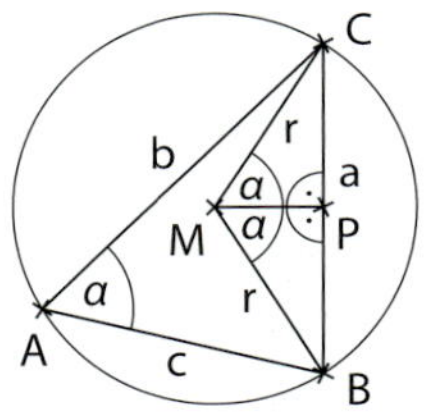

7. Küken im Ei

Beleuchtet man ein Objekt mit einer Lichtquelle, so entsteht ein Schatten.

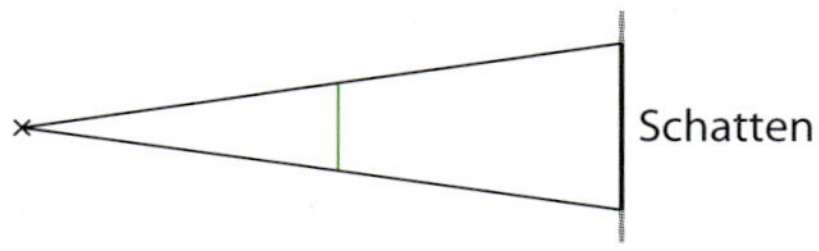

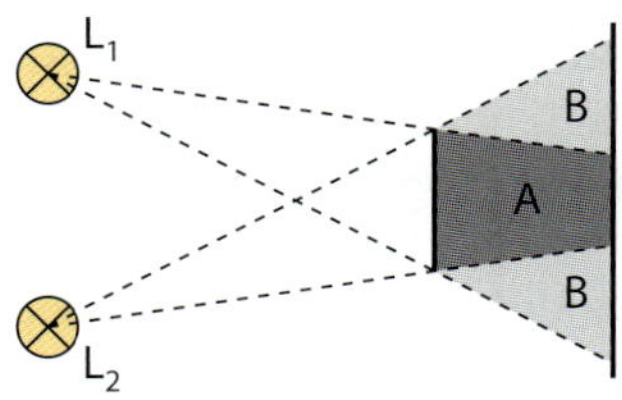

Ein beliebtes Experiment zum Thema Licht und Schatten heißt „Das Küken im Ei". Hierzu werden zwei Schablonen (Küken: 14 cm mal 10 cm; Ei: 11 cm mal 9 cm) benutzt, die leicht versetzt nebeneinander vor einer Projektionsfläche aufgestellt und von je einer Lichtquelle beleuchtet werden. Ziel ist es, den Schatten des Kükens genau im Schatten des Eies zu sehen.

a) Ermittle mithilfe von aussagekräftigen Skizzen verschiedene mögliche Anordnungen von Lichtquellen, Küken, Ei und Projektionsfläche.

b) Untersuche, ob es möglich ist, eine Spielzeugpuppe (30 cm mal 5 cm) in eine kleine Flasche (8 cm mal 4 cm) zu bringen.

8. Digitale Mathematikwerkzeuge

Hier kannst du nachschlagen, wenn du Hilfe bei der Arbeit mit einem GTR oder einem CAS benötigst.

Anwendungen des TI-Nspire CX CAS

Auf dem Homescreen kann man eine der folgenden **Anwendungen** starten.

1 Calculator (Rechenblatt)

3 Geometry (dynamische Geometrie)

5 Data&Statistics (Daten darstellen und auswerten)

7 VernierDataQuest (Messwerte sammeln und auswerten)

2 Graphs (grafische Darstellungen)

4 Lists&Spreadsheets (Tabellenkalkulation)

6 Notes (Textverarbeitung, interaktive Arbeitsblätter)

Dokumente erstellen und verwalten

Beim Starten einer Anwendung wird eine neue **Seite** im aktuellen Dokument angelegt.

Eine oder mehrere Seiten können in einem **Dokument** gespeichert werden. Die Seiten innerhalb des Dokuments sind verbunden. Dokumente werden über die Taste ***doc*** oder über den Homescreen */on* erstellt oder verwaltet.

Eingabe abschließen und korrigieren:

Schließe jede vollständige Eingabe mit ***enter*** ab.

Braucht man z. B. beim Rechnen mit Größen einen Näherungswert, drückt man ***ctrl*** + ***enter***.

Ist eine Eingabe mit ***enter*** abgeschlossen, kann sie korrigiert werden, indem man den Ausdruck mit der Pfeiltaste ▲ markiert und mit ***enter*** in die Eingabezeile kopiert. Dort kann die Eingabe dann verändert werden.

Tastenkürzel

esc	Befehl rückgängig machen
Kursor hinter das Zeichen setzen, ***del***	Zeichen löschen
shift ◀▶	Ausdruck markieren
Ausdruck markieren und ***ctrl*** + ***x***	Ausdruck ausschneiden
Ausdruck markieren und ***ctrl*** + ***c***	Ausdruck kopieren
ctrl + ***v***	Ausdruck einfügen
ctrl + ***del***	markierten Ausdruck löschen
ctrl + ***esc*** oder ***ctrl*** + ***z***	Arbeitsschritte rückgängig machen
ctrl + ***y***	Arbeitsschritt erneut aufrufen
menu – Aktionen – Protokoll löschen	alle Einträge auf einer Seite löschen
doc – Seitenlayout – Seite löschen	Seite in einem Dokument löschen

Standardeinstellungen des Rechners wiederherstellen

/on – Einstellungen – Dokumenteinstellungen – Zurücksetzen - enter - enter - enter

Der Wechsel zwischen den Bereichen bei ***Dokumenteinstellungen*** erfolgt mit ***tab***.

Terme eingeben

In der Anwendung ***Calculator*** lassen sich Terme eingeben.

Manche Terme vereinfacht der CAS-Rechner automatisch. Deshalb kann das CAS auch zur **Selbstkontrolle** von handschriftlichen Lösungen dienen. Gleichartige Summanden werden automatisch zusammengefasst und meistens alphabetisch geordnet.

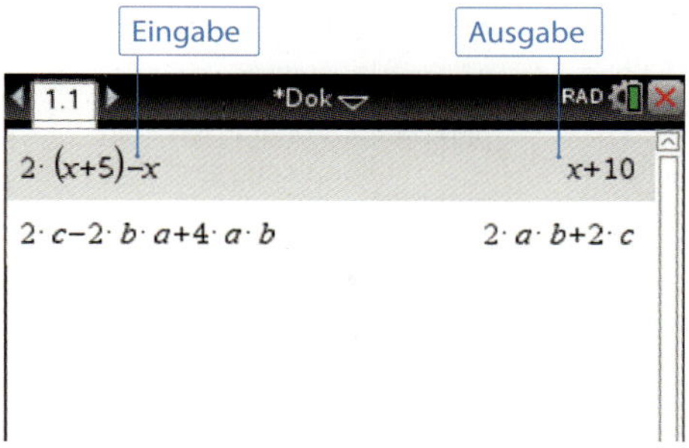

Terme umformen

Die wichtigsten Befehle zum Umformen von Termen findet man im Menü **Algebra**.

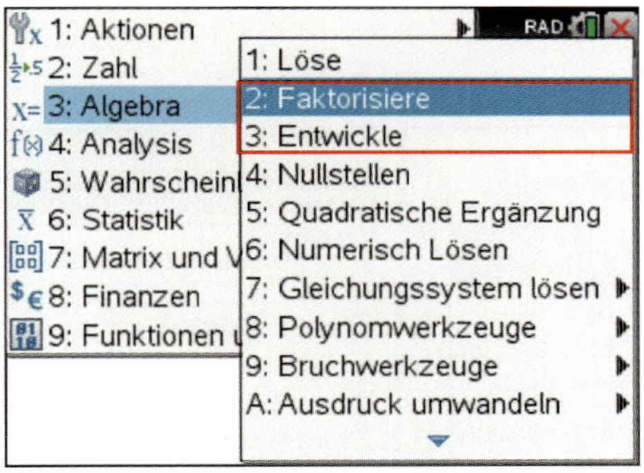

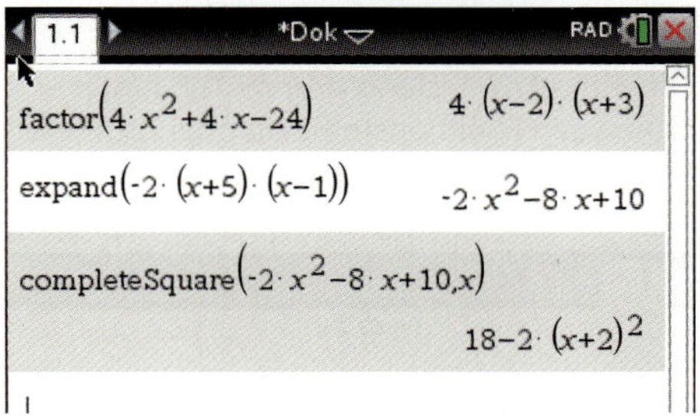

Diese Befehle erweisen sich als besonders hilfreich, um zwischen den verschiedenen Formen von quadratischen Funktionsgleichungen zu wechseln.

Gleichungen lösen

Rufe im ***Calculator*** den Befehl ***solve*** auf. Gib dann die Gleichung und die Variable ein, die berechnet werden soll.

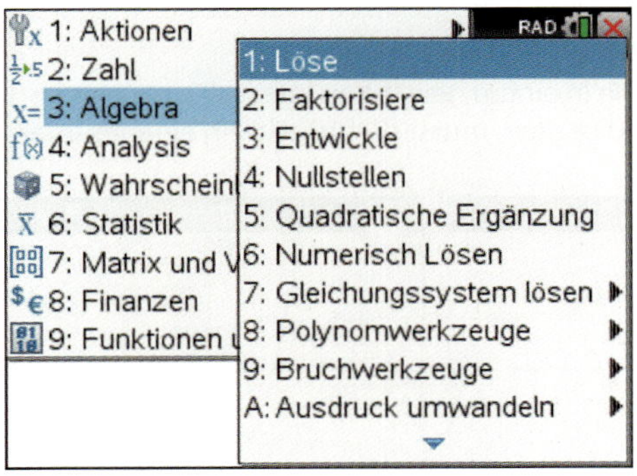

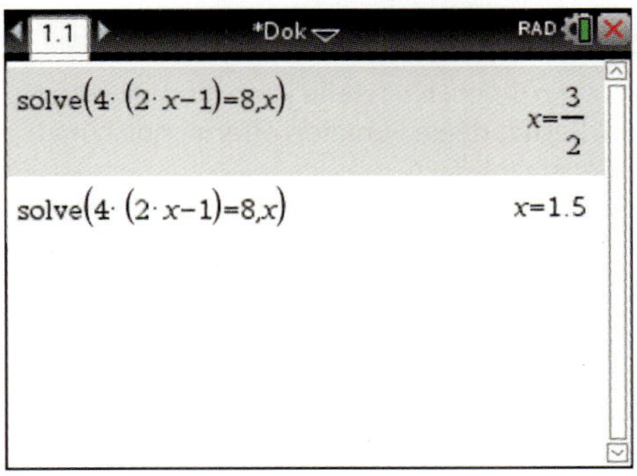

Der Rechner zeigt alle Lösungen der Gleichung an. Wenn die Gleichung keine Lösung hat, zeigt der Rechner ***false*** als Ergebnis an.

Funktionen definieren und löschen

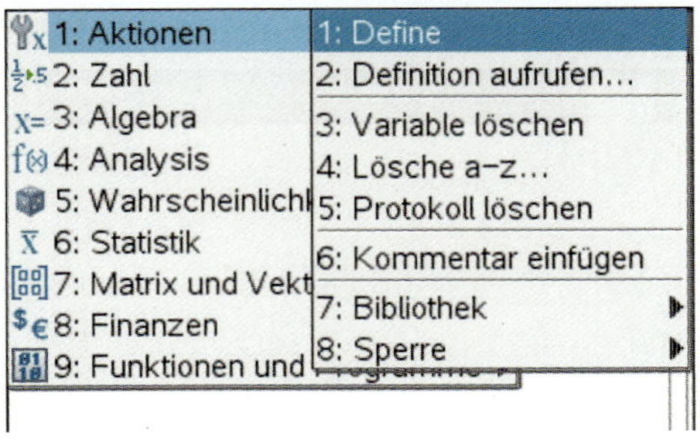

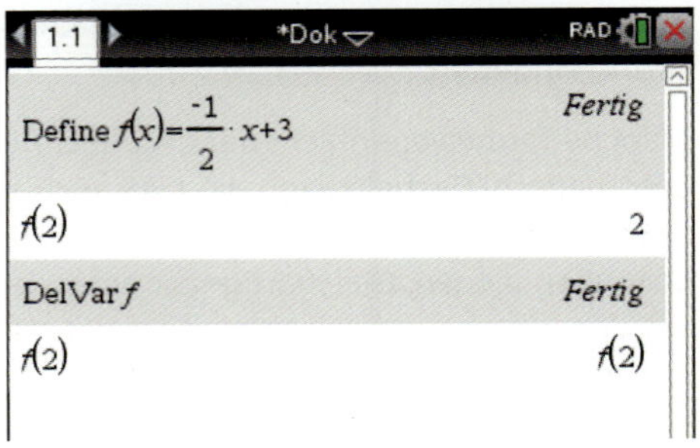

Alternativ: Gib f(x): = … ein.

Funktionen grafisch darstellen

Öffne die Anwendung ***Graphs***. Gib hinter f1(x) = den Funktionsterm ein oder die Funktionsbezeichnung einer anderen Seite (z. B. Calculator).

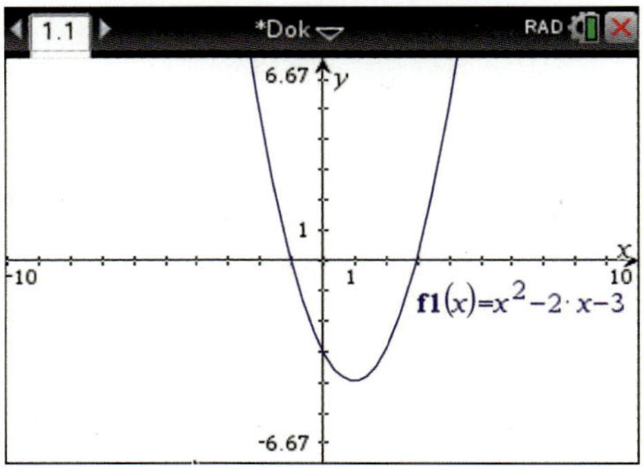

Passe, wenn nötig, die Fenstereinstellungen an.

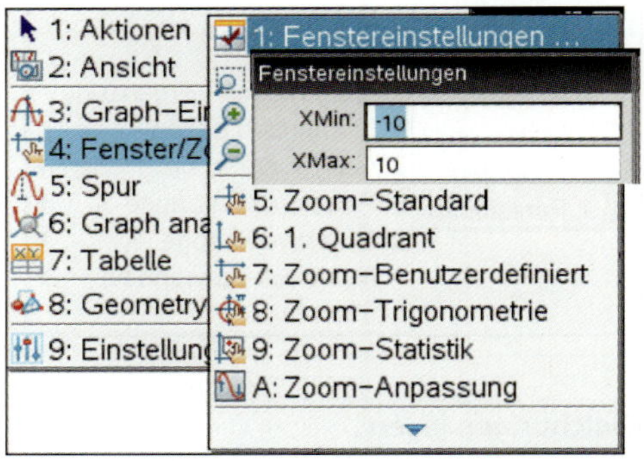

Nullstellen grafisch ermitteln

Zeichne den Graphen der Funktion.

Mit dem Befehl **Nullstelle** kannst du dir eine Nullstelle in einem gewählten Intervall anzeigen lassen. Besitzt deine Funktion offensichtlich mehrere Nullstellen, musst du für jede ein eigenes Intervall auswählen.

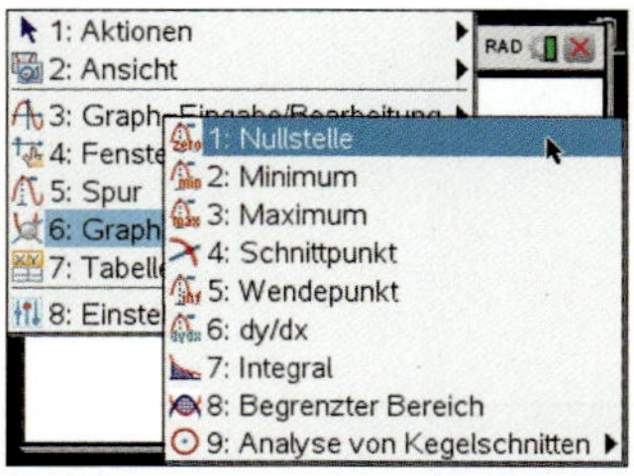

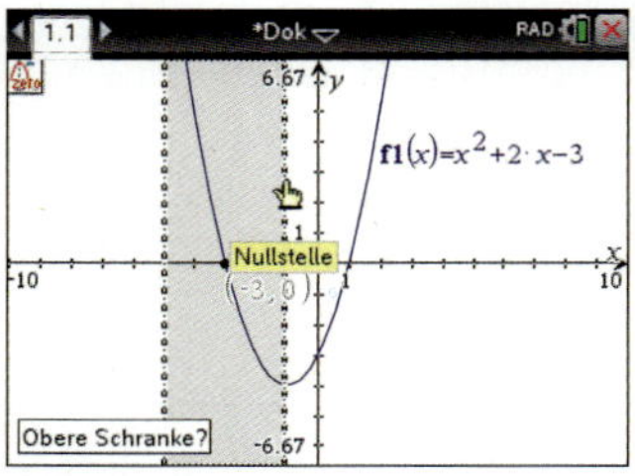

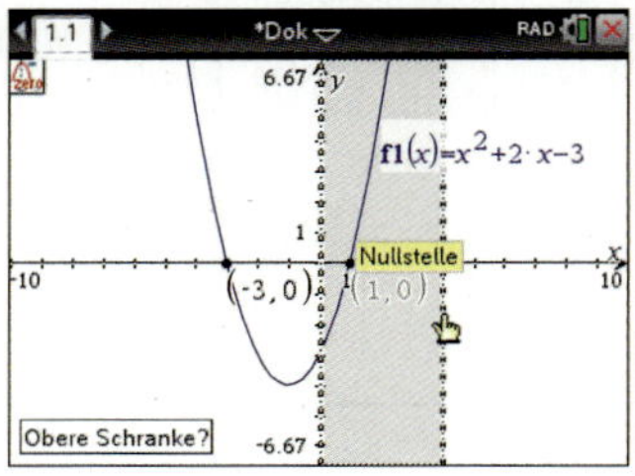

Überprüfe die abgelesenen Werte durch eine Probe:

$f(-5{,}65) = (-5{,}65)^2 + 6 \cdot (-5{,}65) + 2 = 0$

$f(-0{,}354) = (-0{,}354)^2 + 6 \cdot (-0{,}354) + 2 = 0$

Nullstellen rechnerisch ermitteln

Setze in der Funktionsgleichung y = 0 und löse die Gleichung mit dem Befehl ***solve***.

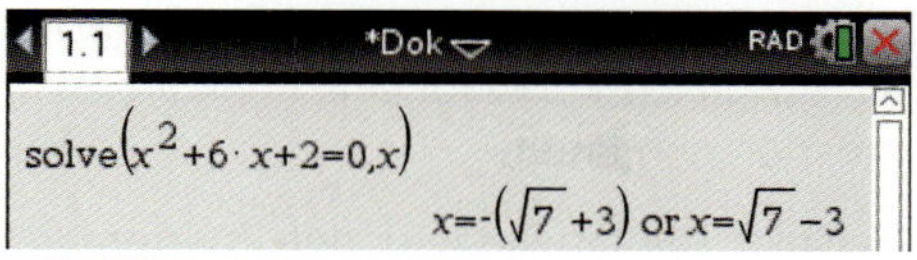

Scheitelpunkt graphisch ermitteln

Zeichne den Graphen der Funktion. Mit dem Befehl ***Minimum*** bzw. ***Maximum*** kannst du dir den tiefsten bzw. höchsten Funktionswert einer Funktion in einem gewählten Intervall anzeigen lassen.

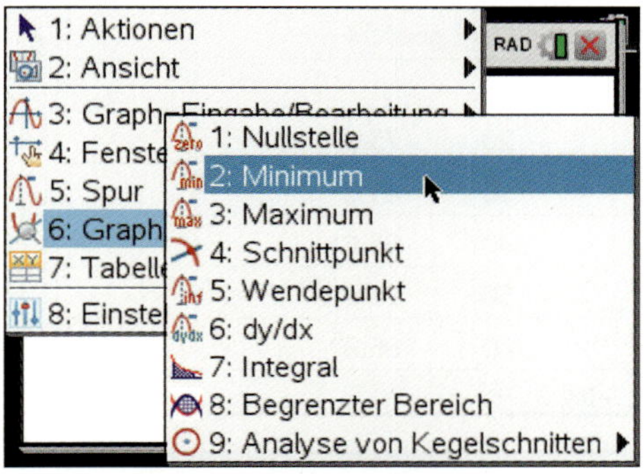

Definiere die Anzahl der Gleichungen und die Variablennamen.

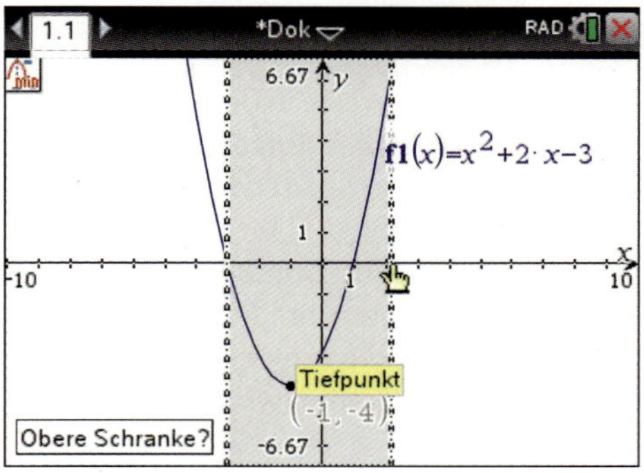

Bei einer Parabel ist dies dann der Scheitelpunkt.

Schnittpunkte grafisch bestimmen

Zeichne die Graphen aller Funktionen, die zum Gleichungssystem gehören.
Mit dem Befehl Schnittpunkt kannst du die Lösung im gewählten Intervall ablesen.

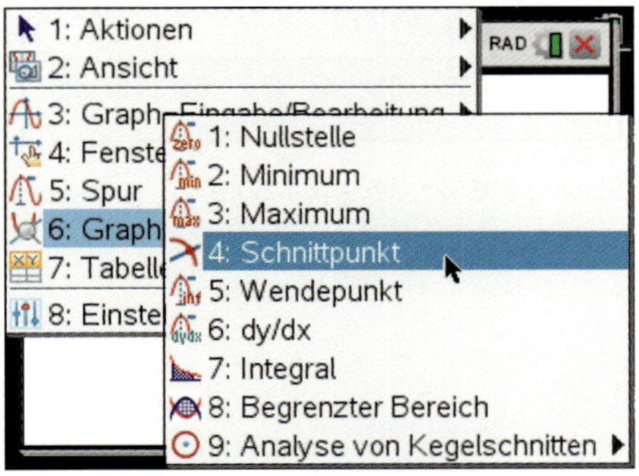

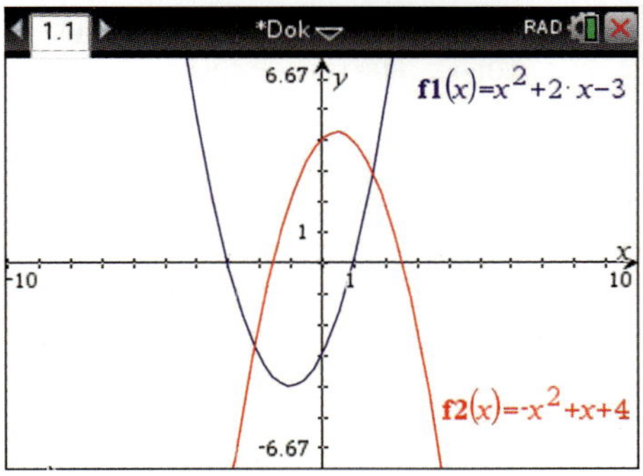

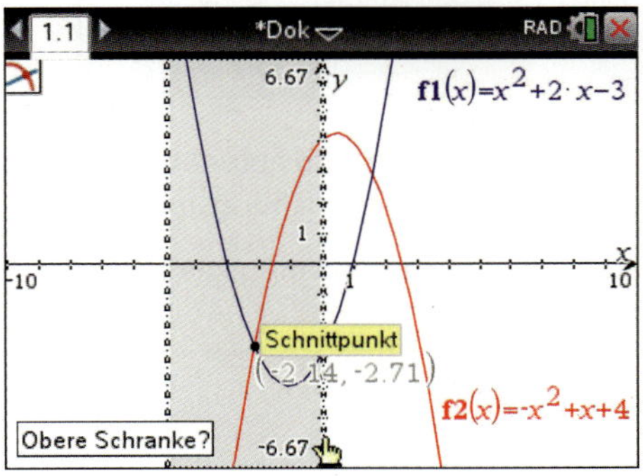

Auf diese Weise kann du auch Schnittpunkte zwischen linearen Funktionen und quadratischen Funktionen finden.
Zudem kannst du so auch Gleichungssysteme lösen. Zeichne dazu die Graphen aller Funktionen, die zum Gleichungssystem gehören. Mit dem Befehl Schnittpunkt erhältst du dann die Lösungen.

Quadratische Regression

In CAS-Rechnern ist ein Verfahren installiert, das eine automatische Erstellung einer optimalen Ausgleichskurve für eine Punktwolke ermöglicht. Dieses Verfahren wird quadratische Regression genannt.

Beispiel: Die Tabelle zeigt den Zusammenhang zwischen dem Alter und dem durchschnittlichen Gewicht, die von Männern in einer Befragung ermittelt wurden.

Alter (in Jahren)	20	30	40	50	60	70	75	85
Gewicht (in kg)	75,7	81,6	85,6	86,6	86,8	85,4	84,1	80,4

Gib eine Gleichung der Regressionskurve an.

Lösung:
Trage die x- und y-Werte in der Tabellenkalkulation ***Lists&Spreadsheet*** in den Spalten A und B ein. Gib den Spalten Namen, z. B. „alter" und „gewicht".
Öffne die Anwendung ***Data&Statistics***. Wähle für die waagerechte Achse die Variable „alter", für die senkrechte Achse „gewicht". Das Diagramm wird automatisch erzeugt.

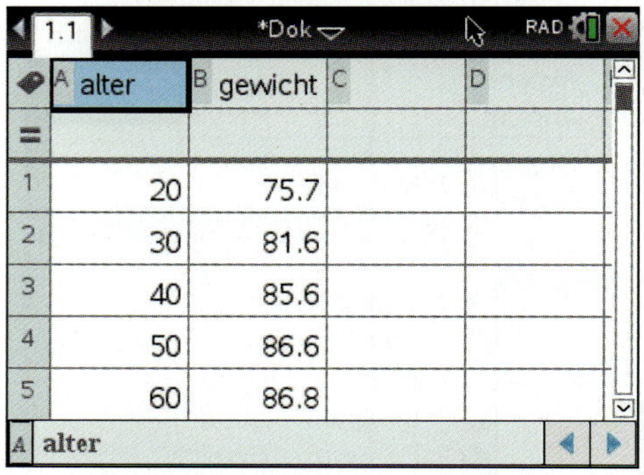

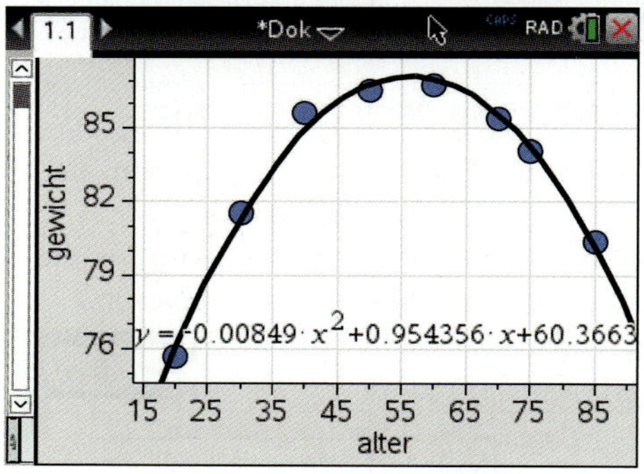

$g(x) = -0{,}0085x^2 + 0{,}95x + 60{,}37$

Mit ***Menü – Analysieren – Regression – quadratische Regression anzeigen*** wird die Berechnung der Ausgleichsgeraden ausgelöst.

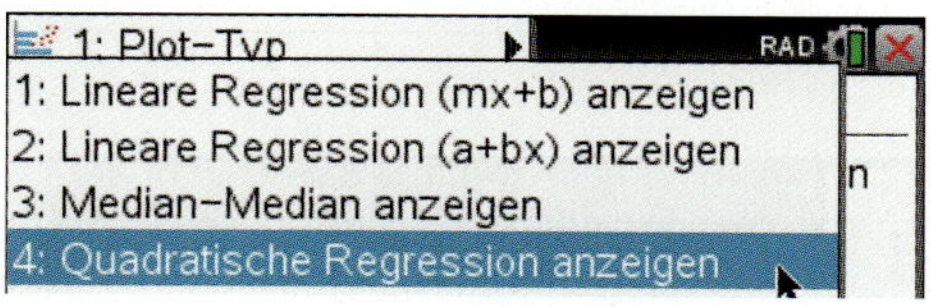

Die Ausgleichskurve wird automatisch eingezeichnet und ihre Gleichung angezeigt.

Notiere die Gleichung der Ausgleichskurve im Heft.

9. Anhang

Lösungen zu
- Dein Fundament
- Prüfe dein neues Fundament

Stichwortverzeichnis
Bildnachweis

Lösungen

Lösungen zu Kapitel 1: Quadratwurzeln

Dein Fundament (S. 8/9)

S. 8, 1.
a) ja $(6 \cdot 6)$ b) nein c) ja $(9 \cdot 9)$
d) ja $(11 \cdot 11)$ e) nein f) nein

S. 8, 2.
a) 1, 3 b) 16, 25 c) 49, 64
d) 81, 100 e) 81, 100 f) 225, 256

S. 8, 3.
a) 4, 16 b) 25 c) 4, 9, 16
d) 4, 25, 100 e) 4, 9, 25, 100 f) 4, 9, 16, 25, 100

S. 8, 4.
a) $7 \cdot 7 = 49$
b) $(-10) \cdot (-10) \cdot (-10) = -1000$
c) $0{,}2 \cdot 0{,}2 \cdot 0{,}2 = 0{,}008$
d) $(3+5) \cdot (3+5) = 8 \cdot 8 = 64$
e) $(-1) \cdot (-1) + (-1) \cdot (-1) \cdot (-1) = 0$
f) $\frac{1}{2} \cdot \frac{1}{2} = \frac{1}{4}$ g) $5 \cdot 5 \cdot 5 \cdot 5 = 625$
h) $\frac{2}{3} \cdot \frac{2}{3} \cdot \frac{2}{3} = \frac{8}{27}$ i) $\frac{3 \cdot 3 \cdot 3 \cdot 3}{3 \cdot 3} = 9$
j) $\frac{5 \cdot 5}{125} = \frac{1}{5}$

S. 8, 5.

	Überschlag	Ergebnis
a) $1{,}54^2$	$1{,}5^2 = 2{,}25$	2,3716
b) $(-0{,}27)^2$	$(-0{,}3)^2 = 0{,}09$	0,0729
c) $0{,}19^3$	$0{,}2^3 = 0{,}008$	0,006859
d) $8{,}005^2$	$8^2 = 64$	64,080025
e) $0{,}029^2$	$0{,}03^2 = 0{,}0009$	0,000841

S. 8, 6.
Endziffer 1: $1{,}9^2$ Endziffer 2: $1{,}8^3$
Endziffer 3: $0{,}3^5$ Endziffer 5: 15^4; $232{,}5^2$
Endziffer 6: 134^4; 14^2 Endziffer 9: 2327^2

S. 8, 7.
a) $2 - 1{,}3^2 = 0{,}31$ $2 - 1{,}4^2 = 0{,}04$
$2 - 1{,}41^2 = 0{,}0119$ $2 - 1{,}414^2 = 0{,}000604$
b) $5 - 2{,}1^2 = 0{,}59$ $5 - 2{,}2^2 = 0{,}16$
$5 - 2{,}23^2 = 0{,}0271$ $5 - 2{,}236^2 = 0{,}000304$
Die Ergebnisse nähern sich immer mehr der 0.

S. 8, 8.
a) $(-0{,}1)^2 < \left(\frac{1}{3}\right)^2 < (-9)^2 < 12^2 < 17^2$
b) $0{,}1^3 < 0{,}5^2 < (-1)^2 < 1{,}5^2 < 5^2$
c) $(-1)^3 < \left(\frac{1}{2}\right)^3 < 0{,}5^2 < \frac{3}{3^2} < (-2)^2$
d) $(-3)^3 < -0{,}2^3 < \frac{1}{5} < 0{,}9^2 < (-4)^2$

S. 8, 9
a) −361 b) 0,49 c) 512 d) 0,008

S. 8, 10.
a) 9000 b) 10 c) 49 d) 10 000
e) 0,17 f) 64 g) 0,01 h) 0,0001

S. 8, 11.
a) $2 \cdot 2 \cdot 3$ b) $2 \cdot 2 \cdot 2 \cdot 5$ c) $2 \cdot 7 \cdot 7$
d) $2 \cdot 2 \cdot 3 \cdot 5 \cdot 5$ e) $3 \cdot 3 \cdot 5 \cdot 5$ f) $2 \cdot 2 \cdot 2 \cdot 2 \cdot 7$

S. 9, 12.
a) $9\,cm^2$ b) $0{,}25\,m^2$ c) $1{,}44\,km^2$
d) $1\,m^2$ e) $1{,}21\,dm^2$

S. 9, 13.
a) 5 cm b) 10 m c) 9 km
d) 12 dm e) 100 m

S. 9, 14.
$49\,cm^2$

S. 9, 15.
$27\,cm^3$

S. 9, 16.
0,5 cm

S. 9, 17.
Lösungen der Gleichungen:
a) 4 b) −5; 5 c) −9; 9 d) −1; 0

S. 9, 18.
a) L = {7} b) L = { } c) L = {1} d) L = Q

S. 9, 19.
Die Behauptung ist falsch, denn 60 ist nicht durch 7, 8, 9 und 11 teilbar.

S. 9, 20.
Beispielsweise 2, 6, 10

S. 9, 21.

Produkt aus Faktor 10	$10 \cdot 10 \cdot 10$	$10 \cdot 10 \cdot 10 \cdot 10 \cdot 10 \cdot 10$	$10 \cdot 10 \cdot 10 \cdot 10 \cdot 10$	$10 \cdot 10$	$10 \cdot 10 \cdot 1$… $\cdot 10 \cdot 10 \cdot 10 \cdot 10 \cdot 1$…
Potenzschreibweise (Basis 10)	10^3	10^6	10^5	10^2	10^8
in Worten	tausend	eine Million	hunderttausend	einhundert	hundert Millionen

S. 9, 22.
Die Seitenlängen betragen 5 cm und 8 cm.

S. 9, 23.
4 cm

S. 9, 24.
a) $\frac{9}{4}$ b) $\frac{1}{4}$ c) $\frac{3}{49}$
d) $\frac{57}{100}$ e) $\frac{25}{12}$

S. 9, 25.
a) $9 + 6x + x^2$ b) $b^2 - 8b + 16$ c) $a^2 - 81$
d) $9y^2 + 36y + 36$ e) $u^2 - 8uv + 16v^2$

Prüfe dein neues Fundament (S. 24/25)

S. 24, 1.
a) 25 b) 0,16 c) 1 d) $\frac{1}{400}$
e) 0,09 f) 16 g) 2,25

S.24, 2.
a) 9 b) $\frac{5}{8}$ c) 0,4 d) nicht definiert
e) 7 f) 600 g) 0.2

S. 24, 3.
$\sqrt{529} = 23$; $\sqrt{576} = 24$; $\sqrt{1444} = 38$; $\sqrt{169} = 13$;
$\sqrt{1521} = 39$; $\sqrt{81} = 9$; $\sqrt{144} = 12$; $\sqrt{1681} = 41$

S. 24, 4.
a) $4 < \sqrt{22} < 5$ b) $10 < \sqrt{107} < 11$ c) $3 < \sqrt{13{,}7} < 4$
d) $2 < \sqrt{2{,}1 \cdot 2{,}9} < 3$ e) $5 < \sqrt{\frac{100}{3}} < 6$

S. 24, 5.
a) richtig, die Quadratwurzel ist als nicht negative Zahl definiert
b) Das ist nicht unbedingt richtig, da man, wenn man eine negative Zahl quadriert und daraus die Quadratwurzel zieht, eine positive Zahl enthält, und zwar die positive Zahl mit dem gleichen Betrag wie die ursprüngliche, z. B. $\sqrt{(-3)^2} = \sqrt{9} = 3$

S. 24, 6.
Flächeninhalt: $100\,cm^2$; Seitenlänge Quadrat: 10 cm

S. 24, 7.
Seitenlänge einer Fliese: 15 cm. Die Wand ist 225 cm = 2,25 m lang und 105 cm = 1,05 m hoch.

S. 24, 8
a) $x_1 = \sqrt{7}$; $x_2 = -\sqrt{7}$ b) $x_1 = 13$; $x_2 = -13$
c) keine Lösung d) $x_1 = 7$; $x_2 = -7$
e) $y_1 = \sqrt{5}$; $y_2 = -\sqrt{5}$

S. 24, 9.
Es gibt drei Möglichkeiten:
– zwei Lösungen für $a > 0$; z. B. $x^2 = 4$ mit $L = \{2; -2\}$
– ein Lösung für $a = 0$; z. B. $x^2 = 0$ mit $L = \{0\}$
– keine Lösung für $a < 0$; z. B. $x^2 = -4$ mit $L = \{\ \}$

S. 24, 10.
$x^2 = 441$

S. 24, 11.
a) 4 b) nicht definiert c) 10
d) 25 e) 200 f) 10
g) 70 h) 48 i) 50
j) 22

S. 24, 12.
a) 10 b) $\frac{1}{2}$ c) nicht definiert
d) $\frac{2}{7}$ e) $\frac{11}{19}$ f) 0,4
g) $\frac{8}{3}$ h) $\frac{11}{13}$ i) $\frac{3}{2}$
j) $\frac{3}{7}$

S. 25, 13.
a) $2\sqrt{13}$ b) $4\sqrt{6}$ c) $\frac{\sqrt{3}}{2}$
d) $\frac{\sqrt{2}}{8}$ e) $\frac{4}{7} \cdot \sqrt{\frac{10}{3}}$

S. 25, 14.
a) 29 b) 3,4 c) 1
d) $2\sqrt{2}$ e) $\sqrt{3}$

S. 25, 15.
a) $2\sqrt{13}$ b) $3 + 4\sqrt{3}$ c) $-2\sqrt{2}$
d) $\sqrt{5} + \sqrt{10} + 5\sqrt{2}$ e) $14 + \sqrt{14}$ f) $10\sqrt{5}$
g) $23\sqrt{5}$ h) $2{,}5\sqrt{11}$

Wiederholungsaufgaben (S. 25)

S. 25, 1.
a) z. B. Kreisdiagramm

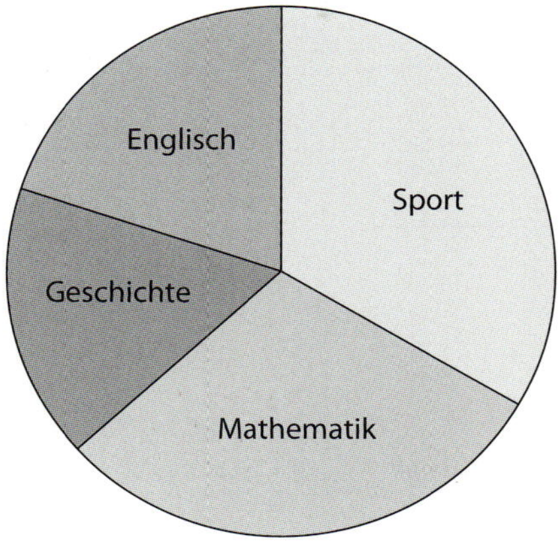

b)

	Englisch	Geschichte	Mathematik	Sport
Absolute Häufigkeit	24	20	36	40
Relative Häufigkeit	0,2	0,1667	0,3	0,3333
Rel. Häufigkeit in Prozent	20 %	16,67 %	30 %	33,33 %

S. 25, 2.
$x = -2$; $y = 3$

S. 25, 3.
um 25 %

S. 25, 4.
a) z. B. 6 cm lang und 10 cm breit (Maßstab 1 : 100)
b) $210\,m^3$

S. 25, 5.
Dauer eines Spielfilms: 100 min
Alter der Katze: 8 Jahre
Dicke einer 1-Euro-Münze: 2 mm
Größe eines Fußballplatzes: $7000\,m^2$
Entfernung von Berlin nach München: 500 km
Flächengröße von Deutschland: $350\,000\,km^2$
Oberfläche einer 1-Euro-Münze: $10\,cm^2$
Rauminhalt eines Schiffscontainers: $70\,m^3$
Volumen eines Wassereimers: 10 ℓ
Gewicht eines Brotes: 1 kg
Gewicht eines Pkw: 1 t
Rauminhalt einer Zahnpastatube: 75 mℓ

Lösungen zu Kapitel 2: Satzgruppe des Pythagoras

Dein Fundament (S. 28/29)

S. 28, 1. z. B.

a)

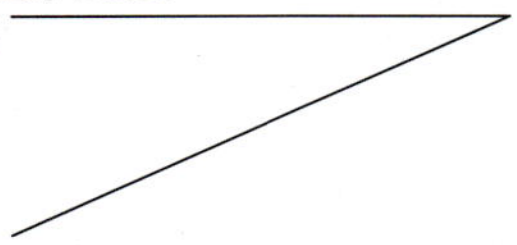

b)

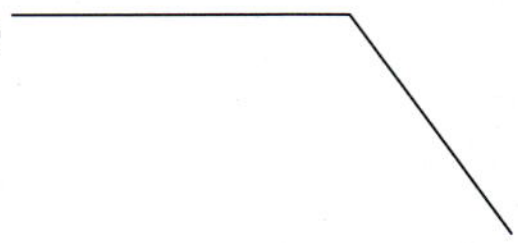

c)

S. 28, 2.

a) 45°, spitz
b) 135°, stumpf
c) 225°, überstumpf
d) ≈ 26,56°, spitz

S. 28, 3.

a) $\alpha_1 = \alpha_3 = \beta_1 = \beta_3 = 110°$; $\alpha_2 = \alpha_4 = \beta_2 = \beta_4 = 70°$
b) $\alpha_4 = \beta_2 = 76°$
c) $\beta_1 = \alpha_1 = 100°$

S. 28, 4.

a) $u = 20\,cm$; $A = 21\,cm^2$
b) $u = 44\,cm$; $A = 121\,cm^2$
c) $u = 24\,cm$; $A = 24\,cm^2$

S. 28, 5.

a) ① unregelmäßig; ② unregelmäßig; ③ gleichschenklig; ④ gleichseitig; ⑤ unregelmäßig; ⑥ gleichschenklig
b) ① rechtwinklig; ② stumpfwinklig; ③ spitzwinklig; ④ spitzwinklig; ⑤ spitzwinklig; ⑥ rechtwinklig

S. 28, 6.

a) $\gamma = 72°$; längste Seite: c
b) $\gamma = 50°$; längste Seite: b
c) $\alpha = 60°$, alle Seiten gleich lang
d) $\beta = \gamma = 45°$; längste Seite: a
e) $\alpha = 30°$; $\beta = 60°$; $\gamma = 90°$, längste Seite: c

S. 28, 7.

a) Zeichnen einer Seite, abtragen der anderen beiden Seiten mit dem Zirkel von den beiden Endpunkten der ersten Seite. Der Schnittpunkt der Kreise ist der dritte Eckpunkt des Dreiecks.
b) Zeichnen der beiden gegebenen Seiten mit dem gegebenen eingeschlossenen Winkel, verbinden der Endpunkte. Seite a ist ca. 1,6 cm lang.

S. 28, 8.

a) 5 cm
b) 1,3 dm
c) 0,9 m
d) 0,2 km

S. 29, 9.

a) $x = -4{,}5$
b) $x_1 = 3$; $x_2 = -3$
c) $x = 3$
d) $x = 2$

S. 29, 10.

a) $a = b - c^2$; $c = \sqrt{b - a}$
b) $b = \frac{a^2}{c}$; $c = \frac{a^2}{b}$
c) $a = \frac{25}{b^2}$; $b = \frac{5}{\sqrt{a}}$
d) $a = \sqrt{25 - b}$; $b = 25 - a^2$

S. 29, 11.

a) $L = \{6; -6\}$
b) $L = \{\,\}$
c) $L = \{\sqrt{0{,}5}; -\sqrt{0{,}5}\}$
d) $L = \{\sqrt{3}; -\sqrt{3}\}$

S. 29, 12.

a) $x^2 + 7x + 10$
b) $xy - 3x + 7y - 21$
c) $ab + 4a - 6b - 24$
d) $6a - 3b^2 + 3b - 6ab$

S. 29, 13.

a) 10 cm; 100 cm; 0,1 cm; 100 000 cm; 5 cm; 75 cm; 7,5 cm; 150 cm
b) 100 cm^2; 0,01 cm^2; 10 000 cm^2; 1200 cm^2; 500 cm^2; 0,25 cm^2; 10 cm^2; 300 cm^2

S. 29, 14.

a) 0,25 dm; 0,15 m; 20 cm; 350 mm; 0,01 km; 12 m; 1350 cm; 140 dm
b) 0,1 dm^2; 2500 mm^2; 200 cm^2; 0,07 m^2; 10 dm^2; 0,3 m^2; 5000 cm^2; 150 dm^2

S. 29, 15.

a)

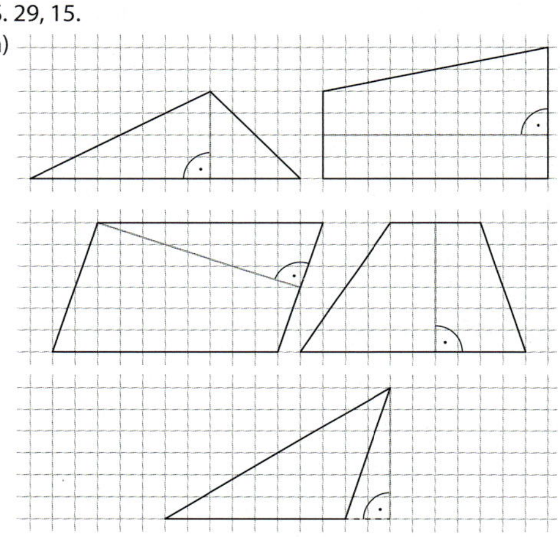

b) ① $A = 1{,}5\,cm^2$
② $A = 3{,}125\,cm^2$
③ $A = 3{,}75\,cm^2$
④ $A = 2{,}625\,cm^2$
⑤ $A = 1{,}5\,cm^2$

S. 29, 16.

a) Wenn eine Zahl durch 6 teilbar ist, dann ist sie auch durch 3 teilbar.
Voraussetzung: Die Zahl ist durch 6 teilbar.
Behauptung: Die Zahl ist durch 3 teilbar.
b) Wenn drei Winkel die Innenwinkel eines Dreiecks sind, dann ist ihre Summe 180°.
Voraussetzung: Drei Winkel sind Innenwinkel eines Dreiecks. Behauptung: Summe ist 180°.
c) Wenn zwei Winkel Scheitelwinkel sind, dann sind sie gleich groß.
Voraussetzung: Zwei Winkel sind Scheitelwinkel.
Behauptung: Sie sind gleich groß.
d) Wenn zwei Zahlen Quadratzahlen sind, dann ist auch ihr Produkt eine Quadratzahl.
Voraussetzung: Zwei Zahlen sind Quadratzahlen.
Behauptung: Ihr Produkt ist eine Quadratzahl.

e) Wenn zwei Winkel Wechselwinkel an geschnittenen Parallelen sind, dann sind sie gleich groß.
Voraussetzung: Zwei Winkel sind Wechselwinkel an geschnittenen Parallelen.
Behauptung: Sie sind gleich groß.

S. 29, 17.
Die Behauptung von Michael ist richtig:
$5^2 + 12^2 = 25 + 144 = 169 = 13^2$.
Weitere Beispiele zwischen 2^2 und 11^2 z. B.:
$3^2 + 4^2 = 9 + 16 = 25 = 5^2$
$6^2 + 8^2 = 36 + 64 = 100 = 10^2$

Prüfe dein neues Fundament (S. 50/51)

S. 50, 1.
Frau Meier kann die Längen der Seiten sowie die Länge der Diagonalen messen. Wenn der Satz des Pythagoras erfüllt ist, sind die Ecken des Holzrahmens rechtwinklig.

S. 50, 2.
a) $c = 10\,cm$ b) $b \approx 286\,mm$
c) $c \approx 3{,}84\,cm$ d) $b \approx 5{,}32\,dm$
e) $a \approx 5{,}55\,cm$ f) $b \approx 14{,}21\,cm$

S. 50, 3.
a) Jan: 150 m; Luca: etwa 111,8 m
b) Wenn beide gleich schnell laufen, ist Jan auch genau 111,8 m gelaufen, wenn Luca am Ziel ist. Er hat dann also noch etwa 38,2 m vor sich, unabhängig von der Geschwindigkeit.

S. 50, 4.
a) waagrechte Strecke: 3000 m; Länge der Straße etwa 3015 m
b) Steigung: 9 %; Länge der Straße etwa 2008 m

S. 50, 5.
a) $\sqrt{8^2 + 15^2} = 17$: Das Dreieck ist rechtwinklig, der rechte Winkel ist γ.
b) $\sqrt{2^2 + 1^2} \neq 5$: Das Dreieck ist nicht rechtwinklig.
c) $\sqrt{13^2 + 84^2} = 85$: Das Dreieck ist rechtwinklig, der rechte Winkel ist β.
d) $\sqrt{3{,}8^2 + 4{,}5^2} \neq 5{,}89$: Das Dreieck ist nicht rechtwinklig.
e) $\sqrt{4{,}1^2 + 5{,}7^2} \neq 53{,}4$: Das Dreieck ist nicht rechtwinklig.
f) $\sqrt{0{,}5^2 + 0{,}29^2} \neq 0{,}7$: Das Dreieck ist nicht rechtwinklig.

S. 50, 6.
Das Dreieck ist nicht rechtwinklig. Bei der Hypotenuse mit 4 cm und der Höhe 2 cm ergibt der Höhensatz für die beiden Hypotenusenabschnitte $p = q = 2\,cm$. Sie muss Punkt C auf dem Thaleskreis wählen.

S. 51, 7.

	a	b	c	α	β	γ
a)	3 cm	4 cm	5cm	36,87°	53,13°	90°
b)	4 cm	5 cm	3 cm	53,13°	90°	36,87°
c)	2 cm	3 cm	4 cm	34°	67°	79°
d)	5 cm	7,07 cm	5 cm	45°	90°	45°
e)	10,15 cm	4,1 cm	6,43 cm	89,94°	41,72°	48,34°

a), b) und d) sind rechtwinklig, da jeweils ein Winkel 90° ist.

Seite 51, 8.
a) $q = 9\,cm$ b) $h = 10\,cm$ c) $c = 22{,}5\,cm$

Seite 51, 9.
a) $h = 6\,cm$ b) $p = 8\,cm$
c) $c = 8\,m$; $b = \sqrt{32}\,m \approx 5{,}66\,m$
d) $p = 3{,}6\,dm$; $q = 6{,}4\,dm$ e) $p = 4\,cm$; $h \approx 4{,}47\,cm$
f) $h = 12\,cm$

Seite 51, 10.

Die Werte wurden auf die zweite Nachkommastelle gerundet.

	a	b	c	p	q	h
a)	4 cm	8,06 cm	9 cm	1,78 cm	7,22 cm	3,58 cm
b)	46,48 cm	12 cm	48 cm	45 cm	3 cm	11,62 cm
c)	5,83 cm	9,72 cm	11,34 cm	3 cm	8,34 cm	5 cm
d)	5,34 cm	5,27 cm	7,5 cm	3,8 cm	3,7 cm	3,75 cm
e)	4,62 cm	8 cm	9,24 cm	2,31 cm	6,93 cm	4 cm

Wiederholungsaufgaben (S. 51)

S. 51, 1.
a), c) antiproportional
b), d), e) weder proportional noch antiproportional
f) proportional

S. 51, 2.
a) ④ b) ②
c) ① d) ③

S. 51, 3.
a) 83,050 b) 83,05
c) 83,0

Lösungen zu Kapitel 3: Quadratische Funktionen und Gleichungen

Dein Fundament (S. 54/55)

S. 54, 1.
a) $x = 10$ b) $x = 2$ c) $x = -4$
d) $x = -1$ e) $x = 0$ f) $x = -4$
g) $L = \mathbb{Q}$ h) $x = 8$
i) $x_1 = 3; x_2 = -3$ j) $x = 4$

S. 54, 2.
a) $x = 3, y = 0$ b) $x = -2; y = -5$
c) $x = 0; y = 4$ d) $x = 5; y = 7$ e) $L = \{\}$

S. 54, 3.
a) $x = -6$ b) $x = 4$
c) $x_1 = 2; x_2 = -2$ d) $x_1 = 3; x_2 = -3$
e) $x = 0$ f) $x_1 = 2; x_2 = -1$

S. 54, 4.
a) $(2|1)$ b) $(0|3)$
c) $\left(\frac{1}{2}\middle|\frac{5}{2}\right)$ d) $(2{,}3|0{,}7)$

S. 54, 5.
12 und −8.

S. 54, 6.
Ja.

S. 54, 7.
a) $4 + 4x + x^2$ b) $a^2 - 4a + 4$
c) $a^2 - 9$ d) $4a^2 + 4ab + b^2$
e) $a^2 - 4b^2$ f) $4 - 2x + \frac{1}{4}x^2$
g) $16 - 4x^2$ h) $\frac{1}{4}u^2 - 2uv + 4v^2$
i) $2x^2 + 6x$ j) $\frac{4}{9}u^2 + 4uv + 9v^2$

S. 54, 8.
a) $x^2 + 6x + 9 = (x + 3)^2$
b) $a^2 + 12a + 36 = (a + 6)^2$
c) $25u^2 - 60uv + 36v^2 = (5u - 6v)^2$
d) $36 + 12x + x^2 = (x + 6)^2$
e) $(2u + v)(2u - v) = -v^2 + 4u^2$
f) $9x^2 + y^2 + 6xy = (3x + y)^2$
g) $a^2 + b^2 + 2ab = (a + b)^2$
h) $(2x + y)^2 = 4x^2 + 4xy + y^2$
i) $z^2 - 12z + 36 = (z - 6)^2$

S. 54, 9.
a) $(a - b)^2$ b) $(x + y)^2$
c) $(a + 2)^2$ d) $(3 - x)(3 + x)$
e) $(3a + 2b)^2$

S. 54, 10.
$A_{Quadrat} = a^2$; $A_{Rechteck} = (a - 1)(a + 1) = a^2 - 1$
Das Rechteck ist eine Flächeneinheit kleiner als das Quadrat.

S. 54, 11.
a) $x = 0{,}5$ b) $x = -1{,}25$
c) $x = 0$ d) $x = -2$
e) $x = 0{,}25$ f) $x_1 = 2; x_2 = -2$
g) $x_1 = 3; x_2 = -3$ h) $x = 0{,}95$
i) $x = -\frac{1}{7}$

S. 55, 12.

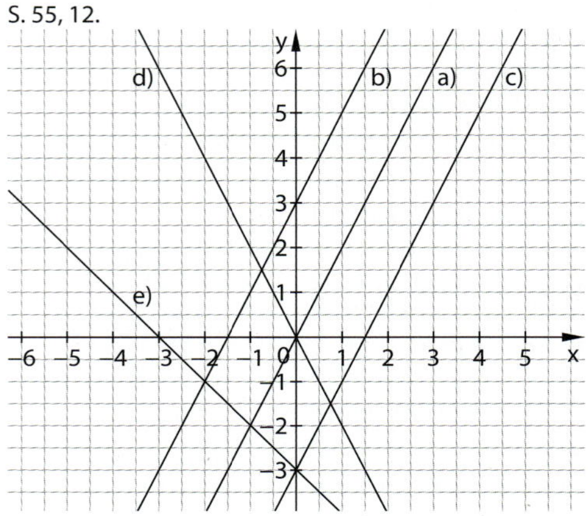

S. 55, 13.
a) ② b) ①
c) $m = 1$, $S(0|1)$ d) ③

S. 55, 14.

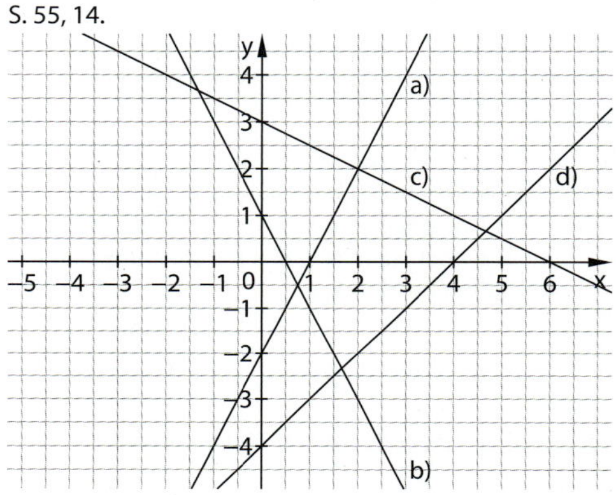

Schnittpunkte mit den Koordinatenachsen
a) $(0|-2)$; $(1|0)$ b) $(0|1)$; $(0{,}5|0)$
c) $(0|3)$; $(6|0)$ d) $(0|-4)$; $(4|0)$

S. 55, 15.
a) $x = 1$ b) $x = 8$ c) $x = 1$ d) $x = 3$

S. 55, 16.
$y = 2x - 4$

S. 55, 17.
a) $(-1|3)$ b) $(2|-1)$
c) kein Schnittpunkt

S. 55, 18.
a), b), e) auf der Geraden c), d) nicht

S. 55, 19.
m: Steigung; b: y– Achsenabschnitt

S. 55, 20.
a) $1{,}96\,dm^2$ b) $\sqrt{52\,cm^2} \approx 7{,}21\,cm$

S. 55, 21.
Kapital nach einem Jahr: $15\,000\,€ \cdot 1{,}027 = 15\,405\,€$
Zinsen für Monate 13–15:
$Z = 15\,405\,€ \cdot 0{,}027 \cdot 0{,}25 = 103{,}98\,€$
Kapital nach 15 Monaten: $15\,508{,}98\,€$

S. 55, 22.
Dies gilt für a = 6 cm, da dann $V = (6\,cm)^3 = 216\,cm^3$ ist und $O = 6 \cdot (6\,cm)^2 = 216\,cm^3$.

Prüfe dein neues Fundament (S. 102/103)

S. 102, 1.
a) P(3,5|12,25) b) P(1,4|1,96) oder P(–1,4|1,96)
c) P(0|0) d) P(0|0) e) nicht möglich

S. 102, 2.

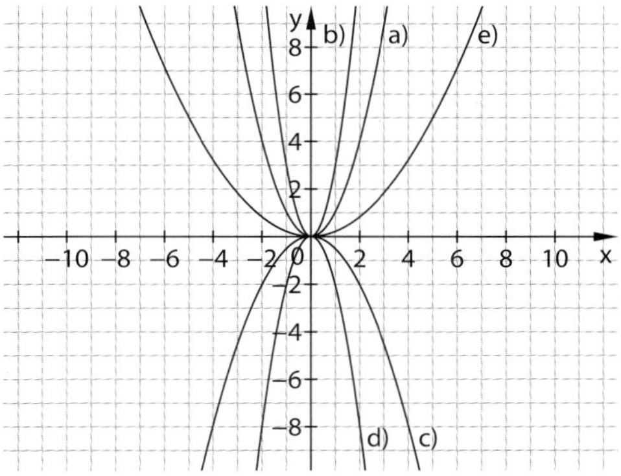

S. 102, 3.
a) 2 Einheiten nach oben; S(0|2)
b 1 Einheit nach links; S(–1|0)
c) 2 Einheiten nach rechts und 1 Einheit nach unten; S(2|–1)
d) 0,5 Einheiten nach links und 2,25 Einheiten nach unten; S(–0,5|–2,25)

S. 102, 4.
a) ① $f(x) = (x + 7)^2 - 4$
② $f(x) = (x + 1{,}5)^2 + 3{,}5$
③ $f(x) = (x + 1)^2 - 6{,}25$
b) ① $x_1 = -5; x_2 = -9$
② keine Nullstellen
③ $x_1 = 1{,}5; x_2 = -3{,}5$

S. 102, 5.
Scheitelpunkte:
a) S(2|1) b) S(1|–1) c) S(4|–2)

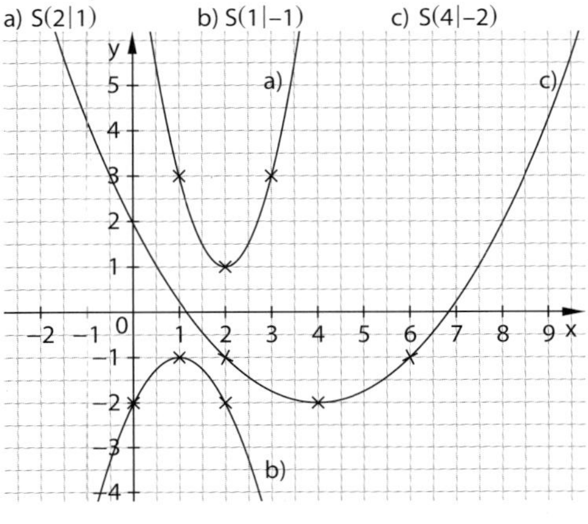

S. 102, 6.
a) $f(x) = (x + 0{,}5)^2 - 1$ b) $x_1 = 3; x_2 = -4$

S. 102, 7.
a) $x_1 = 2; x_2 = -2$ b) $x_1 = 7; x_2 = -1$ c) $x_1 = 0; x_2 = 4$

S. 102, 8.
a) ① $f(x) = -\frac{69}{79^2}x^2$ ② $f(x) = -\frac{69}{79^2}(x - 79)^2 + 69$
b) rund 9,30 m

S. 102, 9.
a) Scheitelpunktform gegeben
allgemeine Form: $f(x) = 2x^2 - 4x - 16$
faktorisierte Form: $f(x) = 2(x - 4)(x + 2)$
b) allgemeine Form gegeben
Scheitelpunktform: $g(x) = (x - 7)^2 - 4$
faktorisierte Form: $g(x) = (x - 9)(x - 5)$
c) faktorisierte Form gegeben
allgemeine Form: $h(x) = -3x^2 - 6x + 24$
Scheitelpunktform: $h(x) = -3(x + 1)^2 + 27$

S. 102, 10.
eine Lösung für a = 3
keine Lösung für a > 3
zwei Lösungen für a < 3

S. 102, 11.
a) $x_1 = 0{,}2; x_2 = -0{,}2$ b) $x_1 = 5; x_2 = -5$
c) $x_1 = 0; x_2 = -1$ d) $x_1 = 3; x_2 = -3$

S. 102, 12.
a) Nullstellen: $x_1 = 0; x_2 = 300$
Der Ball fliegt 300 m weit.
b) Scheitelpunkt: S(150|45)
Der Ball fliegt 45 m hoch.

S. 103, 13.
a) $x_{1,2} = 3 \pm \sqrt{(-3)^2 - 8}$ b) $x_{1,2} = 6 \pm \sqrt{(-6)^2 - 32}$
c) $x_{1,2} = -3 \pm \sqrt{3^2 - 8}$ d) $x_{1,2} = \frac{1}{2} \pm \sqrt{\left(-\frac{1}{2}\right)^2 - \left(-\frac{3}{4}\right)}$

S. 103, 14.
a) $x_1 = -3; x_2 = -1$ b) keine Lösung
c) $x_1 = 5; x_2 = 1$ d) $x_1 = 8; x_2 = 6$
e) $x_1 = 5; x_2 = 3$ f) $x_1 = -3 + \sqrt{2}; x_2 = -3 - \sqrt{2}$

S. 103, 15.
$2 \cdot 24 = (x + 6)(x + 4)$
$0 = x^2 + 10x - 24$ $x_1 = 2; x_2 = -12$
Nur positive Lösung sinnvoll, daher x = 2

S. 103, 16.
a) $A(x) = (10 - x)(10 + 2x) = -2x^2 + 10x + 100$
Scheitelpunktform: $A(x) = -2\left(x - \frac{5}{2}\right)^2 + 112{,}5$
A wird maximal im Scheitelpunkt $S(\frac{5}{2}|112{,}5)$.
Also ist $x = \frac{5}{2} = 2{,}5$.
b) $A(x) = (10 - x)(10 + 5x) = -5x^2 + 40x + 100$
Scheitelpunktform: $A(x) = -5(x - 4)^2 + 180$
A wird maximal im Scheitelpunkt S(4|180).
Also ist x = 4.

S. 103, 17.
a) $-\frac{1}{10}(x - 10)^2 + 10 = \frac{1}{2}x$
b) $x_1 = 0; x_2 = 15$
Probe für x_1: $-\frac{1}{10}(0 - 10)^2 + 10 = 0$ $\frac{1}{2} \cdot 0 = 0$
Probe für x_2: $-\frac{1}{10}(15 - 10)^2 + 10 = 7{,}5$ $\frac{1}{2} \cdot 15 = 7{,}5$

S.103, 18.
a) $S_1(1|4); S_2(-3|4)$ b) S(0|1)
c) $S_1(0|1); S_2(1|0)$ d) keine

Lösungen

Wiederholungsaufgaben (S. 103)

S. 103, 1.
23,94 €

S. 103, 2.
$x = 1{,}25$; $y = 0{,}25$

S. 103, 3.
$\alpha = 50°$, $\beta = 40°$

S. 103, 4.
Der Wagen kostet 14 000 €.

Lösungen zu Kapitel 4: Ähnlichkeit

Dein Fundament (S. 106/107)

S. 106, 1.
a) $x = 6$ b) $x = 19{,}8$
c) $x = 0{,}2$ d) $x = 5$
e) $x = 2{,}5$ f) $x = 2$

S. 106, 2.
a) $x = 2$ b) $x = -3$
c) $x = -2{,}5$ d) $x = 10$
e) $x = -24$ f) $x = 7$

S. 106, 3.
a) z. B. $a = 2$; $b = 2$; $c = 12$ b) z. B. $a = 6$; $b = 60$; $c = 2$
c) z. B. $a = 35$; $b = 1$; $c = 7$ d) z. B. $a = 6$; $b = 10$; $c = 3$

S. 106, 4.
a) 73 mm b) 500 m c) 0,25 m
d) 3,2 m e) 0,7 dm f) 750 m
g) 500 mm h) 0,025 m i) 0,05 m
j) 12,5 dm

S. 106, 5.
a) $37\,cm^2 = 3700\,mm^2$
b) $2{,}5\,m^2 = 25\,000\,cm^2$
c) $320\,000\,cm^2 = 32\,m^2$
d) $5\,dm^2 = 50\,000\,mm^2$
e) $\frac{1}{4}\,dm^2 = 25\,cm^2$
f) $76\,890\,mm^2 = 768{,}9\,cm^2$

S. 106, 6.
a) 5,7 m = 570 cm b) 4,5 m = 450 cm
c) $0{,}4\,m^2 = 40\,dm^2$ d) 2 m
e) 2 m = 20 dm f) 4,5 km = 4500 m
g) 300 mm = 30 cm h) $3\,m^2$

S. 106, 7.

	Maßstab	Entfernung	
		Karte	Wirklichkeit
a)	1 : 100 000	3 cm	3 km
b)	1 : 250 000	3 cm	7,5 km
c)	1 : 250 000	10 cm	25 km
d)	1 : 1 000 000	5 cm	50 km
e)	1 : 25 000	2 cm	500 m
f)	1 : 25 000	4 cm	1 km
g)	1 : 50 000 000	4 mm	200 km
h)	1 : 100	1 cm	1 m

S. 106, 8.
① 1 : 100 ② 10 : 1
③ 1 : 10 000 ④ 1 : 1

Seite 106, 9.
Deckungsgleich sind folgende Figuren:
Figuren ① und ④
Figuren ③ und ⑤
Sie gehen durch Verschieben und Drehen auseinander hervor.

Seite 106, 10.
a) Nach Kongruenzsatz (wsw) sind beide Dreiecke zueinander kongruent.
b) Beide Dreiecke sind nicht kongruent zueinander, weil kein Kongruenzsatz gilt.
c) Nach Kongruenzsatz (wsw) sind beide Dreiecke zueinander kongruent.

S. 107, 11.
a) $A = 3\,cm^2$; $u = 8\,cm$
b) $A = 1{,}5\,cm^2$; $u = 6\,cm$
c) $A = 5{,}5\,cm^2$; $u = 10\,cm$
d) $A = 3{,}25\,cm^2$; $u = 9\,cm$

S. 107, 12.
a) $A = 0{,}49\,m^2$ b) $A = 12\,m^2$
c) $A = 10\,cm^2$ d) $A = 100\,cm^2 = 1\,dm^2$

S. 107, 13.
a) Franks Zimmer ist $0{,}09\,m^2$ größer.
b) Beide Zimmer haben jeweils einen Umfang von 11,2 m.

S. 107, 14.
Zeichne zunächst eine der gegebenen Seiten und trage die beiden anderen Seitenlängen mit dem Zirkel an den Endpunkten ab. Der Schnittpunkt der Kreise ist der dritte Eckpunkt des Dreiecks.
Es ergeben sich die Winkel:
$\gamma = 22{,}6°$; $\beta = 67{,}4°$; $\alpha = 90°$

S. 107, 15.
a) Zeichne die gegebene Strecke und trage je einen Strahl im angegebenen Winkel an den Endpunkten ab. Der Schnittpunkt der Strahlen ist der dritte Eckpunkt.
Es ergibt sich:
$b = 5{,}5\,cm$; $a = 2{,}8\,cm$; $\beta = 105°$
b) Sind drei Winkel gegeben, so ist eine eindeutige Konstruktion nicht möglich. Eine Seite muss zunächst frei gewählt werden. Alle so entstehenden Dreiecke sind ähnlich zueinander.

S. 107, 16.
a) Wahr:
(Kongruenzsatz sss)
b) Falsch:
(Diese Dreiecke sind nicht kongruent.)
c) Falsch:
(Gegenbeispiel:
Die Rechtecke mit $a = 5\,cm$, $b = 1\,cm$ sowie $a = 2\,cm$, $b = 4\,cm$ haben zwar den gleichen Umfang, sind aber nicht kongruent zueinander.)

Prüfe dein neues Fundament (S. 128/129)

S. 128, 1.
Nur Vieleck ③ stimmt in den Winkeln mit ① überein, ist also ähnlich.

S. 128, 2.
a) $k = 0{,}5$ ähnl. Fig.

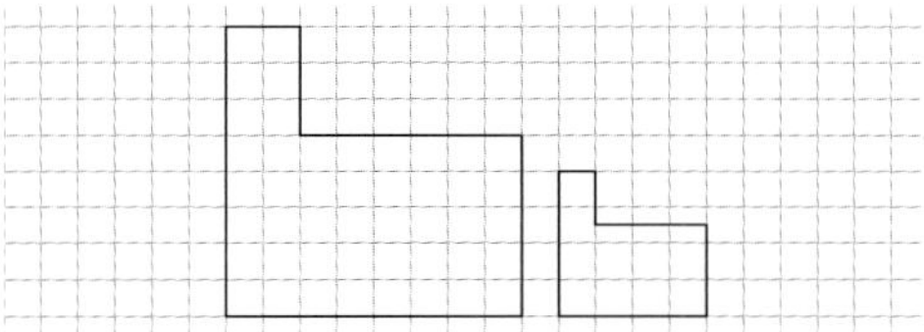

b) $k = 2$

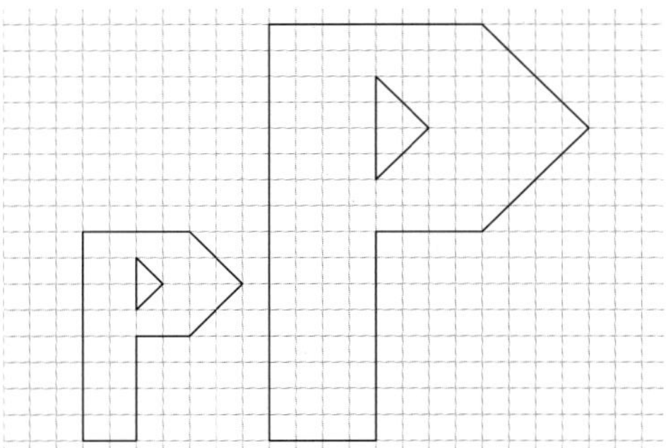

S. 128, 3.
a) Nur das Foto mit den Maßen 10 cm x 15 cm gibt das ganze Bild wieder, da das Seitenverhältnis mit dem Original übereinstimmt. $\left(\frac{10}{15} = \frac{230}{345}\right)$
b) Für das Foto mit den Maßen 10 cm x 15 cm ist $k = \frac{10}{23} \approx 0{,}43$.

S. 128, 4.
a) ähnlich, Ähnlichkeitsfaktor 0,5;
AB entspricht DE, AC entspricht EF, CB entspricht DF.
b) nicht ähnlich
c) nicht ähnlich

S. 128, 5.
a) Die Dreiecke können ähnlich zueinander sein, dann beträgt der Ähnlichkeitsfaktor 1,5, a entspricht a', b entspricht b'.
b) Die Dreiecke sind ähnlich, da alle Winkel gleich sind. Die gleichnamigen Winkel entsprechen sich. Der Ähnlichkeitsfaktor kann nicht bestimmt werden, da keine Seitenlänge angegeben ist.
c) Die Dreiecke sind ähnlich zueinander, α entspricht γ'; β entspricht β'; γ entspricht α', also gilt auch: a entspricht c', b entspricht b', c entspricht a'.
Ähnlichkeitsfaktor: 1,25.

S. 128, 6.
a) Gleichseitige Dreiecke haben drei Innenwinkel der Größe 60°. Sie entsprechen sich also in den Winkeln und sind alle (nach dem Hauptähnlichkeitssatz) zueinander ähnlich.
b) Gleichschenklig-rechtwinklige Dreiecke haben immer einen Innenwinkel der Größe 90° und zwei der Größe 45°. Da die Winkel einander entsprechen, sind sie alle (nach dem Hauptähnlichkeitssatz) zueinander ähnlich.

S. 128, 7.
a) etwa 0,67 cm b) etwa 1,06 cm c) 3 cm

S. 129, 8.
a) 4 m b) etwa 26,33 m

S. 129, 9.
a) Gebäudehöhe 6,3 m b) Gebäudehöhe 33,75 m

S. 129, 10.
Das Modell ist etwa 10,8 Meter hoch.

Wiederholungsaufgaben (S. 129)

S. 129, 1.
a) $x_0 = 2$ b) $x_0 = 8$

S. 129, 2.
$P_{\text{keine Niete}} = \frac{40 + 10}{200} = \frac{1}{4}$

S. 129, 3.
Das kalorienreduzierte Eis enthält etwa 40 % der Kalorien der Vanille-Eiscreme, also etwa 60 % weniger.

S. 129, 4.
a) nicht rechtwinklig, da der Satz des Pythagoras nicht gilt
b) rechtwinklig, da das Dreieck im Thaleskreis liegt
c) rechtwinklig, da der Satz des Pythagoras gilt

S. 129, 5.
a) 2 001 520,16
b) 20,152016
c) 248 760
d) 0,002 487 6

Lösungen zu Kapitel 5: Trigonometrie

Dein Fundament (S. 132/133)

S. 132, 1.
spitze Winkel: 2°, 25°, 75°
rechter Winkel: 90°
stumpfe Winkel: 91°, 100°
gestreckter Winkel: 180°
überstumpfe Winkel: 200°, 345°

S. 132, 2.
a) $\alpha = 90°, \gamma = 25°$ b) $\beta = 20°$ c) $\gamma = 55°$
d) $\alpha = \beta = \gamma = 60°$ e) $\alpha = \beta = 53°$

S. 132, 3.
Spitze und rechte Winkel sind kleiner als 120°. Stumpfe, gestreckte und überstumpfe Winkel sind größer als 90°.

S. 132, 4.
Die Hypotenuse ist dann $a \approx 6{,}4$ cm lang.

S. 132, 5.
Man zeichnet zuerst die gegebene Länge c = 3 cm und trägt die beiden gegebenen Winkel an den Seiten ab. Es ergibt sich:
$\gamma = 120°$; $a = b \approx 1{,}7$ cm.

S. 132, 6.
a) Die Länge der zweiten Kathete wird mit dem Satz des Pythagoras berechnet: $c \approx 4{,}6$ cm
b) Länge der Hypotenuse mit dem Satz des Pythagoras oder aus Konstruktion: $b \approx 3{,}2$ cm

S. 132, 7.
Zeichnung eines Winkels von 45°, abtragen von zwei Strecken auf den Schenkeln, von denen eine doppelt so lang ist wie die andere. Beispiele: a = 2 cm; $b \approx 2{,}95$ cm; c = 4 cm oder a = 5 cm, $b \approx 7{,}37$ cm; c = 10 cm

S. 132, 8.
a) ① Hypotenuse: a ② Hypotenuse: b ③ Hypotenuse: c
b) ① $b^2 + c^2 = a^2$ ② $a^2 + c^2 = b^2$

S. 132, 9.
a) c = 17 dm b) b = 0,5 m
c) a = 36 mm

S. 133, 10. u: Umfang des Dreiecks ABC,
A: Flächeninhalt des Dreiecks ABC

	a	b	c	u	A
a)	10 cm	24 cm	26 cm	60 cm	120 cm²
b)	80 mm	15 cm	17 cm	40 cm	60 cm²
c)	5 dm	12 dm	13 dm	30 dm	30 dm²
d)	12 m	9 m	15 m	36 m	54 m²

S. 133, 11.
a) rechtwinklig (Es gilt: $21^2 + 20^2 = 29^2$.)
b) nicht rechtwinklig
c) rechtwinklig
d) nicht rechtwinklig

S. 133, 12.
a) x = 12 b) $x = \frac{1}{3}$ c) $x = \frac{10}{3}$
d) $x = \frac{6}{5}$ e) x = 0,3 f) $x = \frac{2}{3}$
g) x = 10 h) $x = \pm 1{,}2$ i) $x = \frac{1}{4}$
j) x = −1 k) keine Lösung l) $x = \pm 5$

S. 133, 13.
a) $a = \frac{b \cdot c}{d}$; $d \neq 0$ b) $b^2 = c^2 - a^2$
c) $z = \frac{x^2 - y^2}{-2y}$; $y \neq 0$ d) $d = \frac{b^2 - a^2 - c^2}{-2b}$; $b \neq 0$
e) $z = \frac{2x}{y}$; $y \neq 0$ f) $b = \frac{a}{x^2}$; $x \neq 0$
g) $c = \frac{1}{3}$ h) x = b − 4
i) u = −1

S. 133, 14.
a) $b = \frac{5}{3}$
b) a = 3

S. 133, 15.
$a = \frac{b \cdot c}{d}$; $d \neq 0$ $b = \frac{a \cdot d}{c}$; $c \neq 0$
$c = \frac{a \cdot d}{b}$; $b \neq 0$ $d = \frac{b \cdot c}{a}$; $a \neq 0$

S. 133, 16.
a) 4 b) $\frac{2}{3}$ c) 3
d) 2 e) $\frac{24}{25}$
f) 2 g) 3 h) 4
i) $\frac{2}{3}$ j) $\frac{24}{25}$
gleich sind also a) und h); b) und i); c) und g); d) und f); e) und j)

S. 133, 17.
a) $\frac{8}{8} = 1$ b) $-\frac{4}{15} \approx -0{,}27$ c) $-\frac{1}{63} \approx -0{,}02$
d) $\frac{29}{28} \approx 1{,}04$ e) $\frac{9}{10} = 0{,}9$ f) $\frac{2}{63} \approx 0{,}03$

Prüfe dein neues Fundament (S. 164/165)

S.164, 1.
$\sin 37° \approx 0{,}602$; $\cos 37° \approx 0{,}799$; $\tan 37° \approx 0{,}754$;
$\sin 53° \approx 0{,}799$; $\cos 53° \approx 0{,}602$; $\tan 53° \approx 1{,}327$

S. 164, 2.
a) $\sin\alpha = \frac{a}{c}$, $\cos\alpha = \frac{b}{c}$, $\tan\beta = \frac{b}{a}$, $\cos\beta = \frac{a}{c}$
b) $\sin\alpha = \frac{z}{y}$, $\sin\beta = \frac{x}{y}$, $\tan\beta = \frac{x}{z}$, $\cos\beta = \frac{z}{y}$ oder $\sin\alpha = \frac{z}{y}$
c) $\sin\delta = \frac{d}{f}$, $\cos\gamma = \frac{e}{f}$, $\cos\varepsilon = \frac{d}{f}$, $\tan\delta = \frac{d}{e}$

S. 164, 3.
a) ① a = 3 cm; $c \approx 5{,}2$ cm ② $a \approx 4{,}44$ cm; $b \approx 6{,}0$ cm
③ $b \approx 15{,}35$ cm; $c \approx 14{,}33$ cm
b) ① $\alpha \approx 34{,}85°$ ② $\alpha \approx 48{,}19°$ ③ $\alpha \approx 30{,}66°$

S. 164, 4.
a) ① $a \approx 0{,}7$ cm; $c \approx 1{,}22$ cm
② $b \approx 4{,}05$ cm; $c \approx 6{,}06$ cm
③ $b \approx 12{,}01$ cm; $c \approx 13{,}05$ cm
b) ① $\alpha \approx 53{,}13°$; $\beta \approx 36{,}87°$
② $\alpha \approx 65{,}68°$; $\beta \approx 24{,}32°$
③ $\alpha \approx 41{,}78°$; $\beta \approx 48{,}22°$

S. 164, 5.
a) $a \approx 5{,}33$ cm; $b \approx 3{,}83$ cm; $\gamma = 80°$
b) $b \approx 7{,}97$ cm; $c \approx 6{,}55$ cm; $\alpha = 30°$
c) $a \approx 8{,}14$ cm; $\beta \approx 33{,}32°$; $\alpha \approx 83{,}68°$

S. 164, 6.
a) $b \approx 8{,}08\,cm$; $c \approx 6{,}47\,cm$; $\alpha = 23°$
b) $a \approx 10{,}26\,cm$; $c \approx 6{,}60\,cm$; $\beta = 17°$
c) $c \approx 11{,}66\,cm$; $\beta \approx 38{,}31°$; $\alpha \approx 33{,}69°$

S. 165, 7.
a) maßstäbliche Zeichnung mit $a = 3\,cm$; $b = 1{,}25\,cm$; $c = 3{,}25\,cm$ (eine Möglichkeit)
Winkelgrößen: $\alpha \approx 66°$; $\beta \approx 24°$; $\gamma \approx 90°$
b) $13^2 = 12^2 + 5^2 \rightarrow$ Dreieck ist rechtwinklig
$\sin\alpha = \frac{3\,cm}{3{,}25\,cm} \rightarrow \alpha \approx 67{,}38°$
$\sin\beta = \frac{1{,}25\,cm}{3{,}25\,cm} \rightarrow \beta \approx 22{,}62°$
$\gamma = 180° - \alpha - \beta = 90°$

S. 165, 8.
a) $\tan\alpha = \frac{1{,}80\,m}{2{,}70\,m} = \frac{2}{3} \rightarrow \alpha \approx \tan^{-1} \cdot 0{,}667° \approx 33{,}71°$
b) $\tan\alpha = \frac{h}{15\,m} \rightarrow h \approx \tan 33{,}71° \cdot 15\,m \approx 10{,}01\,m$

S. 165, 9.
a) $b^2 = a^2 + c^2 - 2ac\cos\beta$ (Kosinussatz)
b) $\frac{\sin\alpha}{\sin\gamma} = \frac{a}{c}$ (Sinussatz)
c) $\frac{b}{a} = \frac{\sin\beta}{\sin\alpha}$ (Sinussatz)
d) $b^2 = a^2 + c^2 - 2ac\cos\beta$ (Kosinussatz)
e) $c^2 = a^2 + b^2 - 2ab\cos\beta$ (Kosinussatz)
f) $c \cdot \sin\beta = b \cdot \sin\gamma$ (Sinussatz)

S. 165, 10.
a) $\alpha = 180° - 55° - 95° = 30°$
$\frac{4\,cm}{\sin 30°} = \frac{b}{\sin 95°} \rightarrow b = \frac{4\,cm}{\sin 30°} \cdot \sin 95° \approx 7{,}97\,cm$
$\frac{4\,cm}{\sin 30°} = \frac{c}{\sin 55°} \rightarrow c = \frac{4\,cm}{\sin 30°} \cdot \sin 55° \approx 6{,}55\,cm$
b) $\frac{\sin\beta}{4{,}5\,cm} = \frac{\sin 63°}{7{,}3\,cm} \rightarrow \sin\beta = \frac{\sin 63°}{7{,}3\,cm} \cdot 4{,}5\,cm \approx 0{,}5493$
$\rightarrow \beta \approx 33{,}32°$
$\alpha \approx 180° - 63° - 33{,}32° = 83{,}68°$
$\frac{7{,}3\,cm}{\sin 63°} = \frac{a}{\sin 83{,}68°} \rightarrow a = \frac{7{,}3\,cm}{\sin 63°} \cdot \sin 83{,}68° \approx 8{,}14\,cm$
c) $c^2 = (7{,}6\,cm)^2 + (6{,}8\,cm)^2 - 2 \cdot (7{,}6\,cm) \cdot (6{,}8\,cm) \cdot \cos 108° \approx 135{,}94\,cm^2 \rightarrow c \approx 11{,}66\,cm$
$\frac{\sin\beta}{7{,}6\,cm} = \frac{\sin 108°}{11{,}66\,cm} \rightarrow \sin\beta = \frac{\sin 108°}{11{,}66\,cm} \cdot 7{,}6\,cm \approx 0{,}6199$
$\rightarrow \beta \approx 38{,}31°$
$\alpha \approx 180° - 108° - 38{,}31° = 33{,}69°$

Wiederholungsaufgaben (S. 165)

S. 165, 1.
a) S(3|1), ③
b) S(−3|1), ①
c) S(3|−1), ④
d) S(−3|−1), ②

S. 165, 2.
a) z = 2: 27 420; z = 5: 27 450; z = 8: 27 480
b) z = 0: 27 400; z = 5; 27 450

Lösungen zu Kapitel 6: Vierfeldertafeln

Dein Fundament (S. 168/169)

S. 168, 1.
a) $\frac{25}{49}$ b) $\frac{7}{9}$ c) $\frac{17}{12}$ d) $\frac{1}{2}$
e) $\frac{6}{5}$ f) $\frac{8}{13}$ g) $\frac{3}{5}$ h) $\frac{2}{5}$
i) $\frac{3}{4}$ j) 2

S. 168, 2.
a) $\frac{6}{7}$
b) richtig
c) richtig
d) $\frac{7}{10}$
e) richtig

S. 168, 3.
a) $\frac{3}{4} > \frac{3}{4} \cdot \frac{1}{2}$
b) $\frac{3}{4} < \frac{3}{4} : \frac{1}{2}$
c) $\frac{4}{7} : \frac{1}{2} = \frac{4}{7} \cdot 2$
d) $\frac{3}{5} + \frac{1}{5} > \frac{3}{5} - \frac{1}{10}$
e) $\frac{2}{5} : \frac{3}{7} > \frac{2}{5} \cdot \frac{3}{7}$

S. 168, 4.
a) 4 b) 14 c) $\frac{1}{8}$
d) $\frac{5}{32}$ e) $\frac{9}{13}$

S. 168, 5.
a) 60 Schüler
b) 36 Möglichkeiten
c) 430 Schrauben
d) 7000 Flaschen

S. 168, 6.
a) 25 % b) 20 % c) 1 %
d) 4 % e) $\frac{1}{60} = 1{,}6\overline{6}\,\%$ f) 19 %
g) 120 % h) 4 %

S. 168, 7.
20 % nehmen regelmäßig am Fußballtraining teil.

S. 168, 8.
50 defekte Schrauben gehen in den Versand.

S. 168, 9.
15 Jungen gehen in die 9 a.

S. 168, 10.
a) 40 % spielen ein Instrument.
b) 9 Mädchen und 3 Jungen spielen ein Instrument.

S. 169, 11.
a) $\frac{1}{8}$; Ereignis: 8
b) $\frac{1}{2}$; Ereignisse: 2, 4, 6, 8
c) 1; alle möglichen Ereignisse
d) $\frac{1}{4}$; Ereignisse: 3, 6
e) 0; Ereignisse: keine
f) $\frac{1}{2}$; Ereignisse: 2, 3, 5, 7

Lösungen

S. 169, 12.

Von dem gezeichneten Kreis muss die Hälfte gelb sein, also ein Sektor mit einem Mittelpunktswinkel von 180°.
Der grüne Sektor hat einen Mittelpunktswinkel von 120°, der rote von 60°.

S. 169, 13

a) S_1: Spieler 1 gewinnt S_2: Spieler 2 gewinnt

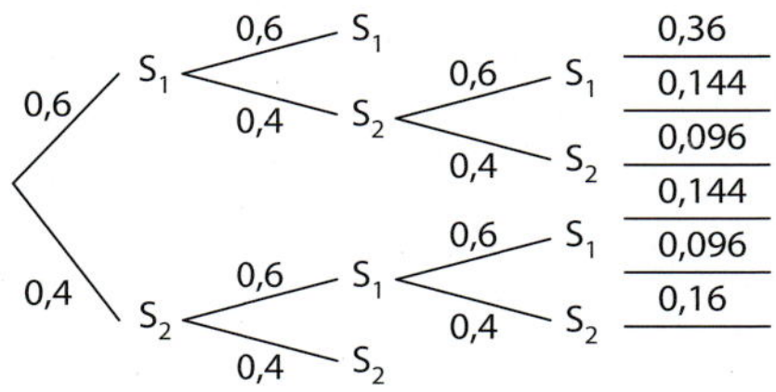

b) Spieler A gewinnt das Match mit einer Wahrscheinlichkeit von 64,8 % und Spieler B mit einer Wahrscheinlichkeit von 35,2 %.

S. 169, 14.

a) $\frac{1}{8} \cdot \frac{1}{8} = \frac{1}{64}$ b) $\frac{1}{8} \cdot \frac{1}{2} = \frac{1}{16}$

S. 169, 15.

a) $\frac{1}{3} \cdot \frac{1}{3} = \frac{1}{9}$ b) $\frac{1}{3} \cdot \frac{1}{2} + \frac{1}{3} \cdot \frac{1}{2} = \frac{1}{3}$ c) $\frac{1}{3} \cdot \frac{1}{3} \cdot \frac{1}{3} = \frac{1}{27}$

S. 169, 16.

Es gibt $10 \cdot 10 \cdot 10 = 1000$ Möglichkeiten, einen Code für das Schloss festzulegen.

S. 169, 17.

Katja hat die manipulierte Münze mit einer Wahrscheinlichkeit von $\frac{1}{4}$ ausgewählt.

S. 169, 18.

Anzahl der schwarzen Socken: $20 \cdot 0{,}6 = 12$
Anzahl schwarzer Socken mit Loch: $20 \cdot 0{,}15 = 3$
Drei der 12 schwarzen Socken haben ein Loch. Das entspricht einem Anteil von 0,25 = 25 %.

S. 169, 19.

$b = \frac{a \cdot d}{c}$ $c = \frac{a \cdot d}{b}$ $d = \frac{b \cdot c}{a}$

Prüfe dein neues Fundament (S. 188/189)

S. 188, 1.

a)

	mit Bus zur Schule		gesamt
	ja	nein	
Mädchen	6	8	14
Jungen	4	9	13
gesamt	10	17	27

b)

	für neues Gesetz		gesamt
	ja	nein	
Partei A	6,3 %	20,8 %	27,1 %
Partei B	9,7 %	63,2 %	72,9 %
gesamt	16,0 %	84,0 %	100 %

S. 188, 2.

a)

	gefällt Serie		gesamt
	ja	nein	
unter 30	85	38	123
über 30	131	46	177
gesamt	216	84	300

b) 85 der 123 unter 30-Jährigen fanden die Serie gut, das sind rund 69,1 %.
131 der 177 über 30-Jährigen fanden die Serie gut, das sind rund 74 %.

S. 188, 3.

a)

	Handy in der Schule	Kein Handy in der Schule	Summe
Mädchen	65	9	74
Jungen	50	8	58
Summe	115	17	132

b) Es nehmen 87,8 % der befragten Mädchen und 86,2 % der Jungen ein Handy mit in die Schule. Die Überschrift ist also nicht falsch, betont aber einen nur sehr kleinen Unterschied. Angemessen wäre eher „Über 85 % der Jugendlichen nehmen ein Handy mit in die Schule."

S. 188, 4.

a)

	tagsüber	nachts	gesamt
unter Alkoholeinfluss	3,36 %	8,64 %	12 %
ohne Alkoholeinfluss	66,88 %	21,12 %	88 %
gesamt	70,24 %	29,76 %	100 %

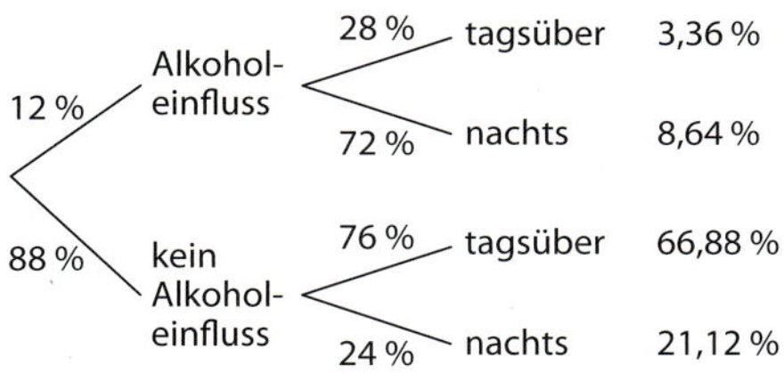

b) 8,64 %
c) 86 617

S. 188, 5.

	Holz	Plastik	gesamt
rot	10	25	35
grün	20	45	65
gesamt	30	70	100

a) E: Eine grüne Plastikkugel wird gezogen.
$P(E) = \frac{45}{100} = 45\,\%$
b) E: Eine rote Kugel wird gezogen.
$P(E) = \frac{35}{100} = 35\,\%$
c) E: Aus den roten Kugeln wird eine Holzkugel gezogen.
$P(E) = \frac{10}{35} \approx 28{,}57\,\%$

S. 188, 6.

a)

	spielt Karten		gesamt
	ja	nein	
Jungen	8	7	15
Mädchen	4	9	13
gesamt	12	16	28

b) P(①) $= \frac{13}{28} \approx 46{,}43\,\%$
P(②) $= \frac{8}{28} \approx 28{,}57\,\%$
P(③) $= \frac{8}{15} \approx 55{,}33\,\%$
P(④) $= \frac{8}{12} \approx 66{,}67\,\%$

S. 189, 7.

a)

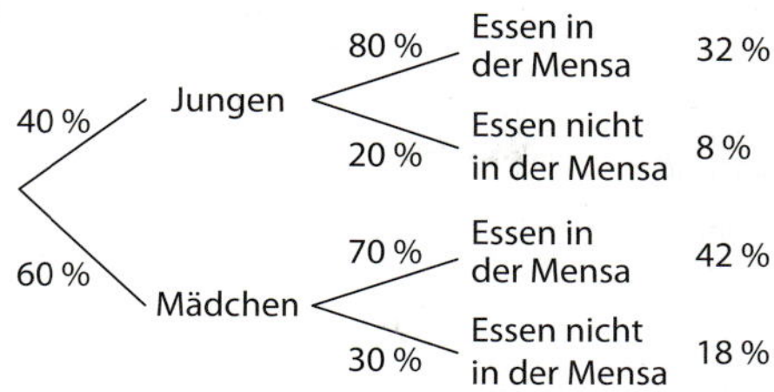

b)

	essen in der Mensa	essen nicht in der Mensa	gesamt
Mädchen	42 %	18 %	60 %
Jungen	32 %	8 %	40 %
gesamt	74 %	26 %	100 %

c) E: Ein Mädchen, welches nicht in der Mensa isst, wird ausgewählt.
$P(E) = 60\,\% \cdot 30\,\% = 18\,\%$
d) 74 % der Schüler gehen in der Mensa essen, das sind 592 Schüler.

S. 189, 8.

a) F: Funktioniert
A: Aussortiert

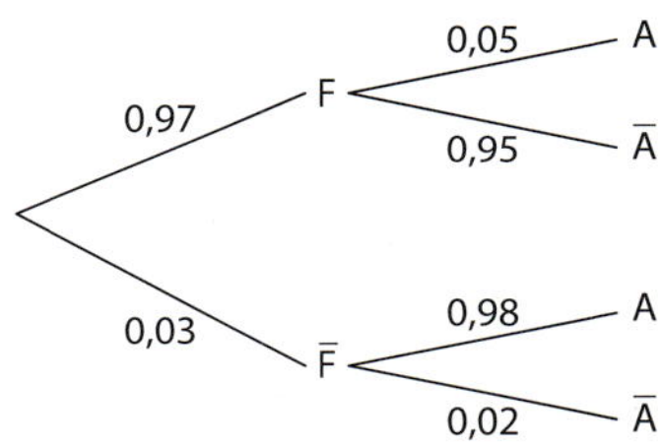

	funktioniert		gesamt
	ja	nein	
aussortiert	4,85 %	2,94 %	7,79 %
nicht aussortiert	92,15 %	0,06 %	92,21 %
gesamt	97 %	3 %	100 %

F: Funktioniert
A: Aussortiert

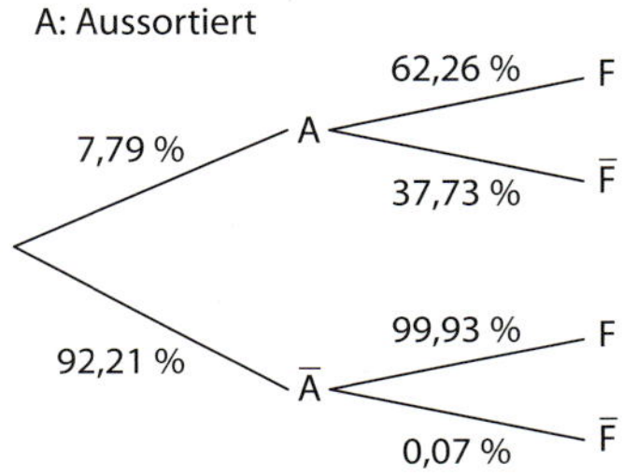

b) etwa 99,93 %
c) etwa 37,73 %

S. 189, 9.

	Test negativ	Test positiv	Summe
Krank	0,04	0,96	1
Gesund	135,36	8,64	144
Summe	135,4	9,6	145

a) ca. 10 % b) ca. 0,03 %

Wiederholungsaufgaben (S. 189)

S. 189, 1.
a) 28 € b) 45 kg c) 48 Minuten

S. 189, 2.
a) 1000 b) 15 c) 126

S. 195, 3.

	a	b	c
a)	4 cm	7 cm	8,1 cm
b)	6,6 cm	10 cm	12 cm
c)	3 cm	8,5 cm	9 cm

S. 189, 4.
a) $12a^3b^2 - 6a^3b^3$
b) $x^2(12 - 5x)$

S. 189, 5.
Im Original ist das Auto ca. 340 cm = 3,4 m lang.

Stichwortverzeichnis

Bildquellenverzeichnis

Abbildungen

Cover Shutterstock.com/telesniuk (Foto), Cornelsen/hawemannundmosch, Berlin (Mathematik-Symbole); **2** PFFC Deutschland e.V.; **5** Shutterstock.com/S-F; **7** Shutterstock.com/aodaodaodaod; **13** Shutterstock.com/Brian Burton Arsenault; **22** Shutterstock.com/Monkey Business Images; **24** Shutterstock.com/Junior Braz; **27** Shutterstock.com/Radovan1; **34/o.** Cornelsen/zweiband.media/Shutterstock.com/gmstockstudio; **36/Rdsp. Mi.** Shutterstock.com/steamroller_blues; **36/r. u.** stock.adobe.com/Ingo Bartussek; **37/20.** stock.adobe.com/seeyou | c. steps; **37/Rdsp. o.** Shutterstock.com/Andrii Muzyka; **49** Shutterstock.com/Fotografiecor.nl; **53** stock.adobe.com/livetraveling; **56/u. l.** Cornelsen/Maya Brandl; **60** stock.adobe.com/magann; **61** stock.adobe.com/lunamarina; **71** Shutterstock.com/Sheftsoff Stock Photo; **72** stock.adobe.com/panoramarx; **77/u.** Shutterstock.com/f11photo; **78/o.** Shutterstock.com/dotshock; **78/u.** Shutterstock.com/mahey; **83/u.** Shutterstock.com/Mila Supinskaya; **84** stock.adobe.com/LVDESIGN; **87/u. 2. v. r.** Shutterstock.com/talitha_it; **88/u.** Shutterstock.com/Miks Mihails Ignats; **89/Mi.** Shutterstock.com/michaeljung; **89/u.** stock.adobe.com/flyinger; **91**/Foto Eiffelt. Shutterstock.com/WDG Photo; **91**/Foto Erde stock.adobe.com/vovan; **91**/Modell Eiffelt. Shutterstock.com/andersphoto; **91**/Modell Globus Shutterstock.com/haveseen; **94** Shutterstock.com/Firma V; **99** stock.adobe.com/Matthias Buehner; **100** Shutterstock.com/Alex Ionas; **102** stock.adobe.com/schlichteasy; **105** stock.adobe.com/slalomgigante; **110** Shutterstock.com/Christian Musat; **112** Shutterstock.com/Syda Productions; **124** Shutterstock.com/THEJAB; **125/o. r.** stock.adobe.com/dd; **126** stock.adobe.com/sauletas; **131** stock.adobe.com/Kara; **134** Shutterstock.com/Funny Solution Studio; **138** stock.adobe.com/KarlGroße; **139** stock.adobe.com/Kav; **143/o.** Shutterstock.com/kanphiphat; **143/u.** Shutterstock.com/Peter Gudella; **144/23. l.** stock.adobe.com/Oleksandr Dorokhov; **144/23. r.** stock.adobe.com/Britta Laser; **145** Shutterstock.com/S-F; **147** stock.adobe.com/Matze; **148/13.** stock.adobe.com/philippe Devanne; **148/15.** stock.adobe.com/AW photography; **152/u.** stock.adobe.com/schinsilord; **153/19.** stock.adobe.com/harvest; **153/22. r.** Shutterstock.com/majeczka; **156** Shutterstock.com/Alla Iatsun; **160/r. o.** stock.adobe.com/CCat82; **160/r. Mi.** stock.adobe.com/route55; **160/r. u.** Shutterstock.com/Quality Master; **161/o.** Shutterstock.com/Tarbell Studio Photo; **161/Mi.** Shutterstock.com/Dennis Jacobsen; **162/o.** Cornelsen/zweiband.media/stock.adobe.com/ほじん; **163** mauritius images/age; **165** Shutterstock.com/lightwavemedia; **167** stock.adobe.com/PDU; **168** Shutterstock.com/Monkey Business Images; **169/o.** stock.adobe.com/Grum_l; 169/u. Shutterstock.com/Betacam-SP; **173/Mi.** Shutterstock.com/Monkey Business Images; **173/u.** Shutterstock.com/Chinnapong; **175/11.** Shutterstock.com/LianeM; **175/Rdsp.** stock.adobe.com/Xaver Klaussner; **178/o. r.** stock.adobe.com/adisa; **182** Shutterstock.com/MANDY GODBEHEAR; **184** stock.adobe.com/Anton Gvozdikov; **185/12.** stock.adobe.com/photofranz56; **185/13.** stock.adobe.com/nmann77; **186/Mi.** stock.adobe.com/mhp; **186/u.** Shutterstock.com/michaeljung; **187/5.** Shutterstock.com/Daniel Jedzura; **187/6.** stock.adobe.com/benjaminnolte; **188** Shutterstock.com/William Perugini; **189** stock.adobe.com/Gerhard Seybert; **191** Shutterstock.com/Inc; **192** Shutterstock.com/designbydx; **195** stock.adobe.com/Picture-Factory; **201** stock.adobe.com/leedsn